LE TRANSFORMISME

INTRODUCTION

Il y a quelques années, une curiosité bien pardonnable à un homme qui avait vécu jusqu'alors au milieu de peuplades plus ou moins sauvages, m'entraîna à visiter ce que, dans mon ignorance, je croyais être le temple de la science. Je me dirigeai vers le palais de l'Institut et pénétrai dans le sanctuaire de l'Académie des sciences.

C'était en hiver. Dans une grande salle rectangulaire, étaient assis, autour de tables étroites, une cinquantaine de vieillards. Leurs crânes chauves et lisses reflétaient les lueurs vacillantes de bougies placées devant chacun d'eux. A voir cette salle, aussi peu éclairée que mal disposée au point de vue de l'acoustique, il eut été difficile de deviner qu'elle renfermait les plus illustres géomètres et physiciens de la France.

Sur des bancs disposés le long des murailles se tenaient

un certain nombre d'hommes relativement jeunes, dont
la seule préoccupation me parut être d'attirer l'attention des vieillards.

De temps à autre, un de ces derniers se levait,
marmottait quelques paroles, puis se rasseyait. Il s'a-
gissait, je crois, du phylloxera. L'un proposait d'ar-
racher toutes les vignes d'une moitié de la France,
pour les empêcher de tomber malades ; un autre se
bornait à demander l'envoi au milieu d'elles, de médecins
convenablement choisis parmi ses familiers et destinés à
répandre sur l'animal nuisible l'insecticide Dumas. Au
milieu de l'indifférence universelle, chacun proposait sa
panacée et prononçait ses oracles, avec la gravité et la
morgue que donne la conviction d'une infaillibilité pa-
tentée.

Je me disposais à me retirer, lorsque la parole fut
donnée à l'un des membres les plus illustres de cet aréo-
page. A son nom s'attachait l'autorité d'un talent qui
était partout considéré comme aussi élevé qu'incontestable. Sa tête était celle d'un sage. Je crus qu'il allait
sortir de sa bouche quelque grande parole. Il débuta par
ces mots : « Les êtres vivants se divisent en trois règnes
dont chacun possède son fléau : le règne végétal, le
règne animal, et, ajouta-t-il avec un geste qui voulait
être solennel, le *règne hominal* ».

La dernière de mes illusions était détruite. Ce
médecin, ce physiologiste, ce guide de la science fran-
çaise venait, sans doute, de se réveiller d'un sommeil de

BIBLIOTHÈQUE MATÉRIALISTE

LE TRANSFORMISME

ÉVOLUTION DE LA MATIÈRE

ET DES ÊTRES VIVANTS

PAR

J.-L. DE LANESSAN

PROFESSEUR AGRÉGÉ
D'HISTOIRE NATURELLE A LA FACULTÉ DE MÉDECINE DE PARIS
DÉPUTÉ DE LA SEINE

AVEC FIGURES DANS LE TEXTE

PARIS

OCTAVE DOIN, ÉDITEUR

8, PLACE DE L'ODÉON, 8

1883

PRÉFACE

En écrivant ce livre, je me suis proposé de mettre à la portée de tous les hommes instruits les arguments et les faits sur lesquels repose la Théorie du Transformisme.

Je n'ai pas eu la prétention d'épuiser, en si peu de pages, un si vaste sujet. J'ai dû me borner à en tracer les principales lignes, à mettre en relief les points capitaux, et à éclairer les contours des grandes masses des faits.

Dans une série d'ouvrages ultérieurs, j'aborderai l'étude de chaque partie de cet ensemble, en y apportant l'indépendance d'esprit et l'impartialité que je me suis efforcé d'introduire dans celui-ci.

Ce n'est pas l'opinion particulière de tel ou tel

homme, si grand qu'il soit, que j'aie xposée ; ce n'est pas un piédestal à une personnalité quelconque que j'ai voulu édifier. J'ai exposé et comparé toutes les doctrines, celle de Lamarck et celle de Darwin, celle de Russel Wallace et celle de Moritz Wagner, celle qui attribue la transformation des êtres vivants au Milieu, celle qui la fait découler de la Sélection, comme celle qui en voit la cause dans la Ségréga-tion.

J'ai placé toutes les opinions en présence des faits et j'ai déduit de cet examen les conclusions qui m'ont paru conformes à la réalité des choses.

J'ai pensé, j'ai écrit, sans autre préoccupation que celle d'atteindre la vérité. Si j'ai grandi quelques figures trop réduites de nos jours, si j'en ai réduit quelques-unes que mes contemporains ont faites trop grandes, j'ai agi en toute bonne foi, sans pas-sion comme sans intérêt, car la plupart de ceux dont je parle sont morts, en apportant autant de réserve dans la forme de mes opinions que de netteté dans leur expression.

Puisse ce livre contribuer à répandre la connais-sance d'une doctrine aujourd'hui admise par la presque unanimité des savants, mais encore enve-

loppée de trop d'obscurité et non moins entravée
dans son évolution par les préoccupations person-
nellesde ceux qui l'ont fondée ou de leurs élèves,
que par l'hostilité plus ou moins intéressée de ses
adversaires.

J.-L. DE LANESSAN.

Paris, le 21 janvier 1883.

trois ou quatre cents ans. Je n'en écoutai pas davantage.

Cet académicien, pensais-je en m'éloignant, vient d'exprimer, d'un mot, une opinion vieille comme le monde, mais encore assez vivace pour que les résultats obtenus, dans la recherche de la vérité, par la science moderne, soient exposés à rester longtemps encore sans effet contre elle.

Il ne plaît guère à l'homme d'être un animal. Chez les Grecs et les Romains, il lui suffisait d'être empereur ou roi pour se qu'il se divinisât lui-même de son vivant. A toutes les époques, une bonne partie des dieux ont été faits avec des hommes. Chez les Hébreux, l'homme qui passe pour avoir été le réprésentant des humbles et des petits, se contenta, étant modeste, de se proclamer fils de Dieu.

Les plus illustres philosophes et beaucoup de savants n'ont pas échappé au ridicule travers de faire de l'homme un être à part dans la nature. Linné distingue l'homme de tous les autres êtres par l'épithète de *sapiens*. Pour Pascal, « l'homme n'est ni ange ni bête ». Descartes, après avoir formulé son admirable théorie de la mécanique animale, base du matérialisme scientifique moderne, que notre bon La Fontaine railla ne l'ayant pas comprise s'arrête en face de l'homme. Il n'ose pas étendre jusqu'à lui sa savante doctrine ; il lui accorde trop généreusement l'âme immatérielle, d'essence divine, qu'il avait, avec tant de raison, refusée aux autres animaux. Spinosa met Dieu dans la nature entière, afin d'avoir sa part de la divinité. D'Alembert l'encyclopédiste, d'Alembert le mathématicien, l'ami de Diderot, tombe, à son tour, dans cette puérile erreur. Il ne rougit pas d'écrire : « Tout engage à placer l'homme sur le passage qui sépare Dieu et les esprits d'avec les corps », et il veut qu'on étudie l'homme avant d'observer le reste de la nature, après « Dieu » et après « les esprits créés ».

Un savant anthropologiste moderne, n'osant plus, avec Linné, faire de l'intelligence l'apanage exclusif de l'homme, attribue à ce dernier, comme caractère distinctif et lui appartenant exclusivement, la « religiosité », afin, sans doute, d'indiquer par là que si l'homme peut avoir l'idée d'un Dieu adorable, c'est que par sa nature il se rapproche plus ou moins de ce Dieu. D'où il résulterait que les hommes assez perfectionnés pour avoir perdu la religiosité seraient un peu moins hommes que les sauvages fétichistes de l'Afrique et de l'Australie.

Il ne me paraît pas improbable que la croyance à une âme immortelle et à une vie future soit, à notre époque, inspirée à l'homme par le désir de se distinguer des autres êtres vivants.

Bien des gens, en effet, qui admettent, sans trop de difficulté, les principes de Lamarck et de Darwin, en ce qui concerne les végétaux et les animaux, se refusent à les appliquer à l'homme. Il leur importerait peu que les singes fussent des hommes dégénérés, mais ils ne peuvent se faire à la pensée que les hommes soient des singes perfectionnés.

Sans parler des religions, la plupart des doctrines philosophiques et des systèmes politiques ou sociaux sont imbus de ce principe erroné, que l'homme est un être à part, doué d'une organisation et de facultés qui ne se trouvent qu'en lui, et susceptible d'être étudié isolément, sans qu'il soit nécessaire de se préoccuper des liens qui le rattachent aux autres êtres vivants, ni peut-être même du milieu dans lequel il se trouve.

Descartes ne dit pas : « *Je sens*, donc je suis, » ce qui indiquerait ses relations avec le monde extérieur ; mais : « *Je pense*, donc je suis ». Le milieu qui l'entoure, c'est-à-dire tout ce qui lui est étranger, lui paraît d'une nature tellement différente de la sienne qu'il ne juge pas à propos de s'en occuper. Ce qu'il considère chez les animaux comme un mouvement provoqué, il le croit chez lui spontané. Il ne voit pas que sa propre pensée est, comme celle des autres animaux, une résultante mécanique des actions exercées sur lui par le milieu dans lequel il se trouve.

Les positivistes semblent craindre d'aborder la question de la place de l'homme dans la nature et s'efforcent plutôt de l'éluder que de la résoudre.

Les transformistes les plus illustres, eux-mêmes, ont manifesté de singulières faiblesses. Lamarck introduit dans son système la Divinité, sans qu'on puisse bien voir à quel usage elle servirait, car il admet la génération spontanée pour les êtres vivants inférieurs et la transformation comme cause productrice des autres. Darwin n'ose pas aborder cette question, peut-être pour éviter les attaques que soulèverait sa doctrine s'il en formulait les conséquences extrêmes et nécessaires ; quoiqu'il en soit, toute son œuvre est imbue de déisme et de spiritualisme.

Je ne crois pas qu'aucun historien se soit jamais placé, pour juger les événements du passé et prévoir ceux de l'avenir, dans la situation d'un naturaliste qui se propose d'étudier l'évolution et les mœurs d'un animal vivant en société. Les plus illustres d'entre eux invoquent, à chaque instant, soit la Providence, soit le hasard ; beaucoup introduisent, comme Louis Blanc, dans la marche des événements humains, des hommes providentiels, au risque de rendre la Divinité à laquelle ils croient responsable des crimes et des turpitudes des César, des Louis, des Napoléon.

Parmi les écrivains politiques, quelques-uns ont été plus hardis ; mais ceux-là même qui ont admis, avec le moins de restriction, le principe de la nature animale de l'homme, se laissent entraîner par l'habitude et dominer par l'influence des opinions généralement admises autour d'eux, et oublient à chaque pas leur point de départ. Il n'est donc pas étonnant que tous ces systèmes politiques et sociaux ne puissent être utilement appliqués aux sociétés humaines, et que l'homme, dans l'intérêt duquel on prétend les établir, consacre la majeure partie de ses forces à les combattre.

J'étais arrivé en face des Tuilleries. Devant moi apparaissait, avec son balcon doré, la fenêtre que Charles IX ouvrit le jour de la Saint-Barthélemy et par laquelle il arquebusa, pour se distraire, ceux qui fuyaient ses assassins. Que feraient, me demandai-je, les habitants d'une fourmillière, si, quelque jour, il prenait fantaisie à l'une d'entre elles de sauter à la gorge des membres de la société ? Le palais des rois sembla me répondre : « 10 août 1792, 2 septembre 1792, 21 janvier 1793.» Mais, pourquoi tant d'intervalle entre l'attentat et la vengeance, entre l'arquebuse du prince et la guillotine du peuple? Pourquoi cet assassin Charles IX, seul, contre un peuple entier, n'a-t-il pas été sur-le-champ étranglé, comme une bête fauve, par les amis et les parents de ses victimes ? Pourquoi, chez l'homme une lâcheté ou une complicité que ne montrerait pas la fourmi ?

Plus loin, sur le bord de la Seine, un chien maigre, souillé de boue, un vagabond sans maître, rongeait un os recueilli sans doute sur quelque tas d'ordures. Un lévrier pimpant, revêtu d'un manteau en fin drap bleu, que bordait un liseré jaune, avec des couronnes de comte dans les angles, s'approcha du malheureux et fit mine de lui ravir sa pâture. La querelle ne fut pas longue : un grognement sourd, deux coups de crocs furent la réponse du propriétaire à cet élégant parasite.

Je me rappelai avec quelle désinvolture, il y a moins de cent ans, tout homme portant un titre ou une soutane pouvait s'emparer du bien de son semblable, du fruit de son travail et de ses sueurs, sans avoir à craindre, de la part du manant, aucune résistance.

En arrivant sur la place du Louvre, je me rappelai deux scènes auxquelles j'avais assisté le matin : une noce sortait de l'église ; la mariée était jeune, belle, et, disait-on, fort riche ; le mari était laid, vieux, cassé, usé par la débauche, ruiné par le jeu, mais il occupait une haute situation politique, et le bourgeois qui lui avait livré cette superbe fille disait avec orgueil : « Mon gendre, le sénateur. »

Tout à côté, sous les marronniers de la place, une belle chienne épagneule, poursuivie par de nombreux galants, mordait, de droite, de gauche, tous ceux qui se permettaient trop de hardiesse. Un seul, à l'œil vif, intelligent, au poil fin et soyeux, trouva grâce devant elle, et le couple s'éloigna, le favori montrant les dents à la meute des dédaignés.

Vers l'angle de la place, ils frôlèrent la robe grise d'un homme qui avait fait vœu de chasteté, un carme, je crois.

Les observations que je venais de faire me conduisaient à ce résultat : le chien individu, libre dans la société canine, l'homme esclave dans la société humaine ; l'animal conservant toujours son individualité et la défendant, même au péril de sa vie ; l'homme abandonnant la sienne au premier venu ; les sociétés animales ayant des reines qui engendrent des citoyens, les sociétés humaines des rois qui les égorgent.

Chercher les motifs de cet état que La Boétie a si bien nommé « la servitude volontaire » et les moyens de les faire disparaître, me parut être un objet d'étude d'une haute importance.

Les motifs de l'infériorité de l'homme vis-à-vis des autres animaux, dans la revendication de ses droits individuels, me paraissaient admirablement résumés dans le mot de l'académicien : « Le règne hominal », et dans celui de Pascal : « L'homme n'est ni ange ni bête ».

N'est-ce pas, en effet, dans cette croyance que l'homme est à la fois supérieur aux autres animaux et inférieur à cet être imaginaire, Dieu, qu'il faut chercher la source du Principe d'Autorité, mis en pratique successivement par les pontifes des diverses religions, par les monarques et les empereurs, par les jacobins et les opportunistes, et même par certaines écoles socialiste modernes qui diminuent l'individu au profit de l'État ?

Admettre, sous quelque forme que ce soit, un Dieu supérieur à l'homme, n'est-ce pas admettre que ce Dieu tout-puissant peut se faire représenter sur la terre par quelques hommes supérieurs aux autres ?

L'omniscience de Dieu a pour conséquence l'infaillibilité du pape. De l'omnipotence de Dieu découle l'autocratie du monarque.

Le premier dans la nature, l'homme s'est fait volontairement le second.

Son ignorance générale des objets qui l'entourent,

de sa propre constitution, des liens qui le rattachent à l'univers, des propriétés générales de la matière dont il est une simple forme, a été exploitée de tout temps par un petit nombre d'individus plus intelligents que les autres. Ils ont inventé Dieu pour s'en faire les ministres, et sur la crainte de cet être fictif ils ont bâti leur puissance, comme la mère appuie son autorité sur la frayeur qu'inspire le Croquemitaine de son invention.

Le sol creusé par les mains de l'homme était sa propriété, les habiles lui ont persuadé que la terre était l'œuvre de Dieu, et lui ont volé le fruit de son travail. Il était libre, ils ont fait courber son front devant un maître absolu, dont ils se sont attribué l'autorité. Il aimait et chérissait librement sa femelle ; ils ont réglementé son cœur et légiféré sur son amour.

Despotisme religieux et politique, inégalité sociale, mariage religieux et civil, dîmes et corvées, soumission de tous à quelques-uns, ont découlé de cette idée fausse, trop facilement admise par l'ignorant, que l'homme possède, en dehors de la nature, un maître souverain, représenté sur la terre par les prêtres et les rois.

Pour rendre à l'homme toute sa liberté, toute son individualité, il importe donc de le convaincre que, semblable aux autres animaux par son organisation et ses propriétés, mais supérieur à eux par suite de l'évolution dont il représente le terme le plus élevé, et susceptible encore de se perfectionner, il n'est inférieur à rien.

Être le premier des animaux vaut mieux qu'être le dernier des dieux.

Les problèmes politiques et sociaux se trouvant ainsi dégagés de tous les éléments étrangers qui les ont encombrés jusqu'à ce jour, il deviendrait facile de les aborder avec les procédés mis en œuvre dans l'étude de tout animal vivant en société. La politique deviendrait un chapitre de la biologie et devrait prendre pour base la connaissance exacte de l'organisme humain et de ses fonctions.

Il n'est donc pas permis de trouver étrange que le savant se préoccupe des questions politiques et sociales et qu'il fasse converger tous ses travaux vers la découverte des procédés à mettre en usage pour améliorer l'homme et rendre son état social aussi parfait que possible.

Pourquoi le naturaliste se désintéressait-il des questions relatives à l'organisation des sociétés humaines, c'est-à-dire des questions politiques, alors que ses études le mettent à même de les résoudre plus sûrement que tout autre ? Le moment n'est peut-être pas éloigné où l'on finira, dans le monde scientifique, par se convaincre qu'être naturaliste, physicien ou chimiste, n'empêche pas d'être citoyen, et où tout savant considérera comme un devoir d'apporter son concours à l'étude du plus grand de tous les problèmes qui puissent préoccuper l'intelligence humaine, celui qui a reçu le nom de *Question sociale*.

Certains hommes qui se croient graves et qui surtout sont assez habiles pour inspirer à une partie de
leurs concitoyens une confiance aveugle en leur prétendue gravité, affirment il est vrai, sans sourciller,
qu'il n'existe pas de « Question sociale ».

A entendre ces disciples de Pangloss, « tout est pour
le mieux dans le meilleur des mondes possibles ».
La preuve en est qu'ils jouent à la bourse, qu'ils dé-
tiennent le pouvoir, qu'ils sont ministres ou ambas-
sadeurs, préfets ou sous-préfets, receveurs ou contrô-
leurs, et, qu'armés des vieilles lois de la monarchie et de
l'empire, ils peuvent, à leur guise, imposer silence à tous
ceux qui élèvent la voix pour se plaindre du sort ou
essaient de grouper leurs forces pour résister aux exploiteurs de leur travail et de leur misère.

Les favoris de la fortune ne songent pas qu'en niant
l'existence d'une « question sociale », ils nient l'existence
même de la société dont ils font partie, et se comportent
comme l'ignorant qui ne sachant pas lire et ne voulant pas l'apprendre, nierait qu'il existe des livres.

Ouvrons donc devant leurs yeux le livre de la
nature, et épelons à leurs oreilles quelques-unes
des vérités qu'il contient. Nous pensons que ce sera
faire œuvre profitable non seulement à ceux qui
souffrent et auxquels il importe de signaler les moyens
de défense que la nature met à leur disposition, mais
encore à nos adversaires en leur montrant quelle im-
prudence ils commettent, lorsque méconnaissant les

phénomènes les moins contestables , ils dédaignent de se préoccuper d'une question par laquelle ils seront fatalement submergés.

Les hommes, nous dit la science, naissent inégaux en force et en intelligence, mais ils naissent égaux en droits. L'inégalité qui existe entre eux est la condition nécessaire de l'évolution, un des agents indispensables de la marche ascendante qui conduit la nature entière vers un progrès incessant. Les êtres les mieux doués, les plus forts, les plus intelligents, résistent, en effet, plus facilement aux conditions défavorables du milieu dans lequel ils vivent, et leurs qualités se transmettent de génération en génération, en acquérant dans chacune un développement considérable. Les êtres les plus faibles, les moins intelligents, succombent, au contraire, les uns après les autres, laissant la place aux plus forts et aux plus intelligents. Et l'humanité marche ainsi vers un progrès dont le terme ne saurait être prévu.

En prenant ce premier fait pour base de sa constitution, une société organisée scientifiquement doit fournir à tous ses membres les moyens de développer, sans obstacle, la force physique et intellectuelle dont la nature les a doués. Elle doit mettre gratuitement à leur disposition, non seulement l'instruction primaire, mais encore l'instruction secondaire et même l'enseignement supérieur, si leur intelligence leur permet d'aller jusque là. Elle doit, en même temps, leur donner tous les moyens de développer leur force physique et les armer de telle sorte qu'ils soient, autant que possible, en mesure de résister aux attaques de tous ceux qui tenteraient de les opprimer.

Imitant la femelle qui veille sur ses petits jusqu'à ce qu'ils soient assez forts pour se suffire, la société doit prendre ses enfants par la main, au jour de la naissance, les conduire pas à pas dans la vie, mettre à la disposition de tous les mêmes moyens de perfectionnement et d'accroissement et ne les abandonner à eux-mêmes que le jour où, étant devenus hommes, ils pourront entrer en jouissance de leur droits naturels.

Est-ce ainsi que notre société se comporte ?

La société remplit-elle ses devoirs, ou, plutôt, satisfait-elle à ses propres intérêts, lorsqu'elle condamne à une ignorance relative tous ceux de ses membres que le hasard a fait naître pauvres ? Songe-t-elle à ses intérêts, lorsqu'en agissant de la sorte elle se prive volontairement des services que pourraient lui rendre plus tard des milliers d'intelligences que le manque d'instruction met dans l'impossibilité de se manifester et de se développer ?

Agit-elle selon ses intérêts les plus immédiats, en ne mettant pas à la disposition de tous des écoles professionnelles assez nombreuses et assez variées pour que toutes les habiletés manuelles s'y puissent révéler ?

Défend-elle ses intérêts, lorsqu'elle choisit pour les

faire égorger dans des guerres fratricides, les plus valides et les plus robustes de ses enfants ? Si elle juge la guerre nécessaire, qu'elle n'envoie du moins sur les champs de batailles que ses bancals et ses bossus, ses phthisiques et ses scrofuleux, et qu'elle conserve pour la propagation de l'espèce ceux qu'elle fait aujourd'hui massacrer entre eux pour la plus grande gloire des monarques et la fortune de quelques officiers. La guerre pourrait, dans ces conditions, devenir un instrument de perfectionnement des races humaines, tandis qu'elle n'a été, jusqu'à ce jour, qu'un agent de dégradation ; mais il suffit de montrer l'alternative épouvantable dans laquelle se place la société, en faisant de la guerre un des rouages de son mécanisme, pour mettre en évidence la quantité de barbarie que notre civilisation conserve.

Tout cela ne constitue-t-ils pas une « Question sociale » qu'il importe de résoudre dans le plus bref délai ?

En donnant à cette question la solution que réclame la science ; en fournissant à tous les hommes les éléments nécessaires à leur évolution en force et en intelligence, la société travaillerait, à la fois, à son perfectionnement et au bonheur de tous ses membres. L'inégalité native qui existe nécessairement entre ces derniers ne serait plus alors qu'un des agents nécessaires d'un progrès incessant, parce que les conditions du milieu étant égales, les plus forts, les plus actifs, les plus laborieux et les plus intelligents seraient toujours certains de l'emporter dans la lutte pour l'existence que tout homme est fatalement condamné à soutenir contre la nature et contre les autres hommes.

Dans l'état actuel de notre société, au contraire, l'inégalité qui existe entre les hommes entraîne souvent une rétrogradation de race. Les enfants les plus favorisés de la fortune, ceux que le sort destine aux premiers emplois, aux plus hautes fonctions, ceux qui, ayant la vie plus facile, ont plus de chance de résister aux agents de destruction du milieu ambiant, sont loin, en effet, d'être toujours les plus forts et les plus intelligents, et ne laissent souvent après eux qu'une postérité abâtardie, tandis qu'à leur côté des hommes robustes succombent à un travail trop pénible, avant d'avoir pu perpétuer leur race, et des enfants d'une haute intelligence se développent dans des conditions telles que leur intelligence s'affaiblit peu à peu, et que, devenus hommes, ils produisent des enfants moins intelligents qu'eux-mêmes.

Les hommes, avons-nous dit, naissent tous égaux en droits.

Tous, en effet, quelles que soient leur force et leur intelligence, apportent les mêmes droits à dire et à écrire ce qu'ils pensent, à se réunir à leurs semblables quand il leur convient, et à s'associer à eux dans le but d'accroître les forces de chacun par l'union des forces de tous.

Notre société tient-elle compte de ces droits naturels ?

Respecte-t-elle l'autonomie native de chaque homme ? Ici la question politique se confond avec la question sociale.

Autoritaire, et n'ayant d'autre point d'appui que les privilèges engendrés par les caprices du sort, notre société voit un danger dans l'usage des droits naturels les plus imprescriptibles.

Dangereuse est la parole ; dangereuse est la plume ; dangereux est le droit de réunion ; dangereux est le droit d'association.

Et cependant, tous ces droits constituent une propriété naturelle et légitime que chacun peut et doit revendiquer. Ils résultent de besoins tellement urgents que l'homme ne peut manquer de les satisfaire sans s'affaiblir lui-même et affaiblir sa descendance.

Il ne faut pas croire, en effet, que l'homme vive en société parce qu'il le veut bien. Il y est contraint, comme tous les êtres de la nature, par une nécessité inévitable.

C'est un fait rigoureusement scientifique que nul être vivant ne peut vivre isolé sans succomber dans la lutte pour l'existence à laquelle il est condamné.

Il en est, à cet égard, des hommes comme des animaux. La vie en société est une nécessité pour eux. L'association, c'est-à-dire « l'aide pour l'existence », est indispensable à leur conservation et à leur évolution progressive.

En refusant aux ouvriers le droit de mettre en commun leurs forces et les produits de leur travail, en entravant le droit qu'a tout homme de communiquer ses pensées à son semblable, de se réunir aux autres hommes, de s'associer à eux, nos lois restrictives, condamnent une partie de l'humanité non seulement à la misère et à la faim, mais encore à la dégradation physique et intellectuelle.

Aux imprudents et aux habiles qui disent : « Il n'y a pas de question sociale », la science, on le voit, répond : « La question sociale existe. La question sociale domine l'existence des individus et des peuples. De la solution qu'elle recevra dépend l'avenir de l'humanité, son perfectionnement indéfini ou son abâtardissement non moins indéfini. »

On ne doit donc pas être étonné que les hommes adonnés avec le plus d'amour et de fidélité à l'étude de la science portent leur attention sur cette formidable question et fassent tendre tous leurs travaux et tous leurs efforts vers sa solution.

On doit regretter plutôt que le nombre de ceux qui agissent de la sorte soit si faible et déplorer que la presque totalité des savants de notre pays restent étrangers aux intérêts les plus graves de l'humanité.

C'est parce que je suis l'ennemi de cette coupable abstention que j'ai écrit ce livre, me proposant de vulgariser une doctrine scientifique qui me paraît devoir servir de base à toutes les recherches qui seront faites en vue d'améliorer les sociétés humaines.

CHAPITRE I

COUP D'ŒIL HISTORIQUE SUR LA THÉORIE DU TRANSFORMISME

L'un des problèmes qui ont le plus excité la curiosité des philosophes et des savants de toutes les époques est, sans contredit, celui de l'origine du monde, de la terre, des êtres vivants et particulièrement de l'homme. D'où viennent les animaux et les plantes qui peuplent notre terre ? D'où vient l'homme et comment se sont formés les premiers hommes ? Ce sont là autant de questions que l'intelligence humaine a dû poser dès qu'elle a été assez éveillée pour en saisir toute l'importance.

Ces problèmes ont reçu deux solutions opposées.

D'après l'une de ces solutions, les différentes espèces d'animaux ou de végétaux qui existent actuellement ou qui ont autrefois vécu sur notre globe ont été créées de toutes pièces par une divinité quelconque et se sont toujours montrées avec les mêmes caractères ; chaque espèce est toujours restée ce qu'elle était au moment de sa création et n'a pu se confondre avec aucune autre. Quant à l'univers entier et à notre planète, ils ont été également créés par la divinité et sortis par elle du néant.

Cette première solution du grand problème de l'origine du monde, des êtres vivants et des diverses espèces de ces êtres, peut être désignée sous le nom de *théorie de la création* et de *la fixité des espèces*.

Conçue dans les époques d'ignorance, elle a été le patrimoine de toutes les religions. De là elle est passée dans les systèmes philosophiques ou dans les théories scientifiques. Malgré son absurdité, elle compte encore de nos jours bon nombre de défenseurs.

Si cette théorie était exacte, les espèces végétales ou animales ne pourraient ni se perfectionner ni dégénérer ; la fixité la plus absolue serait pour elles une immuable nécessité. Appliquée à l'espèce humaine, elle a pour conséquence la suppression du progrès. C'est l'humanité cristallisée dans une forme invariable dès son premier pas sur le sol de notre globe ; c'est le crâne humain condamné aux formes fuyantes que l'on découvre dans les cavernes ; c'est l'homme primitif, imbécile, condamné à une éternelle imbécillité et courbé sous la volonté implacable de son créateur et des maîtres qui prétendent représenter la divinité créatrice.

Une semblable doctrine pouvait bien être admise sans contestation alors que l'homme, à peine plus intelligent que ses ancêtres, voyait la nature sans savoir la regarder, alors que, subissant lui-même une évolution nécessaire, il n'avait fait encore que les premiers pas dans la voie du progrès, alors que la religion et la philosophie étaient si peu distinctes que les dogmes de la première servaient de base aux systèmes de la seconde.

Mais, dès que les philosophes, abandonnant les spécula-
tions purement métaphysiques, se livrèrent à l'observation de la nature, il ne tardèrent pas à découvrir une innombrable quantité de faits contradictoires de la théorie
de la création et de celle de la fixité des espèces. ·

Il suffit, en effet, d'étudier successivement un certain
nombre d'individus appartenant à des espèces animales
ou végétales voisines, pour être rapidement convaincu de
l'impossibilité de séparer, d'une façon absolue, les espèces
les unes des autres. De là l'instabilité des classifications
en apparence les mieux établies, et le caractère essentiellement artificiel de celles qui passent· pour être les
plus « naturelles. »

C'est qu'en réalité, les classifications qui se prétendent
« naturelles » , ne sont, comme les classifications dites
« artificielles », que les produits de l'intelligence de celui
qui les établit, que des conséquences de la façon dont il
conçoit les analogies ou les différences qui existent entre
les êtres dont il étudie l'organisation.

L'impossibilité, avouée ou non, dans laquelle sont les
naturalistes de trouver des caractères différentiels assez
absolus pour servir à séparer les espèces voisines se manifeste dans les efforts impuissants qu'ils font pour donner
une définition scientifique du mot « espèce. »

Tant que la science des êtres vivants a été limitée à la
connaissance d'un petit nombre d'espèces, il a été facile
de distinguer ces dernières ; mais à mesure que l'observation a porté sur un nombre plus considérable d'organismes, les différences autrefois si tranchées se sont effa-
cées les unes après les autres ; les formes de transition se
sont montrées de plus en plus nombreuses et il n'a bientôt
plus été possible de séparer des formes qui , autre-

fois, paraissaient absolument distinctes les unes des autres.

La science dut changer de but. Jusqu'alors elle n'avait cherché que des différences, désormais elle chercha des ressemblances. Elle ne tarda pas à constater entre le plus inférieur et le plus parfait des hommes des transitions insensibles ; elle constata les mêmes analogies entre les formes humaines les plus inférieures et les formes animales les plus élevées. L'homme jusque-là considéré par les philosophes comme un être à part dans la nature, ne fut plus qu'un animal comme les autres, un simple Mammifère.

La connaissance des analogies se complétant chaque jour, on trouva entre les animaux supérieurs et les animaux inférieurs des liens de plus en plus étroits ; on vit que chaque groupe se confondait avec les groupes voisins au point qu'il était impossible de déterminer exactement ses frontières ; les mêmes relations se montrant entre les végétaux, on en vint, après avoir beaucoup discuté sur la meilleure définition de l'espèce, du genre, de la famille, etc., à ne considérer tous ces groupes que comme des créations de l'esprit, des moyens artificiels de mettre en ordre nos connaissances, ne répondant, dans la nature, à rien de réel.

La science ayant fait encore un nouveau pas en avant, on ne tarda pas ensuite à constater entre les formes animales et végétales les plus inférieures, des ressemblances assez nombreuses et assez grandes pour qu'on jugeât, difficile d'abord, puis tout à fait impossible, de distinguer, d'une façon absolue, les animaux des végétaux.

Puis on reconnut l'existence de certaines analogies entre les formes les plus inférieures des êtres vivants et la matière non vivante, et l'on conçut l'idée que la matière vivante pourrait bien n'être qu'une forme de la matière non vivante.

Enfin, poussant toujours plus loin l'étude des faits et celle des propriétés de la matière, on put s'assurer que cette dernière est aussi indestructible qu'incréable et en même temps que l'on admit son éternité et son incessante mutabilité, on rejeta dans le domaine des rêveries et des chimères toute idée de création et de créateur. La science tua Dieu.

A la vieille théorie de la création et de la fixité des espèces une théorie nouvelle fut substituée par les savants : celle du *transformisme* ou de *l'évolution,* que bien des gens désignent à tort sous le nom de *Darwinisme,* car Darwin loin d'en être le fondateur n'a fait, ainsi que nous le verrons tout à l'heure, que la compléter dans certaines de ses parties, en même temps que, malheureusement, il la défigurait dans d'autres.

Ce ne fut pas sans de grandes difficultés que la théorie du transformisme put s'implanter parmi les savants, pour se répandre ensuite dans le monde. Aujourd'hui encore, il est des pays, le nôtre par exemple, où l'on peut dire qu'elle est vue d'un fort mauvais œil. Les prêtres l'ont flétrie ; les procureurs de l'empire et de la république lui ont attribué la responsabilité des vols et des assassinats ; on lui a fait la guerre au nom de la religion, de la morale et parfois aussi au nom de la science ; mais, plus forte que ses détracteurs et que ses ennemis, elle s'est répandue à tel point qu'elle compte aujourd'hui parmi ses partisans et ses apôtres la meilleure partie des savants les plus autorisés. Presque universellement admise en Allemagne, en Angleterre, en Italie, etc.; elle n'est plus combattue en France que par les savants officiels, les professeurs en *us* qui, fidèles imitateurs de Cuvier, n'admettent que les opinions qui « plaisent à l'empereur. » (1) Malheureusement, les savants officiels sont encore nombreux chez nous. C'est cependant en France que le transformisme est né ; et, comme me le disait, il y a quelques années, un des savants les plus illustres de l'Allemagne, « c'est par la France qu'il doit repasser pour acquérir sa forme définitive » et la clarté qui ne permettra plus à personne de contester ni l'exactitude ni l'utilité de son application non seulement aux sciences naturelles, mais encore à celles qui ont pour objet l'étude des sociétés humaines.

Mal interprétée, la doctrine du transformisme est devenue, entre les mains de certaines gens, une excuse du despotisme, une légitimation de toutes les violences et de tous les abus de pouvoirs, une justification de cette horrible proposition que « la force prime le droit. »

C'est parce qu'elle inspire à des esprits de la plus haute valeur, une défiance injuste, que j'ai cru utile de mettre à la portée de tous la doctrine du transformisme, non pas telle quelle est comprise ou enseignée par celui-ci ou par celui-là, mais telle que la montre l'observation attentive des phénomènes de la nature.

Nous croyons qu'il n'entre pas dans le cadre de cet ouvrage de faire l'historique complet de la théorie du transformisme. Il nous serait facile de montrer que ses origines peuvent être reculées fort loin, mais ce serait là un hors-d'œuvre tout à fait inutile ; nous nous bornerons donc à indiquer les trois ou quatre traits principaux de son histoire, ceux qui ont une signi-

(1) Van Marum ayant un jour demandé à Cuvier s'il croyait à la génération spontanée : « L'empereur ne le veut pas », répondit Cuvier.

fication particulière au point de vue de la compréhension des faits que nous aurons plus tard à exposer.

C'est vers la fin du siècle dernier que la théorie du transformisme, devançant les faits scientifiques sur lesquels il est aujourd'hui permis de l'appuyer, commença à prendre une forme précise que ne lui avaient encore jamais donnée les philosophes les plus hardis.

L'idée que la matière vivante pouvait bien n'être qu'une forme de la matière non vivante, et que tous les êtres vivants pouvaient dériver les uns des autres par des transformations successives, est exprimée par Diderot avec une grande netteté et sous une forme charmante, dans son *Entretien entre Diderot et d'Alembert.* « Je voudrais bien, fait-il dire à d'Alembert, que vous me disiez quelle différence vous mettez entre l'homme et la statue, entre le marbre et la chair ; » et Diderot répond : « Assez peu. On fait du marbre avec de la chair, et de la chair avec du marbre.... Je prends la statue que vous voyez et je la mets dans un mortier, et... lorsque le bloc de marbre est réduit en une poudre impalpable, je mêle cette poudre à l'humus ou terre végétale ; je les pétris bien ensemble ; j'arrose le mélange ; je le laisse putréfier un an, deux ans, un siècle, le temps ne me fait rien. Lorsque le tout s'est transformé en une matière homogène, ou humus, savez-vous ce que je fais ? j'y sème des pois, des fèves, des choux. Les plantes se nourrissent de la terre et je me nourris des plantes. » D'Alembert réplique : « Vrai ou faux j'aime ce passage du marbre à l'humus, de l'humus au règne végétal, et du règne végétal au règne animal, à la chair. »

Diderot dit ailleurs : « Il semble que la nature se soit

plue à varier le même mécanisme d'une infinité de manières différentes... Quand on considère le règne animal et qu'on aperçoit que parmi les quadrupèdes il n'y en a pas un qui n'ait les fonctions et les parties, surtout intérieures, entièrement semblables à un autre quadrupède, ne croirait-on pas volontiers qu'il n'y a jamais eu qu'un premier animal, prototype de tous les animaux, dont la nature n'a fait qu'allonger, raccourcir, transformer, multiplier, oblitérer certains organes ?.... quand on voit les métamorphoses successives de l'enveloppe du prototype, quel qu'il ait été, approcher un règne d'un autre règne par des degrés insensibles et peupler les confins des deux règnes (s'il est permis de se servir du terme « confins » où il n'y a aucune division réelle), et peupler, dis-je, les confins des deux règnes d'êtres incertains, ambigus, dépouillés en grande partie des formes, des qualités et des fonctions de l'un, et revêtus des formes, des qualités et des fonctions de l'autre, qui ne se sentirait porté à croire qu'il n'y a jamais eu qu'un premier être, prototype de tous les êtres.... »

Plus loin Diderot ajoute : « La nature est une femme qui aime à se travestir, et dont les différents déguisements, laissant échapper tantôt une partie, tantôt une autre, donnent quelque espérance à ceux qui la suivent avec assiduité de connaître un jour toute sa personne. »

Diderot avait deviné la doctrine du transformisme ; il en avait donné la formule poétique ; c'est un autre français, l'illustre et cependant fort peu populaire Lamarck, qui lui donna, le premier, une forme scientifique.

Né le premier août 1744, à Bargentin, petit village de la Picardie, le chevalier de Lamarck, destiné par sa

famille aux ordres religieux, s'engagea, après la mort
de son père, dans un régiment de l'armée de Westphalie,
où il montra autant de courage comme soldat, qu'il
devait plus tard montrer d'indépendance comme savant.

Après la campagne, sa santé ne lui permettant pas de
continuer à exercer le métier des armes, il s'adonna à
l'étude de la botanique que J.-J. Rousseau avait mise
fort à la mode en France. En 1779, sa réputation scientifique était déjà faite ; il entrait à l'Académie des
sciences et ne tardait pas à entreprendre une œuvre
colossale, son *Dictionnaire de Botannique pour l'Encyclopédie méthodique* dans lequel il accumulait un nombre
considérable d'observations de la plus grande valeur.

C'est, sans doute, en rédigeant pour l'*Encyclopédie
méthodique* l'histoire des végétaux connus à son époque
et en comparant entre elles les formes innombrables et
insaisissables qne l'on nomme des espèces, qu'il conçut
la première idée de la théorie à laquelle il devrait d'être
plus populaire que Buffon et Cuvier, si les novateurs
n'étaient destinés à mourir de faim et de misère avant
de recueillir la gloire qui leur revient.

La Convention, cependant, sut apprécier sa valeur.
Il avait cinquante ans ; il ne s'était jamais occupé
de zoologie, mais Lakanal, qui organisait l'enseignement
des sciences naturelles et qui avait su comprendre son
génie, fit créer pour lui, au Muséum, une chaire des animaux invertébrés.

Après une année seulement de préparation, Lamarck
se montrait aussi grand zoologiste qu'il était déjà grand
botaniste et complétait, par l'étude des formes, variables
à l'infini, des animaux inférieurs, -la conception de sa
doctrine scientifique.

Mais, tandis que le savant s'usait à ce travail, Bonaparte étendait sa main sur la France et la science devenait, comme la justice, comme la morale, une chose officielle. Ceux-là seuls avaient le droit de parler qui, comme Cuvier, étaient les amis de l'empire, qui croyaient à Dieu et à l'Empereur et qui allaient chercher les vérités scientifiques dans les antichambres du Maître (1).

Lamarck, homme de peu de foi, placé au Muséum par la Convention, trop occupé des végétaux et des animaux pour songer à plaire aux hommes, et, d'ailleurs, peu disposé à se courber devant l'ignorance faite force, était fort mal en cour. Lorsque parut, en 1809, Sa *Philosophie zoologique*, ouvrage dans lequel est exposée sa doctrine, on fit le vide et le silence autour de l'auteur et du livre ; le silence fut si profond que quarante ans plus tard, Darwin ayant, de nouveau, mis au jour la doctrine de Lamarck, personne ne se souvint de ce dernier.

Le transformisme put ainsi se répandre, même en France, sous le nom usurpé de *Darwinisme*.

Il a fallu qu'un allemand, M. Hæckel, apprît à la France que le transformisme avait pour père véritable un français, et c'est seulement en 1873 que, grâce aux soins de M. Martins, une seconde édition de la *Philosophie zoologique* a été publiée.

Comme tous les hommes du dix-huitième siècle, comme tous ceux qui avaient salué l'ère de liberté inaugurée par la Révolution, Lamarck n'était pas seulement un savant. Il pensait avec Diderot, avec d'Alembert, avec

---

(1) Les choses n'ont pas autant changé depuis cette époque que l'on serait tenté de le croire. Si la matière se transforme sans cesse l'autorité reste immuablement hostile à tout ce qui pourrait la compromettre et la docilité des savants n'a guère diminué depuis l'époque de Cuvier. Notre pays change volontiers de maître, mais il semble ne pouvoir s'en passer.

tous les illustres collaborateurs de l'Encyclopédie, qu'à l'homme de science incombe le devoir, non seulement de répandre les connaissances qu'il a acquises, mais encore de rechercher et de signaler les services que la science est susceptible de rendre à la société.

Dans un ouvrage peu connu (*Syst. anal. des-conn. de l'homme*) publié en 1828, il revient à plusieurs reprises sur les questions politiques et sociales. L'origine des pouvoirs civils et religieux qui tiennent l'homme opprimé ne lui a pas échappé et il l'indique nettement. « La tendance continuelle de l'homme, dit-il, vers le bien-être ou vers un meilleur être lui faisant sans cesse désirer une situation nouvelle et toujours fonder ses espérances sur l'avenir, rend les individus privés de la lumière proportionellement plus crédules, plus amis du merveilleux, plus indifférents pour les idées solides, pour les vérités même, leur donne un grand attrait pour des illusions qui les flattent, enfin les porte à des craintes et à des espérances chimiques.

« Cette manière d'être et de sentir étant le propre de l'immense majorité des individus de toute population, a fourni *aux plus avisés* qui en font partie, *les moyens d'abuser et dé dominer les autres*. Il leur a été facile par là de changer en pouvoir absolu les institutions originairement établies pour la conservation et l'avantage de la Société. C'est donc principalement à l'ignorance des choses et au très petit cercle d'idées dans lequel vivent les individus de cette majorité, qu'il faut rapporter la plupart des maux moraux qui affligent, dans tant de contrées, l'homme social. »

Le principe de la solidarité des intérêts, ne lui avait pas non plus échappé. Il a écrit sur l'état social de l'humanité quelques pages admirables, absolument ignorées et que, pour ce motif, je crois devoir transcrire ici. Nous trouverons plus tard à appliquer les principes qui y sont tracés et nous n'aurons qu'à modifier bien légèrement ces principes pour les adapter aux besoins de notre époque :

« Il me semble que le plus grand service que l'on puisse rendre à l'homme social, serait de lui offrir trois règles sous la forme de principes : la première pour l'aider à rectifier sa pensée, en lui faisant distinguer ce qui n'est que préjugé ou prévention, de ce qui est ou peut être, pour lui, connaissance solide ; la seconde pour le diriger, dans ses relations avec ses semblables, conformément à ses véritables intérêts ; la troisième pour borner utilement les affections que son *sentiment intérieur* et l'intérêt personnel qui en provient peuvent lui inspirer. Or, les règles dont il s'agit et que je lui propose, résident dans les trois principes suivants :

« *Premier principe :* Toute connaissance qui n'est pas le produit réel de l'observation ou de conséquences tirées de l'observation, est tout à fait sans fondement, et véritablement illusoire ;

« *Second principe :* Dans les relations qui existent, soit entre les individus, soit entre les diverses sociétés que forment ces individus, soit encore entre les peuples et leurs gouvernements, la *concordance* entre les intérêts réciproques est le principe du bien, comme la *discordance* entre ces mêmes intérêts est celui du mal ;

« *Troisième principe :* Relativement aux affections de l'homme social, outre celles que lui donne la nature pour sa famille, pour les objets qui l'ont entouré ou qui ont eu des rapports avec lui dans sa jeunesse, et quelles que soient celles qu'il ait pour objet, ces affections ne doivent jamais être en opposition avec l'intérêt public, en un mot, avec celui de la nation dont il fait partie.

« Je suis bien trompé, ou je crois qu'il sera difficile de remplacer ces trois principes par d'autres qui soient plus utiles, plus fondés, et plus moraux que ceux que je viens de présenter pour régler la pensée, le jugement, les sentiments et les actions de l'homme civilisé. Je suis même très persuadé que plus ce dernier s'écartera, par sa pensée, ses sentiments et ses actions, des trois principes exposés ci-dessus, plus aussi il contribuera à aggraver la situation en général malheureuse où il se trouve dans l'état de société ; les actions qui sont en opposition avec ces principes, donnant lieu à des vexations, des perfidies, des injustices et des oppositions de toutes sortes qui occasionnent des maux nombreux dans le corps social, et y font naître quelquefois des désordres incalculables. Aux causes de maux que je viens de signaler, il me paraît nécessaire d'en ajouter d'autres qui sont plus grandes encore, savoir :

« 1° *L'ignorance* des principes, de l'ordre et de la nature des choses. J'en ai déjà dit un mot, et j'ai montré que, dans les individus très nombreux qui sont dans ce cas, parmi toute population, elle donnait lieu à une crédulité presque sans limites, dont savent habilement tirer parti, pour maintenir la multitude dans leur dépendance, des hommes qui, par la nature de leur position, sont interressés à favoriser cette crédulité et à en profiter ;

« 2° Le *faux-savoir,* lequel est un produit de démi-connaissances et de conséquences erronées qui résultent de jugements sans profondeur et sans rectitude ; qui est le propre, particulièrement, d'un assez grand nombre de personnes qui se croient en état de raisonner sur tels ou tels sujets avant de les avoir suffisamment approfondis...

« 3° *L'abus* du pouvoir que commettent, en général, ceux qui sont les dépositaires de l'autorité : abus qu'il n'est guère possible d'éviter, les hommes ayant tous les mêmes penchants, et ne pouvant que difficilement se soustraire à celui qui les porte à tout sacrifier à leurs passions particulières, si l'occasion s'en présente. Cette cause me paraît avoir le plus contribué aux maux qui pèsent sur l'humanité, en ce que, par la raison que je viens d'indiquer, les institutions publiques qui, dans leur origine, n'avaient d'autre objet que le bien de tous, n'ont servi le plus souvent qu'à assurer celui d'un petit nombre, au préjudice ou au détriment de la majorité, pour l'intérêt de laquelle, cependant, ces mêmes institutions avaient été créées.... Sans cette cause toujours agissante, sans les penchants que l'homme a reçus de la nature, parmi lesquels le plus remarquable est sans contredit celui qui le porte à *dominer*, à ne considérer que son intérêt particulier, exclusivement à tout autre, les diverses autorités qu'il a établies, toujours bienveillantes et tutélaires, ne perdraient jamais de vue l'objet, pour lequel elles furent instituées, ce même objet, bien loin de tomber en oubli, serait partout reconnu, enfin la sûreté et le bien-être des membres qui composent la société ainsi que l'ordre qui en résulte, ne seraient jamais compromis.

« La recherche continuelle des *vérités* auxquelles l'homme social peut espérer de parvenir, lui fournira seule les moyens d'améliorer sa situation, et de se procurer la jouissance des avantages qu'il est en droit d'attendre de son état de civilisation. Plusieurs de ces vérités sont déjà reconnues. Les lumières, malgré les nombreux obstacles que leur opposent sans cesse l'ignorance et particulièrement le *faux-savoir*, se répandent peu à peu, et font de jour en jour des progrès remarquables. Tôt ou tard, en effet, le temps amène inévitablement la destruction de l'erreur ; tandis que la *vérité*, immuable et indestructible, perce les ténèbres qui l'environnent, dissipe insensiblement les illusions, les prestiges, et finit par triompher de l'ignorance et de la barbarie. Aussi voyons-nous la *raison publique*, éclairée par l'expérience, se rectifier graduellement, et les principes d'une saine philosophie, qu'ont reconnus et consacrés tant d'illustres écrivains, se propager jusque dans les contrées les plus lointaines, influer puissamment sur les destinées des nations, et préparer la seule voie qui puisse, par la suite des temps, affranchir l'humanité de nombre de maux qui l'accablent...

« Parmi les vérités que l'homme a pu apercevoir, l'une des plus importantes est, sans doute, celle qui lui a fait reconnaître, ainsi qu'on l'a vu plus haut, que le premier et principal objet de toute *institution publique* devait être *le bien de la totalité des membres de la société*, et non uniquement celui d'une portion d'entre eux, l'intérêt de la minorité étant en discordance avec celui de la majorité, de même que l'intérêt individuel l'emporte ordinairement sur tous les autres. Mais il y a encore une vérité qu'il ne lui importe pas moins de reconnaître, s'il ne doit même la placer au-dessus de celles qu'il a pu découvrir, par l'extrême utilité dont elle peut être pour lui. C'est celle qui, une fois reconnue, lui montrera *la nécessité de se renfermer, par sa pensée, dans le cercle des objets que lui présente la nature,* et de ne jamais en sortir, s'il ne veut s'exposer à tomber dans l'erreur, et à en subir toutes les conséquences.

« Nous avons dit précédemment que les vérités à la connaissance desquels l'homme pouvait atteindre, par le moyen de l'observation, devaient être partagées en deux ordres bien distincts, savoir : les faits observés, qui sont toujours des vérités positives lorsqu'ils ont été constatés ; et les conséquences déduites de ces faits, lesquelles peuvent être considérées encore comme des vérités, si, dans les jugements qui les ont établies, l'on a employé tous les éléments qui y devaient entrer, et suivi une marche convenable, mais qui, dans le cas contraire, ne peuvent que se trouver absolument fausses.

« Maintenant, nous allons faire remarquer que le nombre des vérités dont la connaissance nous est indispensable s'accroît considérablement, à mesure que la civilisation devient plus ancienne et fait plus de progrès.

« En considérant chaque société humaine dans son degré de civilisation, on peut dire que la somme des vérités dont la connaissance est nécessaire au bonheur des individus, doit être proportionnelle au nombre des besoins que l'on s'y est formés. Or, dans l'état de civilisation dont il s'agit, si le nombre des vérités dont la connaissance est nécessaire, est resté inférieur aux besoins ou n'a pu se répandre ; si ce qui passe pour connaissance solide dans l'opinion n'est qu'erreur ou n'est qu'un *faux-savoir,* le bonheur individuel y deviendra proportionnellement plus difficile et plus rare. Alors on dira que les lumières sont plus nuisibles qu'utiles à l'homme, tandis que ce ne sont réellement que l'erreur et le faux-savoir qui lui nuisent.

« Un homme célèbre, prenant en considération les maux nombreux qui affligent l'humanité, s'est persuadé que le bonheur ne pouvait se rencontrer que dans un état très borné de l'intelligence, et que le savoir était plus nuisible qu'utile à l'homme.

« Le sens absolu de cette opinion est selon moi une erreur évidente, quoique jusqu'à un certain point l'apparence lui soit favorable.

« C'est assurément l'ignorance qui est la première et la principale source de la plupart de nos maux, depuis surtout que nous vivons en société ; c'est aussi l'extrême inégalité d'intelligence, de rectitude de jugement et de connaissances acquises qui s'observe entre les individus d'une population quelconque, qui concourt sans cesse à la production de ces maux. *Ce n'est en effet que relativement que certaines vérités peuvent paraître dangereuses ; car elles ne le sont point par elles-mêmes ; elles nuisent seulement à ceux en situation de se faire un profit de leur ignorance.....*

« Il résulte de ces considérations que si ce que nous appelons notre *savoir*, n'est pas toujours un savoir réel, ou n'est borné qu'à un petit nombre d'individus dans une population nombreuse, il n'y a rien d'étonnant qu'il nous soit si peu utile. Rousseau s'est douté de l'état de nos sciences ; mais il les a condamnées et en quelque sorte proscrites d'une manière trop absolue. Cet auteur, justement célèbre, revient souvent à la *nature* dans ses ouvrages, et l'on voit qu'il avait le sentiment de l'importance de son étude, ainsi que celui des inconvénients, des dangers même de se mettre en contradiction avec ses lois. Plus passionné pour la *nature* qu'aucune des personnes qui me soient connues, *les circonstances de sa vie ne lui per-*

mirent pas de la suivre dans sa marche, de bien saisir ses lois, de s'en instruire suffisamment.

« Partageant donc le sentiment de l'homme célèbre que je viens de citer, du plus profond des moralistes, j'ose dire que de toutes nos connaissances, la plus utile pour nous est celle de la *nature*, celle de ses lois, en un mot, celle de sa marche dans chaque sorte de circonstances. Aussi peut-on assurer que chaque individu de l'espèce humaine fournit sa carrière plus ou moins complètement, plus ou moins heureusement, selon que la direction qu'il donne à ses actions se trouve plus ou moins conforme aux lois de la nature, selon qu'il s'en éloigne plus ou moins et selon qu'il tire un parti plus ou moins avantageux de tous les objets qui sont en relation avec lui, ou qui peuvent le servir. Ce sont là, je crois, les vérités les plus importantes pour nous, celles qui doivent plus que toutes autres attirer notre attention et même la fixer.

« D'après les considérations qui viennent d'être exposées, et les réflexions qui les accompagnent, je conclus :

« 1° Que, pour l'homme, la plus utile des connaissances est celle de la *nature*, considérée sous tous ses rapports ;

« 2° Que, conséquemment, la plus importante de ses études est celle qui a pour but l'acquisition entière de cette connaissance ; que cette étude ne doit pas se borner à l'art de distinguer et de classer les productions de la nature, mais qu'elle doit conduire à reconnaître ce qu'est la *nature* elle-même, quel est son pouvoir, quelles sont ses lois dans tout ce qu'elle fait, dans tous les changements qu'elle exécute, et quelle est la marche constante qu'elle suit dans tout ce qu'elle opère ;

« 3° Que, parmi les sujets de cette grande étude, celles des lois de la *nature* qui régissent les faits et les phéno-

mènes de l'organisation de l'homme, son sentiment intérieur, ses penchants, etc. ; et celles aussi auxquelles sont
soumis les agents extérieurs qui l'affectent, ou ceux qui
peuvent compromettre tout ce qui l'intéresse directement,
doivent attirer son attention et exciter ses recherches
avant les autres ;

« 4° Qu'à l'aide des connaissances qu'il peut obtenir par
ces études, il se conformera plus aisément aux lois de la
nature, dans toutes ses actions ; il pourra se soustraire à
des maux de tout genre ; enfin, il en retirera les plus
grands avantages. »

J'ai insisté sur cette partie des idées de Lamarck pour
bien montrer, par un exemple pris dans les œuvres du
fondateur même du transformisme, l'importance de cette
doctrine au point de vue de la science sociale et pour
bien mettre en lumière, dès les premières pages de mon
livre, l'erreur des hommes qui considèrent le transformisme comme étant en opposition avec les principes du
socialisme moderne.

J'espère, au contraire, prouver, dans un autre ouvrage,
que du transformisme matérialiste seul, peuvent découler
les principes rationnels d'organisation des sociétés, et avant
tout l'autonomie individuelle, tandis que le spiritualisme
et le déisme ne peuvent conduire qu'au Principe d'Autorité
et au despotisme qui en est la conséquence fatale.

Avec les idées qu'il professait, Lamarck ne pouvait être
que pauvre et abandonné des pouvoirs publics. Pendant
les dernières années de sa vie il avait à peine de quoi
vivre. Devenu aveugle et impotent, abandonné de tous,
il travaillait cependant encore ; il dictait à sa fille ses
derniers ouvrages et son ardeur au travail était telle que
sa collaboratrice ne pouvait pas quitter la maison.

Il mourut le 18 décembre 1829, à quatre-vingt-cinq ans, tellement pauvre que ses deux filles se trouvèrent sans aucune ressource. « J'ai vu moi-même, en 1832, dit M. Ch. Martins, Mlle Cornélie de Lamarck attacher, pour un mince salaire, sur des feuilles de papier blanc, les plantes de l'herbier du Muséum, où son père avait été professeur. »

Tandis que les filles payaient de leur misère la hardiesse d'idées de leur père, l'oubli volontaire des contemporains de ce dernier s'étendait comme une ombre sur son œuvre, qui cependant devait, un jour, indiquer à la science la seule voie susceptible de la conduire à la vérité.

La première question scientifique dont la solution s'imposait à Lamarck, cherchant à formuler une théorie de la fonction des êtres vivants, était celle-ci : Comment ces êtres ont-ils été produits ? Quelle est l'origine de la vie sur la terre ?

La réponse faite à cette question par Lamarck est à peu près celle que l'on pourrait faire aujourd'hui. La science n'ayant pas encore à sa disposition de faits positifs, cette réponse est nécessairement hypothétique, mais nous montrerons plus tard qu'elle s'impose nécessairement à l'esprit de tous ceux qui cherchent à expliquer les phénomènes cosmiques sans faire intervenir le surnaturel.

« Voyons, dit Lamarck, comment la nature a pu produire directement les premiers corps vivants, ceux-ci lui ayant ensuite suffi pour amener progressivement la formation des autres. En donnant l'existence aux corps inorganiques et en formant par cela différents assemblages de matières diverses, ce qu'elle parvient à faire, tantôt par de simples réunions, tantôt par cohésion ou par aggrégation des molécules, la nature a pu, parmi les corps qui sont résultés de ces opérations en former qui soient propres à recevoir les premiers traits de l'organisation et *les mouvements qui constituent la vie.* C'est effectivement ce qu'elle paraît avoir fait » (*Syst. anal.*, p. 115).

Restait à résoudre une deuxième question : De quelle façon les premiers corps doués de vie, qui sans doute étaient très simples, ont-ils, pu produire les êtres vivants à formes multiples et à organisation complexe dont nous constatons aujourd'hui l'existence ?

C'est dans la solution de ce problème que le génie de Lamarck se montre dans toute sa grandeur. C'est ici que se présente à nous, pour la première fois, sous une forme scientifique, la doctrine du transformisme.

Deux faits, admirablement saisis par Lamarck servent de base à toute sa théorie.

Le premier est qu'il n'existe pas deux êtres identiques, mais qu'au contraire tout végétal ou animal possède un ensemble de caractères propres qui constituent ce que l'on nomme son *individualité.*

Ce fait est admis même par les partisans de la création et de la fixité des espèces, qui ne peuvent nier que dans une même espèce on trouve des individus dissemblables à certains égards.

Le deuxième fait signalé par Lamarck, celui dont la découverte lui est propre, c'est que les variations offertes par les individus sont produites par l'action qu'exerce sur eux le *milieu* dans lequel ils vivent.

Il est important de bien préciser le sens qu'on doit attacher au mot « milieu ». Nous devons entendre par là : le sol sur lequel vit l'animal, les conditions de température, d'humidité, d'électricité, etc., du pays qu'il habite, la nature des êtres qni l'environnent et avec lesquels il se trouve plus ou moins en contact, en un mot tout ce qui constitue son entourage, toutes les «circonstances» pour me servir du mot de Lamarck, dans lesquelles il se forme, naît, vit et se propage.

Ces circonstances, ces conditions de milieu ne peuvent jamais être identiques dans deux points déterminés de l'espace, si voisins qu'on les suppose l'un de l'autre. Il en résulte que sous l'influence de leur action les individus acquièrent des caractères plus ou moins différents. Une fois produits par l'action du milieu, les caractères seront habituellement transmis par l'individu qui les possède à ses descendants.

Ce fait, apparition incessante de caractères individuels nouveaux sous l'influence des conditions extérieures, étant le point de départ de tous les perfectionnements ou de toutes les dégradations que les êtres vivants sont susceptibles d'éprouver, ce sera un éternel honneur pour notre illustre Lamarck que d'en avoir compris l'importance. Mais il me serait impossible de rendre sa pensée plus nettement qu'il ne l'a fait lui-même (*Phil. zool.*, p. 220 et suiv.):

« Il me semble, dit-il, que personne encore n'a fait connaître l'influence de nos actions et de nos habitudes sur notre organisation même. Or, comme ces actions et ces habitudes dépendent entièrement des circonstances dans lesquelles nous nous trouvons habituellement, je vais essayer de montrer combien est grande l'influence qu'exercent ces circonstances sur la forme générale, sur l'état des parties et même sur l'organisation des corps vivants... L'influence des circonstances est effectivement en tout temps et partout agissante sur les corps qui jouissent de la vie ; mais ce qui rend pour nous cette influence difficile à apercevoir, c'est que ses effets ne de-

viennent sensibles ou reconnaissables (surtout dans les
animaux) qu'à la suite de beaucoup de temps... Il devient
nécessaire de m'expliquer sur le sens que j'attache à ces
expressions : *Les circonstances influent sur la forme et
l'organisation des animaux*, c'est-à-dire qu'en devenant
très différentes, elles changent, avec le temps, et cette
forme et l'organisation elle-même, par des modifications
proportionnées.

« Assurément si l'on prenait ces expressions à la lettre,
on m'attribuerait une erreur ; car quelles que puissent être
les circonstances, elles n'opèrent directement sur la
forme et l'organisation des animaux aucune modification
quelconque.

« Mais de grands changements dans les circonstances
amènent pour les animaux de grands changements dans
leurs besoins, et de pareils changements dans les besoins
en amènent nécessairement dans les actions. Or, si les
nouveaux besoins deviennent constants et très durables,
les animaux prennent alors de nouvelles *habitudes*, qui
sont aussi durables que les besoins qui les ont fait naître.
Voilà ce qu'il est facile de démontrer, et même ce qui
n'exige aucune explication pour être senti.

« Il est donc évident qu'un grand changement dans les
circonstances devenu constant pour une race d'animaux,
entraîne ces animaux à de nouvelles habitudes.

« Or, si de nouvelles circonstances devenues permanentes pour une race d'animaux ont donné à ces animaux
de nouvelles habitudes, c'est-à-dire les ont portés à de
nouvelles actions qui sont devenues habituelles, il en sera
résulté l'emploi de telle partie par préférence à celui de
telle autre, et, dans certains cas, le défaut total de telle
partie qui sera devenue inutile.

« ... D'une part, de nouveaux besoins ayant rendu telle partie nécessaire, ont réellement, par une suite d'efforts, fait naître cette partie, et ensuite son emploi soutenu l'a peu à peu fortifiée, développée, et a fini par l'agrandir considérablement ; d'une autre part, dans certains cas, les nouvelles circonstances et les nouveaux besoins ayant rendu telle partie tout à fait inutile, le défaut total d'emploi de cette partie a été cause qu'elle a cessé graduellement de recevoir les développements que les autres parties de l'animal obtiennent ; qu'elle s'est amaigrie et atténuée peu à peu, et qu'enfin lorsque le défaut d'emploi a été total pendant beaucoup de temps, la partie dont il est question a fini par disparaître.

« Dans les végétaux, où il n'y a pas d'actions, et par conséquent point d'*habitudes* proprement dites, de grands changements de circonstances n'en amènent pas moins de grandes différences dans les développements de leurs parties ; en sorte que ces différences font naître et développer certaines d'entre elles, tandis qu'elles atténuent et font disparaître plusieurs autres. Mais ici tout s'opère par les changements survenus dans la nutrition du végétal, dans ses absorptions et ses transpirations, dans la quantité de calorique, de lumière, d'air et d'humidité qu'il reçoit alors habituellement ; enfin dans la supériorité que certains des divers mouvements vitaux prennent sur les autres. » Lamarck résume ensuite les conséquences des habitudes dans les deux lois suivantes :

« 1° Dans tout animal qui n'a point dépassé le terme de ses développements, l'emploi plus fréquent et soutenu d'un organe quelconque fortifie peu à peu cet organe, le développe, l'agrandit, et lui donne une puissance proportionnée à la durée de cet emploi. Tandis que le défaut constant d'usage de tel organe l'affaiblit insensiblement et le détériore, diminue progressivement ses facultés et finit par le faire disparaître.

« 2° Tout ce que la nature a fait acquérir ou perdre aux individus par l'influence des circonstances où leur race se trouve depuis longtemps exposée, et par conséquent par l'influence de l'emploi prédominant de tel organe ou par celle d'un défaut constant d'usage de telle partie, elle le conserve par la génération aux nouveaux individus qui en proviennent, pourvu que les changements acquis soient communs aux deux sexes qui ont produit ces nouveaux individus. »

En résumé, pour Lamarck, le point de départ de toute variation individuelle se trouve dans l'action des conditions extérieures qui, en créant à l'individu des besoins nouveaux, entraîne la production d'habitudes nouvelles ; celles-ci, à leur tour, déterminent le développement ou même la formation de certaines parties, tandis que d'autres, non utilisées, peuvent disparaître. L'hérédité perpétue ensuite les qualités acquises et celles-ci prennent un développement d'autant plus considérable que l'espèce envisagée se trouve soumise pendant plus longtemps aux mêmes circonstances.

Nous ne voulons pas insister ici sur les objections nombreuses dont la doctrine de Lamarck peut être l'objet, ces objections se présenteront à nous quand nous ferons l'étude des milieux, des besoins, des habitudes, de l'hérédité, etc. Nous nous bornerons à signaler la plus importante de ces objections, celle qui, dans la suite, fera l'objet d'une étude plus spéciale de notre part.

D'après Lamarck, les circonstances, ou, autrement dit, le milieu, ne détermineraient des variations qu'en créant des besoins nouveaux et des habitudes nouvelles, c'est-à-dire d'une.façon indirecte.

Il est incontestable que les changements de milieu créent des besoins et des habitudes nouvelles et déterminent de la sorte des variations individuelles transmissibles par hérédité ; mais, il faut tenir compte aussi des variations créés directement par les conditions extérieures agissant sur l'individu pendant les premières phases de son développement.

Il n'est pas douteux, par exemple, que l'œuf ou le fœtus encore contenus dans les organes de la mère ne soient modifiés dans telle ou telle direction par les conditions de nutrition et autres dans lesquelles se trouvent placés la mère et l'organe auquel est fixé le fœtus. Dans ce cas, la variation individuelle résulte directement de l'action exercée par le milieu sur l'individu et non de besoins et d'habitudes provoqués préalablement par cette action.

Nous serons ainsi amenés à distinguer deux sortes de *conditions de milieu* : 1° celles qui agissent sur l'individu pendant son premier état, alors qu'il fait encore partie de l'organisme qui doit lui donner naissance ; 2° celles auxquels il est soumis après qu'il est séparé de ce dernier, ou, pour me servir d'une expression vulgaire, après qu'il a été mis au monde.

Les conditions du milieu cosmique, telles que le climat, la nature du sol, l'abondance, la rareté et la nature de la nourriture, etc., n'exercent une action manifeste qu'à la condition d'agir sur de nombreuses générations successives ; mais les caractères dont il détermine la production sont forcément favorables à l'individu, ou du moins à l'espèce ; ils rendent cette dernière de plus en plus apte à vivre dans le milieu qui lui est destiné, puisque c'est ce milieu même qui agit.

Les conditions du milieu générateur, c'est-à-dire, d'une part, les caractères individuels ou héréditaires des parents ; d'autre part tous les états particuliers, tels que maladies, altérations et modifications de tout ordre qui peuvent survenir dans l'organisme générateur, dans les organes reproducteurs et dans les cellules qui doivent prendre part à la formation d'un individu nouveau, ou qui sont déjà en voie de multiplication pour le produire, toutes ces circonstances, que je réunis sous le nom de *conditions du milieu générateur*, agissant directement sur un individu réduit à sa plus simple expression, pourront exercer une action très prompte et assez puissante pour faire, apparaître d'emblée des caractères nouveaux : mais, ces derniers pourront aussi bien être défavorables que favorables à l'individu, c'est-à-dire le rendre ou moins apte, ou plus apte à vivre dans le milieu cosmique où il va naître.

Les conditions du milieu générateur ne nous sont que fort peu connues ; mais toutes les fois qu'un individu, placé dans le milieu cosmique où ont vécu ses ancêtres pendant de longues générations, présente quelque caractère non approprié à ce milieu, on peut être certain que ce caractère a été déterminé en lui par les conditions génératrices, soit que les parents en aient hérité d'ancêtres qui l'avaient acquis dans un milieu différent, soit qu'il ait pris naissance dans l'individu lui-même par suite des conditions auxquelles il s'est trouvé soumis pendant qu'il faisait encore partie de l'organisme maternel ou paternel.

Il existe, on le voit, une grande différence entre le

milieu cosmique et le milieu générateur, tant au point de vue du genre d'action exercé par les deux milieux, qu'à celui des caractères individuels qu'ils sont susceptibles de déterminer. C'est là une question, qui, malgré son importance, ne nous paraît pas avoir suffisamment attiré jusqu'à ce jour l'attention des biologistes. Les éleveurs d'animaux domestiques et les horticulteurs n'ignorent cependant pas l'importance du milieu générateur au point de vue des varations individuelles qu'ils se proposent de créer, de supprimer ou de perpétuer.

C'est dans la connaissance aussi complète que possible de ce milieu que réside la base de toutes leurs pratiques, tandis qu'ils tiennent beaucoup moins compte des influences cosmiques, dont l'action est trop lente pour qu'ils puissent en tirer quelque profit.

Malgré les observations que nous venons de faire, c'est pour Lamarck un titre de gloire incomparable que d'avoir, le premier, attiré l'attention des savants sur l'action des milieux ; quoique, je le répète, il n'ait porté sérieusement ses vues que sur le *milieu cosmique*, tandis que c'est, sans nul doute, le *milieu générateur* qui joue le plus grand rôle dans la production des variations individuelles.

Darwin, dont nous devons maintenant parler et qui a recueilli tout l'honneur de la découverte du transformisme, accorde, avec Lamarck, une certaine importance à l'action des milieux... « Les changements dans les conditions de l'existence, dit-il, ont la plus grande importance comme cause de variabilité, et parce que les conditions agissent sur l'organisme, et parce qu'elles agissent indirectement en affectant le système reproducteur ; » il introduit même dans ce mode d'action un élément nouveau, l'action du milieu sur le « système reproducteur », action sur laquelle nous reviendrons plus tard ; et cependant il ne pense pas que la variation soit toujours due aux conditions extérieures, même agissant sur le système reproducteur. « Il n'est pas probable, ajoute-t-il, que la variabilité soit, en toutes circonstances, une résultante inhérente et nécessaire de ces changements... Beaucoup de lois inconnues, dont la corrélation de croissance (1) est probablement la plus importante, régissent la variabilité. On peut attribuer quelque influence, peut-être même une influence considérable, à l'augmentation d'usage ou de non-usage des parties... Dans quelques cas, le croisement d'espèces primitives distinctes semble avoir joué un rôle fort important au point de vue de l'origine de nos races... ; on a toutefois considérablement exagéré l'importance des croisements, et relativement aux animaux et relativement aux plantes qui se multiplient par graines » (*Orig. des esp.*, p. 43).

« Les conditions de la vie, dit ailleurs Darwin, paraissent agir de deux façons distinctes : directement sur l'organisation entière ou sur certaines parties seulement, et indirectement, en affectant le système reproducteur. Quant à l'action directe, nous devons nous rappeler qu'il y a deux facteurs : la nature de l'organisme et la nature des conditions. Le premier de ces facteurs semble être de beaucoup plus important ; car, autant toutefois que nous pouvons en juger, des variations presque

_____

(1) Darwin a donné le nom de *loi* ou *principe de la corrélation de croissance*, à ce fait bien connu depuis longtemps des zoologistes, que certains organes n'ayant en apparence aucune relation les uns avec les autres, offrent cependant un développement corrélatif. C'est ainsi, par exemple, que le larynx se développe proportionnellement aux organes génitaux, surtout chez le mâle. Nous aurons à revenir plus tard sur ce fait.

semblables se produisent dans des conditions qui paraissent presque uniformes » (*Orig. des esp.*, p. 8).

Dans son désir de diminuer l'action du milieu au profit des actions qu'il a découvertes et dont nous parlerons tout à l'heure, Darwin commet ici une grave erreur en avançant que « des variations différentes se produisent dans des conditions qui paraissent presque uniformes. »

La meilleure réponse qu'on puisse faire à cette proposition est contenue dans le mot « paraissent », employé par Darwin. Il est impossible, en effet, de croire que des actions identiques ne déterminent pas des modifications semblables ou que des actions différentes provoquent une même variation. En d'autres termes, on ne peut admettre qu'une même cause agissant dans des conditions identiques et sur des organismes exactement semblables détermine des effets distincts. Si donc, nous voyons divers individus, placés dans des conditions qui nous « paraissent » identiques, offrir des variations différentes, nous devons admettre : ou bien que nous connaissons insuffisamment ces conditions, ou bien que les individus qui y sont soumis ont déjà subi, dans un état antérieur, des variations qui échappent à notre observation, mais qui sont assez considérables pour les rendre aptes à varier d'une façon différente sous l'influence de conditions semblables.

Darwin substitue dans sa théorie du transformisme, à l'action des milieux dont il n'a pas, nous l'avons montré, compris suffisamment l'importance, deux actions dont le rôle est réellement considérable et qu'il a eu le mérite de découvrir : la *lutte pour l'existence* et *la sélection*. Comme nous l'avons fait pour Lamarck, nous nous bornerons à reproduire ici textuellement les propositions capitales de Darwin, nous réservant de les étudier avec détail, d'en montrer le fort et le faible dans chacun des chapitres ultérieurs de notre livre.

« En considérant, dit Darwin, l'origine des espèces, il est facilement concevable qu'un naturaliste, observant les affinités mutuelles des êtres organisés, leurs rapports embryologiques, leur distribution géographique, leur succession géologique et d'autres faits analogues, on arrive à la conclusion que les espèces n'ont pas été créées indépendamment les unes des autres, mais que, comme les variétés, elles descendent d'autres espèces. Néanmoins, en admettant qu'une telle conclusion soit bien établie, elle serait peu satisfaisante, jusqu'à ce qu'on ait pu prouver comment les innombrables espèces habitant la terre se sont modifiées de façon à acquérir cette perfection de forme et de coadaptation qui excite à si juste titre notre admiration. Les naturalistes assignent, comme seules causes possibles aux variations, les conditions extérieures, telles que le climat, la nourriture, etc. Cela peut être vrai dans un sens très limité, comme nous le verrons plus tard ; mais il serait absurde d'attribuer aux seules conditions extérieures la conformation du pic, par exemple, dont les pattes, la queue, le bec et la langue sont si admirablement adaptés pour aller saisir les insectes sous l'écorce des arbres. Il serait également absurde d'expliquer la conformation du gui et ses rapports avec plusieurs êtres organiques distincts, par les seuls effets des conditions extérieures, de l'habitude, ou de la volonté de la plante elle-même, quand on pense que ce parasite tire sa nourriture de certains arbres, qu'il a des graines que doivent transporter certains oiseaux, et qu'il a des fleurs de sexes séparés, ce qui nécessite l'intervention de certains insectes pour porter le pollen d'une fleur à l'autre. Il est donc de la plus haute importance d'élucider quels sont les moyens de modification et de coadaptation. Il m'a semblé tout d'abord probable que l'étude attentive des animaux domestiques et des plantes cultivées devait offrir le meilleur champ de recherches pour expliquer cet obscur problème. Je n'ai pas été désappointé ; j'ai bientôt reconnu en effet que nos connaissances, quelques imparfaites qu'elles soient, sur la variation dans les conditions de domesticité, nous fournissent toujours l'explication la plus simple et la moins sujette à erreur » (*Orig. des esp.*, p. 3).

C'est donc sur les animaux domestiques que portent les premières études de Darwin. Parlant de la formation graduelle de nos races domestiques, il dit : « On peut attribuer quelques effets à l'action directe et définie des conditions extérieures de la vie, quelques autres aux habitudes ; mais il faudrait être bien hardi pour expliquer, par de telles causes, les différences qui existent entre le cheval de trait et le cheval de course, entre le limier et le lévrier, entre le pigeon sauvage et le pigeon culbutant. L'un des caractères les plus remarquables de nos races domestiques, c'est que nous voyons chez elles des adaptations qui ne contribuent en rien au bien-être de l'animal ou de la plante, mais simplement à l'avantage ou au caprice de l'homme. Certaines variations utiles à l'homme se sont probablement produites soudainement, d'autres par degrés ; quelques naturalistes, par exemple, croient que le chardon à foulon, armé de crochets, que ne peut remplacer aucune machine, est tout simplement une variété du *Dipsacus* sauvage ; or, cette transformation peut s'être manifestée dans un seul semis. Il en a été probablement ainsi pour le chien Tournebroche ; on sait tout au moins que le mouton Ancon a surgi d'une manière subite. Mais il faut, si l'on compare le cheval de trait et le cheval de course, le dromadaire et le chameau, les diverses races de moutons adaptées, soit aux plaines cultivées, soit aux pâturages des montagnes, et dont la laine, suivant la race, est appropriée tantôt à un usage, tantôt à un autre ; si l'on compare les différentes races de chiens, dont chacune est utile à l'homme à des points de vue divers ; si l'on compare le coq de combat, si enclin à la bataille, avec d'autres races si pacifiques, avec les pondeuses perpétuelles qui ne demandent jamais à couver, et avec le coq Bantam si petit et si élégant ; si l'on considère enfin cette légion de plantes agricoles et culinaires, les arbres qui encombrent nos vergers, les fleurs qui ornent nos jardins, les unes si utiles à l'homme en différentes saisons et pour tant d'usages divers, ou seulement si agréables à ses yeux, *il faut chercher, je crois, quelque chose de plus qu'un simple effet de variabilité.* Nous ne pouvons supposer, en effet, que toutes ces races ont été soudainement produites avec toute la perfection et toute l'utilité qu'elles ont aujourd'hui ; nous savons même, dans bien des cas, qu'il n'en a pas été ainsi. Le *pouvoir de sélection, d'accumulation que possède l'homme est la clef* de ce problème ; la *nature fournit les variations successives, l'homme les accumule, dans certaines directions qui lui sont utiles.* Dans ce sens, on peut dire que l'homme crée à son profit des races utiles.

« La grande valeur de ce principe de *sélection* n'est pas hypothétique. Il est certain que plusieurs de nos éleveurs les plus éminents ont, pendant le cours d'une seule vie d'homme, considérablement modifié leurs bestiaux et leurs moutons... » (*Orig. des esp.*, p. 30).

En résumé, pour Darwin, la nature crée des variétés, le choix de l'homme les conserve. C'est là ce que l'auteur anglais nommé « sélection » de *selectio*, choix. Nous étudierons plus tard, en détail, le rôle de la sélection dans la conservation des formes nouvelles. Qu'il nous suffise de faire remarquer, dès à présent, que la sélection opérée par l'homme ne crée rien, qu'elle ne transforme rien, que, contrairement à l'assertion de Darwin, elle « n'accumule rien ». Elle se borne à perpétuer certaines variétés qui ont été produites en dehors de l'homme par « la nature ». Mais, ce terme « la' nature » est extrêmement vague ; il ne répond à rien de précis ; il indique une entité tout aussi peu réelle que le mot « Dieu » ou le mot « force ». Il faut le remplacer par quelque chose de plus précis ; il faut déterminer nettement quels sont les agents producteurs des variétés nouvelles dont l'homme n'est, si je puis ainsi parler, que le conservateur. Ce sont ces agents qu'il nous importe le plus de connaître et c'est d'eux précisément que Darwin semble se préoccuper le moins. Or, tous, ces agents peuvent être groupés sous la dénomination de « milieu ».

« On peut encore se demander, écrit-il, comment il se fait que les variétés que j'ai appelé *espèces naissantes*, ont fini par se convertir en espèces vraies et distinctes, lesquelles dans la plupart des cas, diffèrent évidemment beaucoup plus les unes des autres que les variétés d'une même espèce ; comment se forment ces groupes d'espèces, qui constituent ce qu'on appelle des genres distincts et qui diffèrent plus les uns des autres que les espèces du même genre. Tous ces résultats, comme nous l'expliquerons de façon plus détaillée dans le chapitre suivant, proviennent de la *lutte pour l'existence*. Grâce à cette lutte, les variations, quelque faibles qu'elles soient et de quelque cause qu'elles proviennent, tendent à préserver les individus d'une espèce et se transmettent ordinairement à leur descendance, pourvu qu'elles soient utiles à ces individus dans leurs rapports infiniment complexes avec les autres êtres organisés et avec les conditions physiques de la vie. Les descendants auront, eux aussi, en vertu de ce fait, une plus grande chance de survivre, car, sur les individus d'une espèce quelconque nés périodiquement, un bien petit nombre peut survivre. J'ai donné à ce principe, en vertu duquel une variation, si insignifiante qu'elle soit, se conserve et se perpétue, si elle est utile, le nom de *sélection naturelle* pour indiquer les rapports de cette sélection avec celle que l'homme peut accomplir. Mais l'expression qu'emploie souvent M. Herbert Spencer : « La persistance du plus apte » est plus exacte et tout aussi commode. Nous avons vu que par la sélection, l'homme peut certainement obtenir de grands résultats et adapter les êtres organisés à ses besoins, en accumulant les variations légères, mais utiles, qui lui sont fournies par la nature. Mais la sélection naturelle, est une puissance toujours prête à l'action ; puissance aussi supérieure aux faibles efforts de l'homme que les ouvrages de la nature sont supérieurs à ceux de l'art » (*Orig. des esp.*, p. 67).

Sélection et lutte par l'existence, telle est la part qui revient à Darwin dans les principes qui servent de fondement à la théorie du transformisme. Cette part est en réalité minime, car la sélection et la lutte pour l'existence étaient connues avant lui. La sélection était sciemment mise en pratique par les éleveurs anglais auxquels il en a emprunté la connaissance. Quant à la lutte pour l'existence elle forme la base de la doctrine de Malthus et avait été bien mise en relief, avant Darwin, par un certain nombre de naturalistes, notamment par de Candolle, Lyell, Herbert, etc.

C'est donc bien à tort que l'on a donné à la théorie du transformisme le nom de « Darwinisme. »

M. Hæckel a essayé le premier de réargir contre cette coutume, quoiqu'il n'ait peut-être pas suffisamment reconnu la part qui revient à Lamarck dans une œuvre qui sera la gloire de notre siècle. « Aujourd'hui, écrit-il, on désigne bien souvent par le nom de Darwinisme l'ensemble de la théorie de la sélection, mais, à vrai dire, cette dénomination n'est pas exacte. En effet, les idées fondamentales de la théorie de l'évolution, particulièrement la théorie généalogique, ont été très nettement formulées dès le commencement de ce siècle, *et Lamarck les a introduites le premier dans l'histoire naturelle.* Cette partie de la théorie évolutive, consistant à affirmer que la totalité des espèces animales et végétales a pour ancêtre primitif commun une forme très simple, doit s'appeler *Lamarckisme,* du nom de son illustre fondateur, si l'on désire attacher une fois pour toutes, au nom d'un naturaliste éminent la gloire d'avoir, avant tout autre, développé une théorie aussi fondamentale; au contraire, on devra appeler *Darwinisme,* la théorie de la sélection, cette partie qui nous fait voir comment et *pourquoi* les diverses espèces organisées se sont développées à partir de cette forme primitive très simple » (*Hist. de la créat. nat.*, p. 133).

Ainsi M. Hæckel attribue à Lamarck le seul honneur d'avoir « affirmé que la totalité des espèces animales et végétales a pour ancêtres primitif commun une forme très simple » ; tandis qu'il attribue à Darwin celui de nous avoir « fait voir comment et pourquoi les diverses espèces organisées se sont développées à partir de cette forme primitive très simple. »

Si le lecteur a lu attentivement les citations que nous avons faites des ouvrages de Lamarck et de Darwin, il lui est facile de constater que M. Hæckel commet à la fois une omission et une erreur. Une omission, en ce qu'il ne parle pas de la découverte faite par Lamarck, de l'action du milieu, et une erreur, en ce qu'il considère la sélection, comme « *le comment* et *le pourquoi* » de l'évolution, tandis que la sélection explique seulement, comment et pourquoi, telle variété nouvelle persiste, tandis que telle autre disparaît, mais nullement « comment et pourquoi » ces variétés ont été produites. Ce « comment » et ce « pourquoi » nous les trouvons, au contraire, dans l'action des milieux, action signalée par Lamarck, et dont M. Hæckel ne parle même pas. Ce même reproche, peut d'ailleurs, être attribué à M. Darwin : « Quant aux moyens de modifications, écrit le savant anglais, il [Lamarck] les chercha en partie dans l'action directe des conditions physiques de la vie, dans le croisement des formes déjà existantes, et surtout dans l'usage et le défaut d'usage, c'est-à-dire dans les effets de l'habitude. C'est à cette dernière cause qu'il semble rattacher toutes les admirables adaptations de la nature, telles que le long cou de la girafe, qui lui permet de brouter les feuilles des arbres » (*Orig. des esp.*, p. 10).

Lamarck a, en effet, beaucoup trop exagéré les effets des habitudes et Darwin a raison de le railler d'avoir cherché à expliquer la longueur du cou de la girafe, par l'habitude de brouter les branches des arbres, mais

Darwin n'ignore sans doute pas que Lamarck attribue cette habitude à un besoin, lui-même déterminé par un changement dans les conditions physiques, dans le milieu cosmique. Que ce changement ait agi, soit en créant des besoins nouveaux et des habitudes nouvelles, soit en détruisant tous les individus moins aptes à supporter le milieu nouveau, il n'en est pas moins incontestable que c'est dans le changement de milieu qu'il faut chercher le point de départ de l'apparition de la variété nouvelle. C'est cela que Darwin n'a pas vu suffisamment dans la théorie de Lamarck, de même qu'il ne s'est jamais suffisamment occupé de déterminer les causes productives des caractères nouveaux des variétes, c'est-à-dire « le comment et le pourquoi » de l'évolution des êtres vivants.

Nous croyons avoir suffisamment établi dans les pages précédentes la part qui revient à chacun des deux grands fondateurs de la doctrine du transformisme pour que le lecteur ne soit plus étonné de ce que rompant avec la tradition, nous n'ayons pas fait usage du nom de « Darwinisme », qui est généralement donné à cette théorie. Je m'empresse de dire cependant que, sans Darwin, la théorie du transformisme manquerait probablement encore des preuves qui font sa solidité. C'est à lui que revient l'honneur d'avoir attiré l'attention du public scientifique sur une doctrine qui, née en France, avait été systématiquement étouffée par Cuvier et ses successeurs, dont quelques-uns gouvernent encore notre enseignement supérieur. C'est Darwin aussi qui a éclairé la plupart des questions soulevées par la théorie du transformisme d'une lumière qui permet aux savants actuels de les voir dans tous leurs détails et d'en trouver la solution. Toutes ces questions reviendront dans l'exposé que nous allons faire des phénomènes d'évolution dont l'univers est le théâtre.

Quant à l'historique rapide que nous venons de tracer de la doctrine du transformisme, nous pensons qu'il aura eu pour résultat de montrer à nos lecteurs les points fondamentaux de la doctrine, et qu'ils s'en pourront servir comme d'un canevas dans les mailles duquel viendront se placer, les uns après les autres, tous les détails qu'il nous reste à étudier. Notre intention n'a pas été de le faire complet; mais de le disposer de telle sorte qu'il facilitât la lecture de notre livre.

CHAPITRE II

CONSTITUTION ET PROPRIÉTÉS DE LA MATIÈRE. — ÉVOLUTION
DE L'UNIVERS

Les chimistes admettent, que notre univers est constitué
par un petit nombre de corps dits *simples*, c'est-à-dire incapables d'être décomposés en éléments dissemblables,
mais susceptibles, au contraire, de se mélanger et de s'associer, de se combiner, les uns aux autres, pour former
des corps dits *composés*.

Parmi les corps que l'on considère comme simples, les
uns se présentent à nous sous l'état solide, par exemple :
le fer, le plomb, l'or, et, d'une façon générale, tous les
corps connus sous le nom de *métaux* (1), sauf un ; et aussi

(1) La division des corps simples en métaux et métalloïdes établie
par les chimistes, n'est pas aussi nette qu'on l'a cru pendant longtemps.
Les caractères que l'on assigne aux métaux sont les suivants : éclat
métallique, densité considérable, conductibilité très marquée de la
chaleur et de l'électricité ; les métalloïdes, n'ont, au contraire, d'habitude pas d'éclat métallique, leur densité est faible et ils sont mauvais con-
ducteurs de la chaleur et de l'électricité. Dans les combinaisons qu'ils
forment ensemble, les métaux sont électro-positifs et les métalloïdes

une grande partie de ceux qui comme l'iode, le bronze,
l'arsenic ont été réunis sous la dénomination de *métalloïdes*. D'autres corps simples sont naturellement liquides, c'est-à-dire qu'ils n'affectent pas, comme les précédents, une forme fixe et leur appartenant en propre, mais
prennent, au contraire, la forme du vase dans lequel on les
place, en offrant toujours une surface horizontale, du
moins si le vase a une certaine largeur. A ce groupe
n'appartient qu'un seul corps simple, rangé parmi les
métaux, le mercure. Un troisième groupe de corps simples
se présente à l'état gazeux, c'est-à-dire qu'ils n'ont pas de
forme propre et tendent toujours à se disséminer également dans toutes les parties du vase qui les contient,
quelle que soit la forme de ce vase ; à ce groupe appartiennent la plupart des métalloïdes : oxygène, hydrogène,
azote, chlore, etc.

Les corps simples, en se mélangeant ou en se combinant
chimiquement, forment des corps composés, soit seulement
de deux, soit d'un nombre plus considérable, mais toujours
minime de corps simples. Enfin les corps composés peuvent eux-mêmes se mélanger ou se combiner pour former
des corps plus complexes encore.

Si innombrable que soit le nombre des corps composés
dont nous avons constaté et dont il nous reste encore à
constater la présence dans l'univers, les chimistes n'ont
pu jusqu'ici les réduire qu'à un très petit nombre de corps
simples, soixante environ.

D'abord constatés uniquement dans la matière constituante de notre globe, ces corps furent ensuite observés, à
l'aide des procédés spectroscopiques, dans les divers

électro-négatifs, c'est-à-dire que les premiers sont électrisés positivement et les seconds négativement.

astres incandescents et l'on put s'assurer que toutes les masses matérielles célestes avaient exactement la même composition chimique que la terre, c'est-à-dire offraient les mêmes corps simples diversement combinés. Cette découverte permettait d'émettre, au sujet de l'origine de ces masses, une opinion plausible, sur laquelle nous reviendrons tout à l'heure. L'univers n'était qu'une unité fractionnée.

Dans ces derniers temps, les recherches spectroscopiques (1) ont conduit à un autre résultat plus important encore. Elles ont permis de montrer que la plupart des corps considérés autrefois comme simples ne sont, en réalité, que des corps composés ; et elles promettent de nous conduire à la vérification d'une hypothèse émise depuis bien longtemps déjà, mais restée jusqu'à ce jour sans fondement, hypothèse d'après laquelle les corps dits simples ne seraient que des états moléculaires différents d'un corps unique, qui seul, serait véritablement simple.

Tout le monde sait que certains corps simples ou composés sont susceptibles de changer très facilement d'état, c'est-à-dire de se présenter, suivant les conditions, soit à l'état solide, soit à l'état liquide, soit à l'état gazeux. Il

(1) On sait que quand un rayon de soleil, autrement dit de lumière blanche, traverse un prisme, il se décompose en rayons diversement colorés qui constituent ce que l'on nomme le spectre. Lorsqu'un gaz ou une vapeur sont portés à l'incandescence, ils émettent de la lumière qui, en traversant le prisme, donne également un spectre ; mais ce dernier diffère plus ou moins de celui qui est fourni par la lumière du soleil. Si, par exemple, on projette un sel de baryte dans une flamme peu vive, celle-ci devient rouge et en traversant le prisme, elle donne un spectre dans lequel se trouvent des raies spéciales, absolument constantes pour un même corps. Comme ces raies sont produites par des quantités extrêmement faibles du corps que l'on expérimente, elles peuvent permettre de le reconnaître partout où il se trouve. Des instruments spéciaux désignés sous le nom de spectroscopes, sont destinés à faciliter ces observations. C'est par ces procédés qu'on a pu déjà déterminer la composition chimique d'un grand nombre d'astres.

est à peine besoin de rappeler que l'eau peut se présenter à l'état de vapeur, de liquide ou de glace, sans que sa composition chimique soit en aucune façon modifiée ; la plupart de nos lecteurs ont vu le soufre, qui est un corps simple, devenir liquide quand on le chauffe ou même se résoudre dans certaines conditions en vapeur; on sait auss qu'un autre corps simple l'iode, qui est naturellement solide, se volatilise avec la plus grande facilité, sans qu'il soit nécessaire de le chauffer et se dépose de nouveau, à l'état solide, sur les parois du vase qui le contient.

On dit, dans tous ces cas, que le corps change d'état physique et l'on sait aujourd'hui, d'une manière incontestable, que ces changements d'état sont dus, soit à une perte, soit à un gain de calorique fait par le corps. Pour faire passer un corps solide à l'état liquide ou à l'état gazeux il suffit de le chauffer ; pour le faire repasser ensuite de l'état gazeux à l'état liquide et à l'état solide, il faut le refroidir, ou autrement dit lui enlever de la chaleur.

On admettait, il y a peu de temps encore, que certains corps simples comme l'azote, l'oxygène, l'hydrogène, etc. ne pouvaient exister qu'à l'état gazeux sous lequel nous les connaissons, mais les travaux récents de MM. Cailletet et Raoul Pictet, ont montré que, comme tous les autres, ils ne doivent leur état gazeux habituel et seul connu de nous jusqu'à ce jour, qu'à la possession, à l'emmagasinement, si je puis m'exprimer de la sorte, d'une certaine quantité de chaleur ; qu'on leur enlève cette chaleur et on les liquéfie ou même on les solidifie. Les plus permanents de tous les gaz, c'est-à-dire l'azote, l'oxygène et l'hydrogène n'ont pu résister à la liquéfaction. M. Pictet paraît même avoir obtenu l'hydrogène à l'état solide.

Les travaux récents tendent à nous montrer l'univers

comme constitué par un corps unique (1), susceptible d'affecter des états moléculaires très divers qui ont jusqu'à ce jour reçu le nom de corps simples, et des corps composés dans lesquels on peut retrouver les divers aspects ou états spéciaux qui répondent aux différents corps simples. Quant aux modifications que subirait, dans cette hypothèse, la matière, pour affecter les formes dites corps simples, elles nous sont absolument inconnues. Il nous est simplement permis de supposer qu'elles sont dues, comme les états gazeux, liquide et solide, dont il a été question plus haut, à la présence d'une quantité plus ou moins considérable de calorique.

Qu'il existe un seul ou plusieurs corps simples, il importe de savoir quelle est la constitution intime de la matière. Bien des hypothèses ont été émises à cet égard, mais la seule qui paraît dans l'état actuel de la science, avoir quelque probabilité est celle qui a reçu le nom de théorie atomique.

D'après cette théorie, tous les corps qu'ils soient simples ou composés, gazeux, liquides, ou solides seraient formés de particules extrêmement petites, indivisibles, sans cesse en mouvement, susceptibles de se rapprocher ou de s'écarter les unes des autres, et suspendues dans un milieu commun, matériel, mais impondérable : l'éther.

Parlons d'abord des corps pondérables. On admet généralement que les atomes des corps simples qui constituent l'univers, s'unissent les uns aux autres pour former des molécules : *simples*, si tous leurs atomes

---

(1) Les études spectroscopiques faites dans ces derniers temps par M. Lockyer, physicien anglais, sur la composition chimique des astres, tendent toutes à cette conclusion (voy. la *Revue intern. des Sciences*, 1879, III, p. 82), Voy. aussi notre APPENDICE, note A.

constituants sont de même nature ; *composées*, si leurs atomes sont de nature différente.

« Les atomes, dit le savant chimiste A. Wurtz, qui est l'un des partisans les plus autorisés de cette doctrine, ne sont pas des points matériels ; ils ont une étendue sensible et sans doute une forme déterminée ; ils diffèrent par leurs poids relatifs et par les mouvements dont ils sont animés. Ils sont indestructibles, indivisibles par les forces physiques et chimiques auxquelles ils servent, en quelque sorte, de points d'application. *La diversité de la matière* résulte de différences primordiales, éternelles, dans *l'essence même de ces atomes*, et dans les qualités qui en sont la manifestation » (*La Théor. atom.*, p. 224).

Le lecteur, a sans doute remarqué que M. Wurtz, fidèle à la théorie de la multiplicité des corps simples, considère les atomes constituants de l'univers comme doués « de différences primordiales et éternelles. » C'est là une idée à laquelle il faudra renoncer, le jour, peu éloigné peut-être où il sera démontré que tous les corps dits simples ne sont en réalité que des corps composés et qu'il n'existe qu'un seul corps véritablement simple. La théorie atomique ne serait du reste pas atteinte par ce fait. Il suffirait de considérer nos corps simples comme formés de molécules dans lesquelles les atomes constituants sont toujours identiques, mais affectent les uns avec les autres des rapports différents suivant le corps envisagé, rapports entrainant des qualités différentes. Cette hypothèse n'aurait rien de singulier puisque nous savons que le même corps peut se présenter à nous avec des propriétés très diverses, suivant qu'il affecte tel ou tel état, sans que cependant sa composition chimique ait été modifiée.

Dans l'hypothèse que la matière constituante de l'univers est toujours et partout identique à elle-même, ou, autrement dit, qu'il n'existe qu'un seul corps simple, nous disons donc que les atomes de ce corps peuvent s'associer de façons différentes pour constituer des molécules d'autant plus différentes les unes des autres que le mode d'agrégation, d'association, des atomes constituants, est plus différent.

'La théorie atomique a reçu une confirmation éclatante par les expériences récentes de M. Crookes. Ce savant a montré que quand on fait le vide dans un ballon, si loin que le vide soit poussé, il reste toujours dans le ballon une certaine quantité de molécules d'air. Seulement le nombre de ces molécules ayant beaucoup diminué tandis que l'espace qu'elles occupent est resté le même, chacune d'entre elles se meut dans un espace plus grand. Les expériences de M. Crookes (1) mettent bien en évidence non seulement la présence des molécules matérielles, mais encore l'existence et la direction de leurs mouvements et montrent qu'elles se meuvent toutes en ligne droite, d'où le nom de *matière radiante*, donné par M. Crookes, après Faraday, à ce *quatrième état* de la matière, qu'il considère comme distinct des états gazeux, liquide et solide.

« On considère, dit M. Crookes, les gaz comme composés d'un nombre presque infini de petites particules ou molécules, lesquelles sont sans cesse en mouvement et animées de vitesse de toutes les grandeurs imaginables. Comme le nombre de ces mollécules est extrêmement grand, il s'ensuit qu'une molécule ne peut avancer dans aucune direction sans se heurter presque aussitôt à une

______

(1) Voyez : *Revue scientifique*, 1880 ; et notre APPENDICE, note B.

autre. Mais si nous retirons d'un vase clos une grande partie de l'air ou du gaz qu'il contient, le nombre des molécules diminue, et la distance qu'une molécule donnée peut parcourir sans se heurter contre une autre s'accroît, la longueur moyenne de la course libre étant en raison inverse du nombre des molécules restantes. Plus le vide devient parfait, plus s'accroît la distance moyenne qu'une molécule parcourt avant d'entrer en collision ; ou, en d'autres termes, plus la longueur moyenne de la course libre augmente, plus les propriétés physiques du gaz se modifient..... Dans les tubes où le vide est presque parfait, les mollécules du résidu gazeux peuvent s'élancer d'un bout à l'autre en subissant un nombre de choc relativement faible, et *en rayonnant du pôle* avec une vitesse énorme ; elles présentent des propriétés assez nouvelles et assez caractéristiques pour justifier tout à fait l'application du nom de *matière radiante* que nous empruntons à Faraday. »

Dans l'état actuel de la science, la théorie atomique est, on le voit, une hypothèse parfaitement admissible, et nous pouvons considérer la matière constituante de l'univers comme formée d'atomes indivisibles, sans cesse en mouvement, se heurtant les uns les autres, s'éloignant ou se rapprochant, tous formés d'une même substance, mais s'associant pour constituer des molécules qui, suivant le mode d'agrégation des atomes qui les composent présentent des propriétés différentes et sont elle-mêmes susceptibles de s'associer les unes avec les autres en molécules plus complexes. Enfin par la réunion de ces molécules se forment tous les corps pondérables qui entrent dans la constitution de l'univers.

Nous reviendrons plus bas sur les phénomènes

physiques et chimiques dont la matière pondérable ou atomique est le siège. Auparavant nous devons parler du milieu daus lequel se meuvent les atomes. Il est, en effet, facile à comprendre que si toute la matière constatable par nos moyens actuels d'observation est formée d'atomes limités, il devra nécessairement exister toujours, entre ces derniers, quelques rapprochés qu'ils soient, un espace qui ne saurait être vide, car le vide n'est qu'une idée négative qui ne répond à rien de réel dans la nature.

Nous avons dit plus haut que les espaces dans lesquels se meuvent les atomes seraient, d'après l'opinion admise actuellement par la plupart des savants les plus autorisés, remplis entièrement par une substance impondérable (1), mais cependant matérielle, l'éther. Cette substance serait toujours en mouvement, comme les atomes et les molécules de la matière pondérable, c'est-à-dire pourrait être ébranlée par cette dernière et l'ébranler à son tour. « Et c'est, dit M. Wurtz, cette communication incessante de mouvements, d'énergie, entre l'éther et la matière atomique, qui donne lieu aux phénomènes les plus importants de la physique et de la chimie. »

Il est intéressant de voir comment la science a été conduite vers l'hypothèse de l'éther. Cette revue rétrospective me permettra de parler des phénomènes les plus remarquables qui se produisent, d'une part, dans la matière pondérable et, d'autre part, dans la matière impondérable, ou éther.

Pendant longtemps, la lumière, la chaleur, l'électricité, le son, etc., ont été considérés comme des *fluides*, ou

______

(1) C'est-à-dire ne pouvant être pesée avec les moyens dont dispose la science. L'air a été pendant longtemps un corps impondérable ; on n'a pu le peser que le jour où on a su l'enlever d'un espace déterminé ou, au contraire, l'y accumuler.

sortes de substances particulières, très ténues, insaisissables à l'aide de tous nos instruments d'observation, logées, dans la masse même des corps lumineux, chauds, électrisés ou sonores, pouvant être émises, c'est-à-dire expulsées en quelque sorte par ces derniers et traversant alors les espaces pour aller se loger dans d'autres corps situés à des distances souvent très considérables des premiers. Tous les termes employés dans les ouvrages de physique, ont été créés sous la domination de cette théorie, et contribuent à la perpétuer dans l'esprit des personnes, même les plus instruites, quoique depuis assez longtemps déjà, les savants aient renoncé à la théorie elle-même.

La théorie des fluides ne pouvait, en effet, pas manquer de disparaître devant l'expérience. En ce qui concerne le son, par exemple, il est facile de démontrer que sa transmission ne peut se faire que dans un milieu matériel et pondérable. Quand on agite une clochette dans un ballon de verre dont tout l'air a été retiré à l'aide de la machine pneumatique, on voit bien le battant frapper contre les parois intérieures de la clochette, mais on n'entend absolument aucun son ; qu'on laisse pénétrer de l'air et aussitôt on entend le son de la clochette. L'air est donc nécessaire à la transmission du son, mais il n'est pas le seul milieu pondérable qui puisse servir à sa transmission ; les corps liquides et solides, l'eau, le bois, le fer, etc., en un mot, tout corps matériel et pondérable peut aussi servir à sa transmission. Dans le vide, c'est-à-dire à travers un espace duquel on a enlevé même l'air, le son ne se transmet plus. Ces faits montrent bien que le son n'est pas un fluide émis par les corps sonores et venant frapper notre oreille.

D'autres expériences montrent qu'il existe la plus grande analogie entre la façon dont le son est transmis par l'air ou par les corps liquides et solides ; par exemple : le phénomène qui se produit lorsqu'on jette une pierre dans l'eau. On sait qu'il se forme autour du point frappé des ondes de liquide qui sont d'autant plus larges qu'elles sont plus ou moins éloignées du point frappé. Le même phénomène se reproduit dans l'air lorsqu'on fait vibrer une corde de violon ou une peau de tambour. Sous le frottement de l'archet ou le choc de la baguette, la corde du violon ou la peau du tambour se déplacent manifestement ; elles ébranlent l'air environnant ; il se produit dans ce dernier des ondes qu'on peut rendre très manifestes à l'aide de certaines expériences, puis l'air ébranlé finit par venir frapper le tympan de l'auditeur qui vibre à son tour. Transmise au cerveau par le nerf auditif cette vibration devient un son. La conclusion était facile à tirer. Le son n'est pas un fluide ; il n'existe pas indépendamment de l'auditeur ; il n'est réellement qu'une série de vibrations du corps sonore et de l'air interposé entre le corps sonore et l'auditeur.

Une foule d'autres expériences démontrent que la chaleur, la lumière et l'électricité sont transmises, comme le son, à l'aide d'un corps matériel, interposé entre le corps chaud, lumineux ou électrisé, et la main qui est impressionnée par la chaleur, l'œil qui est impressionné par la lumière ou le corps qui s'électrise sous l'influence d'un corps électrisé. Mais ces mêmes expériences montrent encore que la lumière, la chaleur et l'électricité ne sont que des vibrations du corps chaud, lumineux ou électrisé, produisant des vibrations analogues aux ondes liquides, dans un milieu interposé entre le corps chaud, lumineux ou électrisé et celui qui reçoit l'impression. Cependant, tandis que le son est transmis par l'air, par les liquides ou par les solides, c'est-à-dire par des corps pondérables et ne se transmet pas à travers le vide, les vibrations caloriques et électriques, quoique transmises également par les corps pondérables sont aussi transmises à travers le vide, c'est-à-dire à travers un milieu dans lequel n'existe aucun corps pondérable. Quant à la lumière, elle est arrêtée par certains corps solides, mais se transmet bien à travers le vide. La lumière des astres, par exemple, nous parvient à travers des espaces dans lesquels il n'existe ni de l'air, ni aucun autre corps manifestement pondérable.

Les physiciens furent donc obligés d'admettre qu'un milieu non pondérable, mais cependant matériel et susceptible d'entrer en mouvement, existe dans les espaces non occupés par les corps pondérables que nous connaissons.

La nature de ce corps transmetteur fut interprétée de deux façons. Pour expliquer la transmission de la chaleur, de l'électricité et surtout de la lumière à travers les espaces vides, et notamment à travers les espaces qui séparent la terre et son atmosphère aérienne du soleil et des étoiles, « on supposa d'abord que ces espaces étaient occupés par une matière pondérable proprement dite, constituée par une extension des atmosphères de la terre et des planètes. »—« Cette hypothèse, dit l'illustre physicien Secchi, est inexacte, nous le déclarons sans hésiter. il n'existe aucune preuve de cette diffusion indéfinie des atmosphères, et l'admettre serait renverser d'un seul coup toute la mécanique céleste. Bien plus, il n'est pas possible de regarder cette matière comme extrêmement raréfiée (1), car alors, comment expliquer son élasticité considérable et la rapidité avec laquelle elle propage la lumière ? » Une autre interprétation devenait donc nécessaire ; on imagina celle de l'éther, substance matérielle, mais non pondérable, qui est aujourd'hui admise par tous les physiciens les plus compétents ; l'on admet que cette substance est répandue dans tous les espaces interplanétaires et que c'est elle qui nous transmet les vibrations lumineuses et caloriques du soleil et des étoiles.

Non seulement l'éther remplit tous les espaces interplanétaires, mais encore il occupe tous les espaces situés entre les atomes de la matière pondérable. « On peut admettre, dit Secchi, sans difficulté, que l'éther existe dans l'intérieur de tous les corps ; on sait en effet, combien sont poreuses les substances même les plus compactes en apparence ; du reste on doit les admettre comme telles pour expliquer le passage de la lumière à travers leur épaisseur quel que soit le système adopté. Mais il faut bien s'entendre sur le mot *porosité* : suivant que l'on adopte l'un ou l'autre des deux systèmes, cette expression n'a pas la même valeur, car pour les partisans de l'émission, les pores devront être rectilignes et dirigés dans tous les sens, disposition presque impossible à comprendre, tandis que dans la nouvelle théorie, on peut leur conserver la disposition qu'on leur attribue ordinairement, car rien

---

(1) Par matière pondérable « raréfiée », on entend une matière dont les atomes et les molécules seraient très écartés les uns des autres. L'expérience démontre qu'une semblable matière transmet moins rapidement les vibrations qui lui sont communiquées qu'une matière dense, c'est-à-dire dont les molécules sont très rapprochées.

n'empêche les ondes lumineuses de contourner les molécules. »

L'éther, avons-nous dit, est matériel mais impondérable : « pénétrant tous les corps on ne peut constater son poids, car il arrive pour ce fluide ce qui se présente pour l'air, dont la pondérabilité ne fut pas soupçonnée jusqu'à ce que l'on eût imaginé des appareils propres à le condenser et à le raréfier ; nous trouvant ainsi dans l'impossibilité de reconnaître la pondérabilité de l'éther, si nous voulons prouver sa matérialité, il nous reste à démontrer son inertie, c'est à dire sa résistance au mouvement,» ou, pour nous servir d'une expression plus facile à comprendre, la faculté qu'a l'éther, d'une part, d'être mis en mouvement par les corps pondérables, et d'autre part, de mettre ces derniers en mouvement. La transmission de la chaleur, de l'électricité et de la lumière à travers le vide démontrent précisément, d'une façon très nette, cette faculté, sans parler d'autres faits plus importants encore, mais trop techniques pour que nous puissions les exposer ici.

En résumé, dans l'état actuel de la science, nous pouvons admettre comme très plausible : 1° que toute la matière reconnue par nous comme pondérable est formée par un corps simple, composé lui-même d'atomes indivisibles, diversement associés, et sans cesse en mouvement ; 2° que les atomes de la matière pondérable sont suspendus dans un milieu matériel impondérable, l'éther, capable d'être mis en mouvement par les atomes pondérables et de provoquer à son tour le mouvement des atomes pondérables.

Avec cette hypothèse tous les phénomènes physiques et chimiques connus sont facilement explicables. Laissons

la parole au savant chimiste A. Wurtz pour nous en
tracer l'admirable tableau :

« Voici, dit-il, un cristal. Sous le microscope, sa masse
apparaît compacte et homogène. Entre les faces ou les
plans de clivage nulle solution de continuité. Et pourtant la matière n'est pas continue, et s'il s'agit d'un
corps composé elle n'y est pas homogène. Les plus
petits rudiments des cristaux sont formés par des agrégations sans nombre de molécules semblables et semblablement disposées. Chacune de ces molécules est
formée d'atomes, en nombre plus ou moins considérable.
Ils sont placés à des distances sensibles par rapport à
leurs dimensions, et vibrent d'une façon coordonnée,
formant des systèmes en équilibre dont chacun est
animé de mouvements déterminés et se trouve en rapport
avec des systèmes du même genre. Pour le corps solide
dont il s'agit, les systèmes atomiques, c'est-à-dire les
molécules qui le forment, conservent leurs positions respectives et sont comme orientés et enchaînés les uns à
l'égard des autres, quoique chacun ait son orbite et
une certaine liberté d'allures. C'est la cohésion, disons-
nous, qui maintient les molécules dans leurs sphères ;
c'est l'affinité qui maintient les atomes dans les limites
plus étroites de la mollécule. Mais, qui sait, au fond, ces
forces sont peut-être de même nature. Seulement elles
agissent à des distances différentes, et sous l'influence des
mêmes causes, elles vont se manifester diversement,
donnant lieu à des phénomènes chimiques, ces derniérs
n'étant en quelque sorte que la continuation des autres.

« Fournissez, en effet, de la chaleur à un corps solide
formé de molécules ainsi constituées. Elle pourra pro-

duire, indépendamment d'un travail extérieur, trois effets différents :

« Premièrement, une élévation de température par l'accroissement de l'énergie vibratoire moléculaire (1);

« En second lieu, une augmentation de volume par l'écartement des atomes et des molécules, et, cet écartement devenu très considérable, un changement d'état : le solide se fait alors liquide, le liquide se fait gaz. Dans ce dernier cas, l'écartement des molécules est devenu considérable par rapport aux dimensions de ces dernières. Mais, quel que soit l'effet physique produit dans cet ordre de phénomènes, la chaleur qui a disparu comme telle a effectué un travail : le mouvement vibratoire qui a été communiqué aux molécules sous forme de chaleur a succombé dans la lutte contre les forces moléculaires, ou, en d'autres termes, a produit le travail représenté par la dilatation, la diminution de la cohésion et le changement d'état.

« Ce sont des phénomènes physiques que nous venons d'analyser.

« La chimie va suivre : car, en troisième lieu, la chaleur, agissant sur les atomes eux-mêmes qui composent la molécule, en amplifie les trajectoires, de telle sorte que l'équilibre qui existait dans le système peut se rompre, les atomes d'un système donné arrivant dans la sphère d'action des atomes d'un autre système. De cette rupture, de ce conflit, vont résulter de nouveaux systèmes d'équilibre, c'est-à-dire de nouvelles molécules. Là commencent les phénomènes de dissociation, de

---

(1) Cela se comprend facilement puisque « la chaleur fournie » n'est elle-même qu'un mouvement moléculaire du corps qui fournit la chaleur.

décomposition, et, inversement, de combinaison, qui sont du ressort de la chimie : ils ne sont, comme on le voit et comme nous l'avons dit plus haut, que la continuation des phénomènes physiques, la même hypothèse, celle des molécules formées d'atomes, s'appliquant aux uns et aux autres avec une égale simplicité.

« C'est la chaleur qui met les atomes en mouvement : ils en ont absorbé en se séparant les uns des autres, la rupture de l'équilibre moléculaire qui marque la fin de l'état de combinaison ayant exigé la consommation d'une certaine quantité de chaleur. Cette chaleur ainsi absorbée a restitué aux atomes l'énergie qu'ils possédaient avant la combinaison et qui représente l'affinité. Ils vont la perdre de nouveau, lorsque arrivant dans la sphère d'action d'autres atomes, ils fixeront en quelque sorte ces derniers et seront fixés par eux, de manière à former de nouveaux systèmes d'équilibre, de nouvelles molécules, où désormais ils vont vibrer et se mouvoir de conserve. Et cette action est réciproque : la nouvelle combinaison ne peut se former qu'à la condition que les mouvements des atomes qui la constituent s'adaptent en quelque sorte les uns aux autres et se coordonnent, perdant quelque chose en énergie vibratoire et en énergie potentielle. De là le dégagement de chaleur. On voit aussi que cette adaptation doit exiger certaines conditions de modalité. Des mouvements quelconques ne peuvent pas se coordonner de la même façon, et l'harmonie des mouvements moléculaires doit être influencée par le mode des mouvements atomiques. Cette circonstance, jointe aux différences inhérentes à la nature même des atomes, détermine la variété des systèmes d'équilibre ou, en d'autres termes, les différentes formes de combinaison. Là intervient une propriété particulière des atomes très différente de leur énergie chimique. Pour la distinguer de l'affinité, nous avons nommé *atomicité* cette propriété des atomes et nous supposons qu'elle est liée à leur nature même et à leurs modes de mouvements.

« Mais quoi ! ces mouvements divers, qui agitent continuellement les molécules et les atomes, mouvements vibratoires, mouvements de rotation, auxquels s'ajoutent des mouvements de glissement pour les liquides, de progression rectiligne pour les gaz, tous ces mouvements ne sont-ils pas pour les systèmes moléculaires des causes d'instabilité ? c'est le contraire qui a lieu. Immobiles, les agrégations atomiques seraient plus instables qu'elles ne le sont à l'état de mouvement : l'exemple vulgaire du bicycle ne montre-t-il pas l'influence du mouvement sur la stabilité de l'équilibre ? »

Connaissant la constitution intime de la matière, il nous sera facile de passer rapidement en revue les propriétés par lesquelles elle se manifeste à nous et les principaux phénomènes physiques et chimiques dont elle est le siège.

Les propriétés essentielles de la matière se réduisent exactement à trois : l'*étendue*, c'est-à-dire la propriété d'occuper une portion déterminée de l'espace ; l'*impénétrabilité*, en vertu de laquelle la portion de l'espace occupée par un corps ne peut pas l'être en même temps par un autre ; la *mobilité*, c'est-à-dire la propriété qu'ont les atomes pondérables et l'éther de changer sans cesse de place, ce qui entraîne une action incessante des atomes les uns sur les autres et sur l'éther, et de l'éther sur les atomes. Quelques auteurs ont nommé résistance au mouvement ou inertie cette propriété qu'ont les atomes pondérables et l'éther de se mettre en mouvement sous l'action les uns des autres.

Quant à ce que l'on a nommé des forces ou agents, comme la gravitation, l'affinité chimique, la chaleur, la lumière, l'électricité, etc., ce ne sont que des abstractions créées par notre imagination, se réduisant à des manifestations du mouvement des atomes et des molécules pondérables et de l'éther, manifestations perceptibles à nos sens ou à nos appareils d'observation.

Nous n'avons pas besoin d'insister sur les deux premières propriétés essentielles de la matière indiquées plus haut ; il suffit de les énoncer pour être compris. Il n'en est pas ainsi de la mobilité, au sujet de laquelle je crois nécessaire d'entrer dans quelques détails.

On admettait autrefois que la matière était naturellement immobile, et l'on supposait qu'elle ne pouvait être mise en mouvement que par des forces étrangères à elle, et par-dessus tout, par une force suprême, créatrice de la matière elle-même et de toutes les autres forces, Dieu.

L'idée de l'immobilité devait naturellement venir à l'esprit des anciens philosophes, qui n'observaient la matière que sur des masses considérables, ne changeant de place que sous l'influence d'un agent dont la puissance s'épuisait en déterminant le déplacement de la masse. La constatation des mouvements des astres et celle de la rotation de la terre fut un premier coup porté à cette manière de voir. Elle fut définitivement renversée, le jour où les physiciens établirent, d'une part, que toute modification dans l'état calorique, lumineux ou électrique d'un corps est accompagnée de mouvements de ses molécules, et, d'autre part, que tout mouvement moléculaire produit de la chaleur, de la lumière, de l'électricité, qui de nouveau se transforment en mouvement ; le jour en un mot, où il fut démontré que la lumière, la chaleur et l'électricité ne sont que des formes du mouvement des molécules matérielles. La matière apparaissait dès lors dans un état de mouvement incessant. La mobilité se montrait comme une propriété essentielle de la matière, et le sens attaché au mot inertie était complètement modifié. On ne pouvait plus se servir de ce terme que, comme nous l'avons fait plus haut avec Secchi, pour indiquer que les atomes ou les corps matériels ne se meuvent dans une direction déterminée que sous l'influence de l'action qu'ils exercent sur les autres.

Bien avant que ces faits fussent connus, Lucrèce avait, dès l'antiquité, formulé, en même temps que l'idée de l'éternité de la matière, le principe de sa mobilité incessante et nécessaire, en termes si précis, que je ne puis résister au désir de les rappeler ici :

« La cohésion de la matière n'est certainement pas absolue, car nous voyons chaque objet diminuer, se détruire, pour ainsi dire, à mesure qu'il avance en âge et soustraire sa vieillesse à nos yeux, tandis que l'ensemble paraît persister indéfiniment. C'est que les éléments qui se séparent de chaque corps en le diminuant vont s'ajouter à d'autres dont ils augmentent la masse ; ils produisent la décrépitude des premiers et le rajeunissement des seconds, mais ne s'arrêtent nulle part. La somme des choses est ainsi sans cesse renouvelée et les êtres mortels vivent par les changements qui s'opèrent en eux. Certains êtres augmentent tandis que d'autres diminuent ; dans un court espace de temps les générations se succèdent et, semblables à des coureurs, se transmettent le flambeau de la vie. »

Plus loin, pour donner une idée du mouvement des atomes :

« Regarde, ce qui se passe lorsqu'un rayon de soleil se glisse dans les ténèbres de ta maison : tu verras dans la lumière de ce rayon une multitude de petits corps se mêler de mille façons à travers le vide, se livrer des assauts et des combats incessants, se disperser et se réunir sans prendre aucun repos. Par là tu pourras concevoir l'agitation incessante, dans le vide infini, des éléments primordiaux de la matière, autant qu'un petit fait peut servir à faire concevoir les grands et nous mettre sur les traces de la vérité. L'observation des corpuscules qui s'agitent dans un rayon de soleil doit d'autant plus frapper ton esprit, que leur agitation rend manifeste à tes yeux les mouvements cachés des éléments de la matière. Tu y verras, en effet, des milliers de ces corpuscules frappés par des agents invisibles, changer de route, retourner en arrière, s'en aller de ci, de là, dans toutes les directions. Ce trouble est produit par les éléments primordiaux de la matière, qui jouissent eux-mêmes d'un mouvement propre. Ce sont eux qui donnent l'impulsion, par des chocs invisibles, aux corpuscules de petite taille, dont les masses sont peu différentes des leur ; puis, ces corpuscules ébranlés transmettent leur mouvement à des corps un peu plus volumineux. Le mouvement, parti des éléments primordiaux, devient ainsi, par transmission, peu à peu sensible à nos sens, par les corpuscules que nous observons dans un rayon de soleil ; et cependant nous ne pouvons distinguer nettement les chocs qui déterminent l'agitation de ces derniers. »

Ne pouvant nier la mobilité actuellement incessante de la matière, certains philosophes ont cru pouvoir admettre que, primitivement inerte, la matière avait été mise en mouvement, à un moment déterminé, par un agent extérieur à elle. Mais, c'est là une hypothèse d'autant moins admissible qu'elle ne repose sur rien et qu'elle est en contradiction avec tous les faits que nous connaissons le mieux.

Quel motif avons-nous, en effet, de supposer que la matière a jamais été inerte, alors que nous la constatons dans un état de mouvement incessant et indestructible ?

Quel motif avons-nous de supposer l'existence d'un agent à la matière, alors que les propriétés manifestées par cette dernière nous suffisent pour expliquer tous les phénomènes dont nous constatons en elle la production ?

Si l'on admet que la matière a été, à un moment donné, absolument immobile, il faut supposer que l'agent auquel elle a dû sa mise en mouvement était lui-même mobile, car un agent inerte n'aurait pas eu la puissance de produire le mouvement. Il faut aussi supposer, d'une part, que cet agent jouissait d'une mobilité éternelle, et, d'autre part, qu'il était matériel, un agent immatériel ne pouvait, en effet, posséder la mobilité qui consiste dans son changement de position et il pouvait encore moins jouir de la faculté d'agir sur les corps matériels pour les mettre en mouvement.

Le jésuite Secchi lui-même reconnaît, indirectement mais formellement, ce principe, quand il dit en parlant de l'éther : « Sa matérialité est démontrée par l'échange de travail qui s'accomplit souvent entre lui et la matière pesante. »

L'agent extérieur ayant imprimé le mouvement à la

matière, qu'on l'appelle Dieu ou qu'on lui donne tout autre nom, ne pourrait donc avoir détruit l'inertie première et supposée de l'univers qu'à la condition d'être matérielle.

Si, pour éviter cette déduction nécessaire, on admet que la matière a été éternellement mobile, cette mobilité suffisant pour expliquer tous les phénomènes qui se produisent dans l'univers, Dieu devient inutile, aussi bien que toute force extérieure à la matière.

Enfin, si l'on admet que, la matière n'existant pas, Dieu la créée et lui a imprimé, au moment même de la création, un mouvement qui ne s'est plus éteint, on se trouve en présence de la difficulté, indiquée plus haut: l'impossibilité dans laquelle se trouverait un agent immatériel d'imprimer le mouvement à un corps matériel ; on crée en outre une nouvelle difficulté : l'impossibilité dans laquelle se trouverait le Dieu supposé, de faire quelque chose avec rien, impossibilité que Lucrèce formule si admirablement : *Nullam e nihilo gigni divinitus unquam.*

Ainsi, en refusant à la matière, dont nous constatons directement l'existence, que nous ne pouvons ni créer ni détruire, dont nous ne percevons ni n'imaginons les limites, dans laquelle nous constatons une mobilité moléculaire incessante et impossible à arrêter, en refusant, dis-je, à cette matière perceptible, l'infinité, l'éternité, et l'éternelle mobilité, nous nous trouvons dans la nécessité d'admettre qu'il existe, en dehors d'elle, un agent que nous ne percevons en aucune façon et que cependant nous serions obligés d'admettre éternel, infini, et éternellement mobile, c'est-à-dire matériel.

N'est-il pas plus simple de considérer la mobilité comme une propriété essentielle de la matière qui constitue l'univers perceptible ? Tous les phénomènes que nous présente la matière deviennent alors facilement explicables : « D'une façon générale, dit Secchi, il est exact que tout dépend de la matière et du mouvement, et nous revenons ainsi à la vraie philosophie, déjà professée par Galilée, lequel ne voyait dans la nature que mouvement et matière, ou modification simple de celle-ci par transposition des parties ou diversité de mouvement. Ainsi disparaît cette légion de fluides et de forces abstraites qui, à tout propos, étaient introduits pour expliquer chaque fait particulier.... Dès l'instant où l'on aura compris que tout se fait par le mouvement, les recherches deviendront plus faciles, une nouvelle voie sera tracée qui conduira plus directement à la solution des problèmes, c'est-à-dire à l'explication des phénomènes, car un problème bien posé est déjà à moitié résolu... Un phénomène sera réellement expliqué lorsqu'on connaîtra la quantité de travail dépensée à le produire, et *le mode de transformation du mouvement qui lui a donné naissance.* »

Un coup d'œil rapide jeté sur les principaux phénomènes physiques et chimiques que nous connaissons montrera en effet au lecteur que tous ces phénomènes peuvent être ramenés à des mouvements atomiques ou moléculaires et que, pour la plupart d'entre eux, nous pouvons déjà établir la quantité de travail dépensée et le mode de transformation du mouvement qui leur a donné naissance.

Définissons d'abord ce qu'il faut entendre par *phénomènes physiques* et *phénomènes chimiques.*

Nous savons déjà que la matière pondérable est considérée comme formée d'atomes. « Les atomes, dit l'illustre physicien Wundt, n'existent jamais à l'état isolé ; ils se réunissent pour former une *molécule*, et la réunion d'un nombre plus ou moins considérable de ces molécules constitue à son tour un *corps*. Nous pouvons dire dès lors que les phénomènes chimiques apportent un changement dans l'équilibre des atomes constituant des molécules matérielles, qu'ils en modifient le groupement ou qu'ils atténuent la composition de la molécule. Les phénomènes physiques peuvent porter atteinte à l'équilibre des molécules les unes par rapport aux autres, mais leur action ne s'étend pas jusqu'aux atomes. Les propriétés chimiques d'un corps ne dépendent que de la nature et du mode d'arrangement de ses atomes ; les propriétés physiques dépendent en outre du groupement de ses molécules. Un corps ne change de nature que s'il survient une modification dans la constitution de ses molécules. En sorte qu'un même corps peut se présenter sous plusieurs états différents, tout en restant le même sous le rapport chimique. On voit par là qu'il n'y a entre les phénomènes chimiques et physiques qu'une différence du plus au moins. »

Tantôt, dit encore le même physicien, la substance du corps éprouve une altération profonde, qui va jusqu'à le transformer en un nouveau corps différent du premier ; on est alors en présence d'un phénomène chimique; tantôt le changement est moins considérable, il respecte la nature intime du corps ; il constitue, dans ce cas, un phénomène physique. La chute d'une pierre, l'attraction exercée sur des corps légers par un bâton de verre préalablement frotté avec de la laine, sont des phénomènes qui rentrent dans cette dernière catégorie. La métamorphose du fer en rouille, la formation du savon aux dépens des corps gras par l'intervention d'un alcali, sont des phénomènes chimiques. »

Le premier phénomène physique qui se présente à notre observation est celui qui a reçu nom de *pesanteur* et de *gravitation :* pesanteur, quand il s'applique à un corps qui, abandonné à lui-même, tombe sur la terre ; gravitation, quand il s'applique aux rapports qu'affectent entre eux les différents astres.

On admettait autrefois que si un corps tombe sur la terre quand on l'abandonne à lui-même, c'est qu'il est attiré par la terre ; que si la terre se meut autour du soleil suivant une orbite déterminée, c'est parce qu'elle est attirée par le soleil, etc. On considérait ainsi les corps matériels comme doués d'une propriété spéciale, en vertu de laquelle ils s'attireraient les uns les autres, propriété à laquelle on donnait le nom de *gravité.*

De même on nommait *affinité* la propriété qu'on attribuait aux atomes et aux molécules de s'attirer les uns les autres quand ils sont de nature différente.

Mais, la gravité est une de ces nombreuses entités auxquelles la science moderne renonce chaque jour davantage. Aujourd'hui, on tend à considérer la pesanteur, la gravité et l'affinité comme « un effet des atomes éthérés qui environnent de toutes parts la matière pondérable, et qui la choquent incessamment dans tous les sens : on conçoit que si l'action de ces chocs n'est pas symétrique (c'est-à-dire également énergique dans tous les sens), autour d'une molécule ou d'un corps pondérable, le corps en question se mettra en mouvement dans la direction de la résultante des chocs qui ont la plus grande somme d'énergie ; cette condition se trouve réalisée quand deux corps pondérables sont en présence l'un de l'autre, et l'inégalité d'intensité des chocs auxquels ils sont alors soumis est dirigée précisément de façon à opérer le rapprochement de ces corps (1). »

Ce premier phénomène, la gravitation, dont la pesanteur n'est qu'un cas spécial, n'est donc en réalité qu'un mouvement de la matière. Quand nous disons qu'un corps est pesant, nous exprimons, soit la quantité d'efforts que nous sommes obligés de faire pour l'éloigner du sol sur lequel il est pressé par l'éther, soit la pression qu'il exerce lui-même sur les instruments à l'aide desquels nous le tenons éloigné du sol.

Sachant cela, il nous est facile de saisir la différence qui existe entre les corps solides, liquides et gazeux.

Dans les corps solides, les molécules pondérables sont très énergiquement pressées les unes contre les autres par l'éther qui les environne ; c'est ce que l'on nomme la *cohésion* des corps solides. Si une force artificielle les écarte, elles se rapprochent de nouveau dès que cette force cesse son action, c'est ce que l'on nomme l'*élasticité*.

Dans les corps liquides, la pression exercée par l'éther sur les molécules pondérables pour les rapprocher les unes des autres étant beaucoup moindre la cohésion est également moins grande ; il en est de même de l'élasticité qui n'est qu'une conséquence de la cohésion. Les molécules des corps liquides étant moins cohérentes cèdent plus facilement aux actions qui s'exercent sur elles ; elles obéissent davantage, par exemple, à la pesanteur, c'est-à-dire, à la pression verticale de l'éther, d'où ce fait que les liquides prennent toujours la forme du vase qui les contient.

Dans les corps gazeux, l'action de l'éther sur les mo-

______

(1) Voyez : SECCHI, *l'Unité des forces physiques*, et notre APPENDICE, n° C.

lécules pondérables étant plus énergique dans le sens de l'écartement des molécules que dans celui de leur rapprochement, les gaz n'ont pas de forme déterminée et tendent toujours à remplir les vases dans lesquels ils sont renfermés quelle que soit la forme de ces vases, et à presser sur leurs parois, c'est ce que l'on a nommé *l'expansibilité* des gaz; et l'on distingue sur le nom de force d'expansion, force élastique, tension, la pression exercée de dedans en dehors par les molécules gazeuses sur les parois du vase qui les contient, pression qui n'est que la résultante de l'action exercée par l'éther pour écarter les unes des autres les molécules des gaz.

Nous ne voulons pas entrer ici dans l'étude détaillée de tous ces phénomènes qui sont du domaine de la physique, notre but est uniquement d'indiquer autant que possible leur nature essentielle.

Passons à uu autre phénomène physique, celui qui a reçu le nom de *chaleur*; nous verrons que lui aussi est le résultat perçu par nous des mouvements des atomes matériels pondérables ou éthérés.

Pour la chaleur, comme pour la pesanteur, il faut bien distinguer les phénomènes qui se produisent en dehors de nous de ceux qui se passent en nous. Quand on approche un thermomètre à mercure du feu, on voit le mercure monter rapidement dans le tube c'est-à-dire augmenter de volume, se dilater. Si ensuite on plonge le même thermomètre dans l'eau froide, on voit le mercure baisser très rapidement, c'est-à-dire diminuer de volume, se contracter. Dans le premier cas, on dit que le mercure s'est échauffé, qu'il a absorbé de la chaleur, dans le second, on dit qu'il s'est refroidi, qu'il a perdu de la chaleur.

Ce qui se produit dans le mercure se produit également dans tous les corps qui absorbent ou perdent de la chaleur, qui s'échauffent ou se refroidissent; dans le premier cas, ils se dilatent, c'est-à-dire que leurs molécules pondérables s'écartent les unes des autres ; dans le second, ils se contractent, c'est-à-dire que leurs molécules pondérables se rapprochent les unes des autres. L'écartemeut ou le rapprochement des molécules, dont nous venons de parler, peuvent être assez considérables pour que le corps qui gagne ou perd de la chaleur change d'état physique. De la glace que l'on chauffe devient d'abord, de solide liquide, puis se transforme en vapeur, passant ainsi successivement par trois états différents; refroidie, la vapeur se contracte en eau qui, à son tour, étant refroidie davantage, prend la forme solide de la glace.

Ces faits sont suffisants pour nous révéler que la chaleur n'est en réalité pas autre chose qu'un mouvement moléculaire, déterminé dans le corps chauffé ou refroidi par un corps plus ou moins chaud que lui. Et comme deux corps inégalement chauds placés au voisinage ou au contact l'un de l'autre ne tardent pas à offrir la même température, nous pouvons affirmer que le mouvement moléculaire du corps le plus chaud est utilisé pour produire un mouvement analogue dans le corps le moins chaud. Si les deux corps se touchent, l'action de l'un sur l'autre est directe ; s'ils sont à distance, elle s'exerce soit par l'intermédiaire de l'air, soit par l'intermédiaire de l'éther. Le mouvement moléculaire du soleil ne peut, par exemple, se transmettre à la terre que par l'éther, puisqu'entre le soleil et la terre il existe des espaces où l'on ne peut constater la présence d'aucun corps pondérable. Nous pouvons facilement constater la transmission des mouvements caloriques par l'intermédiaire de l'éther à l'aide de l'expérience suivante.

Voilà pour les phénomènes caloriques qui se passent en dehors de nous. Ce sont uniquement des mouvements d'écartement ou de rapprochement des molécules matérielles en l'éther, soit que les molécules pondérables agissent directement les unes sur les autres pour accroître l'intensité de leurs mouvements vibratoires, soit qu'elles agissent à distance par l'intermédiaire de l'éther.

Mais, si à l'aide de nos instruments nous pouvons constater la dilatation ou la contraction des corps chauffés ou refroidis, nous pouvons aussi, dans certains cas, constater le changement qui se produit en eux, à l'aide de nos propres sens. Approchez la main d'un corps incandescent et vous éprouverez une sensation spéciale, à laquelle vous avez donné le nom de *chaleur*. En dehors de nous, il n'y a que des vibrations moléculaires ; c'est en nous que prend naissance le phénomène désigné sous le nom de chaleur. Il n'existe pas dans la nature de corps chauds ou de corps froids, il n'existe que des corps dont les molécules et les atomes vibrent avec plus ou moins d'intensité. Lorsqu'un corps dit chaud est porté au contact de notre main, ses vibrations se communiquent à nos éléments nerveux, qui, à leur tour, transmettent le mouvement provoqué en eux aux cellules nerveuses centrales ; nous avons alors conscience de l'impression produite en nous ; nous disons que nous avons éprouvé une sensation de chaleur. Si le corps avec lequel notre peau a été mise en contact était froid, les mêmes phénomènes se produisent. Si sa température est la même que celle de notre corps, c'est-à-dire s'il y a équilibre entre l'intensité des vibrations de ses molécules et celle des nôtres, nous n'éprouverons aucune sensation ni de chaud, ni de froid.

Au dedans de nous, comme au dehors, la chaleur n'est donc, en réalité, qu'un mouvement, mais un mouvement dont nous avons conscience quand il est provoqué dans notre organisme par les corps extérieurs. Le mouvement peut d'ailleurs, dans certaines circonstances, se produire sans que nous en ayons la moindre conscience.

Ce que nous venons de dire au sujet de la chaleur s'applique en grande partie à la lumière. Comme la chaleur, la lumière est un mouvement moléculaire, mais un mouvement qu'il est plus difficile de constater que celui de la chaleur. Certaines expériences cependant ne permettent aucun doute à cet égard. Dans certains cas même les mouvements calorifiques et lumineux paraissent être de même nature ou, pour mieux dire, absolument identiques. Dans la région lumineuse du spectre solaire par exemple, les vibrations lumineuses ne sont pas distinctes des vibrations calorifiques et elles sont transmises du soleil à la terre par l'éther, mais ces vibrations nous donnent à la fois la sensation de chaleur et celle de lumière. Nous avons là un excellent exemple d'un fait sur lequel nous aurons à revenir plus tard quand nous étudierons la différenciation de la matière vivante en éléments doués de propriétés différentes : nous voyons un même mouvement moléculaire extérieur à nous provoquer dans notre organisme deux sensations différentes suivant qu'il est transmis à tel ou tel élément anatomique récepteur. La vibration moléculaire, dont nous venons de parler, produit sur la surface entière de notre corps une impression à laquelle nous donnons le nom de chaleur ; tandis que cette même vibration produit sur les éléments de notre œil seul une impression absolument différente à laquelle nous donnons le nom de lumière.

Le fait que les vibrations lumineuses et calorifiques sont confondues dans toutes les régions lumineuses du spectre solaire tendrait à faire admettre que les deux vibrations ont pour siège l'éther (voir Append., note D).

En ce qui concerne les vibrations lumineuses les physiciens admettent tous, aujourd'hui, que leur siège *exclusif* est l'éther.

Ce qui plaide en faveur de cette manière de voir c'est que la lumière peut se propager à travers les espaces interplanétaires dans lesquels nous avons vu que la matière pondérable n'existe pas.

Il est du reste peut-être oiseux de discuter cette question, car l'éther pouvant communiquer ses mouvements à la matière pondérable, celle-ci, dans le cas de la lumière comme aussi dans celui de la chaleur, finit toujours par subir l'action des mouvements de l'éther. En admettant, par exemple, que la lumière venant du soleil traverse l'atmosphère de notre planète sans ébranler les molécules pondérables de l'air, lorsque l'onde éthérée lumineuse parvient au contact des éléments nerveux de notre œil elle ébranle les molécules de ces éléments et le mouvement de l'éther se transforme en mouvement de la matière pondérable. Les physiciens ont également constaté que quand une onde lumineuse est arrêtée, absorbée, disent-ils, par un métal opaque, le mouvement de l'éther est transformé en un mouvement des molécules pondérables qui se manifeste à nous sous forme d'élévation de la température du corps pondérable; un métal opaque exposé au soleil s'échauffe, tandis que la température d'un corps transparent varie à peine. La différence qui existe à cet égard entre les corps opaques et les corps transparents est attribuée par Secchi à la forme des molécules ; rappelant que les ondes liquides s'éteignent au contact des corps mous en transformant leur mouvement en une vibration de ces corps, tandis qu'elles ne s'éteignent pas au contact des corps durs, mais, les contournent, il suppose que les molécules des métaux opaques sont sphériques , « d'une grande mobilité, et pouvant facilement obéir aux moindres impulsions ; par conséquent en se déplaçant pour occuper de nouvelles positions, pendant un temps plus ou moins long, elles absorbent la majeure partie de la force vive communiquée à ces masses. Inversement, dans les corps diaphanes (qui, pour la plupart, sont des corps composés), les molécules primitives ayant leurs axes d'inertie assez inégaux, sont moins facilement écartés de leurs positions d'équilibre pendant la transmission d'un mouvement à travers leur substance. Donc ces mouvements passeront facilement en contournant les molécules.»

Deux autres phénomènes physiques restent à étudier : le son et l'électricité.

Nous ne reviendrons pas ici sur ce que nous avons dit plus haut à propos du son. Bornons-nous à rappeler qu'il se distingue nettement de la lumière et de la chaleur en ce que ses mouvements ont pour siège *uniquement* la matière pondérable.

Quant à l'électricité, on ignore complètement quelle est sa nature intime, mais il est permis de supposer qu'elle consiste, comme la chaleur, la lumière et le son, en mouvements moléculaires et que ces mouvements ont pour siège l'éther, car ils se transmettent, comme ceux de la lumière à travers les espaces considérés comme vides et ne sont pas accompagnés de changement de volume des corps.

En résumé, nous voyons que tous les phénomènes dont l'étude constitue la science désignée sous le nom de *Physique* se réduisent à des mouvements de la matière pondérable ou de l'éther, mouvements qui peuvent se transmettre de l'une à l'autre de ces deux formes de la matière.

Nous avons déjà vu plus haut que les phénomènes chimiques sont également dus à des mouvements moléculaires.

L'étude de la pesanteur, de la chaleur, de la lumière, du son, de l'électricité, nous a fourni la preuve que les phénomènes physiques n'altèrent pas la constitution des molécules, mais se bornent à déterminer leur rapprochement ou leur écartement, leur vibration ou leur déplacement.

Dans les phénomènes chimiques, au contraire, il y a modification de la constitution des molécules ; les atomes qui les forment se séparent, dans de certaines conditions, pour former des agrégations nouvelles, plus ou moins différentes des premières. On a, ainsi que nous l'avons dit plus haut, donné le nom d'*affinité* à cette propriété qu'ont des atomes ou des molécules différents de se réunir pour former des molécules plus complexes, et l'on a considéré l'affinité comme une propriété spéciale de la matière, propriété en vertu de laquelle les atomes et les molécules tendraient à se combiner pour former des molécules complexes. Mais, résoudre ainsi la question, c'est tout simplement l'éluder, c'est traduire par un mot vague l'ignorance réelle dans laquelle nous sommes de la nature intime des phénomènes chimiques.

Certains faits peuvent cependant nous mettre sur la

voie de la vérité. L'expérience montre que quand deux corps se combinent, il y a élévation de la température du milieu ambiant, tandis que quand un corps se décompose, il y a abaissement de cette température. Dans le premier cas ; on dit qu'il y a dégagement, et dans le second cas, on dit qu'il y a absorption de chaleur. L'expérience a aussi montré que la quantité de chaleur dégagée pendant la décomposition d'un corps est égale à celle qui a été absorbée pendant sa formation. Si l'on n'oublie pas que la chaleur n'est autre chose qu'un mouvement, on verra que la combinaison et la décomposition chimiques ne sont que des transformations du mouvement calorique, que des formes du mouvement atomique et moléculaire de la matière pondérable et probablement aussi de l'éther. Cela est encore démontré par ce fait que les combinaisons et décompositions chimiques peuvent être déterminées par la lumière, par l'électricité, par les chocs, les frottements, la chaleur, et toutes les autres formes de mouvement.

Tous les phénomènes physiques et chimiques dont la matière est le siège se réduisent ainsi à des mouvements atomiques et moléculaires de la matière pondérable et de l'éther, mouvements qui se transforment sans cesse de l'un dans l'autre, qui se manifestent à nous sous une foule d'aspects différents, mais qui ne peuvent pas plus être créés qu'ils ne peuvent être détruits, étant éternels et infinis comme la matière.

Maintenant que nous connaissons la constitution intime et les propriétés de la matière, il nous sera facile de suivre pas à pas les diverses phases de son évolution, les divers états par lesquels elle a passé, les transformations qu'elle a subies, pour arriver à constituer les corps si complexes que l'univers présente à notre observation, depuis les masses de vapeurs incandescentes que l'on nomme des nébuleuses, jusqu'aux roches qui forment la croûte de notre planète, en passant par les innombrables soleils ou étoiles qui peuplent l'immensité illimitée des cieux.

En admettant la théorie relative à la constitution intime de la matière, qui a été exposée plus haut, on peut considérer l'éther comme l'état de la matière le plus rudimentaire qu'il soit possible de concevoir. « Pour nous, dit Secchi, l'éther sera constitué par les atomes primitifs de la matière ordinaire. La simplicité de constitution que nous attribuons au corps simple le plus léger connu, c'est-à-dire à l'hydrogène, est certainement très éloignée de là simplicité atomique de l'éther ; toutefois il est bon de remarquer que les corps simples formant une série dont les termes ont une constitution de moins en moins complexe, cette série doit avoir une fin ; le terme extrême est l'éther, mais il est peu probable que nous disposions un jour de moyens capables de réduire la matière à un semblable état. »

Dans l'opinion des physiciens, l'éther n'est pas, on le voit, une matière distincte par sa nature de la matière pondérable, il n'en est qu'une forme aussi simple que possible, c'est, si l'on veut, le corps constituant unique dont nous avons parlé plus haut, dans sa forme la plus élémentaire et la plus primitive, et, par conséquent, celle qu'il a revêtu de toute éternité.

Quant à la matière pondérable, même la plus simple, elle peut-être envisagée comme un premier état de condensation de l'éther.

En admettant, que l'évolution de la matière non

vivante ait été ascendante, comme nous verrons plus tard qu'il l'a été celle de la matière vivante, il est permis de supposer que l'univers a d'abord été constitué uniquement par de l'éther ; puis, que certaines portions de cette matière se sont condensées en molécules de matière pondérable, se réunissant elles-mêmes pour former les corps que les chimistes considèrent comme simples. Ceux-ci en se mélangeant donnèrent d'abord naissance à des corps complexes ; puis, en se combinant, ils produisirent des corps chimiquement composés.

Ce qui est bien incontestable, c'est que, dans nos laboratoires, nous pouvons produire, à volonté, à l'aide des corps dits simples, un nombre extrêmement considérable de corps plus ou moins complexes. Pour cela, deux procédés sont à notre disposition : le *mélange* et la *combinaison chimique*.

En second lieu, nous pouvons, à volonté, modifier les propriétés physiques des corps simples ou composés, en changeant leur état moléculaire, par soustraction ou addition de calorique.

La simple modification de l'état moléculaire et le mélange ne produisent que des corps peu distincts par leurs propriétés de ceux qui leur ont donné naissance, tandis que les propriétés des corps produits par la combinaison chimique de deux ou plusieurs éléments sont toujours très différentes de celles de ces derniers.

Prenons quelques exemples :

Voici dans deux épouvettes deux corps simples ; dans l'une de l'oxygène ; dans l'autre de l'hydrogène. Tous les deux sont à l'état de gaz ; mais un grand nombre de caractères permettent de les distinguer l'un de l'autre. Sans parler de la différence de densité qui existe entre eux,

quand on approche de l'ouverture de l'éprouvette qui
renferme l'oxygène une allumette éteinte, mais encore
rouge, on la voit se rallumer instantanément ; si on
plonge la même allumette dans l'éprouvette qui contient
l'hydrogène, elle ne tarde pas à s'y éteindre. Quand on
approche une flamme de l'oxygène, on la voit devenir
plus brillante, mais le gaz lui-même ne s'enflamme pas.
Placée en présence de l'hydrogène, la flamme s'éteint,
mais le gaz s'enflamme. Un animal vivra dans l'oxygène,
tandis que dans l'hydrogène il ne tardera pas à périr.

Mélangeons maintenant ces deux corps à la température
ordinaire ; nous aurons encore un corps gazeux, mais ses
propriétés différeront à la fois de celles de l'oxygène et de
celles de l'hydrogène, tout en rappelant, dans une certaine mesure, celles de l'un et de l'autre. Une allumette à
demi éteinte, placée dans ce gaz ne se rallumera pas,
comme elle le faisait dans l'oxygène, mais elle ne s'éteindra
pas aussi vite que dans l'hydrogène ; si on y place un animal, il y vivra plus longtemps que dans l'hydrogène pur.
Par un simple mélange de deux corps tout à fait distincts
nous avons ainsi produit un corps nouveau qui se manifeste à nous par des propriétés nouvelles : mais ces
dernières ont encore une certaine analogie avec celles des
éléments qui le constituent.

Plaçons maintenant dans un tube en verre bien clos, un
mélange, en proportion déterminée, d'oxygène et d'hydrogène et faisons passer à travers le tube une étincelle électrique, le mélange gazeux qui le remplit est aussitôt rem-
placé par une petite quantité d'un corps liquide, transparent,
incolore, que nous connaissons sous le nom d'eau, et qui
résulte de la combinaison des deux gaz oxygène et hydrogène. Les propriétés par lesquelles se manifeste à nous ce

corps nouveau sont bien plus différentes de celles des
deux gaz qui ont servi à le former que ne l'étaient celles
du corps constitué par le simple mélange de ces gaz.

Ayant ainsi obtenu de l'eau, nous pouvons la mélanger
ou la combiner à une foule d'autres corps simples ou composés, pour produire des corps nouveaux qui seront formés de trois, de quatre ou d'un nombre plu sconsidérable
encore d'élément simples. En combinant, par exemple, un
certain nombre de molécules d'eau avec des atomes de
carbone, nous produisons des substances dites ternaires,
c'est-à-dire contenant trois corps simples : l'oxygène,
l'hydrogène et le carbone, etc.

Tous les corps ainsi produits sont composés et jouissent
de propriétés très différentes de celles des corps simples
qui ont servi à les produire. Il n'existe guère, par
exemple, d'analogie entre l'amidon, simple composé de
molécules d'eau et d'atomes de carbone, et les corps
qui le composent : oxygène, hydrogène et carbone.

Mais, ainsi que nous l'avons dit plus haut, nous pouvons
encore modifier, dans une très large mesure, les propriétés des corps simples ou composés, sans altérer leur composition chimique, en nous bornant à leur enlever ou à leur
donner de la chaleur, c'est-à-dire en modifiant leur état
moléculaire.

Prenons comme premier exemple un corps simple.
Voici un bâton de soufre ; il est dur, cassant, coloré en
jaune clair, et si l'on examine au microscope sa structure
intime, on peut s'assurer qu'il est formé de cristaux
octaédriques. Plaçons ce bâton de soufre dans un vase et
exposons-le au feu ; il fond assez rapidement et se transforme en un liquide jaune clair, très fluide ; continuons
à chauffer ce liquide et nous le verrons bientôt s'épaissir,

à mesure qu'il se colore en brun. A 250° il sera brun et assez épais pour qu'on puisse retourner le vase qui le contient sans qu'il s'en échappe. Chauffons encore et un quatrième état va se montrer ; le soufre redevient liquide. Versons ce liquide dans l'eau; il s'épaissit rapidement, reste mou et peut être étiré en longs fils minces. Abandonné à lui-même, à la température habituelle des appartements, ce soufre mou change encore une fois d'état, il se durcit peu à peu et prend à peu près les caractères extérieurs qu'il possédait avant la série d'expériences que nous venons de faire ; nous pouvons constater que pendant ce temps, il perd de la chaleur. Examiné au microscope il se montre formé de prismes ; il diffère donc par sa structure interne du soufre dur qui lui a donné naissance ; mais, au bout d'un temps plus ou moins long il aura encore perdu une nouvelle quantité de chaleur et alors il se montrera formé de cristaux octaèdriques. Nous avons vu déjà le soufre à l'état solide et à l'état liquide ; nous pouvons encore l'obtenir à l'état de vapeur; pour cela, il nous suffit de le chauffer fortement. Le simple accroissement ou la diminution de la quantité de chaleur contenue dans ce corps simple suffit pour lui faire prendre une série d'états différents qui modifient considérablement ses propriétés, mais n'altèrent en aucune façon sa composition chimique.

Prenons pour deuxième exemple de ces changements moléculaires, l'eau dont nous avons étudié plus haut la formation. Versons dans une capsule l'eau liquide que nous avons obtenue par combinaison de l'hydrogène et de l'oxygène, et plaçons ensuite cette capsule au-dessus d'un foyer de chaleur; nous ne tarderons pas à voir s'élever au-dessus du vase un nuage transparent et incolore, une vapeur qui, suffisamment dilatée, constituera un véritable gaz. Disposons, au contraire, la capsule qui contient l'eau liquide, dans un milieu capable de lui enlever de la chaleur et nous verrons l'eau qu'elle renferme se transformer en un corps solide que tout le monde connaît sous le nom de glace. Eau liquide, vapeur d'eau et glace ont exactement la même composition chimique, et cependant elles possèdent un assez grand nombre de propriétés différentes. De même que les états divers du soufre, ces états de l'eau sont dus à la quantité de chaleur que le corps renferme. Le gaz renferme plus de chaleur que le liquide, et ce dernier davantage que le solide. Comme conséquence, les atomes du gaz sont plus distants les uns des autres ou plus mobiles que ceux du corps liquide et du corps solide.

Ces faits sont d'une haute importance parce qu'ils peuvent nous donner idée de la nature des modifications qu'a pu subir l'éther pour passer à l'état de matière pondérable et former, sans se modifier chimiquement, tous les corps dits simples que nous connaissons actuellement et qui sont les mêmes dans toutes les parties de l'univers qu'il nous a été permis d'explorer jusqu'à ce jour.

Modification de l'état moléculaire, mélange, combinaison de deux ou plusieurs corps simples ou composés, tels sont les moyens que nous avons à notre disposition et qui sont sans cesse mis en œuvre dans l'univers pour produire des corps nouveaux, se manifestant par des propriétés différentes.

Il est important d'ajouter que la simple modification de l'état moléculaire et le mélange ne produisent que des corps peu distincts par leurs propriétés de ceux qui leur ont donné naissance, tandis que les propriétés des corps nouveaux résultant de la combinaison chimique de deux où plusieurs éléments sont toujours très différentes de celles de ces derniers.

En s'appuyant sur leurs propriétés, ainsi que sur la nature et le nombre de leurs éléments constituants, on a divisé tous les corps composés que nous connaissons en deux grands groupes, sous les noms de *corps inorganiques* et *corps organiques*.

Les premiers peuvent être dépourvus de carbone, les seconds en contiennent toujours ; les premiers sont relativement stables, c'est-à-dire qu'ils ne se décomposent que difficilement ; les seconds sont très instables, se décomposent avec une facilité beaucoup plus grande. Les uns et les autres peuvent être formés de deux, de trois, ou d'un nombre plus grand et très variable de principes constituants simples ou composés. Dans les corps organiques, cependant, il n'entre, en général, qu'un petit nombre de corps simples : le carbone et l'hydrogène, qui ne manquent jamais, suffisent, avec l'azote et l'oxygène (auxquels s'ajoutent parfois le fer, le soufre et le phosphore), pour former un nombre indéfini de corps organiques qui diffèrent les uns des autres soit par l'absence de l'un ou l'autre de ces éléments, soit par la quantité d'atomes de chacun d'eux, soit enfin par le mode d'arrangement de ces atomes. Les propriétés de ces corps sont d'autant plus variées et leur tendance à subir des modifications d'autant plus grande que le nombre des atomes constituant la molécule est plus considérable, et que leur arrangement est plus complexe. Les propriétés d'un corps organique binaire, dont la molécule est constituée seulement par du carbone et de l'hydrogène, sont, par exemple, moins nombreuses et moins variées que celles d'un corps ternaire dans lequel l'oxygène s'ajoute au carbone et à l'hydrogène ;

la stabilité du corps ternaire est également moindre que celle du corps binaire.

Par l'union des quatre éléments : carbone, hydrogène, oxygène et azote, et en associant leurs atomes d'une façon qui nous est malheureusement encore inconnue, il s'est produit, non pas directement, mais par une suite très grande de combinaisons, des corps composés de plus en plus riches en propriétés, et, parmi eux, les plus complexes de tous, ceux qui ont reçu le nom de *matières albuminoïdes* et qui forment la base de la matière vivante.

Entre l'éther qui représente la forme la plus simple de la matière et les corps albuminoïdes qui en représentent la forme la plus complexe actuellement connue, se trouvent un nombre incalculable de corps dont l'étude constitue l'objet de la *Chimie*. Ces corps en s'associant de diverses façons, en se combinant, en se mélangeant, constituent les masses énormes que nous connaissons sous les noms de nébuleuses, d'étoiles et de planètes, et parmi ces dernières le globe qui nous porte et qui a produit, par la simple transformation, dans des conditions déterminées, des éléments chimiques qui le constituent, tous les êtres vivants, végétaux ou animaux sans en excepter le plus parfait de tous : l'homme.

Nous connaissons maintenant la constitution et les propriétés de la matière ; nous savons par quels procédés ont pu être produits à l'aide d'un corps unique : l'éther, tous les corps simples ou composés qui font l'objet des études des chimistes ; nous avons suivi l'évolution de la matière dans toutes ses phases, depuis l'éther qui occupe le bas de l'échelle des éléments chimiques, jusqu'aux matières albuminoïdes qui en occupent le sommet, en passant par les divers principes inorganiques et organiques ; il ne nous

reste plus, pour terminer la tâche que nous nous sommes
imposée dans ce chapitre, qu'à étudier l'évolution des
masses de matière pondérable qui occupent l'immensité
infinie des espaces célestes et celle de la planète qui nous
forme de sa substance et qui s'empare après notre mort
des éléments dissociés de notre cadavre.

Les formes les plus simples d'organismes matériels dont
il nous soit actuellement permis de constater l'existence et
d'étudier la structure sont représentées par les nébuleuses,
que l'astronome armé de puissants instruments peut seul
découvrir dans la profondeur illimitée des espaces célestes.

Les plus illustres astronomes sont aujourd'hui d'accord
pour admettre que les nébuleuses sont des masses purement gazeuses. On a pu même reconnaître, à l'aide du
spectroscope, un certain nombre des gaz qui les composent.
Dans une nébuleuse douée d'une lumière très intense, découverte par Struve, on peut affirmer l'existence de l'hydrogène et celle de deux autres corps, dont l'un est peut-
être l'azote, le fer ou le plomb et dont l'autre est tout à
fait inconnu.

Il importe de remarquer que les gaz constituants des
nébuleuses paraissent être toujours en fort petit nombre.
Rudimentaires par leur forme qui est relativement peu définie, et par leur densité qui est très faible, les nébuleuses
sont encore au point de vue de la composition chimique
les plus simples de tous les organismes qui forment l'u-
nivers.

Dans quelques-unes d'entre elles on peut cependant déjà
constater une tendance à la condensation de la matière. Certains points de leurs masses sont plus denses et marquent
une transition sensible entre la nébuleuse et l'étoile. « Quel-

ques-unes d'entre elles, dit Secchi, ont une énorme étendue et une densité très irrégulière; d'autres ont une densité presque uniforme ; d'autres, enfin, présentent une condensation croissante vers le centre, comme si elles n'étaient
que des étoiles inachevées; quelques-unes sont annulaires et
semblent destinées à former des sytèmes plus compliqués. »

Quant au nombre, à la dimension et à la distance de ces
masses de gaz lumineux, nous pouvons à peine nous en
faire une idée. En 1864, J. Herschel en admettait plus de
cinq mille et le chiffre augmente chaque jour, à mesure
que des instruments plus puissants nous permettent de
plonger plus profondément dans l'espace illimité qu'elles
habitent. Les distances qui les séparent de la terre sont
tellement considérables qu'il nous est impossible de les
nombrer ; quant à leurs dimensions, Secchi dit qu'une
« nébuleuse du diamètre de l'orbite terrestre serait im-
perceptible », or, l'orbite terrestre a 296 millions de
kilomètres.

On peut admettre, sans crainte de se tromper, que les
nébuleuses en se condensant, en prenant une forme d'autant
plus définie que leur densité devenait plus grande, ont
donné naissance aux innombrables étoiles qui scintillent
dans l'obscurité de nos nuits et au soleil, autre étoile plus
rapprochée de nous qui éclaire nos jours, en même temps
qu'il produit et entretient par sa chaleur, la vie sur notre
globe.

En même temps que la matière se condense dans les
étoiles, elle revêt des formes plus nombreuses. Le spectroscope nous permet en effet de reconnaître dans les étoiles
un plus grand nombre de principes chimiques que dans
les nébuleuses. Mais, quoique la densité des étoiles soit beaucoup plus grande que celle des nébuleuses, elles sont encore

formées de corps à l'état de vapeurs incandescentes et ne marquent qu'une seconde phase de l'évolution des organismes matériels.

Pour qu'une forme nouvelle et manifestement différente de ces organismes apparaisse, il faudra que la masse incandescente se refroidisse peu à peu, et que l'astre, d'abord vaporeux, devienne solide. C'est cette troisième phase qui nous est offerte par les planètes et notamment par la terre. Il serait inutile de songer à calculer quel temps il a fallu pour que ce refroidissement s'effectue. Dans les questions qui font l'objet de cet ouvrage le temps n'est rien et il est tout; l'éternité de la matière se confond avec son infinité et son incessante mobilité, pour présider à une évolution dont les termes extrêmes ne peuvent être enchaînés dans les limites étroites de notre intelligence.

Quoiqu'il en soit, à mesure que le refroidissement s'effectue nous voyons le nombre des corps chimiques constituants augmenter, la complexité des corps composés devenir plus grande, à des corps inorganiques gazeux succéder des corps inorganiques liquides et solides, puis des corps organiques. Les principes albuminoïdes viennent ensuite; et enfin la vie apparaît, avec des formes d'abord rudimentaires, mais devenant d'autant plus complexes que le milieu cosmique devient plus favorable.

Quant au moment où la vie s'est montrée sur notre globe, et au moment où elle en disparaîtra, il ne peut pas davantage être prévu que nous ne pouvons préjuger celui où la terre, perdant son état solide sous des influences qu'il est à peine possible de deviner, retournera à l'état primitif que nous présentent aujourd'hui les nébuleuses, de même qu'après le refroidissement de notre cadavre, les principes qui le constituent reprennent la forme gazeuse qu'ils possédaient avant de s'associer pour produire les substances solides ou liquides qui forment toutes les parties de notre organisme.

La seule chose que nous puissions affirmer c'est que la condensation de la matière ne sera jamais qu'un phénomène local et temporaire. Tandis que telle masse nébuleuse se condense en étoile, tandis que telle étoile se condence en planète et se refroidit, telle autre masse solide et froide se dissocie, pour former de ses principes devenus libres de nouvelles nébuleuses et un nouvel éther. Ce que nous pouvons affirmer encore, parce que tous les faits que nous observons nous le démontrent chaque jour davantage, c'est que la matière ne conserve jamais le même état pendant le laps de temps même le plus court que nous puissions imaginer, c'est que jamais aucune partie de l'univers ne sera figée dans une immobilité qui serait la suppression de tout phénomène cosmique, c'est que jamais l'activité d'une partie quelconque de la matière ne s'éteindra, c'est que, fatalement, la vie succède à la mort comme la mort succède à la vie, c'est qu'avec les débris des vieilles terres la nature fait les jeunes soleils, de même qu'elle fait les enfants frais et roses avec les détritus des immondes cadavres.

CHAPITRE III

CONSTITUTION ET PROPRIÉTÉS DE LA MATIÈRE VIVANTE

———

Des corps simples, en petit nombre, peut-être même réductibles à un seul, dont tous les autres ne représenteraient que des états divers d'agrégations moléculaires ; des mélanges et des combinaisons de ces corps simples, se produisant en nombre infini toutes les fois que des atomes semblables ou de nature différente se trouvent en présence dans un milieu convenable et dans des conditions déterminées ; enfin, des propriétés inhérentes à ces corps, tels sont les objets que l'univers a offert à notre étude.

Si nous ajoutons que nous ne pouvons concevoir un être quelconque que par les propriétés qu'il manifeste, nous aurons suffisamment montré : d'une part, que la matière, unique principe constituant de l'univers, sans limites, ni dans l'espace ni dans le temps, infinie et éternelle, peut seule constituer le sujet de recherches et de méditations vraiment scientifiques, parce que, seule, elle nous offre un objectif perceptible ; et, d'autre part, que son étude se réduit à l'observation attentive des propriétés que possèdent les différentes formes sous lesquelles elle se présente à nous.

Parmi ces formes, les unes, celles que nous avons déjà étudiées, ne possèdent manifestement que des propriétés d'ordre physique et chimique, elles ne vivent pas ; les autres semblent être douées, en outre, de propriétés spéciales, dites *biologiques*, elles vivent.

Il semble qu'en partant de ce point de vue on puisse facilement diviser toutes les formes de la matière en deux groupes bien distincts, et que l'absence ou la présence de la vie établisse entre ces deux groupes des limites infranchissables. Il n'en est rien cependant. La seule différence qui existe entre eux se réduit, en réalité, à une diversité de constitution physique et chimique.

Nous avons vu déjà dans le chapitre précédent, par quelles transitions insensibles on peut passer des corps les plus simples à des corps de plus en plus complexes et enfin à ceux qui ont reçu le nom de matières albuminoïdes. Il ne nous reste plus qu'un pas à franchir pour atteindre à la solution du problème que nous venons de poser.

Les matières albuminoïdes elles-mêmes, en se combinant en nombre variable, en se mélangeant dans de certaines proportions entre elles et avec certains corps minéraux, constituent une substance molle, transparente, très sensible aux excitations extérieures, mobile, susceptible de s'accroître en introduisant dans sa masse et en s'incorporant certains corps étrangers pris dans le milieu ambiant. On a donné à cette forme nouvelle de la matière le nom de *Protoplasma*.

Cette substance ayant une composition chimique beaucoup plus complexe que celle de tous les autres corps que nous connaissons et un mode d'agrégation moléculaire tout spécial, présente, par suite, les propriétés inhérentes à toute matière, à un état d'intensité telle qu'on pourrait les considérer comme tout à fait spéciales, d'où l'épithète de *biologiques* qu'on leur a donné.

Mais, en même temps, le protoplasma se trouve dans un état d'instabilité tel que les influences extérieures les plus légères suffisent pour le modifier profondément. Il suffira, par exemple, d'augmenter ou de diminuer, dans des proportions relativement minimes, la quantité de calorique qu'il contient, pour le modifier au point de faire disparaître toutes les propriétés qui paraissent lui être spéciales. Il en sera de même si on lui enlève une certaine quantité de l'eau mélangée aux substances solides qui le composent et, à plus forte raison, si l'on modifie, même légèrement, au delà de certaines limites, sa composition chimique.

La complexité de composition se montre ainsi toujours accompagnée d'une intensité plus grande de toutes les propriétés de la matière et d'une instabilité très prononcée de la constitution. Les propriétés sont toujours d'autant plus intenses que la complexité de composition et d'agrégation moléculaire est plus considérable.

D'une façon générale, les propriétés des corps inorganiques, dont la constitution est très stable, sont moins intenses que celles des corps organiques. Parmi ces derniers, les corps quaternaires, qui offrent la structure la plus complexe et l'instabilité la plus grande, présentent en même temps les propriétés les plus énergiques. Enfin, le protoplasma, et surtout le protoplasma vivant, étant de tous les corps connus le plus complexe et le plus instable est aussi le plus riche en propriétés actives, c'est-à-dire qu'il est celui de tous qui subit le plus facilement les excitations venues du milieu ambiant et qui réagit le plus énergiquement contre elles.

En nous élevant ainsi du simple au composé, le protoplasma vivant ne nous apparaît plus que comme un état particulier de la matière, et ses propriétés ne sont à nos yeux que la manifestation de cet état.

Nous sommes donc amenés à définir la vie : l'ensemble des propriétés offertes par la matière dans l'état de composition chimique et d'agrégation moléculaire le plus complexe que nous connaissions.

, Mais, comme toutes les propriétés de la matière vivante ou non vivante, ne sont que des formes d'une propriété unique, inhérente à la matière, le mouvement, on peut dire aussi que : la vie n'est que l'ensemble des mouvements manifestés par la matière dans l'état de composition chimique et d'agrégation moléculaire le plus complexe que nous connaissions.

Cependant si nous comparons la matière vivante, même dans son état le plus simple, celui qui nous est offert par les organismes les plus rudimentaires, à la matière non vivante, il nous semblera, *au premier abord*, bien difficile de rapprocher les propriétés de la première de celles de la seconde.

Examinons, par exemple, comparativement, les propriétés d'un cristal de sel marin, et celles de l'être vivant le plus simple qui nous soit connu, la Monère, dont le corps n'est formé que d'une petite masse protoplasmique, homogène. (Voir notre Appendice, note E.)

Très dissemblables vont nous paraître, à un examen superficiel, les propriétés de ces deux corps. Mais si nous en faisons une étude plus approfondie nous ne tarderons pas à acquérir la preuve que les différences ne sont que des différences de plus ou de moins et qu'il n'est pas une seule des propriétés de la matière vivante qu'on ne puisse trouver, sous une forme plus ou moins rudimentaire, dans la matière non vivante. C'est cette étude que nous allons faire avec tous les détails qu'elle comporte.

Le premier caractère invoqué pour distinguer la matière vivante de la matière non vivante est la forme.

La matière non vivante, dit-on, affecte volontiers la forme cristalline, tandis que la matière vivante ne se présente jamais sous cette forme ; un cristal de sulfate de cuivre, par exemple, possède une forme constante, caractéristique, régulière, géométrique. Brisez-le, réduisez-le en particules de plus en plus petites, ces particules offriront encore, si minimes qu'elles soient, une forme analogue à celle du cristal primitif, la mesure de leurs angles sera la même. La masse protoplasmique vivante, au contraire, ajoute-t-on, n'offre jamais la forme cristalline et sa configuration change sans cesse ; tout à l'heure elle était sphérique ; à présent elle est ovoïde ; bientôt son contour sera tout à fait irrégulier ; les parties saillantes rentreront dans la masse et seront remplacées par des dépressions, tandis que de nouvelles saillies se produiront sur d'autres points de la surface qui sont en ce moment déprimés.

Mais il nous est facile de répondre que la matière inorganique est loin d'offrir toujours la forme géométrique que nous a présenté le sulfate de cuivre. Ce corps lui-même peut être obtenu à l'état amorphe, par précipitation dans certaines conditions. Le mercure, le soufre mou, l'acide arsénieux vitreux, le phosphore rouge, etc., sont manifestement amorphes. La forme géométrique n'est

donc pas essentiellement caractéristique des corps inorganiques. D'autre part, il est un grand nombre d'animaux
et de végétaux inférieurs qui revêtent des formes géomé-
triques, presque aussi régulières que celles du sulfate de
cuivre cristallisé et constantes dans une même espèce
ou un même genre.

Dans un grand nombre de cellules, par exemple dans
celles de l'albumen du Ricin, des cotylédons du *Berthol-
letia excelsa*, de la pomme de terre, etc., la substance
protoplasmique se présente sous une forme cristalloïde,
très régulière, ne différant des cristaux véritables que par
la variabilité de ses angles. Enfin, les recherches faites par
M. Naegeli sur la structure intime du protoplasma l'ont
conduit à admettre que toute masse protoplasmique est
constituée par la réunion de particules solides, extrêmement petites, séparées les unes des autres par un liquide.
La façon dont le protoplasma se comporte vis-à-vis des
liquides avec lesquels il se trouve en rapport indique que
ces particules solides constituantes ont des formes an-
guleuses, et il est même permis de supposer qu'elles sont
régulièrement cristallines.

Cette première propriété : la forme, ne peut ainsi, en
aucune façon, servir à distinguer la matière vivante de la
matière non vivante.

On a invoqué encore pour distinguer les deux formes
de la matière le mode d'accroissement. On admet que la
matière non vivante n'augmente de volume que par
juxtaposition, tandis que la matière vivante s'accroît par
intussusception ; c'est-à-dire que les corps non vivants
s'accroîtraient uniquement par dépôt à leur surface de
molécules semblables à celles qui les constituent, tandis
que la matière vivante s'accroît par pénétration dans sa

masse et incorporation intime à sa substance, de molécules qui peuvent différer plus ou moins en apparence
de celles qui la composent.

En partant de cette manière de voir on a dit : la matière non vivante croît, la matière vivante se nourrit.

Cette opposition est-elle aussi absolue dans les faits
que dans les termes ? Demandons-nous d'abord ce qu'il
faut entendre par « accroissement » d'un corps et quels sont
les phénomènes physiques et chimiques qui se produisent
quand un corps augmente de masse aux dépens du milieu
ambiant. Les phénomènes qui se passent alors en lui
sont très variables. Montrons-le par quelques exemples :
Un cristal de sulfate de cuivre placé dans une solution
du même corps augmente de volume par dépôt à sa
surface de nouvelles molécules de sulfate de cuivre. Ici
l'accroissement se fait bien réellement par juxtaposition
et la composition chimique du corps accru n'est pas
modifiée. C'est le cas le plus simple que nous puissions
concevoir. Voici maintenant une goutte d'eau pure ; je la
place dans un milieu saturé de vapeur d'eau ; elle ne tarde
pas à augmenter de volume par incorporation dans sa
masse d'une partie de la vapeur d'eau qui l'entoure. Sa
composition chimique n'a pas été modifiée pendant cet
accroissement ; mais ce dernier s'est produit à la fois
dans tous les points de la goutte d'eau par une véritable
interposition, intussusception de molécules dans l'intervalle des molécules préexistantes. Si j'ajoute quelques
cristaux de sel marin à une goutte d'eau, distillée, son
accroissement s'effectuera encore par intussusception, mais
en même temps sa composition chimique sera modifiée.
Qu'à de l'eau distillée j'ajoute un fragment d'acide sulfurique anhydre ; il se produit aussitôt, avec l'accroisse-

ment, par intussusception, une combinaison chimique intime des deux corps pour former un corps nouveau. L'accroissement des corps inorganiques, peut ainsi s'effectuer : 1° par simple juxtaposition de molécules semblables ; 2° par intussusception de molécules dissemblables, se mélangeant ou se combinant chimiquement à celles qui forment ces corps.

C'est, d'habitude, à l'aide des deux derniers procédés que la matière vivante s'accroît, se nourrit. Si nous nous rappelons que les principes chimiques constituants dé la matière vivante sont à la fois très variés et très instables, si nous ajoutons que leurs affinités chimiques ne sont jamais satisfaites et ne peuvent jamais l'être d'une façon permanente, à cause des oxydations incessantes et des dédoublements dont ils sont le siège, il nous sera facile de comprendre que leurs affinités chimiques s'exerceront sans cesse, avec une intensité remarquable, sur les corps solubles contenus dans le milieu qui entoure la matière vivante, et que, par suitê, l'accroissement de cette dernière s'ffectuera avec une énergie que les corps inorganiques, plus stables, ne peuvent pas présenter. Mais, en même temps que la matière vivante s'accroîtra, sa composition chimique variera d'une façon incessante, en entraînant des modifications corrélatives dans la manifestation de ses propriétés. Dans quelques cas même les phénomènes de nutrition pourront être la cause de la mort de la matière. Quand, par exemple, un poison est incorporé aux principes constituants de la matière vivante, le phénomène d'accroissement est accompagné d'une modification tellement profonde de la composition chimique de cette matière, qu'elle perd, soit provisoirement, soit d'une façon définitive, ses propriétés.

En réalité, la nutrition n'est autre chose qu'un accroissement par intussusception de la matière vivante, consistant en un ensemble de phénomènes purement physiques et chimiques qui peuvent se produire également, quoique avec une intensité moindre, dans la matière non vivante. Il est donc, à cet égard, impossible de distinguer l'une de l'autre les deux formes de la matière.

La même analogie existe entre l'oxydation de la matière non vivante et le phénomène désigné sous le nom de « respiration » de la matière vivante. Le phénomène intime de la respiration n'est pas autre chose, en effet, qu'une oxydation des principes qui constituent la matière vivante. De même que, placé dans un milieu riche en oxygène, un morceau de fer se combine lentement avec ce gaz, en donnant naissance à un oxyde, de même les principes multiples qui constituent la matière vivante et qui tous sont relativement pauvres en oxygène se combinent avec ce gaz, en donnant naissance à des corps plus oxygénés qui s'oxydent à leur tour et finalement se résolvent en acide carbonique, eau et ammoniaque. Si les produits de la respiration de la matière vivante sont plus nombreux que ceux de l'oxydation du fer, cela tient à la complexité de composition de la matière vivante et non à la diversité du phénomène fondamental. D'autre part, si l'oxydation du fer est superficielle, tandis que celle de la matière vivante est profonde, il faut en voir le motif dans la différence de densité des deux corps, dans la mobilité plus grande des atomes de la substance vivante, mobilité qui permet à ces atomes de se mettre plus facilement en rapport avec le milieu ambiant, et, enfin, dans la complexité de composition chimique et dans l'affinité plus grande pour l'oxygène des divers principes constituants de la matière vivante. L'oxydation d'une essence, celle de l'essence de térébenthine par exemple, est plus rapide et plus profonde que celle d'un morceau de fer ; d'un côté, parce que l'affinité de l'essence pour l'oxygène est plus grande que celle du fer, et d'un autre côté, parce que, les molécules de l'essence étant plus mobiles les unes sur les autres que celles du fer, les molécules du gaz se mélangent plus facilement aux premières qu'aux dernières. L'oxydation de l'essence sera rendue plus rapide encore et plus intime si, en agitant le liquide dans l'air, on mélange ses molécules avec celles de l'oxygène.

Comme toute oxydation, celle de la matière vivante est accompagnée de production de calorique ; si la quantité de chaleur produite par l'oxydation ou respiration des êtres vivants est supérieure à celle qui résulte de l'oxydation du fer dans l'atmosphère et à la température ordinaire, cela tient uniquement à ce que la rapidité et l'intensité de l'oxydation sont plus considérables dans les premiers que dans le dernier.

Une seule considération pourrait nous arrêter dans l'établissement de ces analogies, c'est que la matière non vivante mise à l'abri de l'oxygène ne se détruit pas, tandis que la matière vivante, privée de ce gaz, perd bientôt ses propriétés caractéristiques, puis se décompose en ses éléments constituants. Cette différence n'est cependant qu'apparente. Tout état déterminé d'un corps quelconque est en effet caractérisé par une certaine relation de ses molécules les unes avec les autres, par un équilibre moléculaire qui est placé sous la dépendance de la chaleur. On sait, par exemple, qu'il suffit d'enlever une certaine quantité de calorique au soufre mou et amorphe pour le faire passer à l'état cristallin et qu'on peut reproduire le premier état moléculaire en chauffant le soufre cristallisé, c'est-à-dire en lui rendant du calorique. On sait aussi qu'une quantité de calorique déterminée est nécessaire au maintien de la constitution des corps complexes produits soit par simple mélange, soit par combinaison chimique de deux ou plusieurs corps simples ou composés. Qu'on refroidisse suffisamment l'albumine riche en eau qui constitue le blanc d'œuf des oiseaux, et on ne tarde pas à voir les deux corps se séparer. Qu'on chauffe de l'eau contenant de l'albumine et la séparation des deux corps se produit encore, l'eau reste liquide, tandis que l'albumine se solidifie. Qu'on chauffe suffisamment du chlorate de potasse et ce corps ne tarde pas à être décomposé ; l'oxygène qu'il renferme est mis en liberté.

On sait aussi que la chaleur est nécessaire à l'entretien du mouvement moléculaire des corps. Or, nous avons vu que l'une des propriétés les plus importantes de la matière vivante consiste dans un mouvement incessant de ses molécules, mouvement tellement considérable, que la forme de la matière vivante se modifie sans cesse et que sa masse entière est susceptible de se déplacer dans l'espace. Le milieu extérieur ne fournissant pas à la matière vivante la quantité de calorique nécessaire pour l'entretien de ces mouvements, c'est dans l'oxydation de ses principes constituants qu'elle trouve la source de ce calorique. Que cette oxydation ou respiration vienne à cesser ou à diminuer d'intensité, le calorique cesse d'être produit ou ne l'est plus en quantité suffisante ; par suite, les mouvements moléculaires et les mouvements d'ensemble deviennent impossibles ; puis, l'état moléculaire particulier à la matière vivante et nécessaire au maintien de ses propriétés est détruit à son tour, ses propriétés caractéristiques disparaissent, et la décomposition ne tarde pas à se produire.

D'autre part, la nécessité de la respiration entraîne celle de la nutrition. Si les principes détruits peu à peu par l'oxydation n'étaient pas remplacés à mesure par des produits nouveaux, si l'équilibre de la perte et du gain n'était pas convenablement établi, si la matière vivante gagnait moins qu'elle ne perd, elle ne tarderait pas à se détruire totalement.

Nutrition, respiration, chaleur et mouvement, sont donc des phénomènes corrélatifs étroitement enchaînés, ne pouvant se produire l'un sans l'autre. La substance vivante, en s'oxydant, autrement dit en respirant, produit de la chaleur ; la chaleur détermine des mouvements moléculaires ; la nutrition répare les pertes produites par la respiration. Mais, respiration, nutrition et mouvements moléculaires ne sont que des phénomènes physiques et chimiques qui appartiennent aussi bien, quoique à des degrés différents, à la matière non vivante qu'à la matière vivante.

Pouvons-nous émettre la même affirmation au sujet des mouvements dits *spontanés* que l'on considère généralement comme appartenant en propre à la matière vivante ?

On sait qu'en chauffant un morceau de soufre on détermine sa dilatation, c'est-à-dire que, sous l'influence de la chaleur, les molécules qui le composent s'écartent les unes des autres. En refroidissant le même corps on détermine sa contraction, c'est-à-dire le rapprochement de ses molécules. Quoique ces mouvements moléculaires soient rendus manifestes par les craquements que fait entendre le bâton de soufre quand il se dilate, leur étendue est très faible et pour constater scientifiquement leur production, nous serions obligés d'employer des instruments d'une grande précision. On sait aussi que les moindres variations de température suffisent, dans certains cas, pour déterminer la rupture du verre le plus épais. Tout le monde a vu des verres de lampe, des verres à boire, se briser sans avoir subi aucun choc, uniquement parce qu'un changement brusque et localisé de température avait déterminé l'écartement des molécules en un point limité de leur étendue. Ici encore, nous ne déduisons la cause de la rupture que des connaissances que nous avons des phénomènes calorifiques et des mouvements moléculaires provoqués par la chaleur ; mais c'est seulement à l'aide d'instruments fort délicats que nous pourrions constater expérimentalement la nature et l'étendue des mouvements produits par cet agent.

Il est d'autres cas dans lesquels ces mouvements sont assez étendus pour qu'il soit facile de les constater à l'aide de l'observation la plus simple ; de mesurer leur intensité et leur étendue et d'apprécier très nettement la cause qui les a provoqués. Du mercure ou de l'alcool, enfermés dans des tubes étroits, montent et descendent dans ces tubes avec une grande rapidité, s'allongent et se raccourcissent dans des proportions considérables, suivant qu'on leur ajoute ou qu'on leur enlève du calorique. La cause des mouvements moléculaires qui se produisent dans ces corps étant la même que dans les cas précédents, si ces mouvements sont à la fois plus généralisés et plus étendus, nous savons très bien qu'il ne faut en chercher le motif que dans la constitution moléculaire de l'alcool et du mercure, constitution qui les rend plus aptes à obéir aux agents extérieurs, nous dirions volontiers plus sensibles à l'excitation produite par ces agents. Nous espérons convaincre bientôt le lecteur qu'il n'y aurait aucune témérité de notre part à employer ces expressions, mais nous devons marcher à pas lents sur la route que nous suivons.

Si nous abandonnons de l'alcool ou de l'eau pure à l'action de la chaleur, nous savons qu'ils ne tarderont pas à se dégager peu à peu du vase qui les contient pour se répandre dans l'atmosphère ; c'est-à-dire qu'ils subiront non plus un simple allongement, mais un véritable changement de place, un mouvement d'ensemble qui n'est dû, d'ailleurs, comme l'allongement ou le raccourcissement dont nous parlions plus haut, qu'à une modification de leur état moléculaire. Sous l'influence des rayons caloriques du soleil, l'eau du marais ou du lac abandonnera le sol pour aller se condenser, dans l'atmosphère en un nuage, qui n'est autre chose que le même lac suspendu dans les airs. On pourra, il est vrai, nous objecter qu'ici le changement d'état est tellement considérable qu'il ne peut pas être comparé à ce qui se produit dans une Monère qui se déplace ; mais cette objection est plus spécieuse que fondée ; si ce changement d'état atteint des proportions inconnues à la matière vivante, cela est dû uniquement à la constitution moléculaire spéciale à ces corps et à l'énergie de l'agent qui exerce sur eux son action.

Il nous serait facile de multiplier les exemples des mouvements, soit localisés, soit généralisés, provoqués par la chaleur ; mais nous croyons inutile d'y insister, et nous passerons à un autre agent, la lumière, dont l'action sur les corps inorganiques nous offre des effets analogues et peut-être plus remarquables encore, parce que les mouvements qu'elle détermine rappellent davantage ceux que nous constatons dans la matière vivante.

Tout le monde connaît le petit instrument inventé depuis peu, qui, formé d'ailes noires et blanches, se meut avec une rapidité souvent très grande sous l'influence des rayons lumineux. Sans changement d'état appréciable dans leur constitution moléculaire, les ailettes de métal de ce petit appareil effectuent, sous l'action de la lumière, des mouvements d'ensemble qu'on aurait crus spontanés à l'époque où les phénomènes lumineux étaient moins connus des physiciens.

Les observations suivantes, dues à M. J. Cohn, sont encore plus remarquables, et montrent jusqu'à quel point nous devons nous tenir sur la réserve quand il s'agit d'expliquer les mouvements de la matière vivante. On sait que certains spores d'Algues, vertes sur toute leur étendue, sauf au niveau du rostre, qui est incolore, placées dans l'eau et exposées à la lumière, ne tardent pas à s'amasser dans la partie du vase la plus exposée aux rayons lumineux. On n'a pas manqué de voir là un phénomène de sensibilité à la lumière et un mouvement spontané de la part de la spore qui se dirige vers le rayon solaire. M. Cohn fait remarquer cependant que ces organismes exposés à la lumière se meuvent toujours en ligne droite, en dirigeant vers la lumière l'extrémité antérieure hyaline de leur corps, tandis que la partie postérieure, colorée en vert par la chlorophylle, est tournée vers le point opposé. En second lieu, tandis que dans l'obscurité ils tournent indifféremment de gauche à droite ou de droite à gauche, sous l'influence de la lumière, au contraire, le sens de la rotation reste toujours le même ; chez les Euglènes, la rotation a toujours lieu dans le sens du mouvement diurne de la terre. Les mouvements de ces spores, étudiés de près, ne sont donc pas aussi spontanés qu'ils pourraient le paraître à un examinateur superficiel. Pour avoir une idée au moins approximative des causes qui déterminent fatalement ces mouvements, en apparence spontanés et indépendants des agents extérieurs, M. Cohn a eu l'idée de construire des spores artificielles, constituées par un petit fragment de carbonate de chaux, ovoïde, vernissé sur toute son étendue, sauf au niveau de sa petite extrémité. Plaçant ce petit appareil dans de l'acide chlorhydrique étendu, il l'a vu se mouvoir spontanément, en tenant toujours sa grosse extrémité en avant, en même temps qu'il se dégage par la petite extrémité de l'acide carbonique. En rapprochant cette expérience des phénomènes présentés par les spores vertes exposées à la lumière, M. Cohn croit pouvoir admettre que l'oxygène mis en liberté par la chlorophylle sous l'influence de la lumière et particulièrement des rayons chimiques, se dégage par l'extrémité postérieure des spores, qui seule contient la matière colorante et pousse la petite masse dans la direction opposée. Cette théorie est appuyée par son auteur sur ce fait que les rayons chimiques seuls et particulièrement le bleu attirent fortement ces petits êtres. Nous ne voulons pas prendre la responsabilité de cette manière de voir ; mais nous y voyons une preuve qu'en cherchant avec soin la cause des phénomènes les plus manifestement particuliers aux êtres vivants, on peut arriver à trouver que ces phénomènes sont dus, comme ceux de la matière non vivante, à des agents extérieurs.

Il est incontestable que les faits analogues à ceux que nous venons de citer pourraient être multipliés à l'infini et que les mouvements déterminés par la lumière sur des corps inorganiques seraient d'autant plus complexes que la constitution de ces corps serait elle-même plus compliquée;

cette complexité de mouvements pourrait être assez grande
pour qu'il devînt bien difficile d'en déterminer la cause, si
surtout on tient compte de l'action simultanée qu'exerce-
raient incontestablement sur eux, comme sur tous les
autres corps, la chaleur, et deux autres agents dont nous
n'avons pas encore parlé, l'électricité et la pesanteur, dont
les effets nous sont beaucoup moins connus que ceux de
la chaleur et de la lumière.

Disons un mot de l'électricité. Est-ce qu'un ignorant,
en voyant une aiguille aimantée, quelle que soit la position qu'on lui donne, se retourner toujours de façon à
diriger l'une de ses extrémités vers un même point de
l'horizon et prendre une inclinaison déterminée, ne serait
pas tenté de croire à un mouvement spontané ? Est-ce
qu'en voyant des parcelles de fer s'attacher à un aimant
avec une énergie considérable ou le suivre à distance
dans toutes les directions, le même homme ne serait pas
tenté d'attribuer au fer une sympathie pour l'aimant, semblable à celle qui fait rapprocher deux cellules sur le
point de se conjuguer ? Est-ce qu'il ne considérerait pas
volontiers les mouvements de ces molécules de fer comme
spontanés? Est-ce que dans l'expérience du canard aimanté
que J.-J. Rousseau raconte dans son *Émile,* les saltimban-
ques du dix-huitième siècle ne devaient pas facilement
persuader à leur public ignorant qu'ils étaient doués du
pouvoir de se faire obéir à la simple parole par un animal
artificiel ?

Les mêmes réflexions pourraient être faites au sujet des
phénomènes d'attraction et de répulsion qui sont produits
dans les corps inorganiques par la pesanteur ; mais malheureusement, si les grandes lois en sont bien connues,
si l'astronomie peut, aujourd'hui, sans difficulté, calculer

la marche des astres soumis à la gravitation, nous ne savons presque rien des phénomènes déterminés par la pesanteur dans des corps de petite taille, mis en présence les uns des autres et exerçant, sans contredit, une attraction ou une répulsion mutuelle les uns sur les autres. Il est probable que la connaissance de ces phénomènes nous faciliterait la compréhension de bien des faits encore inexpliqués, parmi lesquels nous nous bornerons à citer les mouvements dits *browniens*, dont les causes déterminantes, encore inconnues, sont sans doute très complexes.

Tous les hommes qui ont l'habitude des observations microscopiques savent ce que les physiciens entendent par *mouvement brownien*. Ils ont tous vu les corpuscules extrêmement petits, suspendus dans un liquide, se mouvoir avec rapidité sur la [plaque de verre, se rapprocher les uns des autres, puis s'éloigner par des mouvements brusques, et personne n'ignore que ces corps se meuvent sous l'influence de modifications dans leur état et leurs rapports, qu'il est impossible d'apprécier et de constater autrement que par l'effet qu'elles produisent, mais qni n'en sont pas moins incontestables et dues à des agents extérieurs. Ce qui est moins connu, mais ce qui a été bien mis en relief par les observations récentes de M. Stanley Jevons, c'est que les mouvements browniens sont modifiés, accélérés, ralentis, ou même tout à fait arrêtés, par une foule d'agents physiques ou chimiques qui exercent des effets analogues sur les mouvements de la matière vivante. M. Jevons à constaté que ce sont les particules suspendues dans l'eau pure qui offrent les mouvements browniens les plus rapides. La chaleur diminue ces mouvements, tandis que le froid les accélère; l'acide sulfurique et les acides minéraux les arrêtent

promptement ; un millionième seulement d'acide sulfu-
reux, versé dans le liquide contenant les particules agitées
de mouvements browniens, suffit pour rendre ces particules
immobiles et déterminer leur chute au fond du vase.
L'iodure et le chlorure de potassium, les alcalis caustiques,
les sels métalliques sont aussi des agents modérateurs du
mouvement brownien, mais à un moindre degré. Ajoutons
que ces substances ont toutes, à des degrés divers, la
propriété de rendre l'eau conductrice de l'électricité, ce
qui doit nous amener à supposer que les mouvements
browniens sont dus à des causes multiples. Il est, en effet,
incontestable que la chaleur et la lumière, dont nous connaissons la puissance d'action sur des corps beaucoup
plus volumineux, ne restent pas étrangères à la production de mouvements accomplis par des corpuscules si
minimes, qu'il suffit d'une impulsion extrêmement faible
pour modifier leur état. L'électricité et la pesanteur interviennent aussi, sans aucun doute, et nous avons ici un
exemple bien frappant des effets considérables que peuvent
produire ces divers agents en combinant leur action. Si
nous ignorions que les corpuscules agités de mouvements
browniens sont inorganiques, ne serions-nous pas tentés
de dire qu'ils se meuvent d'une façon spontanée ? C'est,
sans contredit, à cette conclusion que serait conduite
toute personne ignorante des phénomènes physiques.

Les phénomènes de diffusion dont la matière vivante
est sans cesse le siège, phénomènes à la fois physiques
et chimiques, peuvent aussi être invoqués pour expliquer
les mouvements localisés, en apparence spontanés, présentés par cette forme de la matière. Hofmeister a particulièrement invoqué à cet égard la variabilité du pouvoir
d'imbibition de la matière vivante : « Il faut supposer

dit-il, que le protoplasma est composé de particules mi
croscopiques différentes et douées d'un pouvoir d'imbibi
tion variable ; toutes sont entourées de couches aqueuses
si la diminution et l'augmentation dans le pouvoir d'imbi
bition alternent régulièrement sur des séries continues d
molécules, l'eau chassée des parties qui se trouvent dan
la première de ces conditions sera absorbée par celles qui s
trouvent dans la seconde et sera ainsi mise en mouvement
Un arrangement convenable des séries de molécules pourr
rendre possible la propagation du mouvement dans tout
la masse du protoplasma. Pour les organes protoplas
miques dans lesquels les courants sont variables, il faut sup
poser des changements dans la direction suivant laquelle
l'imbibition augmente ou diminue. On explique ainsi facile
ment toutes les irrégularités des courants et l'on comprend
comment dans le plasmodium des Myxomycètes, certaine
régions restent en dehors des courants ; ce sont simplemen
des parties dans lesquelles le pouvoir d'imbibition ne vari
pas. »

Il est incontestable que les phénomènes d'imbibition
invoqués par Hofmeister peuvent jouer un rôle considé
rable dans la production des mouvements de la matière
vivante, mais ce n'est certainement pas à une cause
unique qu'il faut attribuer ces mouvements. La matière
vivante est, comme la matière non vivante, soumise en
même temps à l'action de tous les agents physiques et
chimiques, et les mouvements qui se produisent en elle ne
peuvent être que la résultante de toutes les vibrations, variables dans leur intensité et leur direction, qui lui sont
transmises par le milieu extérieur.

M. Wolff a récemment signalé un fait qui met bien en
relief la puissance des échanges chimiques et physiques qui

s'opèrent entre les corps, au point de vue des mouvements de ces corps. Il a fait voir que, lorsqu'on place sur une lame de verre une goutte du liquide qui recouvre la membrane pituitaire de l'abeille, liquide constitué par des globules arrondis suspendus dans un sérum, il suffit d'approcher du porte-objet une lame de scalpel trempée dans une goutte d'une huile essentielle pour voir les globules du mucus pituitaire entrer en mouvement, sans aucun doute par suite de la pénétration des molécules gazeuses dans le globule de mucus ; le mouvement des globules met ensuite en vibration les cils dont sont munies les cellules olfactives.

Si nous tenons compte de la complexité de composition chimique et de constitution moléculaire de la matière vivante, si nous avons bien présent à l'esprit ce fait incontestable, que pas une des molécules qui constituent le plus petit être vivant ne ressemble entièrement à ses voisines par ses propriétés physiques et chimiques, et, par conséquent ne doit obéir de la même façon à un même agent extérieur; si, d'autre part, nous envisageons la multiplicité de ces agents, la constance et l'énergie de leur action, si nous ne perdons pas de vue que tout atome matériel est doué d'une mobilité incessante et que tout mouvement moléculaire provoque d'autres mouvements sans que jamais il puisse s'éteindre, nous serons naturellement amenés, en présence des faits connus que nous venons de citer, et en tenant compte du nombre incalculable de ceux que nous ignorons encore, nous serons, dis-je, forcément amenés à admettre que les mouvements soi-disant spontanés de la matière vivante ne sont que des mouvements analogues à ceux dont nous venons de parler, et qu'ils sont également déterminés par les mouvements moléculaires des milieux matériels dans lesquels se trouvent les êtres vivants, ou, pour nous servir de termes plus vulgaires, par des agents extérieurs, tels que la chaleur, la lumière, l'électricité et la pesanteur.

Pour que nous puissions admettre dans la matière vivante des mouvements véritablement spontanés, il faudrait, en premier lieu, qu'on nous la montrât d'abord inerte, puis entrant en mouvement d'elle-même et sans qu'aucune impulsion lui fût communiquée par le milieu environnant, et, en second lieu, qu'on nous la montrât en mouvement dans un milieu tel qu'elle n'y fût soumise à aucune influence extérieure, c'est-à-dire dans un milieu inerte. Or, nous savons déjà que l'inertie n'existe nulle part dans l'univers, et qu'aucun atome de matière ne peut être soustrait à l'action des atomes qui l'entourent. Dans de telles conditions, nous sommes bien forcés d'admettre que tous les mouvements de la matière vivante sont de même ordre que les mouvements de la matière non vivante, et que les premiers ne sont pas plus spontanés que les derniers. Si les mouvements de la matière vivante sont plus étendus que ceux de la matière non vivante et se produisent sous des influences moins énergiques, cela tient à la plus grande complexité de composition chimique et de constitution moléculaire de la première.

Le rôle du biologiste devra donc être de chercher quel est le mode d'action de ces agents sur les êtres vivants et quelle est la nature des phénomènes déterminés par eux dans ces êtres ; en un mot, le biologiste devra faire pour la matière vivante ce que le chimiste et le physicien font pour la matière non vivante.

Cherchons maintenant quel sens il faut attacher à ce

que l'on nomme la *sensibilité* de la matière vivante. Les détails dans lesquels nous sommes entrés au sujet des mouvements nous permettront d'être très bref au sujet d'une propriété qui était autrefois considérée comme l'apanage exclusif non seulement de la matière vivante, mais encore de certaines formes spéciales de cette matière, des êtres auxquels on réserve la dénomination d'*animaux*. Lorsque nous voyons un animal inférieur, une Monère, par exemple, se mouvoir sous l'influence d'un rayon de chaleur ou de lumière, nous diso s que cet animal est sensible à la chaleur ou à la lumière ; mais il est important de noter que sa sensibilité ne nous est révélée que par les mouvements qu'il accomplit. Des phénomènes analogues ayant été constatés dans les végétaux, on a été, de nos jours, amené à étendre à cette forme de la matière vivante la propriété de sensibilité. Il était, en effet, bien difficile de la refuser aux spores des Cryptogames, aux Diatomées, etc., qu'on voit se rendre dans la partie la plus éclairée du vase qui les contient.

On ne pouvait pas non plus se dispenser de l'accorder aux corpuscules chlorophylliens des cellules vertes qui se déplacent sous l'influence de la lumière, qui recherchent les rayons diffus tandis qu'ils fuient les rayons directs du soleil. Là sensibilité manifestée par de tels mouvements, a donc fini par être considéré comme une propriété essentielle de toute matière vivante. Mais, pour être logique, ne doit-on pas l'attribuer aussi aux spores de carbonate de chaux de M. Cohn ? Ne doit-on pas l'accorder aux parcelles de fer qui suivent l'aimant dans toutes ses directions ; au canard artificiel de J.-J Rousseau ; à l'aiguille qui obéit au magnétisme terrestre ? Ne doit-on pas l'accorder même au bâton de soufre qui se dilate sous l'action de la chaleur et se contracte sous l'action du froid ? les mouvements accomplis par ces corps inorganiques ne nous indiquent-ils pas que ces corps sont sensibles aux agents dont l'action s'exerce sur eux, c'est-à-dire subissent fatalement l'action de ces agents ? et si, comme nous l'avons montré, les mouvements dits *spontanés* de la matière vivante ne sont, comme ceux de la matière non vivante, que des mouvements provoqués, ne doit-on pas donner un même nom à la propriété qu'ont également, quoique à des degrés inégaux, ces deux formes de la matière, d'entrer en mouvement sous l'influence des mêmes agents ? Nous pensons qu'il est impossible de se soustraire à cette conséquence logique, et nous n'hésitons pas, pour notre compte, à considérer la sensibilité comme une propriété commune à tous les corps, qu'ils se présentent ou non sous l'état particulier que nous nommons la vie. Cette propriété, en apparence si mystérieuse, n'est d'ailleurs pas autre chose que celle dont jouissent essentiellement tous les atomes matériels, d'obéir aux impulsions qu'ils exercent les uns sur les autres.

Il est une autre propriété qui semble appartenir exclusivement aux êtres vivants, celle de se multiplier d'une façon en apparence spontanée, par des procédés divers que nous allons passer en revue. Lorsque la Monère, que nous avons prise jusqu'ici pour exemple de la matière vivante constituée en individu aussi simple que possible, est parvenue à un certain degré de développement, on la voit se segmenter en deux moitiés à peu près égales et semblables qui, désormais, vivront isolément et acquerront peu à peu un volume égal à celui de la Monère qui leur a donné naissance. Il semble, au premier abord, qu'aucun phénomène analogue ne se produise dans les corps inorganiques. Si, cependant, on divise en deux parties un cristal de sulfate de cuivre suspendu dans une solution du même corps, on ne tarde pas à voir les deux masses nouvelles grandir par apposition de molécules précipitées de la solution, et atteindre rapidement les dimensions du cristal qui les a produites ; après quoi nous pouvons, en les segmentant, reproduire les mêmes phénomènes. Mais, peut-on comparer la division nettement *provoquée* d'un cristal avec la segmentation en apparence *spontanée* d'une Monère ? Nous n'hésitons pas à répondre « oui », parce que tous les faits connus indiquent nettement que la division de la Monère n'est, en réalité, pas plus spontanée que celle du cristal de sulfate de cuivre.

Ce qui prouve bien que la division de la Monère s'effectue, comme celle du corps inorganique, sous l'influence d'un agent extérieur à elle, c'est qu'en modifiant les conditions du milieu dans lequel elle vit, nous pouvons hâter, retarder, ou même empêcher complètement sa division, et que, dans la nature, nous voyons les corps vivants formés d'une seule cellule, et les cellules des corps vivants pluricellulaire ne se segmenter que dans des conditions déterminées de chaleur et de lumière. On sait, par exemple, que les cellules d'un grand nombre de végétaux ne se segmentent que la nuit, et à une heure déterminée, tandis que celles d'autres végétaux ne se divisent que le jour. On aurait grand tort de croire que le moment de la segmentation soit le résultat d'une sorte de choix capricieux de la part de la cellule ; il suffit d'énoncer cette idée pour montrer ce qu'elle a de ridicule. Il est donc bien évident que le seul fait de la segmentation se produisant, d'une façon constante, à un moment déterminé pour chaque plante, indique que cette segmentation est soumise à l'influence de conditions extérieures à elle. Nous ne sommes plus, en effet, à l'époque où l'on considérait la périodicité diurne ou nocturne comme un phénomène indépendant des conditions de température, de lumière, d'électricité, qui varient, on le sait, aux diverses heures de la journée. Nous aurons bien des fois, dans le cours de cet ouvrage, l'occasion de montrer que la périodicité diurne n'affecte une certaine régularité, que parce que la chaleur ou la lumière varient, dans la même journée, pendant une saison déterminée, d'une façon à peu près régulière.

En ce qui concerne la division des cellules, qui seule, nous occupe en ce moment, bien des faits montrent que la périodicité diurne, dont nous avons parlé plus haut, tient, en grande partie, aux conditions de température. M. Strasburger ayant remarqué, à l'époque où il faisait ses belles observations sur la division cellulaire, que dans le *Spirogyra orthospira,* dont il se servait, la segmentation du noyau s'opérait pendant la nuit, et, habituellement, entre dix heures et minuit, au mois d'octobre, se crut d'abord astreint à se tenir à la disposition de la plante : mais, plus tard, il sut s'y soustraire à l'aide d'un procédé bien simple ? il plaçait, à l'entrée de la nuit, ses plantes dans une chambre plus froide que celle où elles vivaient, et il retardait ainsi la segmentation des cellules jusqu'au lendemain matin. Au mois d'août 1877, voulant étudier dans le laboratoire de M. Strasburger, la division des cellules des poils staminaux du *Tradescantia virginica*, je ne tardai pas à m'apercevoir que le moment le plus favorable pour l'observation était de midi à deux ou trois heures ; il était alors facile de trouver un grand nombre de noyaux à divers états de segmentation. Un jour, cependant, j'examinai inutilement les poils d'un grand nombre de fleurs sans pouvoir trouver une seule cellule en voie de division. La température, ce jour-là, s'était abaissée de plusieurs degrés ; cet abaissement ayant duré trois ou quatre jours, il me fut impossible, pendant ce temps, de poursuivre mes recherches, qui redevinrent très faciles, quand la chaleur se fit de nouveau sentir. Force me fut de reconnaître que la segmentation était placée sous la dépendance de la température ; fait qui, d'ailleurs, n'est, je crois, mis en doute par personne, mais est généralement fort mal interprété. On admet que la segmentation est un phénomène dépendant exclusivement de la cellule et seulement modifiable par les agents extérieurs, tandis que les faits montrent que la segmentation ne se produirait pas si elle n'était provoquée par ces agents. Nous répéterons ici ce que nous avons dit à propos des mouvements dits spontanés : Pour admettre que la segmentation est réellement spontanée, nous sommes en droit d'exiger qu'on nous la montre se produisant dans un milieu tel qu'aucune action ne puisse être exercée du dehors sur la cellule qui se divise, c'est-à-dire dans un milieu inerte, condition absolument impossible à réaliser dans un monde où il n'est pas une molécule qui ne soit sans cesse en mouvement, et où, par suite, toutes les molécules agissent d'une façon incessante les unes sur les autres.

Si l'on admet, avec certains auteurs, que la segmentation est produite par les « forces intérieures » de l'être vivant, on ne fait que formuler en termes moins clairs l'opinion que nous venons d'exprimer, car ces « forces

intérieures » qui ne peuvent être que des « forces »
physico-chimiques, n'entrent en action que sous l'influence
de « forces extérieures » qui sont de même nature
qu'elles. Nous croyons parler beaucoup plus clairement et
nous conformer beaucoup plus à la réalité, en répétant,
ce que nous avons dit déjà à propos des autres phénomènes dont la matière vivante est le siège, que, grâce à
la complexité de son organisation physique et de sa composition chimique, la matière vivante obéit plus facilement que la matière non vivante aux excitations venues
du dehors, mais ne peut pas plus que cette dernière
modifier d'elle-même son état chimique ou physique.

Nous comparons volontiers une cellule vivante à une
machine à vapeur admirablement construite, prête à
fonctionner, mais ne pouvant entrer en jeu que si l'on
ouvre la soupape destinée à permettre l'entrée de la
vapeur qui doit faire mouvoir tous les membres de
l'appareil. Quelle que soit la perfection de ce dernier,
il conservera indéfiniment son immobilité si une « force
extérieure » à lui, la vapeur, ne lui donne pas
l'impulsion indispensable. Il en est de même de la
cellule vivante ; parvenue à un certain degré de développement, elle possède une organisation moléculaire
telle que, si elle se trouve soumise à une température
suffisamment élevée, elle se divise en deux parties plus ou
moins égales ; mais, que la chaleur suffisante n'intervienne
pas, et la cellule pourra continuer indéfiniment à vivre
sans se diviser. La chaleur a joué ici le rôle de la vapeur
dans la machine à laquelle nous faisions tout à l'heure
allusion ; la cellule est en puissance de se diviser comme
la machine est en puissance de fonctionner ; mais sans
la chaleur la cellule ne se diviserait pas plus que la
machine ne fonctionnerait sans la vapeur.

Si donc nous revenons au parallèle que nous établissions plus haut entre la division manifestement provoquée du cristal de sulfate de cuivre et la segmentation en apparence spontanée de la Monère, nous voyons que cette dernière est tout aussi peu spontanée que la première, et que l'une et l'autre sont en réalité provoquées ; mais, tandis qu'un agent relativement très énergique et facile à constater est nécessaire pour diviser le cristal, une action si faible qu'elle nous échappe suffit pour déterminer la segmentation de la Monère. Nous savons d'ailleurs fort bien que l'énergie du sécateur, si je puis employer ce mot, nécessaire pour diviser les corps inorganiques, varie avec la nature de ces corps ; que, si un choc relativement faible suffit pour diviser un morceau de soufre, il faut, pour diviser un morceau de fer, employer un instrument puissant, tandis qu'un souffle suffira pour segmenter une goutte d'eau étalée sur une surface grasse à laquelle elle n'adhère pas ; et cependant il ne s'agit ici que de corps à composition chimique et à constitution moléculaire relativement très simples, tandis que la matière vivante se distingue par une complexité qui la rend infiniment plus docile aux agents extérieurs.

Si l'on admet que la division de la Monère ou de tout autre cellule est toujours provoquée par un agent extérieur à elle, que ce soit la chaleur, la lumière, l'électricité, etc., ou l'action combinée de tous ces agents, il devient facile de comprendre pourquoi cette division ne se produit qu'à des époques déterminées, pourquoi le froid de l'hiver arrête les segmentations cellulaires dans la plupart de nos végétaux, tandis que le printemps et l'été les provoquent ; pourquoi le filament de Spirogyra, dont l'organisation diffère de celle du poil staminal du Tradescantia, se segmente à un autre moment que ce dernier ; pourquoi chaque végétal ne croît, c'est-à-dire ne multiplie ses cellules, que sous tel ou tel climat, et ne produit certaines sortes d'éléments, par exemple des éléments mâles ou femelles actifs, que dans certaines conditions de milieu : pourquoi, en un mot, chaque cellule ne se segmente que dans certaines conditions déterminées, mais variables avec l'organisation et l'état de développement de la cellule elle-même.

Un grand nombre d'organismes vivants jouissent d'un autre mode de multiplication qui paraît différer encore davantage des phénomènes qui nous sont offerts par les corps non vivants, et qui cependant est tout aussi facile, sinon plus facile à interpréter que celui dont nous venons de parler. Mais, avant d'aborder ce sujet, il est nécessaire de rappeler au lecteur ce fait, sur lequel nous aurons à revenir plus loin, qu'aussi bien dans la nature non vivante que dans là vivante, mais surtout dans cette dernière, il n'existe pas deux corps qui se ressemblent d'une manière absolue, et qui, à côté de caractères communs, n'aient un certain nombre de qualités spéciales ; ces dernières sont désignées, quand on parle des êtres vivants, sous le nom de *caractères individuels*.

Abordons maintenant le cas le plus simple des procédés de reproduction auxquels nous faisions tout à l'heure allusion. Deux organismes unicellulaires se fondent l'un dans l'autre et donnent naissance à un organisme nouveau, également unicellulaire. On dit qu'il y a eu *conjugaison* entre les deux premiers, qui sont réellement les parents, c'est-à-dire les générateurs du troisième. Après ce que nous venons de dire de la variabilité indéfinie des caractères individuels, nous n'avons pas besoin d'insister sur ce fait que les deux individualités fusionnées pour produire une individualité nouvelle ne pouvaient pas être entièrement semblables, quoiqu'elles aient un certain nombre de caractères communs sans lesquels leur fusion intime eût été impossible, comme l'est le mélange intime de deux corps inorganiques présentant des différences trop prononcées de constitution physique, le mélange de l'eau et du mercure, par exemple. L'individualité nouvelle produite par conjugaison devra nécessairement offrir à la fois les caractères qui sont communs à ses deux générateurs et les caractères propres à chacun d'eux, de même qu'une goutte d'huile formée par le mélange de deux gouttes d'huile d'olive de qualités différentes, présentera à la fois les propriétés caractéristiques de l'huile d'olive et les qualités propres aux deux sortes qui ont servi à la produire ; de même encore qu'une goutte d'eau résultant du mélange d'une goutte d'eau de mer et d'une goutte d'eau de pluie, tout en présentant la composition chimique et les propriétés physiques caractéristiques de l'eau, offrira un mélange des qualités de l'eau de pluie et de l'eau de mer. Envisagé dans ce qu'il a d'essentiel, le phénomène de la conjugaison entre deux individualités vivantes simples ne diffère donc, en aucune façon, de la fusion de deux masses inorganiques assez semblables pour pouvoir se mélanger intimement.

La seule différence qu'on pourrait essayer d'établir entre la conjugaison de deux cellules vivantes et la fusion de deux gouttes d'huile ou d'eau, c'est que les deux cellules peuvent en apparence aller au-devant l'une de l'autre, tandis qu'il faut qu'un agent extérieur mette en présence les deux gouttes de liquide ; mais cette objection ne peut pas nous arrêter, parce que nous savons déjà que les deux gouttes d'eau ne sont pas douées de la propriété d'entrer en mouvement d'une façon spontanée ; parce que nous n'ignorons pas que la direction et l'intensité des mouvements des unes comme des autres sont toujours déterminées par des agents extérieurs dont nous pouvons méconnaître la nature et l'action, mais qui n'en sont pas moins réels et nécessaires. Conjugaison de deux masses vivantes et fusion de deux masses non vivantes, sont donc, en réalité, deux phénomènes de même ordre.

Plaçons-nous maintenant en face d'un second cas, celui de deux êtres vivants formés d'un nombre variable de cellules jouissant toutes des mêmes propriétés principales et *toutes* susceptibles de se conjuguer deux à deux. Il est bien évident que la cellule nouvelle, produite par la réunion de deux cellules aussi semblables qu'il est possible de l'être à deux masses de matière, présentera à un haut degré les propriétés communes à ses deux générateurs. Si les deux cellules génératrices se multipliaient par division, la cellule nouvelle jouira aussi de la propriété de se segmenter de la même façon, sous l'influence des mêmes conditions extérieures et intérieures. Si les deux cellules génératrices provenaient d'un être filamenteux, formé à l'aide de segmentations perpendiculaires au grand axe de ses cellules, l'être nouveau, d'abord unicellulaire, offrira bientôt des segmentations semblables et reproduira un filament identique à celui qui a fourni ses deux cellules génératrices, c'est-à-dire à son grand parent, filament qui sera formé comme ce dernier de cellules aussi semblables entre elles que possible et ayant toutes la propriété de se conjuguer deux à deux.

Un troisième cas est celui dans lequel *certaines* cellules

spéciales *d'un même individu* jouissent *seules* de la propriété de se conjuguer entre elles pour produire une
cellule nouvelle, qui, en se multipliant par segmentation,
produira un individu pluricellulaire nouveau, semblable
à celui qui a fourni les deux générateurs. Il semble, au
premier abord, y avoir une si grande distance entre ces
cas et les précédents, qu'on a donné au phénomène le
nom particulier de *fécondation* et que l'on a donné l'épithète de *mâle* à l'une des cellules génératrices et celle
de *femelle* à l'autre, tandis qu'on a donné l'épithète *d'her-*
maphrodite à l'individu producteur de ces deux cellules.
Si cependant on ne perd pas de vue que l'individu pluricellulaire qui a fourni les deux cellules génératrices provient lui-même tout entier d'une cellule unique, il devient
aisé de comprendre que chacune des cellules qui entrent
dans sa composition possède, indépendamment de ses
caractères propres ou individuels, un certain nombre de
propriétés communes dont elles ont hérité de leur commun ancêtre, de même qu'un nombre quelconque de
gouttes d'eau provenant de la même source, mais addi-
tionnées chacune d'un corps différent, présentent, à côté
des caratères variables dus aux corps étrangers qu'elles
contiennent, un certain nombre de propriétés communes
et semblables à celles de l'eau de la source d'où elles proviennent.

Ces considérations nous facilitent l'intelligence du
quatrième cas, qui correspond à la multiplication ou
fécondation des êtres les plus élevés en organisation, celui
dans lequel deux cellules spéciales (l'une dite mâle,
l'autre dite femelle), fournies par deux individus distincts
(*mâle*, quand il produit la première, *femelle*, quand il
fournit la seconde), se conjuguent en une cellule nouvelle,

de laquelle proviendra, par des segmentations répétées, un individu pluricellulaire nouveau, qui, lui-même, ne pourra produire, que l'une des deux sortes de cellules génératrices. Ici encore, les deux individus producteurs de cellules génératrices, offrant à la fois un certain nombre de caractères individuels, et étant provenus chacun d'une cellule unique, les cellules génératrices issues, comme les autres, de cette dernière, qui est, en réalité, leur parent direct, devront en posséder les caractères. La cellule formée par la conjugaison de ces deux cellules génératrices offrira donc à la fois les propriétés communes aux deux grands parents et les caractères propres à chacun d'eux, unis aux qualités spéciales de chacune des deux cellules génératrices, avec prédominance nécessaire des caractères les plus tenaces, lesquels sont, sans contredit, ceux qui remontent le moins loin. En réalité, le procédé de production reste ici le même, au fond, que dans les cas précédents ; il se réduit toujours au phénomène purement physique de la fusion de deux corps qui, ayant à la fois des propriétés communes et des caractères individuels, transmettent les unes et les autres au corps nouveau produit par leur mélange. Dans le cas actuel, ces liens de parenté deviennent seulement plus complexes que dans les cas précédents et, par suite, les caractères transmis sont forcément plus nombreux et de valeur plus inégale.

Ce qui paraît compliquer encore davantage le problème dans les deux derniers cas, c'est que *certaines* sortes de cellules d'individus pluricellulaires jouissent seules de la propriété de conjugaison, ou, autrement dit, de reproduction ; cependant il n'y a, dans ce fait, rien de plus étrange que dans celui de la différenciation des cellules

conduisant certaines d'entre elles à obéir aux impulsions
de l'éther, tandis que d'autres ne sont impressionnées que
par l'air, etc. Nous verrons que cette évolution, dans des
directions différentes, des diverses cellules d'un individu
pluricellulaire, est un fait constant qui caractérise essentiellement l'organisation des êtres vivants.

En résumé, les phénomènes de reproduction dont les
êtres vivants sont le siège ne nous paraissent pas plus
que tous ceux dont nous avons auparavant fait l'étude,
pouvoir être considérés comme la manifestation de
propriétés appartenant exclusivement à la matière
vivante ; nous ne pouvons voir, au contraire, en eux
que des phénomènes semblables à ceux qui nous sont
offerts par la matière non vivante, dont ils ne diffèrent
que par leur modalité et leur intensité.

Il est une dernière propriété attribuée par quelques
auteurs à la seule matière vivante, par laquelle nous
terminerons cette partie de notre étude ; je veux parler
de l'*évolutilité*, cette propriété q'aurait exclusivement
« toute cellule qui se nourrit, de grandir, de s'accroître
dans trois dimensions, avec ou sans changements graduels de sa figure et de sa structure, soit par formation,
soit par disparition de quelques parties composantes, et
d'avoir une mort ou décomposition (Ch. Robin). »

Ainsi définie, et il serait difficile de mieux en formuler
les caractères, l'évolutilité, bien loin d'appartenir exclusivement à la matière vivante, nous paraît être une propriété essentielle de toutes les formes de la matière.
Depuis notre système solaire tout entier, d'abord formé,
comme l'admettent aujourd'hui les astronomes, d'une
masse incandescente unique, ensuite fractionnée en
masses plus petites qui se refroidissent peu à peu et sont

destinées, sans aucun doute, à se fractionner plus tard en
corps de moins en moins volumineux, dont les éléments
simples finiront par se séparer, jusqu'à la roche grani-
tique, qui, après s'être accrue par des dépôts successifs,
est ensuite lentement détruite par la pluie, le vent et les
agents chimiques, tous les corps de l'univers passent par
les phases indiquées plus haut : accroissement d'abord,
décroissement ensuite, et finalement réduction à leurs
éléments simples, qui se combinent de nouveau en corps
différents de ceux qu'ils constituaient auparavant. Bien
loin de trouver aux corps non vivants quelque avantage,
au point de vue de la stabilité, sur les corps vivants, nous
serions plutôt tenté d'admettre que certains corps vivants
ne se détruisent qu'avec une lenteur beaucoup plus grande
que la plupart des corps inorganiques, parce que leurs
principes chimiques, étant moins stables, empruntent
plus volontiers au monde extérieur des éléments nouveaux qui viennent sans cesse augmenter leur masse et
réparer leurs pertes. C'est ainsi que s'explique la rapidité beaucoup plus grande de leur accroissement. Il est
vrai que, pour le même motif, ils possèdent, en même
temps, une tendance plus grande que les corps inorganiques à décroître, sous l'influence des oxydations incessantes dont leurs principes immédiats sont le siège ;
mais si nous supposons une Monère placée dans un
milieu où elle trouve en quantité suffisante les éléments
de sa nutrition, c'est-à-dire de son accroissement, il nous
sera difficile de comprendre pourquoi elle viendrait à se
détruire complètement, alors qu'elle trouve dans sa
propre constitution le principe d'un accroissement indéfini et d'une reconstitution incessante. Le morceau de carbonate de chaux exposé à la pluie chargée d'acide car-

bonique ne se détruit-il pas plus rapidement que le chêne, dont certaines parties meurent, il est vrai, les unes après les autres, mais dont d'autres s'accroissent périodiquement par multiplication de leurs cellules ? Les animaux supérieurs sont, il est vrai, beaucoup moins favorisés à cet égard que les végétaux ligneux et vivaces, parce que leurs tissus, une fois formés, ne s'accroissent plus en formant des éléments nouveaux ; les végétaux herbacés le sont aussi beaucoup moins que les plantes ligneuses, parce que la dépense qu'ils effectuent, au moment de la production de leurs fleurs et de leurs fruits, dépasse de beaucoup leur gain ; mais la rapidité de décroissance de ces êtres ne fait qu'établir un rapport de plus entre les procédés d'évolution de l'une et l'autre forme de la matière. Rien dans la matière, on l'a dit souvent, ne se crée ni ne se détruit ; tout se transforme d'une façon incessante ; le mouvement, propriété essentielle de la matière, ne pouvant être entretenu à l'infini que par un transport incessant des molécules matérielles d'un point à l'autre de l'espace, aucun corps ne peut rester un seul instant dans un *statu quo* qui serait la suppression de ce transport. On peut, à ce point de vue, dire que, pas plus pour les corps vivants que pour les corps non vivants, il n'existe ni naissance ni mort, ces mots n'ayant, pour les uns comme pour les autres, qu'une valeur essentiellement relative.

Dans l'étude que nous venons de faire des diverses propriétés de la matière, nous avons constamment pris pour exemple de la matière vivante un être aussi simple que possible, la Monère, dans laquelle on ne peut distinguer aucune partie différente des autres ; nous avons vu que cet être jouissait à la fois, et à peu près au même degré,

de toutes les propriétés qui ont été énumérées. Nous
aurions pu ajouter que toutes les excitations venues du
dehors agissent sur lui avec une intensité à peu près
égale, de sorte qu'il n'est guère plus sensible à un agent
déterminé qu'à tout autre, d'où résulte, une imperfection
réelle au point de vue de chacune des propriétés envisagées séparément. Il n'en est pas de même de tous les
êtres vivants.

On a beaucoup étudié dans ces derniers temps l'évolution des organismes pluricellulaires, sur laquelle nous
reviendrons plus loin ; on a mis en relief avec le plus
grand soin le perfectionnement de leur organisation et la
séparation de plus en plus marquée de leur corps en
parties adaptées à des fonctions physiologiques déterminées et bien distinctes, mais on s'est relativement
beaucoup moins occupé de l'évolution subie par les
diverses cellules qui entrent dans la composition de ces
êtres. C'est là cependant que se trouve la solution d'un
grand nombre de questions relatives à la physiologie des
organismes supérieurs. On a trop considéré ces derniers,
et particulièrement l'homme, comme des unités réelles,
des individualités ; tandis qu'ils ne sont en réalité que
des agrégations plus ou moins complexes, des colonies
d'individus distincts, jouissant chacun d'une vie propre
et produits par une évolution lente qui a suivi pour chacun d'eux une direction particulière. Tandis que la cellule
unique et aussi simple que possible qui constitue la
Monère jouit au même degré de toutes les propriétés dites
biologiques et n'est guère plus impressionnée par un
agent que par un autre, les cellules qui composent les
êtres vivants supérieurs se comportent vis-à-vis du monde
extérieur de façons très diverses ; tandis, par exemple,

que la cellule auditive de l'oreille interne subit, avec une extrême facilité, les impressions des corps liquides ou solides avec lesquels elle se trouve en contact, mais est absolument insensible aux vibrations de l'éther, la cellule optique, au contraire, se montre à l'égard de ces dernières, d'une sensibilité souvent excessive, et la cellule olfactive, qui n'est impressionnée ni par les vibrations de l'air, ni par celles de l'éther, est extrêmement sensible, comme l'a montré M. Wolff, à certaines vibrations particulières, provoquées, dans les liquides pituitaires qui la baignent, par les substances gazeuses, dites odorantes. Tandis que, d'autre part, toutes les cellules ne présentent, quand elles entrent en vibration sous l'influence des agents dont nous venons de parler, que des mouvements tout à fait imperceptibles, la cellule musculaire, sous l'influence d'excitants appropriés à son organisation, se raccourcit d'une façon tellement prononcée, qu'elle entraîne les leviers auxquels elle est fixée.

Ces faits mettent bien en évidence que les cellules constituantes des organismes supérieurs ont subi, depuis la Monère, qui est sans doute leur aïeule commune, une évolution considérable, dont la direction a été aussi variable que celle de l'évolution qui a donné naissance aux innombrables formes d'organismes vivants qui existent à notre époque. En poussant plus loin ces considérations, il nous sera facile de comprendre que, par suite d'une évolution semblable, certaines cellules des organismes supérieurs soient arrivées à posséder une constitution telle, qu'elles puissent centraliser, pour ainsi dire, toutes les excitations diverses qui, parvenues dans le centre cérébral, leurs ont transmises par les éléments anatomiques de ce centre. L'être vivant en possession de ces cellules spé-

ciales, que nous pourrons considérer comme ayant
atteint un haut dégré de perfectionnément à la fois
dans les directions diverses que les autres cellules ont
suivies séparément, l'être vivant, dis-je, qui possédera ces
éléments centralisateurs aura la connaissance simultanée
des diverses actions exercées sur lui par le monde extérieur et des phénomènes provoqués par ces actions dans
son propre organisme. Nous dirons qu'il jouit de la
conscience du monde éxtérieur et de lui-même. Mais que
pour un motif ou pour un autre, cet être vienne à
perdre ces cellules spéciales, et il perdra en même
temps la conscience de lui-même et du monde extérieur,
sans que cependant rien soit changé dans l'organisation
et les rapports réciproques des autres parties de son
organisme, ni dans les rapports de ces parties avec le
milieu ambiant. Ce n'est donc pas l'individu lui-même
qui est conscient, mais seulement un groupe particulier
de ses éléments constituants. Une évolution de même
ordre a donné naissance à des cellules qui ont pour rôle
spécial la mémoire, c'est-à-dire la conservation des images
des objets extérieurs, et des idées que l'observation et la
comparaison de ces derniers ont pu faire naître, et aux
cellules qui ont pour fonction spéciale les divers actes
cérébraux dits *intellectuels*, actes qui deviendront impossibles lorsque les cellules qui sont destinées à les accomplir perdront, sous l'influence d'une modification quelconque, la constitution indispensable à l'existence de leurs
propriétés. Chacune des facultés intellectuelles de l'homme
pourra ainsi disparaître ou s'affaiblir sans que les autres
soient troublées et sans que tout le reste de l'organisme
subisse aucune modification manifeste dans son fonctionnement. Il n'est pas de faits qui montrent mieux que

ceux-là la vanité de cette prétendue unité qu'on nomme un individu pluricellulaire.

On remarquera que nous n'avons pas parlé de la volonté ou libre arbitre. C'est qu'en effet ces termes ne répondent à rien de réel. Aucun acte, c'est-à-dire aucun mouvement accompli par les êtres vivants, quels qu'ils soient, n'est soustrait à ce principe absolu que tout mouvement n'est que le produit de la transformation d'un autre mouvement. Lorsque nous croyons accomplir un acte volontaire, nous n'exécutons, en réalité, qu'un acte dont nous avons conscience, c'est-à-dire dont nous connaissons plus ou moins les causes déterminantes et les conséquences ; mais cet acte s'exécute fatalement ; il n'est que la résultante nécessaire d'excitations extérieures ou intérieures sur les éléments anatomiques qui sont mis en jeu dans son accomplissement. Le mouvement par lequel une grenouille intacte retire sa patte quand on la pique n'est pas plus volontaire que celui par lequel la même grenouille, après avoir été décapitée, contracte la même patte sous l'influence de la même excitation. La seule différence qui existe entre ces deux actes, c'est que la grenouille a conscience du premier, tandis qu'elle n'a pas conscience du second. Entre l'attaque d'épilepsie simulée et en apparence volontaire à laquelle se livre un mendiant de la cour des Miracles pour attirer la compassion du public, et l'attaque morbide d'un épileptique véritable, il n'existe d'autre différence que celle-ci : le mendiant a conscience, à la fois, des motifs qui le déterminent à simuler une attaque et des mouvements qu'il fait en la simulant, tandis que l'épileptique véritable n'a conscience ni des excitations extérieures ou intérieures qui ont pour résultat nécessaire l'attaque, ni des mouvements qu'il accomplit ; mais, le mendiant n'est pas plus libre que l'épileptique, puisque les motifs qui le déterminent à simuler une attaque aussi pénible, et particulièrement l'intérêt qu'il trouve à le faire, sont assez puissants pour qu'il y obéisse.

Si maintenant nous jetons un coup d'œil en arrière sur le chemin que nous avons parcouru, nous voyons qu'il n'existe entre la matière non vivante et la matière vivante, même parvenue au plus haut degré d'organisation que nous connaissions, aucune différence autre qu'une complexité plus grande de constitution de la matière vivante, accompagnée d'une plus grande sensibilité aux impressions exercées sur elle par le monde extérieur, sensibilité qui augmente peu à peu à mesure que la complexité de constitution et d'organisation devient plus considérable ; mais, toutes les propriétés de la matière vivante se retrouvent, quoique à un moindre degré, dans la matière non vivante, et ces propriétés sont exclusivement d'ordre physique ou chimique.

CHAPITRE IV

ORIGINE DE LA MATIÈRE VIVANTE ET PREMIÈRES PHASES DE SON ÉVOLUTION

Après avoir étudié les propriétés de la matière vivante, comparées à celles de la matière non vivante, nous devons nous demander par quels procédés la matière vivante a pu faire sa première apparition sur la terre et par quelques phases elle a dû passer pour acquérir les formes diverses et inégalement perfectionnées sous lesquelles elle se présente actuellement. Deux problèmes en un mot nous restent à étudier : celui de l'origine de la matière vivante et celui de l'évolution de cette forme de la matière.

Nous savons déjà que la matière vivante est constituée en majeure partie par des substances albuminoïdes et nous savons que ces substances ne sont formées chimiquement que par un petit nombre de corps simples : carbone, azote, hydrogène et oxygène, très répandus sur la terre.

Il est permis d'admettre que ces corps simples ont

pu et peuvent peut-être encore se trouver en présence, dans des conditions telles que leur combinaison s'effectue pour produire des substances albuminoïdes.

Il n'y a pas davantage de difficulté à concevoir que certaines matières albuminoïdes, une fois formées, se soient associées entre elles et avec des composés inorganiques, pour donner naissance à la matière vivante. Ce que nous ignorons, c'est la façon dont ces phénomènes se sont produits, ce sont les phases par lesquelles sont passées les combinaisons matérielles avant de parvenir à l'état complexe que présente la matière vivante.

On s'est beaucoup préoccupé, à toutes les époques, de la question de la genèse des êtres vivants. Depuis une trentaine d'années surtout ce problème a été agité avec passion, non seulement par les hommes de science, mais aussi par les philosophes, partisans ou adversaires de la doctrine de la création de l'univers par un être immatériel. Il n'est pas de thèse qui ait soulevé de si nombreuses et de si ardentes polémiques. Déistes et matérialistes croyaient en effet que de la solution ou de la non-solution de ce problème, pourrait découler le triomphe de leurs idées. La question de la « génération spontanée » est ainsi devenue une pomme de discorde jetée dans le monde scientifique qui a perdu pour la saisir beaucoup plus de temps qu'il n'en aurait dû consacrer à ce jeu enfantin.

Nous ne parlerons ni des anciens qui croyaient à la génération spontanée des abeilles dans le ventre des animaux en putréfaction, ni des hommes qui, il y a quelques siècles, admettaient la formation spontanée des rats dans les vieux chiffons ; nous ne voulons faire allusion qu'aux recherches les plus modernes. Exprimant notre avis sur ces recherches, nous n'hésitons pas à reconnaître que même limitée aux êtres les plus inférieurs, la génération spontanée des organismes vivants n'a encore été observée par personne d'une façon incontestable ; mais, nous nous hâtons d'ajouter que les adversaires de ce mode de génération ne nous paraissent pas le moins du monde avoir résolu la question dans leur sens. M. Pasteur, et plus récemment M. Tyndall ont montré, il est vrai, qu'aucun être vivant ne se développe dans leurs flacons quand on met ces derniers à l'abri des germes de l'atmosphère, mais nous ne voyons pas qu'ils puissent tirer de ces résultats négatifs quelque motif de triompher aussi bruyamment qu'ils se le permettent. La grosse caisse de M. Tyndall vibrant d'accord avec le tambourin de M. Pasteur peut bien couvrir le bruit des instruments des adversaires, mais ceux qui, comme nous, assistent en auditeurs désintéressés au tournoi, ne se laissent pas assourdir lpar le bruit que font les deux partis et ne peuvent donner e prix ni à l'un ni à l'autre.

De ce que, dans certaines conditions déterminées et essentiellement *artificielles*, M. Pasteur et M. Tyndall ne voient pas se produire de matière vivante dans leurs cornues, ils ne sont nullement en droit de conclure que cette forme de la matière n'a pas pu et ne peut pas se constituer dans d'autres conditions plus favorables. Ces conditions nous sont, il est vrai, inconnues ; mais notre ignorance suffit-elle pour nous permettre de nier qu'elles existent ? Quel est le savant qui voudrait raisonner de la sorte ? Et ne faut-il pas que des hommes de la valeur de M. Tyndall et de M. Pasteur soient dominés par des passions extra-scientifiques pour qu'ils se laissent entraîner à commettre de pareils manquements à la logique la plus élémentaire?

Si l'on refuse d'admettre que les matières albuminoïdes
et la matière vivante elle-même se sont produites naturellement, par simple combinaison de leurs principes
immédiats constituants, on est obligé de supposer que ces
matières ont été créées par un être dont le moindre
défaut est d'échapper à tous les moyens de perception
que nous possédons. La croyance au surnaturel a toujours
été la conséquence de l'ignorance et l'instrument de domination des habiles ; mais la science est aujourd'hui
assez avancée, elle a résolu assez de problèmes autrefois
considérés comme insolubles, pour que nous devions
désormais jeter de côté toutes les solutions surnaturelles
et ne considérer comme vraies ou du moins probables que
les plus simples et les plus conformes aux faits naturels
qui nous sont déjà connus.

Quoique nous ignorions comment a pu se faire la
synthèse des matières albuminoïdes, nous n'hésitons donc
pas à admettre qu'elle s'est effectuée et s'effectue peut-être
encore aujourd'hui, aussi facilement que se produisent
sous nos yeux et par le seul enchaînement des phénomènes
naturels, les combinaisons des divers corps qui, sans cesse,
sont mis en présence dans le sol, dans les eaux ou dans
l'atmosphère. Qui donc eut pu supposer il y a un siècle
qu'on fabriquerait un jour, à volonté, de l'eau, du sel
marin, de l'alcool, de l'essence de vanille, de la graisse ?
On ignorait même la composition de ces corps. Or, notre
ignorance de la composition chimique exacte des matières
albuminoïdes et de l'agencement moléculaire des atomes
qui les constituent est encore telle que nous ne pourrions
pas hasarder d'en donner une formule chimique précise.
Faut-il en conclure que jamais nous ne pourrons les

fabriquer et surtout que la nature, bien plus habile que nos chimistes, n'a pas pu les produire ?

Nous ne le pensons pas; nous admettons, au contraire, que, dans l'univers, les conditions favorables étant données, la production des matières albuminoïdes et même celle du protoplasma vivant n'est pas plus difficile que celle du carbonate de chaux ou de tout autre corps.

Nous croyons, il est vrai, avec Cl. Bernard, que le « chimisme artificiel », c'est-à-dire les procédés d'analyse et de synthèse employés par les chimistes dans leurs laboratoires, « est peut-être tout différent » du « chimisme naturel », c'est-à-dire des procédés d'analyse et de synthèse mis en œuvre dans cet immense laboratoire qui a la terre pour cornue et le soleil pour foyer de chaleur ; mais il nous est impossible d'admettre que « le protoplasma, si élémentaire qu'il soit, n'est pas une substance purement chimique, un simple principe immédiat de la chimie. »

A moins de supposer que le protoplasma est doublé d'un principe vital ayant une existence propre, ce que rejette Cl. Bernard lui-même (1), ou d'une âme d'origine céleste, ce qui ne serait que ridicule, nous ne voyons pas ce que pourrait être le protoplasma s'il n'est pas « une substance purement chimique », comme tous les autres corps de la nature. Nous ne pouvons donc considérer la phrase de Cl. Bernard citée plus haut, que comme une des nombreuses contradictions dont est émaillée la partie philosophique de l'œuvre de ce savant, qui ayant trop de pu-

---

(1) Il n'est pas permis de douter de son opinion à cet égard en présence de la phrase suivante de son dernier livre : « Sommes-nous parmi les vitalistes? non encore, car nous n'admettons *aucune force exécutrice* en dehors des forces physico-chimiques. » (*Leçons sur les phénomènes de la vie communs aux animaux et aux végétaux,* p. 396).

deur pour se dire spiritualiste et trop de timidité pour
s'avouer matérialiste, inventa le « déterminisme », mot
bizarre dans la bouche d'un homme qui précisément ne
put jamais « se déterminer ».

Le seul argument d'ailleurs que Cl. Bernard invoque à
l'appui de son opinion, c'est que le protoplasma « a une
origine qui nous échappe, qu'il est la continuation du protoplasma d'un ancêtre. » Mais, tout corps matériel, quelqu'il soit, n'est-il pas, aussi bien que le protoplasma, la
continuation d'un ancêtre ? Le cristal de sulfate de
cuivre qui se forme dans une solution de ce corps, n'est-il
pas la continuation du cristal qui a servi à préparer la
dissolution génératrice ? Le chimiste qui voit se former
dans un liquide dont il ignore la composition un cristal
quelconque, a-t-il l'idée, parce que « l'origine de ce cristal lui échappe » de le considérer comme n'étant pas « une
substance purement chimique ? »

Notre ignorance de la constitution atomique du protoplasma vivant ne constitue pas le moins du monde une
raison suffisante pour nous faire admettre qu'il est autre
chose qu'une substance purement chimique, alors que
l'analyse d'un poids déterminé de cette substance nous
rend un poids égal d'éléments chimiques simples. Nous
ignorons encore la façon dont cette substance a pu se
produire pour la première fois sur la terre et s'y produit
peut-être encore ; mais, comme nous constatons qu'elle
est composée uniquement de principes élémentaires, abondants dans le sol et dans l'atmosphère, nous croyons naturel d'admettre qu'elle résulte de la combinaison de ces
principes, lorsqu'ils se rencontrent dans des conditions
favorables à leur union.

Nous n'hésitons même pas à penser que le jour où le

biologiste aura une connaissance exacte, d'une part de la constitution chimique et physique du protoplasma, d'autre part, des conditions nécessaires à la production de cet état particulier de la matière que nous nommons la vie, il lui deviendra possible de déterminer la formation de cette matière, comme le chimiste fait aujourd'hui la synthèse d'un grand nombre de corps dont, il y a quelques années à peine, il ignorait encore la composition et les conditions de formation.

« Connaissant, dit Descartes, la force et les actions du feu, de l'eau, de l'air, des astres, des cieux et de tous les autres corps qui nous environnent, nous les pourrions employer à tous les usages auxquels ils sont propres, et ainsi, nous rendre maîtres et possesseurs de la nature. » A ces paroles de l'illustre philosophe qui a si admirablement formulé les principes du mécanisme animal, nous ajouterons que les résultats déjà obtenus par la science nous permettent d'espérer qu'elle sera un jour assez puissante pour refaire sciemment, une partie au moins de ce qui, dans la nature, se forme insciemment. Mais, pour cela, il faut que nous écartions de notre esprit non seulement toute foi puérile au Dieu et à l'âme de nos pères ignorants, mais encore toute idée métaphysique, et que nous soyons bien convaincus qu'il n'existe dans l'univers que « des substances purement chimiques. »

Cela dit, il importe de nous demander à quelle époque de l'évolution de notre globe, dans quelles conditions et par quels procédés a pu se former la matière vivante.

Il est à peine besoin de dire que c'est seulement à l'époque où la croûte superficielle de la terre fut suffisamment refroidie, et lorsque l'eau, d'abord dispersée dans l'atmosphère à l'état de vapeur, se fut déposée à l'état liquide sur le sol, que la matière vivante put apparaître à la surface de notre globe, c'est-à-dire que purent se combiner pour la produire les corps simples qui la constituent.

Les combinaisons chimiques destinées à la former se sont, sans nul doute, effectuées sous l'influence de la chaleur solaire, mais nous ignorons dans quel ordre elles se sont produites pour donner naissance aux matières albuminoïdes qui sont la base de la matière vivante. Nous ne pouvons émettre à cet égard que de simples hypothèses plus ou moins probables.

Dans ces derniers temps, M. Schützenberger a pu décomposer les substances albuminoïdes en un certain nombre de principes définis et cristallisables, tels que la leucine et la leucéine, le pyrrol, la tyrosine, la tyro-leucine, l'acide glutanique, l'ammoniaque, l'acide carbonique, l'acide oxalique et l'acide acétique, tous principes immédiats qui se montrent dans les organismes vivants, où il est à peu près incontestable qu'ils sont produits par dédoublement ou décomposition des matières albuminoïdes. A l'aide de ces corps, on pourra peut-être quelque jour reconstituer, par synthèse, les matières albuminoïdes. Mais lors même qu'on parviendrait à ce résultat, on ne devrait pas nécessairement en conclure que les éléments simples, carbone, hydrogène, oxygène et azote, se sont combinés d'abord en ces divers corps qui eux-mêmes se seraient ensuite associés pour donner naissance aux matières albuminoïdes. Il est bien probable que dans la nature les choses se sont passées beaucoup plus simplement ; il est permis de supposer que les matières albuminoïdes n'ont pas plus été précédées par les substances dont nous venons de parler, que l'apparition des matières grasses n'a été le résultat de l'union de la glycérine avec des acides gras, quoique les chimistes aient pu décomposer les graisses en ces deux sortes de principes, et que même ils aient pu, en les combinant, fabriquer artificiellement des corps gras.

Deux hypothèses principales ont été émises au sujet de la formation de la matière vivante.

Exposons d'abord la plus répandue. On admet qu'avant l'apparition des végétaux verts sur la terre, l'atmosphère qui entoure cette dernière était beaucoup plus riche en acide carbonique et en vapeur d'eau qu'elle ne l'est actuellement. On en conclut qu'à cette époque il a pu être très facile au carbone de l'acide carbonique atmosphérique de se combiner avec les éléments de l'eau, oxygène et hydrogène, pour former des corps ternaires, qui, à leur tour, se combinant avec l'ammoniaque produite par le sol, donnèrent naissance à des corps quaternaires et, enfin, aux matières albuminoïdes.

Cette manière de voir est principalement appuyée par ceux qui l'adoptent sur ce fait que les chimistes sont parvenus à faire la synthèse de nombreux corps ternaires par combinaison du carbone avec les éléments de l'eau. Une fois les substances ternaires produites, elles auraient pu engendrer, par leurs combinaisons avec l'azote, des matières quaternaires et albuminoïdes. Une expérience curieuse de M. Schützenberger semble mettre hors de doute la possibilité de la formation des matières ternaires à l'aide de matériaux purement inorganiques. « En traitant à froid de la fonte blanche (qui renferme un carbure de fer) grossièrement pulvérisée, par une solution de sulfate de cuivre, le fer de la fonte se dissout entièrement, sans dégagement de gaz carboné ou autre ; on peut ensuite, après lavages, éliminer le cuivre déposé, en le mettant en contact avec une solution de perchlorure de fer: Le cuivre se dissout rapidement ; il reste une masse pulvérulente noire, qui, après dessication à 80° et dans le vide, ressemble à du charbon. Mais ce charbon contient de l'eau combinée qui se dégage brusquement lorsqu'on chauffe vers 250° ; il se dissout facilement en s'oxydant dans l'acide azotique, en donnant des corps jaunes, jaune orangé, contenant de l'azote. Ce charbon fournit à l'analyse une quantité d'eau qui est dans un rapport assez constant avec le carbone. Il représente donc un véritable hydrate de carbone défini. »

Il semble que rien n'empêche de supposer que des phénomènes analogues sinon identiques à celui qui se passe dans l'expérience que nous venons de rapporter ont pu se produire à la surface du globe et que des corps ternaires hydrocarbonés aient ainsi pu prendre naissance. On pourrait admettre aussi que les corps ternaires en se combinant avec l'azote de l'atmosphère ou avec des nitrates minéraux ont donné naissance aux corps quaternaires ; on sait, en effet, que les chimistes ont pu fabriquer artificiellement des matières azotées, en mettant en présence, dans un milieu à température élevée, des hydrates de carbone tels que l'alcool et des azotates minéraux.

Cependant, il est un fait important qui vient à l'encontre de cette hypothèse. Nulle part sur le globe on ne trouve de substances hydrocarbonées en dehors des organismes vivants, ou, du moins, sans qu'elles aient été produites par des organismes vivants.

Il nous paraît donc difficile d'admettre que la formation des matières hydrocarbonées ait précédé, sur notre globe, celle des matières quaternaires. Nous sommes beaucoup plus disposés à admettre que les matières hydrocarbonées ne sont que des produits de décomposition des matières quaternaires.

M. Pflüger a émis récemment (1875) une opinion tout à fait différente de celle que nous venons d'exposer. Il fait remarquer que l'acide carbonique, l'eau et l'ammoniaque étant des corps très stables, c'est-à-dire difficiles à décomposer, il n'est guère admissible qu'ils aient servi à la synthèse des matières albuminoïdes, quoique ces dernières leur donnent naissance en se décomposant. Il admet, au contraire, qu'à l'époque où la terre était incandescente, il a dû se former de grandes quantités de cyanogène ($C\,Az^2$) corps éminemment instable, composé de carbone et d'azote; et il suppose que ce cyanogène a résulté de la combinaison de l'azote provenant de certains corps composés d'azote et d'oxygène, avec le carbone de l'acide carbonique de l'atmosphère. On pourrait même admettre, avec quelque raison, que le cyanogène se dégageait, à cette époque, tout formé, du sol incandescent, car on l'a rencontré parmi les gaz qui se dégagent des minerais de fer traités par la houille. Plus tard, lorsque la terre s'est refroidie, le cyanogène se serait combiné avec des hydrogènes carbonés et l'oxygène de l'eau, pour former les matières quaternaires albuminoïdes et la matière vivante. Sans insister sur cette opinion, qui est purement hypothétique, nous pensons qu'en raison de l'instabilité des composés cyaniques, et, au contraire, de la stabilité de l'ammoniaque, la théorie de Pflüger offre plus de probabilité que toute autre.

Quelle que soit d'ailleurs la façon dont les phénomènes se sont produits, tous les faits récemment découverts par la chimie concordent pour nous faire admettre, tout en restant dans la logique la plus scrupuleuse, que les matières albuminoïdes et le protoplasma se sont formés, comme tous les autres corps de la nature, par simple combinaison chimique de substances préalablement produites de la même façon.

Une dernière question qu'il est permis de poser relativement à la première origine de la matière protoplasmique, est celle de savoir si cette substance a revêtu dès le moment de son apparition une forme déterminée, ou si, au contraire, il s'est produit d'abord un plasma liquide et absolument informe dans lequel se serait précipitée une première masse protoplasmique figurée, comme un cristal de sel marin se forme dans une solution de ce corps.

Il est difficile de répondre à cette question autrement que nous l'avons fait pour la précédente, c'est-à-dire par une hypothèse, car la certitude ne pourrait être acquise qu'à la suite d'observations directes tout à fait impossibles en ce qui concerne le passé, à peu près impossibles pour ce qui concerne le présent. Cependant, les faits actuellement connus nous permettent d'émettre une opinion fort plausible.

On a découvert, pendant ces dernières années, un nombre assez considérable d'êtres vivants tellement simples qu'il est difficile de supposer que la matière vivante ait pu jamais exister sous un état plus rudimentaire. Ces organismes constituent un groupe intermédiaire aux animaux et aux végétaux, auquel on a donné le nom de Monériens. Le plus simple d'entre eux, celui qui se présente le mieux à l'état de substance vivante dépourvue de forme définie a été trouvé dans les profondeurs de l'Atlantique et a reçu le nom de *Bathybius Hæckelii* (1). Il se présente sous l'aspect

____

(1) Voir l'Appendice, note F.

d'une masse de protoplasma incolore, n'ayant aucun contour extérieur constant, ressemblant tout à fait, en un mot, à du blanc d'œuf qu'on aurait répandu sur le sol. Cette masse gélatineuse est pourtant douée de toutes les propriétés qui caractérisent la vie : elle se nourrit, respire, change de forme, se déplace et probablement aussi se multiplie, comme les Monériens mieux étudiés, par simple division de sa substance.

Le milieu dans lequel vit cet être ne subissant que peu ou pas du tout de modifications, il est permis de comprendre que cet organisme y subsiste depuis une époque fort reculée sans que sa forme se soit modifiée. Mais, supposons qu'un fragment de son corps soit entraîné dans un milieu un peu différent, qu'il soit, par exemple, soulevé du sol et devienne flottant dans l'eau, il sera facile d'admettre qu'il acquière, sous l'influence du milieu nouveau, une forme plus définie, celle d'une boule, par exemple, mais d'une boule jouissant, comme la masse dont elle s'est détachée, de la propriété de changer de contours, de faire, par exemple, saillir au dehors certaines parties de sa substance, etc. Nous avons alors une forme nouvelle de Monériens, forme mieux définie, mais constituée par la même substance vivante, homogène dans toutes ses parties.

M. Hæckel a proposé de donner à cette forme de la matière vivante le nom de *plastide* (de πλάσσω, façonner), pour indiquer que c'est elle qui façonnera toutes les formes ultérieures. On lui donne aussi fréquemment le nom de *cellule*, en ajoutant qu'elle représente la forme la plus simple des cellules. Mais ce terme de cellule est mauvais en ce sens que par son étymologie, il semble indiquer un corps creux, tandis que la plastide est en réalité une masse protoplastique pleine, compacte.

Les Monériens sont des êtres tellement simples qu'il est parfaitement permis de supposer que les plus inférieurs d'entre eux, ceux qui sont le plus dépourvus de formes précises, comme le *Bathybius Hæckelii*, ont pu être produits directement dans des conditions déterminées, par agrégation chimique, des principes qui les constituent. « La découverte de ces organismes, dit M. Hæckel qui s'est le premier occupé de leur étude, met à néant la plus grande partie des objections élevées contre la théorie de la génération spontanée. En effet, puisque chez ces organismes il n'y a ni organisation, ni différenciation quelconque de parties hétérogènes, puisque chez eux tous les phénomènes de la vie sont accomplis par une seule et même matière homogène et amorphe, il ne répugne nullement à l'esprit d'attribuer leur origine à la génération spontanée. S'agit-il de *plasmagonie ?* (l'auteur désigne ainsi la naissance d'organismes dans une matière organisée préexistante.) Y a-t-il déjà un plasma capable de vivre ? Alors ce plasma a simplement à s'individualiser, comme le cristal s'individualise dans une solution mère. S'agit-il, au contraire, de la production de Monères par véritable *autogonie ?* Alors il est nécessaire que le plasma, susceptible de vivre, la substance colloïde primitive se forme d'abord aux dépens de composés carbonés plus simples. Or, nous sommes en mesure, aujourd'hui, de produire artificiellement dans nos laboratoires chimiques des composés carbonés complexes de ce genre ; rien n'empêche donc d'admettre que dans la libre nature des conditions favorables à la formation de ces composés, puissent aussi se présenter. Jadis, quand on cherchait à se faire une idée de la génération spontanée, on se heurtait aussitôt à la complication même des organismes les plus simples que l'on connut alors. Pour résoudre cette difficulté capitale, il fallait connaître ces êtres si importants, les Monères, ces organismes absolument privés d'organes, constitués par un simple composé chimique et doués pourtant de la faculté de croître, de se nourrir et de se reproduire. Grâce à ce fait, l'hypothèse de la génération spontanée acquiert assez de vraisemblance pour qu'on ait le droit de l'employer à combler la lacune qui existe entre la cosmogonie de Kant et la théorie de la descendance de Lamark. Peut-être même, parmi les Monères actuellement connues, y a-t-il une espèce qui, aujourd'hui, continue à naître par génération spontanée : c'est l'étrange *Bathybius Hœckelii.* »

L'opinion la plus généralement admise, je le répète, est que ces corps si-simples ont pu surgir directement ; mais on voit qu'Hæckel n'ose pas résoudre la question et qu'il laisse ouverte la supposition d'après laquelle ils auraient été précédés par la formation d'une sorte de liquide plasmatique albuminoïde, dans lequel ils se seraient individualisés, comme un cristal s'individualise dans une solution.

Quoiqu'il en soit, une fois ces premières plastides formées, il est facile de suivre sur les formes de la matière vivante actuellement observable, la façon dont leur constitution s'est compliquée.

Dans certaines plastides, par exemple dans les Amœbiens, on constate une différenciation de la masse protoplasmique du corps en deux parties : l'une périphérique et l'autre centrale ; celle-ci apparaît dans l'intérieur de la première, sous l'aspect d'un corps arrondi ou ovoïde, brillant, qui a reçu le nom de *noyau* (1).

(1) Pour ces différentes formes de cellules, voyez l'Appendice, note G.

Dans d'autres plastides, la différenciation est poussée plus loin encore ; leur surface s'entoure d'une membrane distincte du corps par ses propriétés physiques et chimiques.

M. Hæckel donne le nom de *cytodes* à toutes les formes qui possèdent un noyau, et il les divise en *gymnocytodes*, c'est-à-dire dépourvues de membrane d'enveloppe, et *lépocytodes*, munies d'une membrane d'enveloppe. Lorsque la masse vivante possède un noyau et une membrane d'enveloppe distincts de sa masse fondamentale qui conserve le nom de protoplasma, on dit qu'elle constitue une cellule parfaite. Certains auteurs voudraient réserver le nom de *cellule* aux seules formes pourvues d'un noyau, mais nous ne voyons pas l'importance qu'il peut y avoir à établir ces distinctions ; tous les éléments qui entrent dans la constitution de la grande majorité des êtres vivants, présentent en effet un noyau et, habituellement aussi, une membrane d'enveloppe.

Une différenciation importante s'est produite, à une époque très reculée, dans la constitution de la membrane d'enveloppe. Tandis que certains êtres vivants primitifs restaient nus, et persistent encore dans cet état, comme les Monériens et les Amœbiens, ou bien ne se revêtaient que d'une membrane azotée, très mince, souple, susceptible d'obéir à tous les mouvements du protoplasma et de suivre toutes les déformations de sa surface, d'autres s'enveloppaient d'une membrane constituée par une substance ternaire, la cellulose, membrane assez épaisse pour constituer autour de la substance vivante une sorte de prison rigide, dans laquelle cette substance peut, il est vrai, continuer à se mouvoir, mais qui la met dans l'impossibilité de se déplacer en totalité dans l'espace.

Deux groupes bien distincts de corps vivants se trouvèrent ainsi constitués : les uns susceptibles de se mouvoir dans le milieu ambiant, de changer de lieu ; les autres condamnés à rester dans le point où ils se trouvent au moment où leur membrane rigide se constitue. Je ne parle pas, bien entendu, de ceux qui, comme les Diatomacées et un grand nombre de Foraminifères (1) possèdent une enveloppe rigide, incrustée même de silice ou de carbonate de chaux, mais percée d'orifices par lesquels sortent des filaments de protoplasma, à l'aide desquels l'organisme peut nager ou ramper.

Les premières variations subies par la matière vivante, ne peuvent, sans contredit, être attribuées qu'à des modifications des milieux dans lesquels elle vivait alors, milieux qu'il est impossible de supposer identiques dans deux points, même aussi rapprochés que possible de l'espace. C'est cette variation incessante des conditions extérieures qui nous met dans l'impossibilité de rencontrer deux corps absolument semblables. C'est à elle, comme nous le démontrerons plus tard, que doivent être attribuées toutes les variations individuelles que nous voyons se produire, d'une façon incessante, chez les êtres vivants, à quelque degré d'évolution qu'ils soient parvenus. Une fois produits, ces caractères individuels tendent à se perpétuer par la multiplication de l'individu qui les a acquis, en devenant l'héritage des descendants de cet individu.

Dans le cas qui nous occupe ici particulièrement, il serait bien difficile de dire à quelles modifications du milieu on peut attribuer la variation de constitution, grâce à laquelle certaines cellules restèrent nues ou ne se mu-

(1) Voyez l'Appendice, note II.

nirent que d'enveloppes molles, extensibles et azotées, tandis que d'autres se revêtirent de membranes cellulosiques, siliceuses , carbonatées , etc., rigides et inextensibles.

Cependant, il est permis d'émettre quelques suppositions relativement à certaines de ces membranes. On peut supposer, par exemple, que les membranes incrustées de silice des Diatomacées actuelles n'ont pas toujours offert ce caractère. A une époque antérieure à la nôtre, les Diatomacées ont fort bien pu ne posséder que des membranes formées de cellulose pure. Certains individus s'étant trouvés ensuite placés dans une eau riche en silice, accumulèrent cette substance dans l'épaisseur de leur membrane d'enveloppe ; cette propriété transmise à leurs descendants devint ensuite un caractère de ce groupe de plantes. C'est ainsi, par exemple, que les Limaces rouges vivant sur les terrains calcaires offrent toutes des vaisseaux sanguins à parois incrustées de carbonate de chaux, tandis que ce caractère n'est pas présenté par celles qui vivent sur les terrains siliceux.

Il est plus difficile de découvrir, même hypothétiquement, les motifs pour lesquels certaines cellules produisirent des membranes formées d'une substance ternaire, la cellulose, tandis que d'autres ne produisirent que des membranes azotées ; cependant, si l'on réfléchit que, d'une part, la substance constituante des membranes azotées des animaux, n'est qu'un produit de désassimilation des matières albuminoïdes du protoplasma, et que, d'autre part, les matières ternaires, particulièrement la cellulose, peuvent être produites par la désassimilation des matières azotées, on doit admettre que les membranes formées de cellulose ont été précédées par les membranes azotées et ont été produites par une simple modification chimique de ces dernières. Puis, cette qualité une fois acquise par la cellule ou les cellules d'un individu, s'est perpétuée par l'hérédité et est devenue caractéristique de tout un groupe d'organismes.

Les végétaux actuels ont des cellules entourées de membranes formées de cellulose, tandis que les cellules des animaux ont des membranes formées d'une substance azotée. Ce caractère n'est cependant pas absolu. Certains animaux, par exemple les Tuniciers, ont des enveloppes de cellulose ; d'autres, comme les Insectes, ont des membranes incrustées de chitine, substance voisine de la cellulose, etc. Dans tous ces cas, les membranes ne sont que des produits engendrés par la désassmilation des matières albuminoïdes et de leurs dérivés.

Il est une autre différenciation de la plus haute importance biologique qui a dû se produire dès les premiers instants de l'apparition de la matière vivante sur notre globe. Actuellement, cette matière se présente à notre observation sous deux aspects bien distincts : ou bien elle est incolore ; ou bien, elle est colorée par une matière verte, qui a reçu des botanistes le nom de *pigment chlorophyllien*.

Nous devons nous demander quelle est celle de ces deux formes de la matière qui a précédé l'autre sur la terre. Mais, auparavant, il est nécessaire de bien insister sur les propriétés qui les caractérisent. Ces propriétés sont véritablement capitales.

Toute matière vivante incolore, ou, pour mieux dire, dépourvue de pigment vert chlorophyllien, tous les animaux ou les végétaux qui ne possèdent pas ce pigment, ne peuvent se nourrir et s'accroître qu'à la condition d'avoir à leur disposition des matières organiques préalablement formées. Au contraire, toute matière vivante colorée en vert et tous les animaux ou les végétaux qui possèdent, en plus en moins grande quantité, du pigment chlorophyllien, sont susceptibles de se nourrir et de s'accroître à l'aide de substances purement inorganiques, à la seule condition qu'ils soient exposés à la lumière du soleil ou à une lumière artificielle suffisamment intense.

Un pied de haricot, par exemple, dont les feuilles sont vertes, se contente pour sa nourriture de l'acide carbonique de l'atmosphère et de l'eau du sol, dans laquelle sont dissous quelques sels minéraux, tels que des carbonates et des azotates. Quand les feuilles vertes de cette plante sont exposées à la lumière du soleil, elles prennent à l'acide carbonique son carbone ; en combinant ce carbone avec l'oxygène et l'hydrogène de l'eau, elles fabriquent des matières organiques ternaires, amidon, graisses, etc., dont elles se nourrissent. Elles peuvent même, peut-être, pousser plus loin encore cette synthèse chimique, et fabriquer directement des matières quaternaires, en combinant le carbone et l'eau avec l'azote qu'elles retirent des azotates du sol. Quoiqu'il en soit, toute plante verte peut être nourrie avec de l'acide carbonique, de l'eau et quelques sels minéraux. Avec ces matériaux inorganiques, elle fabrique, dans ses organes verts, qui sont de véritables laboratoires, des aliments organiques qui se répandent ensuite dans toutes les parties du corps pour nourrir le protoplasma des cellules.

Les plantes dépourvues de chlorophylle et presque tous les animaux se comportent très différemment. Ils ne peuvent se nourrir et s'accroître qu'à la condition d'avoir à leur disposition des aliments organiques, ternaires ou

quaternaires. Ces organismes sont donc fatalement condamnés soit à se nourrir de végétaux, soit à se dévorer
les uns les autres.

Le protoplasma incolore ne jouissant pas de la propriété
de s'accroître dans un milieu purement inorganique, tandis que le protoplasma vert peut augmenter de masse dans
ces conditions, qui correspondent à celles du milieu dans
lequel s'est formée la première matière vivante, il semble,
au premier abord, que celle-ci ait dû, dès son apparition
sur le globe, être munie de pigment chlorophyllien.

Cette opinion a été admise par un certain nombre
d'auteurs, mais elle nous paraît fort peu probable. Il n'est
guère possible, en effet, de supposer, comme semble l'admettre Claude Bernard, que toute la matière vivante actuellement répandue sur le globe, soit le produit de l'accroissement « d'une molécule albumineuse primitive et
unique, développée à l'origine du monde terrestre. »

Il est bien plus probable que des masses plus ou moins
considérables et plus ou moins nombreuses de matière
vivante ont dû se former, sous l'influence de conditions
semblables, sur des points multiples de la surface du
globe. Ces premiers corps vivants, en s'oxydant, ont donné
naissance, comme le fait aujourd'hui toute matière vivante, à des principes immédiats ternaires, qui, mis en
liberté, ont pu servir, avec les matériaux inorganiques du
milieu ambiant, à la fabrication, par le protoplasma, de
nouvelles substances albuminoïdes. Les organismes incolores actuels possèdent, en effet, la propriété de fabriquer avec des sels minéraux et des matières ternaires,
comme l'alcool et le sucre, des matières albuminoïdes.

Le pigment chlorophyllien, qui se forme actuellement,
sans contredit, par oxydation ou dédoublement du proto-

plasma vivant, a pu se produire, à l'origine des êtres
par une oxydation semblable. Cependant, comme le pro
toplasma ne peut lui donner naissance que sous l'influence
de conditions particulières, notamment sous l'action
d'une lumière suffisamment intense, il a dû n'apparaître
que dans certaines formes primitives de la matière
vivante, formes placées dans les conditions les plus favorables à sa production. Ces formes, devenues vertes, ont
transmis par l'hérédité, à leurs descendants, leur qualité
nouvelle, tandis que les autres organismes vivants restaient incolores.

Cette manière d'expliquer l'apparition des organismes
pourvus de pigment chlorophyllien est conforme au fait,
facilement constatable aujourd'hui, que tout protoplasma est d'abord incolore et ne produit de pigment
chlorophyllien que sous l'influence de conditions déterminées, dont la disparition ne tarde pas à être accompagnée de la destruction du pigment. Quand on laisse
séjourner pendant un certain temps une plante verte dans
l'obscurité, elle devient incolore, puis elle meurt, parce
qu'après avoir perdu son pigment, elle ne peut plus se
nourrir, comme elle faisait auparavant, des matériaux
purement inorganiques que lui fournissent l'atmosphère
et le sol.

Des considérations précédentes il est permis de conclure que tous les corps vivants primitifs étaient incolores ; mais que, sous l'influence de conditions différentes, certains de ces corps ont produit du pigment vert,
tandis que les autres sont restés incolores, le protoplasma étant, d'ailleurs, aussi semblable à lui-même que
possible, dans les deux formes de la matière vivante.

Revenons maintenant à la constitution physique des

premier états de la matière vivante ; nous assisterons
à d'autres différenciations qui nous permettront de comprendre à l'aide de quels procédés la matière vivante a
pu, d'informe et extrêmement simple qu'elle était au
début, revêtir les formes définies et l'organisation si complexe que présentent les êtres vivants actuellement soumis à notre observation.

Nous avons suivi les premières phases de l'évolution de
la matière vivante depuis l'état amorphe le plus simple
jusqu'à la constitution de la cellule, c'est-à-dire d'une
masse protoplasmique offrant un noyau et, dans la plupart
des cas, une membrane d'enveloppe. Certains êtres actuels
sont formés d'une seule cellule. Tels sont, par exemple,
les champignons inférieurs connus sous les noms de
Levures, de Bactéries, etc., un grand nombre d'Algues
vertes ou rouges, tout le groupe des Protozoaires, etc.

Parmi ces êtres, on peut même trouver, à l'état permanent, tous les états successifs par lesquels la cellule a
passé avant d'atteindre la phase parfaite caractérisée
par la présence d'un noyau et d'une membrane. Les
Monères sont des cellules aussi simples que possible,
sans membrane ni noyau. Les Amœbes sont des cellules
avec noyau, sans membrane. Les Levures sont des cellules
avec membrane sans noyau. Les Grégarines sont des cellules tout à fait complètes, avec noyau et membrane nettement différenciés. (1)

Les Infusoires Flagellates sont constitués par une seule
cellule complète, mais le protoplasma émet à travers la
membrane un prolongement mobile, désigné par les naturalistes sous le nom de *flagellum* et considéré par eux
comme un *membre* distinct du corps de l'animal. Comme

____

(1) Voyez l'Appendice, note I.

le flagellum sert à la locomotion de l'animal, et joue par
conséquent un rôle physiologique différent de celui qui
appartient au corps lui-même, on lui donne aussi le nom
d'*organe*. Le flagellum d'un Infusoire Flagellate est donc,
à la fois, un membre et un organe de cet animal.

Par ce premier exemple, le lecteur concevra, beaucoup
mieux qu'à l'aide de toutes les définitions possibles,
l'idée qu'il faut attacher aux termes *membre* et *organe*.
lLe mot *membre* n'entraîne après lui que l'idée d'une partie de l'individu distincte des autres par sa forme ; tandis que le mot *organe* entraîne l'idée d'une partie douée
d'un rôle physiologique spécial. Cette notion est l'une de
celles qu'il importe le plus de ne pas perdre de vue,
quand on veut aborder l'étude des questions relatives à
la différenciation de la matière vivante et à l'évolution
des animaux ou des végétaux.

Les Infusoires Flagellates et beaucoup d'organismes
unicellulaires situés encore plus bas qu'eux dans l'arbre
généalogique des animaux offrent une autre différenciation importante. Le protoplasma qui forme la masse
de leurs corps présente des cavités remplies de liquides,
qui se dilatent et se contractent alternativement , et
jouent ainsi un rôle dans la dispersion des principes
nutritifs venus du dehors. C'est là un organe, mais non
un membre de l'animal. Les mêmes organismes offrent
encore, d'habitude, un orifice pratiqué dans leur membrane, à la base du flagellum, par lequel pénètrent les
aliments solides ; ce n'est pas un membre, mais un
organe analogue à la bouche des animaux supérieurs.
Un autre orifice servant à l'expulsion des détritus des
aliments et comparable, par conséquent, à un anus, existe
souvent chez les mêmes organismes uni-cellulaires.

L'Infusoire Flagellate est donc une cellule différen-
ciée à tel point qu'elle offre plusieurs organes doués chacun d'une fonction physiologique spéciale, et un membre véritable, nettement distinct du corps. Chez d'autres
Infusoires, la différenciation peut être poussée encore plus
loin, en ce sens que le nombre des organes ou des membres différents augmente beaucoup. Mais ce sont là des
considérations dans lesquelles il me paraît inutile d'entrer
ici. J'ai voulu seulement montrer aux lecteurs comment une
seule cellule peut évoluer vers des états de plus en plus
complexes, par simple différenciation de ses parties
constituantes : protoplasma, enveloppe, noyau, parties
qui ne sont elles-mêmes produites que par la différenciation de la substance vivante primitive la plus simple,
substance qui constitue le corps homogène des Monères
et que certains biologistes ont proposé de désigner sous
le nom de *Plasson*.

D'un organisme formé d'une seule cellule, il est facile
de passer aux organismes pluricellulaires. Le mode le plus
simple de multiplication des animaux ou des végétaux
unicellulaires consiste en une division en deux parties ou
cellules semblables qui se séparent ensuite. Mais, qu'on
suppose que les deux cellules formées par la bipartition
de la cellule primitive restent accolées l'une à l'autre, et
l'on aura un organisme bicellulaire. Que ces deux cellules se segmentent à leur tour chacune en deux autres
qui restent également unies et l'on aura un animal à
quatre cellules. Par la division de celles-ci, l'animal
acquerra huit cellules, puis seize, trente-deux, soixante-
quatre, etc.

La forme de l'organisme pluricellulaire ainsi produit,
dépend uniquement de la direction suivant laquelle s'ef-

fectuent les divisions des cellules produites par le procédé que nous venons d'indiquer. Si tous les plans des segmentations sont parallèles les uns aux autres, les cellules sont juxtaposées bout à bout et l'organisme affecte la forme d'un cylindre articulé ou d'un chapelet. Si le plan de segmentation des deux premières cellules est perpendiculaire au plan de segmentation de la cellule qui leur a donné naissance, et si les quatre cellules de troisième génération se divisent encore dans une direction perpendiculaire à celle de la division des deux cellules secondaires, etc., l'organisme pluricellulaire affecte la forme d'une plaque plus ou moins large, constituée par une couche unique de cellules juxtaposées. Enfin, les divisions cellulaires peuvent s'effectuer de façon à ce que le corps soit formé d'un nombre plus ou moins considérable de plans de cellules superposés de diverses façons, suivant les directions dans lesquelles se sont produites les segmentations. Il nous paraît inutile d'entrer à cet égard dans des détails qui seraient déplacés ici. Je me bornerai à faire remarquer que les directions suivant lesquelles s'effectuent les segmentations cellulaires, bien loin d'être capricieuses, sont, au contraire, soumises à des règles tellement fixes, qu'elles sont absolument constantes dans un organe et dans un animal ou un végétal déterminés, d'où la constance de la forme de chaque espèce d'êtres vivants et de chaque organe d'une espèce déterminée de ces êtres. C'est à cette constance de la direction des segmentations que certaines Algues, très fréquentes dans nos fossés, telles que les *Spirogyra*, les Oscillaires, etc., doivent de toujours se présenter sous la forme de filaments cylindriques, formés par une seule rangée de cellules, tandis que le *Coleochœte pulvinata* de nos eaux douces, et

certaines grandes Ulves de nos côtes marines sont formées d'un seul plan de cellules. Dans les Fougères, les
Prêles, etc., la tige est toujours terminée par une seule
cellule en forme de coin qui se divise par des cloisons
obliques de haut en bas, tandis que dans les Chênes, les
Haricots, les Lis, etc., la tige est terminée par une masse
de cellules polygonales qui se segmentent de façon à produire des couches assez régulièrement concentriques
(voyez notre Appendice, note J.)

Les animaux pluricellulaires offrent des phénomènes
non moins remarquables. Ils sont tous constitués, au
début, par une seule cellule, nommée *œuf*, qui fait partie
de l'organisme femelle, et qui est composée, comme toute
cellule complète, d'un protoplasma contenant un noyau
et enveloppé d'une membrane (1). Après qu'une cellule
mâle (spermatozoïde) s'est mélangée à l'œuf, celui-ci
se divise d'abord en deux cellules, puis en quatre, en huit,
en seize, en trente-deux, etc. Les segmentations successives
s'effectuent suivant des directions telles qu'on ne tarde
pas à avoir sous les yeux une masse cellulaire arrondie, ma-
melonnée, assez semblable extérieurement à une mûre
(en latin *morum*), d'où le nom de *morula* que M. Hæckel a
proposé de donner à ce premier état de l'embryon. Chez
beaucoup d'animaux, toutes les cellules qui composent la
morula ont une taille égale. Dans ce cas, un liquide ne
tarde pas à s'accumuler au centre de la masse cellulaire,
repousse les cellules et finit par transformer la morula en
une sphère creuse, limitée par un seule couche de cellules. On a donné à cette seconde phase de l'embryon le
nom de *blastula.*

(1) Des noms particuliers ont été donnés à ces différentes portions
de l'œuf. On nomme le protoplasma, *vitellus;* le noyau, *vésicule germi-
native;* l'enveloppe, *membrane vitelline.*

Deux cas peuvent alors se présenter : ou bien les cellules qui forment la paroi de la sphère se divisent toutes transversalement et bientôt la sphère se trouve limitée par deux couches cellulaires concentriques qu'on a nommées les *feuillets* blastodermiques ; ou bien, l'une des moitiés de la sphère primitive s'emboîte dans l'autre, et l'on obtient une sphère nouvelle, limitée par deux feuillets ; mais, dans ce dernier cas, la cavité de la sphère secondaire communique directement avec l'extérieur par un orifice. (Voyez l'Appendice, note K.)

Dans les deux cas, la cavité de la sphère secondaire, cavité limitée par deux couches de cellules, représente l'intestin primitif du jeune animal ; mais dans le second, l'orifice par lequel cette cavité communique avec l'extérieur résulte de l'invagination de l'une des moitiés de la sphère, tandis que dans le premier, cet orifice ne se forme que plus tard, par destruction des cellules sur un point des feuillets blastodermiques.

C'est aux deux feuillets primitifs de l'embryon qu'il appartient de produire tous les organes que présentera plus tard l'animal parvenu à l'état adulte. Dans la plupart des animaux, l'un des feuillets produit d'abord, par division de ses cellules, un troisième feuillet intermédiaire aux deux premiers ; mais jamais le nombre des feuillets n'est supérieur à trois. Dans toute la série animale, le même feuillet donne toujours naissance aux mêmes organes, sauf quelques cas exceptionnels, encore insuffisamment connus.

Dans tous les cas dont nous venons de parler, nous avons dit que l'œuf se divisait en cellules ayant toutes la même taille. Il peut en être autrement. Chez un grand nombre d'animaux, l'œuf se divise en deux cellules de taille inégale : l'une petite, l'autre beaucoup plus grosse. Dans ce cas, la segmentation de la petite cellule marchant beaucoup plus vite que celle de la grosse, celle-ci ne tarde pas à être entourée d'une couche de petites cellules, représentant le feuillet blastodermique, externe des œufs précédemment étudiés, tandis que les grosses cellules représentent le feuillet blastodermique interne..

Je ne veux pas insister sur ces détails, ils suffiront, sans doute, pour donner aux lecteurs une idée des premiers phénomènes à l'aide desquels un œuf, constitué par une seule cellule, peut, en se divisant, produire des organismes de plus en plus complexes. Je réserve pour un autre volume de la *Bibliothèque matérialiste* une étude plus complète de la question.

Il ne faudrait pas croire que la segmentation de l'œuf en cellules égales, ou, au contraire, en cellules inégales, soit le moins du monde capricieuse. Ce phénomène est tout à fait constant dans une même espèce, et ils paraît dépendre de la constitution même de l'œuf. Dans les œufs qui se divisent en deux parties égales, il est souvent permis de constater, avant la division, que le protoplasma de l'une des parties est plus granuleux et plus sombre que celui de l'autre partie. La division s'effectue à la limite de ces deux régions. Quand la segmentation donne lieu à deux cellules inégales, l'une des parties est également plus claire que l'autre.. D'habitude, sinon toujours, c'est la partie la plus grosse qui est la plus granuleuse. Or, nous savons que c'est celle-là qui sera enveloppée par les petites cellules. Quand la segmentation produit des cellules égales, la sphère creuse qui en résulte est composée de cellules granuleuses dans leur moitié interne, et claires dans leur moitié externe. Après la division, la moitié interne ou granuleuse représente donc les grosses cellules des œufs précédents.

Ainsi, avant sa division, l'œuf est déjà différencié en deux parties distinctes et qui, désormais, resteront toujours distinctes. Quelque soit le nombre de cellules qu'elles produisent, ces dernières se ressentent toujours des caractères de la moitié de l'œuf qui leur a donné naissance. Cela explique bien la différence de rôle des deux feuillets blastodermiques.

Chez certains animaux, les cellules produites par les feuillets primitifs ne diffèrent jamais beaucoup les unes des autres.; l'organisation de l'animal reste alors très simple. Il en est ainsi, par exemple chez les Éponges. Dans le plus grand nombre des animaux au contraire, il se produit, à mesure que l'embryon avance en âge, des différenciations très manifestes et très considérables entre les diverses cellules produites par les feuillets primitifs. Il se forme, par exemple, des cellules musculaires, des cellules nerveuses, des cellules sanguines, des cellules osseuses, etc. Plus l'animal est élevé en organisation, plus les cellules de nature différente sont nombreuses, sans que cependant ce nombre dépasse jamais des limites relativement étroites. Chez l'homme, par exemple, on ne peut guère distinguer plus d'une quinzaine d'espèces de cellules.

Toutes ces espèces diverses de cellules jouissent de propriétés spéciales et vivent d'une vie propre, mais elles dépendent d'autant plus les unes des autres que leurs variétés sont plus nombreuses et que, par conséquent, l'organisme dont elles font partie est plus complexe. Certains animaux inférieurs pluricellulaires, les Hydres, par exemple, peuvent être divisés en deux ou plusieurs fragments qui, non seulement ne meurent pas, mais encore reconstituent un animal nouveau, tandis que les animaux supérieurs sont tués par la destruction de certaines régions, même très limitées, de leur corps. Personne n'ignore, par exemple, qu'il suffit de piquer une portion de la moelle allongée d'un chien ou d'un homme pour le tuer.

Dans les animaux et les végétaux pluricellulaires inférieurs, toutes les cellules sont à peu près indépendantes les unes des autres et exercent à la fois toutes les fonctions; elles se nourrissent à l'aide d'aliments puisés directement dans le milieu ambiant; elles respirent en prenant l'oxygène dans ce milieu; elles sont elles-mêmes susceptibles en se divisant ou en bourgeonnant, de reproduire un animal nouveau, etc. Dans les végétaux et animaux supérieurs, au contraire, chaque cellule jouit d'une fonction particulière; les globules du sang, par exemple, sont chargés de transporter l'oxygène dans toutes les parties du corps et d'en rapporter l'acide carbonique; les cellules musculaires ont pour fonction de produire les mouvements des membres et le déplacement du corps; certaines cellules nerveuses reçoivent les impressions du dehors, tandis que d'autres transmettent aux cellules musculaires les excitations qui les font contracter et que d'autres encore sont le siège des phénomènes auxquels on a donné les noms de volonté, de mémoire, de conscience, etc. Chez ces organismes, certaines cellules et certains organes sont indispensables à l'entretien de la vie, tandis que d'autres n'ont qu'une importance relativement minime. On peut, notammemt enlever à un chien ses quatre membres, toute la face, une grande partie de son cerveau sans le tuer, tandis que la moindre lésion de la région du quatrième ventricule qui a reçu le nom de nœud vital suffit pour déterminer instantanément la mort.

En s'appuyant sur ces faits, les biologistes ont l'habitude de comparer les cellules des organismes pluricellulaires aux citoyens d'un État. « Je considère, dit M. Hæckel (1), tout organisme supérieur, comme une unité sociale organisée, comme un État, dont les citoyens sont les cellules individuelles. Dans tout État civilisé, les citoyens sont bien, jusqu'à un certain degré, indépendants en tant qu'individus ; mais ils dépendent pourtant les uns des autres en vertu de la division du travail et ne laissent pas d'être soumis aux lois communes ; de même, dans le corps de tout animal ou végétal supérieur, les cellules microscopiques, en nombre innombrable, jouissent bien jusqu'à un certain point de leur indépendance individuelle, mais elles diffèrent aussi les unes des autres en vertu de la division du travail, elles sont dans un rapport de dépendance réciproque, et subissent, plus ou moins, les lois du pouvoir central de la communauté. »

M. Hæckel ajoute : « Cette comparaison excellente et souvent employée, empruntée aux constitutions politiques, n'est pas une vague et lointaine analogie : elle répond bien à la réalité. Les cellules sont de véritables citoyens d'un État. La comparaison peut encore être poussée plus loin : nous pouvons considérer le corps de l'animal, avec sa forte centralisation, comme une monarchie cellulaire ; l'organisme végétal, plus faiblement centralisé, comme une république cellulaire. De même que la science politique comparée nous présente, dans les différentes

____

(1) *Essais de psychologie cellulaire*, trad. fr., p. 17.

formes d'organisation politique de l'humanité, existant encore aujourd'hui, une longue série de perfectionnements progressifs, depuis les hordes grossières des sauvages jusqu'aux États les plus civilisés, l'anatomie comparée des plantes et des animaux nous montre également une longue suite de perfectionnements progressifs dans les États cellulaires.

« Au bas de l'échelle, au dernier degré d'association et de communauté cellulaire, on rencontre les Algues et les Champignons, les Éponges et les Coraux qui, à considérer la nature rudimentaire de la division du travail et de la centralisation, ne s'élèvent point au-dessus des grossières hordes de sauvages. Nous trouvons, au contraire, au sommet de l'évolution, la puissante république de l'arbre, l'admirable monarchie cellulaire du vertébré, dans lesquels la nature complexe de l'élaboration et de la division du travail des cellules constituantes, donne lieu à l'apparition des organes les plus divers, et où la coordination et la subordination des états sociaux, l'action commune pour le bien général, la centralisation du gouvernement, en un mot, l'organisation, ont atteint une étonnante hauteur. »

J'ai tenu à reproduire en entier ce passage, parce qu'il contient, à mon avis, une erreur capitale, très répandue parmi les biologistes et que n'ont pas manqué d'exploiter les partisans de la forme autoritaire des gouvernements.

Si ce que dit M. Hæckel de la « centralisation » des organismes pluricellulaires supérieurs était exact ; si, surtout, l'analogie qu'il établit entre les organismes pluricellulaires et les diverses formes de gouvernements était l'expression d'un fait réel, on devrait en conclure que la monarchie la plus centralisée et la plus aristocratique serait la forme d'organisation sociale la plus parfaite, celle vers la constitution de laquelle devraient tendre tous les efforts des sociologistes et des hommes politiques. Il n'en est heureusement pas ainsi ; l'analogie qu'on a cherché à établir entre un animal ou un végétal pluricellulaire et une société animale ou humaine est beaucoup plus apparente que réelle. Je pense n'avoir pas de peine à le démontrer, et à prouver que le corps d'un vertébré, d'un homme, par exemple, n'est nullement une « monarchie cellulaire », ainsi que le prétendent M. Hæckel, M. Virchow et un grand nombre d'autres biologistes, mais bien une république véritable, dans laquelle une part égale d'action sur les autres membres de la société revient à chacune des cellules constituantes.

Dans une monarchie absolue, autocratique, toute la puissance est concentrée entre les mains d'un seul individu qui dispose à son gré de la vie, de la propriété, du travail de tous les autres, sans que ces derniers puissent exercer la moindre action sur l'individu qui les gouverne. Dans une monarchie aristocratique, le monarque partage, dans une certaine mesure, son autorité, avec un certain nombre d'autres individus ; ceux-ci, en dehors de l'indépendance relative qui leur est accordée, mettent leurs forces à la disposition du monarque et contribuent à lui soumettre tout le reste de la société. Dans une monarchie parlementaire ou une république autoritaire comme la nôtre, le nombre des individus qui commandent aux autres augmente encore considérablement ; il peut même être supérieur à la moitié des citoyens plus un, mais il existe toujours un certain nombre d'individus constituant ce que l'on nomme la minorité, qui ne prennent aucune part à la direction des affaires, ne confectionnent pas les lois, qui, en un mot, n'ont d'autre rôle que d'obéir à la volonté des autres, sans pouvoir réagir contre cette volonté. Celle-ci, en effet, a pour elle non seulement le nombre, mais encore toutes les forces publiques. En résumé, quel que soit le nom que porte un gouvernement centralisé et autoritaire, il existe toujours une fraction plus ou moins considérable des citoyens qui n'ont aucune action sur les autres, qui n'exercent aucune fraction de l'autorité de l'État, qui ne peuvent agir d'aucune manière sur les individus dominateurs, et n'ont d'autre rôle que celui d'obéir.

Est-ce une organisation de cette nature que nous présentent les êtres vivants pluricellulaires ? La « centralisation », dont parle M. Hæckel existe-t-elle réellement chez eux ? Leurs cellules sont-elles divisées en cellules dominatrices et cellules obéissantes, en maîtres et en sujets ? Tous les faits que nous connaissons répondent négativement avec la plus grande netteté.

Je n'insisterai pas sur l'autonomie réelle dont jouit manifestement chacune des cellules de tout organisme pluricellulaire ; ni M. Hæckel ni personne n'a, en effet, nié cette autonomie, mais il est important de bien mettre en relief la nature des limites dans lesquelles elle s'exerce. Nous verrons ainsi qu'elle est beaucoup plus considérable qu'on ne l'admet généralement et que s'il est vrai que toutes les cellules dépendent les unes des autres, il est vrai aussi qu'aucune ne commande aux autres, et que les organismes pluricellulaires, même les plus élevés, ne sont, en aucune façon, comparables ni à une monarchie, ni à toute autre forme de gouvernement autoritaire et centralisé.

Il faut d'abord avoir bien soin de distinguer ce que l'on

nommé « la vie » d'un animal pluricellulaire, de la vie
réelle des différentes cellules qui entrent dans sa constitution. C'est là une des plus graves questions que puisse
soulever la biologie comparée.

On considérait autrefois tous les animaux comme des
« unités », animées par un principe que certains nom-
maient « âme » et que d'autres désignaient sous le nom
de « principe vital ». Quoique les savants qui admettent
cette opinion deviennent chaque jour plus rares, elle est
cependant encore assez répandue dans le monde pour
qu'il me paraisse utile d'en montrer la fausseté.

L'expérience suivante due à M. P. Bert montre bien
l'absence du principal vital. Il prend un jeune rat dont
les os ne sont pas encore complètement formés. Il lui
coupe une patte, dénude l'une des extrémités de cette
dernière, et l'introduit sous la peau d'un autre rat. Si le
rat était doué d'un principe vital un et indivisible, la
patte qui a été séparée de son corps serait morte dès
l'instant de sa séparation. « Elle n'a plus évidemment,
fait remarquer le savant physiologiste M. Vulpian, de
principe vital pour diriger sa nutrition; elle va donc rester désormais, une fois greffée, dans l'état où elle se trouve
au moment de l'expérience. Eh bien ! non, cette patte se
greffe, elle emprunte les matériaux de sa nutrition à
l'animal sur lequel elle est greffée, mais elle va vivre de
sa vie propre, elle va se développer en conservant les
proportions relatives de ses diverses parties osseuses. »

M. Vulpian a fait lui-même une expérience qui est
encore plus démonstrative que la précédente. Il coupe la
queue d'un têtard de grenouille sorti de l'œuf depuis
vingt-quatre heures et laisse cette queue dans l'eau où
vit le têtard. Elle continue à y vivre, et, au bout de

dix jours, elle a atteint le même développement que celle d'un autre têtard né le même jour et vivant dans la même eau que celui qui a été mutilé. « A-t-on ici encore, dit M. Vulpian, divisé le principe vital, pour en laisser une partie dans le tronc de l'animal et une autre partie dans le segment caudal ? Mais, encore une fois, le principe vital est indivisible de sa nature. »

Toute une série de phénomènes, décrits par les physiologistes sous le nom d'actions réflexes, montrent également bien l'absence de l'unité de vie des animaux supérieurs. Après avoir décapité une grenouille, si l'on pique une de ses pattes, l'animal retire ce membre comme il l'aurait fait avant la décapitation. Le cœur d'une grenouille continue à battre longtemps après qu'on l'a séparé du corps ; celui de certains poissons se meut encore vingt-quatre heures après avoir été arraché. C'est-à-dire qu'on a pu faire cuire et manger le poisson en étudiant les battements de son cœur isolé.

On doit à M. Brown-Sequard une expérience plus démonstrative encore que toutes les précédentes de l'absence d'unité de la vie des animaux supérieurs. Il décapite un chien ; puis au bout de dix minutes ou d'un quart d'heure, il injecte, dans la tête séparée du corps, du sang pris sur un autre animal ; immédiatement, toutes les manifestations de la vie reviennent dans cette tête, dont les regards indiquent même une sorte d'intelligence et de conscience de ce qui se passe.

« Peut-être, dit à propos de ce fait M. Vulpian, serai-je taxé de témérité en avançant que cette expérience pourrait réussir sur l'homme. Si un physiologiste tentait cette expérience sur une tête de supplicié, quelques instants après la mort, il assisterait peut-être à un grand

et terrible spectacle. Peut-être pourrait-il rendre à cette
tête ses fonctions cérébrales, et réveiller dans les yeux et
les muscles faciaux les mouvements qui, chez l'homme,
sont provoqués par les passions et les pensées dont le cerveau est le foyer. Je n'ai pas besoin de vous dire que si
cette hypothèse se réalisait, les lèvres pourraient, tout au
plus, figurer les articulations labiales, car cette tête serait
séparée de l'appareil nécessaire à la production des sons.
Pourquoi cette expérience ne réussirait-elle pas ? Je laisse
bien entendu, les difficultés pratiques de côté ; mais je
cherche en vain quelles peuvent être les difficultés théo-
riques. Il s'agit ici de physiologie générale, et il me
semble évident que ce qui a lieu pour les fonctions cérébrales d'un mammifère pourrait se produire aussi chez
l'homme. »

Par suite de circonstances que je n'ai pas à exposer
ici, j'ai pu faire une observation qui confirme dans une
large mesure les réflexions fort justes de M. Vulpian. J'ai
pu examiner simultanément cinq têtes d'hommes, quelques
secondes à peine après leur décapitation. Chez toutes, les
lèvres, les paupières, les muscles de la face étaient animés de
contractions énergiques, exprimant d'une manière très manifeste l'effroi et la douleur. Les yeux roulaient entre les
paupières fortement dilatées et se portaient tantôt sur un
objet et tantôt sur un autre. Une de ces têtes surtout,
avait un regard et des mouvements de tous les muscles
de la face si expressifs qu'il m'est impossible de croire
qu'il n'y eût pas en elle persistance, dans une très large
mesure, des fonctions cérébrales et peut-être conscience
de ce qui se passait. Cela dura quelques secondes, puis
tout rentra dans le repos. En touchant la face, les
lèvres, les paupières, on déterminait encore des contrac-

tions assez énergiques, mais localisées au point touché ; quant aux yeux, ils étaient devenus fixes et sans expression.

Lorsque la décapitation est accomplie d'un seul coup, comme cela eut lieu pour deux des individus dont je viens de parler, et lorsque surtout on peut, comme je le fis, observer les têtes au moment même de leur séparation du tronc, on se trouve en présence d'organes contenant encore une quantité considérable de sang. Les vaisseaux capillaires du cerveau notamment n'ont pu encore se vider ; cet organe est donc encore intact, et si la moelle allongée n'a pas été coupée, tout l'encéphale est encore dans des conditions physiologiques à peu près normales. Il n'y a donc rien d'étonnant à ce que, pendant un temps fort court, il est vrai, mais néanmoins appréciable, le cerveau puisse remplir ses fonctions, c'est-à-dire percevoir la sensation des objets et même avoir conscience de cette sensation.

Mais bientôt les fonctions cessent, parce que le sang s'est écoulé, et n'arrive plus aux cellules à la nutrition et à la respiration desquelles il est chargé de pourvoir. Si, quand ce moment a été venu, on avait pu, dans le cas que je viens d'exposer, injecter du sang oxygéné dans les têtes devenues immobiles, il est absolument certain qu'elles eussent reproduit les phénomènes que j'avais observés aussitôt après la décapitation et que Brown-Séquard a décrits sur des têtes de chiens décapités.

Ce qui prouve encore que l'arrêt des fonctions cérébrales qui suit la décapitation est dû, non pas à une mort réelle de l'organe, mais à la seule privation du sang, c'est que l'on peut, à volonté, chez un animal intact, supprimer et faire reparaître les fonctions cérébrales, en arrêtant la marche du sang vers la tête où en la rétablissant. On obtient les mêmes résultats en agissant sur la circulation de n'importe quelle partie limitée du corps.

Pour la conclusion à tirer de ces faits, je laisse la parole au savant physicien Gavarret. « Lorsqu'un chien est décapité, dit-il, toute vie d'ensemble est désormais éteinte dans les deux tronçons séparés. La force unique, indépendante, hypothétiquement admise par les vitalistes pour animer ce chien avant l'opération, ne saurait être fractionnée. Si elle persiste, elle doit se localiser dans un des deux tronçons ; si elle disparaît, tous ses attributs doivent disparaître avec elle et, en même temps, doivent s'éteindre toutes les actions des éléments histologiques qui ne sont que les manifestations de ces attributs. Et pourtant, dans chacun de ces deux tronçons, l'irritation de la peau produit des mouvements réflexes ; l'activité de la cellule grise survit donc à la décapitation. Cette activité, accusée par des mouvements réflexes, subsiste un certain temps et ne disparaît pas simultanément dans toute l'étendue des centres nerveux... Alors que toutes les propriétés physiologiques de la substance grise sont éteintes, la neurilité, l'activité des nerfs persiste encore ; l'excitation directe d'un cordon nerveux détermine des contractions dans les muscles auxquels il se distribue. Enfin, alors même que tout a disparu du côté du système nerveux, central et périphérique, l'activité propre de la fibre musculaire n'est pas éteinte ; sous l'influence d'une excitation directe, le muscle se contracte.

« Ainsi, les manifestations vitales les plus caractéristiques, les plus fondamentales subsistent, au même degré, dans les deux tronçons séparés, alors que la décollation a rendu impossible toute vie d'ensemble... Mais alors que les deux tronçons ne répondent plus à aucune excitation, tout est-il fini ? N'est-il pas possible de rendre leur excitabilité aux systèmes nerveux et musculaires ? Les expériences de Legallois, d'Astlay-Cooper, de M. Brown-Séquard, nous ont appris qu'il suffit d'injecter dans les artères du sang chaud, oxygéné et défibriné, pour que cette tête et ce tronc redeviennent le siège de manifestations vitales évidentes. Ces faits sont en contradiction flagrante avec l'hypothèse d'une force unique, indépendante, qui communiquerait à toutes les parties de l'organisme son activité. Comment, en effet, comprendre que cette force unique puisse se manifester à la fois dans les deux tronçons séparés ? En tout cas, comment admettre que cette force indépendante puisse être ramenée, par une simple injection de sang, dans ces organes qu'elle avait abandonnés ? »

En résumé, tous les faits que nous venons de citer démontrent d'une façon absolue que la vie n'est nullement sous la dépendance d'un principe vital indépendant des organismes vivants et unique. Elles démontrent, en outre, que la prétendue unité des organismes pluricellulaires n'existe, en réalité, pas le moins du monde.

L'un des adeptes les plus ardents du principe vital, cherchant à combattre les faits et les déductions indiqués plus haut, écrivait il y a quelques années : « Nous croyons que l'on peut fournir de tous ces faits une raison vraiment physiologique, et que les lois de l'être vivant, si on sait les entendre telles que la nature les dicte, démontrent que l'on peut diviser l'être, sans que la vie soit divisible, que celui-ci reste ? quoi qu'on puisse le partager en parts distinctes et vivantes. » D'après ce raisonnement, les deux moitiés d'une pomme représenteraient chacune une pomme entière, une queue de rat serait un rat entier et un rat sans queue serait une queue de rat.

Dans le but d'étayer sa proposition, notre vitaliste ajoute : « On enlève la patte d'un jeune rat, on la greffe sur un autre rat, elle y vit ; cette patte enlevée n'était pas morte encore ; la vie du tout se prolongeait en elle ; on replace la patte dans des conditions où la vie qui l'anime, celle qu'elle a reçu de l'organisme auquel elle appartenait, peut se continuer. Quoi d'étonnant qu'elle persiste à vivre, qu'elle se greffe ? En quoi cela prouve-t-il que l'unité de l'organisme premier n'était qu'une illusion ? En quoi cette unité est-elle atteinte ? Dans le rat privé de sa patte, l'unité est-elle amoindrie dans son fonctionnement général ? A-t-elle perdu une partie d'elle-même ? A-t-elle été divisée par la soustraction expérimentale d'un membre ? Non, elle subsiste entière malgré l'amputation ; il n'y a donc pas eu de division en deux parts. »

Ainsi, vous coupez la patte à un rat, et ce rat, non, son « unité » « subsiste entièrement malgré l'amputation. » Vous coupez la jambe à un homme, son « unité » « subsiste entière malgré l'amputation. » Vous pouvez ainsi amputer successivement les deux jambes d'un homme, puis les deux bras, couper ses deux oreilles, arrachez ses deux yeux et sa langue, vous pouvez enfin le décapiter, jeter sa tête dans le panier du bourreau, son « unité » « subsiste entière malgré l'amputation. » Vous transformez un homme en eunuque pour en faire un gardien de sérail ou un chanteur de la chapélle-Sixtine et « l'unité » de cet homme n'est nullement « amoindrie dans son fonctionnement général. » Je doute fort cependant que « l'unité » nouvelle produite par la castration

soit d'avis, malgré « la pleine intégrité » quë veut bien
lui reconnaître notre vitaliste, de conclure avec ce dernier
que les expériences signalées plus haut « n'ébranlent en
rien l'unité, base de l'être vivant ; que chacune d'elles, au
contraire, donne à cette unité un caractère plus assuré et
surtout sert à mieux faire comprendre la nature du
dogme qu'elles prétendaient renverser. »

En réalité, il est absolument impossible de placer aucun
des actes des êtres vivants sous la dépendance d'une force
distincte des cellules qui constituent ces êtres, qu'on
nomme cette prétendue force « âme » ou « principe vital ».
Nous avions déjà prouvé qu'uelle était inutile ; les faits que
nous venons de citer démontrent que son existence est
impossible.

On ne peut davantage admettre la prétendue unité des
êtres vivants pluricellulaires. Ce qui vit dans ces êtres, ce
n'est pas l'être lui-même, c'est chacune des cellules qui
entrent dans sa constitution.

Nous avons, par exemple, l'habitude de dire que la
décapitation entraîne la mort instantanée de l'homme
décapité. Cette manière de parler est erronée. Il est vrai
que l'individu décapité, chien ou homme, ne peut plus
agir comme il le faisait auparavant, mais aucune de ses
parties, prises isolément, n'est morte, elle sont simplement
perdu les relations qui sont indispensables à l'accomplissement de certains actes. La tête, le tronc, toutes les cellules
de ces deux moitiés séparées jouissent encore, pendant
un temps relativement assez long, de l'intégrité de toutes
leurs propriétés. Nous avons vu déjà qu'on pouvait rani-
mer et la tête et le tronc. Cela tient à ce que toutes leurs
cellules vivent encore. Qu'on examine, par exemple, une
fibre musculaire ; elle se contracte avec la même énergie

qu'avant la décapitation et sous l'influence des mêmes excitations. Les cellules nerveuses subissent encore les impressions qui leur sont transmises et les font parvenir, par l'intermédiaire des cordons nerveux, aux cellules musculaires, etc.

L'être vivant pluricellulaire n'est rien sans les cellules qui le constituent, de même que l'État n'est rien sans les individus qui le composent. Ce qui vit dans un État, ce n'est pas l'État, c'est chaque citoyen pris indiduellement. De même, ce qui vit dans un animal pluricellulaire, dans un homme, ce n'est pas l'homme, ce sont les cellules qui le composent. Le « moi » de l'homme, n'est qu'une entité métaphysique ne répondant à rien de réel, au même titre que l'État n'est qu'un vain mot quand il ne désigne pas un ou plusieurs citoyens exerçant une action dominatrice sur les autres membres de la société. Louis XIV, en disant : « l'État, c'est moi » exprimait un fait réel, car lui seul en France exerçait la puissance et le commandement, et tous les autres individus étaient ses sujets ou pour mieux dire ses esclaves ; mais quand nos républicains autoritaires affirment qu'avec nos institutions actuelles : « l'État, c'est le peuple, » ils font preuve d'une grossière ignorance, ou d'une insigne mauvaise foi. Le peuple est, en effet, fatalement divisé en deux parties : l'une qui commande, c'est la majorité, l'autre qui obéit, c'est la minorité.

Cela nous amène à examiner la dernière proposition de M. Hæckel et à nous demander si, comme il le prétend, le corps des animaux supérieurs est assimilable à une monarchie fortement centralisée. Certains faits semblent bien indiquer qu'une centralisation considérable existe dans le corps des animaux supérieurs. Lorsque, par exemple

on voit un animal être tué par la piqure du plancher
du quatrième ventricule, dans le point que Flourens a
nommé le *nœud vital*, on est tenté d'en conclure que cette
partie du corps commande à toutes les autres ; mais nous
savons déjà qu'en réalité aucune partie de l'organisme
n'est encore morte. La piqure du quatrième ventricule
n'a eu d'autre effet que d'arrêter les mouvements respiratoires et par suite la respiration. Celle-ci étant indispensable à l'entretien de la vie, l'animal meurt, ou pour
mieux dire les manifestations vitales de l'ensemble de son
organisme s'arrêtent ; puis, les éléments anatomiques des
diverses parties du corps ne recevant plus les matériaux
nécessaires à leur respiration et à leur nutrition meurent
réellement les unes après les autres. Chez les animaux qui
respirent non seulement avec les poumons, mais encore
avec la peau, la piqûre du nœud vital entraîne aussi
l'arrêt des mouvements respiratoires, mais l'animal n'est
pas tué ; il continue à respirer par la peau et peut vivre
encore pendant un temps plus ou moins longs ; en hiver,
les grenouilles vivent pendant plus d'un mois après la
destruction du nœud vital.

Pourquoi la blessure de cette partie entraîne-t-elle la
mort ? Nous l'ignorons d'une façon absolue, mais il est
permis de supposer, avec M. Vulpian, que « c'est là que
s'associent, se réunissent les actions diverses qui concourent à la respiration ; ou comme l'a dit M. Flourens,
c'est là que les divers mouvements nécessaires à la respiration viennent s'enchaîner en un mouvement d'ensemble.
La section détruit l'enchaînement et la respiration
cesse. » Mais peut-on dire que le nœud vital soit assimilable à un monarque qui commande à tous ses sujets ou
au gouvernement d'une république centralisée. En aucune

façon. Le nœud vital peut, tout au plus, être assimilé à un pont par lequel passeraient toutes les voies se rendant à une ville bâtie sur un îlot. Qu'on détruise le pont, la ville ne peut plus être nourrie et ses habitants succombent les uns après les autres, après avoir consommé toutes les provisions qu'ils avaient accumulées.

De ce que l'intégrité du pont dont je viens de parler est nécessaire. à l'alimentation de la ville qu'il rattache au reste du monde, personne, évidemment, ne s'avisera de déduire que ce pont représente le centre social de la ville et qu'il exerce une autorité quelconque sur les habitants.

En réalité, il n'y a pas plus de centralisation dans les organismes les plus élevés que dans les plus inférieurs, dans les animaux que dans les végétaux. La monarchie et la centralisation n'existent pas ailleurs que dans les sociétés humaines. Mais, à mesure qu'un organisme se complique, chacune de ses parties acquiert un rôle spécial, bien déterminé, et, par suite, devient plus ou moins indispensable aux autres. Qu'une portion quelconque de cet organisme entre en souffrance, toutes les autres souffrent également. Le cœur est incontestablement plus indispensable que le doigt, mais il n'est pas soustrait à l'action de ce dernier ; une simple piqûre du doigt suffit pour activer ses battements ou les ralentir. La moindre blessure peut amener des troubles tellement considérables des centres nerveux que la mort en soit la conséquence. Un homme se blesse le petit doigt ; il est pris de tétanos et meurt. Un autre se fait une légère piqûre du poignet, une artère a été ouverte, et si chirurgien n'intervient pas à temps la mort ne tardera pas à être la conséquence d'une blessure qui est, en apparence, fort insignifiante. Il existe ainsi une solidarité étroite de toutes les parties de l'organisme, mais toutes ces parties ne sont pas également importantes; tandis que la perte de certaines d'entre elles n'à pas de très graves inconvénients, d'autres ne peuvent être atteintes sans le plus grand danger. Les sociétés humaines nous offrent des faits analogues, absolument indépendants de la forme de leurs gouvernements. A New-York, ville libre, comme à Saint-Pétersbourg, ville courbée sous le joug autocratique d'un seul homme, la suppression brusque de tous les boulangers, bouchers, charcutiers, marchands de comestibles divers, la rupture des communications avec l'extérieur, l'arrêt de l'eau, la suppression des individus et des choses qui servent à l'alimentation auraient pour conséquence fatale la mort de tous les citoyens. Nous ne nous aviserons pas d'en conclure que New-York est aussi centralisé que Saint-Pétersbourg et que les bouchers et les charcutiers exercent une autorité sur les autres habitants, car si ces derniers pouvaient s'approvisionner ailleurs, ce serait les bouchers et les charcutiers qui à leur tour ne pourraient plus vivre.

Le tort de M. Hæckel a été de confondre la centralisation avec la division du travail. Ce sont là deux choses absolument différentes. Les organismes supérieurs sont des sociétés dans lesquelles la division du travail a été poussée tellement loin que la solidarité la plus étroite unit toutes leurs parties, mais il n'y a pas plus de centralisation en eux qu'il n'y en a dans les êtres les plus inférieurs. Ces organismes ne peuvent donc pas être comparés à des monarchies et M. Hæckel commet une erreur fort dangereuse quand, faisant usage de cette comparaison, il prétend appuyer sur la science l'opinion que la monarchie centralisée est la forme la plus parfaite d'organisation politique, comme l'homme est la forme la plus parfaite des organismes pluricellulaires. La vérité est que l'homme est simplement celui de tous les êtres vivants chez lequel la division du travail a été poussée le plus loin. Un gouvernement dans lequel les citoyens seraient entre eux dans les mêmes rapports que les cellules constituantes du corps de l'homme, offrirait une organisation telle que chaque individu jouissant de la plénitude de ses droits, et atteignant sans entraves tout son développement serait indispensable à tous les autres, en même temps qu'il ne pourrait se passer d'aucun d'eux.

Autonomie et solidarité, ces deux mots résument les conditions d'existence des cellules de tout organisme pluricellulaire ; autonomie et solidarité, telle serait la base d'une société qui aurait été construite sur le modèle des êtres vivants.

CHAPITRE V

DES LIENS DE PARENTÉ QUI UNISSENT TOUS LES ÊTRES VIVANTS

Dans les chapitres précédents nous avons considéré l'é-volution ascendante de la matière, depuis son état le plus simple, celui qu'on désigne actuellement sous le nom d'éther, jusqu'à celui qu'elle présente dans les êtres vivants. Si nous voulions continuer à marcher dans la voie que nous avons suivie jusqu'à ce moment, nous devrions maintenant étudier les transformations à l'aide desquelles ont été produits tous les êtres qui ont vécu dans le passé et qui existent à notre époque. Cette étude fera l'objet de deux volumes spéciaux, relatifs, l'un à l'évolution des végétaux et l'autre à l'évolution des animaux.

Notre but actuel est uniquement de démontrer que la production des êtres vivants par simple transformation ou évolution de formes successives est un fait réel et que ces êtres sont tous unis les uns aux autres par des liens de véritable parenté. Après quoi, nous aurons à rechercher quels sont les agents qui ont déterminé, la production des formes innombrables sous lesquelles les animaux et les végétaux se présentent à notre observation.

Les premiers hommes qui se livrèrent à l'étude de la nature ne purent être frappés que par certaines différences ou ressemblances très manifestes existant entre les objets observés. « Imaginons, écrit Buffon (1) un homme qui a tout oublié ou qui s'éveille tout neuf pour les objets qui l'environnent, plaçons cet homme dans une campagne où les mammifères, les oiseaux, les poissons, les plantes, les pierres, se présentent successivement à ses yeux. Dans les premiers instants cet homme ne distinguera rien et confondra tout ; mais laissons ses idées s'affermir peu à peu par des sensations réitérées des mêmes objets ; bientôt il se formera une idée générale de la matière animée, il la distinguera aisément de la matière inanimée et peu de temps après il distinguera très bien la matière animée de la matière végétative, et naturellement il arrivera à cette première grande division, *animal, végétal et minéral* ; et comme il aura pris en même temps une idée nette de ces grands objets si différents, la *terre*, *l'air* et *l'eau*, il viendra en peu de temps à se former une idée particulière des animaux qui habitent la terre, de ceux qui demeurent dans l'eau et de ceux qui s'élèvent dans l'air ; et par conséquent il se fera aisément à lui-même cette seconde division, animaux quadrupèdes, oiseaux, poissons ; il en est de même dans le règne végétal, des arbres et des plantes, il les distinguera très bien, soit par leur grandeur, soit par leur

_____

(1) *Manière de traiter l'histoire naturelle.*

substance, soit par leur figure. Voilà ce que la triple inspection doit nécessairement lui donner, et ce qu'avec une très légère attention, il ne peut manquer d reeconnaître ».

Rien de plus facile, en effet, pour l'observateur même le plus superficiel que de distinguer les ressemblances qui existent entre tous les animaux et les différences que ces êtres offrent avec les végétanx ; ceux-ci immobiles et fixés au sol, les premiers se mouvant et se déplaçant sans cesse. Rien encore de plus facile que de constater les ressemblances qu'ont entre eux les poissons d'une part, les quadrupèdes de l'autre, les premiers vivant dans l'eau, les seconds sur la terre, et, enfin, rien de plus aisé que de rapprocher tous les oiseaux les uns des autres et de les éloigner des poissons et des quadrupèdes. C'est bien là le premier travail qu'effectuèrent les naturalistes anciens et même tous les hommes placés en présence de la nature. Mais Buffon tombe dans l'erreur des anciens quand, parlant des premières divisions, il ajoute : « C'est là ce que nous pouvons regarder comme réel, et ce que nous devons respecter comme une division donnée par la nature même ». Il n'est pas d'ailleurs sans connaître l'objection qu'on peut faire à une semblable manière de voir. « Je prévois, dit-il, qu'on pourra nous faire deux objections, la première, c'est que les grandes divisions que nous regardons comme réelles ne sont peut-être pas exactes, que, par exemple, nous ne sommes pas sûrs, qu'on puisse tirer une ligne de séparation entre le règne animal et le règne végétal, ou bien entre le règne végétal et le règne minéral, et que dans la nature il peut se trouver des choses qui participent également des propriétés de l'un et de l'autre, lesquelles par conséquent ne peuvent entrer ni dans l'une ni dans l'autre de ces divisions. »

La réponse faite à cette objection par Buffon ne manque pas d'intérêt ; elle constitue une sorte de résumé de l'histoire des sciences naturelles. « A cela je réponds, dit-il, que, s'il existe des choses qui soient exactement moitié animal et moitié plante, ou moitié plante et moitié minéral, etc., elles nous sont encore inconnues ; en sorte que dans le fait la division est entière et exacte, et l'on sent bien que plus les divisions seront générales, moins il y aura risque de rencontrer des objets mi-parties, qui participeraient de la nature des deux choses comprises dans ces divisions, en sorte que cette même objection que nous avons employée avec avantage, contre les distributions particulières, ne peut avoir lieu lorsqu'il s'agira de divisions aussi générales que l'est celle-ci, *surtout si l'on ne rend pas ces divisions exclusives*, et si l'on ne prétend pas y comprendre sans exception, non seulement tous les êtres connus, mais encore tous ceux qu'on pourrait découvrir à l'avenir. D'ailleurs, si l'on y fait attention, l'on verra bien que nos idées générales n'étant composées que d'idées particulières, elles sont relatives *à une échelle continue d'objets, de laquelle nous n'apercevons nettement que les milieux*, et dont les deux extrémités fuient et échappent de plus en plus à nos considérations, de sorte que nous ne nous attachons jamais qu'au gros des choses, et que par conséquent on ne doit pas croire que nos idées, quelque générales qu'elles puissent être, contiennent les idées particulières de toutes les choses existantes et possibles. »

Buffon n'est guère de ceux que l'on cite habituellement quand on parle de transformisme ; c'est pour cela que j'ai tenu à reproduire les passages précédents de son œuvre. J'aurai à y revenir encore plus tard. La page que je viens de citer contient bien, comme je l'ai dit plus haut, l'exposé des idées et des erreurs par lesquelles sont passés les naturalistes antérieurs à notre siècle. Ils observent d'abord les objets qui tombent le plus directement sous leurs sens ; ils saisissent les analogies qui rapprochent certains de ces objets et les différences qui les éloignent des autres. Ils étudient d'abord des individus, puis ils les groupent d'après les seuls caractères qui frappent leur attention, c'est-à-dire les formes extérieures, les conditions générales de l'existence et certains détails d'organisation faciles à constater.

C'est ainsi qu'Aristote divise tous les animaux en deux grands groupes suivant qu'ils possèdent du sang ou qu'ils en sont dépourvus ; mais il n'attache l'idée de sang qu'au liquide rouge de l'homme, et des animaux supérieurs. Il subdivise ensuite les animaux *sanguins* d'après la présence, l'absence et le nombre des membres. Il appelle quadrupèdes ceux qui ont quatre membres, mais sous ce nom il place à la fois les quadrupèdes qui mettent au monde des petits vivants et qui ont des mamelles (mammifères), et ceux qui, comme les lézards, pondent des œufs et n'ont pas de mamelles. Les reptiles se trouvent ainsi rapprochés des mammifères. Les animaux à deux pieds et à deux ailes forment son groupe des oiseaux. Les animaux sanguins, sans pieds, constituent le groupe des poissons ; mais son ignorance de l'anatomie comparée lui fait confondre les baleines qui sont de véritables mammifères avec les poissons. Les animaux sanguins sont subdivisés en deux groupes : ceux qui ont les parties molles à l'extérieur, et ceux qui ont les parties molles à l'intérieur.

Cette classification est bien celle de l'homme ignorant dont parle Buffon ; elle ne tient compte que de certaines analogies extérieures ; Aristote voit bien les points culminants de la nature, mais il ne distingue pas les vallées qui servent à les relier les uns aux autres. Sa classification des plantes n'est pas moins rudimentaire. Il les divise d'après leur taille : arbres, arbrisseaux, herbes ; d'après leur usage comme herbes potagères ; d'après la nature comestible de leurs graines, et les sucs qu'elles produisent. Dioscoride divise les plantes en : aromatiques, alimentaires, médicinales, vireuses.

De semblables classifications n'étaient évidemment possibles qu'à une époque où l'on ne connaissait encore qu'un nombre très restreint d'animaux et de plantes. Dans ces conditions, il suffisait qu'une différence quelconque sautât aux yeux du naturaliste pour qu'il en fît le criterium de ses divisions. Mais, à mesure que la connaissance des êtres vivants devînt plus complète, et que le nombre des animaux et des végétaux connus augmenta, on dut avoir recours à des caractères plus précis. On étudia de plus près les différents organes et l'on en tira des éléments nouveaux de classification. Linné, qui produisit une véritable révolution dans les sciences naturelles, divise les animaux d'après l'organisation du cœur et la nature du sang ; et les végétaux, d'après le nombre des parties qui constituent l'appareil mâle des fleurs, suivant que ces dernières sont unisexuées ou hermaphrodites, suivant que les fleurs des deux sexes sont réunies sur le même pied, ou portées par des pieds différents. Il découvre ainsi des analogies plus étroites que celles qui avaient été signalées avant lui ; il pousse plus loin aussi l'étude des différentes formes des végétaux et arrive le premier à la conception de ce que l'on a nommé depuis « espèce ».

On s'était jusqu'alors borné à décrire les plantes et les animaux sans leur donner de noms précis ; le premier, il introduisit l'habitude de désigner chaque plante et chaque animal par un nom formé de deux mots : le premier indiquant le « genre » auquel appartient l'individu et le second, « l'espèce ». Avant lui, Tournefort avait imaginé les petits groupes auxquels on donne encore le nom de genres. Après Linné, on s'efforça de donner à chaque organisme un nom indiquant à la fois l'espèce et le genre auxquels on l'attribuait. La Digitale, officinale par exemple, a pour nom scientifique : *Digitalis purpurea*, ce qui veut direqu'elle appartient au genre *Digitalis*, dans lequel elle est unie à d'autres espèces dont on la distingue par l'épithète *purpurea*.

Si nous comparons le nom de la Digitale à celui d'un homme de nos pays civilisés, nous dirons que le mot *Digitalis* est son nom de famille et que le mot *purpurea* est son prénom. Les genres eux-mêmes furent réunis en familles, comprenant, sous un nom commun, un nombre plus ou moins considérable de genres. Ainsi, la Digitale appartient au genre *Digitalis* et à la famille des Scrofulariacées qui comprend un grand nombre d'autres genres, tels que *Scrofularia*, *Verbascum*, *Linaria*, etc.

Tournefort et Linné, avaient poussé beaucoup plus loin que tous leurs prédécesseurs l'étude de l'organisation intime des êtres vivants et se trouvaient, par conséquent, davantage en mesure, de bien saisir les ressemblances existant entre les différents êtres étudiés par eux, aussi leur prétention est-elle de les classer suivant leurs « affinités naturelles. » Mais, il faut avouer que quel que fût leur talent, ils n'atteignirent que fort médiocrement leur but. Ils se montrèrent, en réalité, plus préoccupés de trouver entre les organismes voisins des différences que des ressemblances. La science en était encore à la dériode de l'analyse et elle a vécu dans cette phase jusque vers le milieu de notre siècle.

Après Linné et Tournefort, il ne manqua pas cependant de bons esprits qui cherchèrent, comme leurs prédécesseurs, à classer les animaux et les végétaux suivant ce qu'on nommait « des méthodes naturelles ». Sans parler des étrangers, on a bruyamment célébré en France les méthodes, dites naturelles, de Jussieu pour les végétaux et de Cuvier pour les animaux; mais toutes ces méthodes n'étaient guère plus naturelles que celles qui les avaient précédées.

Les élèves, aujourd'hui très vieux mais encore très puissants, de Jussieu et de Cuvier ont fait aussi beaucoup de bruit autour de ce qu'ils ont nommé « la loi de la subordination des caractères », loi sur laquelle sont fondées toutes leurs classifications prétendues naturelles, et d'après laquelle, la présence de certain caractère entraînerait fatalement celle d'un certain nombre d'autres qui lui seraient ainsi subordonnés. Il est impossible de nier que l'application de cette loi ait produit d'heureux résultats. Elle a servi, par exemple, à Cuvier, pour reconstituer des animaux dont il ne possédait que des fragments ; chaque jour encore les paléontologistes en tirent un utile parti ; mais de là à servir de base à des classifications véritablement naturelles, il y a fort loin. On peut appliquer aux classifications de Cuvier et de Jussieu, aussi bien qu'à celles de Linné et de Tournefort, les considérations suivantes, émises par Buffon et que je crois devoir reproduire, parce qu'aucun naturaliste, même parmi les modernes, n'a aussi bien mis en relief la nature des rapports qui unissent les êtres vivants, la défectuosité de toutes les méthodes de classification, et la nécessité de

chercher non pas des différences, comme on l'a fait jusqu'à nos jours, et comme le font encore tous les disciples
de Cuvier et de Jussieu, mais des analogies et des ressemblances. « Ces méthodes, écrit Buffon, sont très utiles,
lorsqu'on ne les emploie qu'avec des restrictions convenables ; elles abrègent le travail, elles aident la mémoire,
et elles offrent à l'esprit une suite d'idées, à la vérité
composée d'objets différents entre eux, mais qui ne laissent
pas d'avoir des rapports communs, et ces rapports forment
des impressions plus fortes que ne pourraient faire des
objets détachés qui n'auraient aucune relation. Voilà la
principale utilité des méthodes, mais l'inconvénient est
de vouloir trop allonger ou resserrer la chaîne, de vouloir
soumettre à des lois arbitraires les lois de la nature, de
vouloir la diviser en des points où elle est indivisible, et
de vouloir mesurer ses forces par notre faible imagination.
Un autre inconvénient qui n'est pas moins grand, et qui
est le contraire du premier, c'est de s'assujettir à des méthodes trop particulières, de *vouloir juger du tout par une
seule partie*, de réduire la nature à de petits systèmes qui
lui sont étrangers, et de ses ouvrages immenses en former
arbitrairement autant d'assemblages détachés ; enfin, de
rendre, en multipliant les noms et les représentations, la
langue de la science plus difficile que la science elle-
même... Il faut rassembler tous les objets, les comparer,
les étudier, et tirer de leurs rapports combinés toutes les
lumières qui peuvent nous aider à les apercevoir nettement et à les mieux connaître. La première vérité qui sort
de cet examen sérieux de la nature est une vérité peut-
être humiliante pour l'homme ; c'est qu'il doit se ranger
lui-même dans la classe des animaux, auxquels il ressemble par tout ce qu'il a de matériel, et même leur ins-

tinct lui paraîtra peut-être plus sûr que sa raison, et leur industrie plus admirable que ses arts. Parcourant ensuite successivement et par ordre les différents objets qui composent l'univers et se mettant à la tête de tous les êtres créés (1), il verra avec étonnement qu'on peut descendre *par des degrés presque insensibles*, de la créature la plus parfaite jusqu'à la matière la plus informe, de l'animal le mieux organisé jusqu'au minéral le plus brut; il reconnaîtra que ces nuances imperceptibles sont le grand œuvre de la nature; il les trouvera, ces nuances, non seulement dans les grandeurs et dans les formes, mais dans les mouvements, dans les générations, dans les successions de toute espèce.

« En approfondissant cette idée on voit clairement qu'il est impossible de donner un système général, une méthode parfaite, non seulement pour l'histoire naturelle entière, mais même pour une seule de ses branches; car pour faire un système, un arrangement, en un mot une méthode générale, il faut que tout y soit compris; il faut diviser le tout en différentes classes, partager ces classes en genres, sous-diviser ces genres en espèces, et tout cela suivant un ordre dans lequel il entre nécessairement de l'arbitraire. Mais *la nature marche par des gradations inconnues*, et par conséquent elle ne peut se prêter totalement à ces divisions, puisqu'elle *passe d'une espèce à une autre espèce et souvent d'un genre à un autre genre, par des nuances imperceptibles*; de sorte qu'il se trouve un

(1) Buffon est déiste et croit à la création des êtres vivants, mais le rôle qu'il prête à la Divinité dans cet acte est fort minime. Il suppose seulement que Dieu a placé dans le monde une certaine somme de molécules de matière vivante qui servirent à former tous les êtres. En réalité, il s'arrange, d'habitude, de façon à pouvoir se passer du Dieu dont il parle de temps à autre.

grand nombre d'espèce moyennes et d'objets mi-parties qu'on ne sait où placer, et qui dérangent nécessairement le projet du système général. »

Il n'est pas possible, croyons-nous, d'indiquer d'une façon plus magistrale le vice de toutes les classifications fondées sur les caractères morphologiques et même anatomiques des êtres vivants. Il n'est pas possible non plus d'exprimer plus nettement l'idée de la continuité des êtres. Mais Buffon ne pouvait pas découvrir la base des seules classifications qui puissent aspirer à être naturelles, celles qui recherchent non pas seulement les analogies qui existent entre les êtres, mais encore les rapports de filiation qui les rattachent les uns aux autres.

C'est au même point de vue que se plaça Lamarck, plus tard, pour juger les méthodes de classification. Ainsi que Buffon, il les considère toutes comme fausses et impossibles à établir parce qu'elles sont toutes contraintes d'établir des divisions là où dans la nature il existe une véritable continuité.

Mais, avec Lamarck, s'ouvre une discussion qui s'est prolongée jusqu'à notre époque et qui a la plus grande importance au point de vue de la théorie de l'évolution, je veux parler de la discussion de toutes les questions qui se rapportent à la valeur du mot « espèce » et à la permanence ou à la mutabilité des espèces : « Ce n'est pas un objet futile, dit avec raison Lamarck, que de déterminer positivement l'idée que nous devons nous former de ce que l'on nomme des *espèces* parmi les corps vivants et de rechercher s'il est vrai que les espèces ont une constance absolue, sont aussi anciennes que la nature, et ont toutes existé originairement telles que nous les observons aujourd'hui, ou si, assujetties aux changements de circonstances qui ont pu avoir lieu à leur égard, quoiqu'avec une extrême lenteur, elles n'ont pas changé de caractère et de forme par suite des temps. L'éclaircissement de cette question n'intéresse pas seulement nos connaissances zoologiques et botaniques, mais il est en outre essentiel pour l'histoire du globe » (*Philos. Zool.*, I, p. 71).

Les questions sont bien posées par Lamarck : Quelle idée faut-il attacher au mot « espèce » ? Les espèces sont-elles permanentes et immuables, ou bien, au contraire, peuvent-elles être modifiées ?

Il est important d'étudier ici ces questions avec quelque soin.

Malgré toutes les définitions qui ont été données de l'espèce rien n'est plus vague que le sens qu'on attribue à ce mot dans la pratique des sciences naturelles.

Les définitions de l'espèce varient, suivant en effet qu'elles sont formulées par les partisans de l'instabilité des formes organiques ou par les naturalistes qui admettent leur mutalité.

Linné considérait les ordres et les classes comme des conceptions de la science, tandis qu'il regardait les espèces comme des productions de la nature, des formes ayant une existence réelle et invariable, créées à l'origine des choses, en même nombre qu'elles existent actuellement (1). Les naturalistes qui adoptèrent cette manière de voir en déduisirent des définitions de l'espèce qui peuvent être résumées de la manière suivante : « L'espèce est une collection d'individus semblables, produits par d'autres individus pareils à eux ; les caractères communs à cette col-

Species tot sunt quot diversas formas ab initio produxit infinitum Ens... Species tot sunt quot diversæ formæ seu structuræ hodienum occurunt.

lection ou caractères spécifiques ne se modifiant jamais. »
Comme conséquence de cette définition il fallait admettre
que tous les individus d'une même espèce provenaient
d'un couple unique, créé, à une époque déterminée, par
une divinité quelconque. C'est ce que l'on fit.

Cependant, les partisans, même les plus acharnés de la
permanence des espèces et de l'invariabilité des caractères
spécifiques, ne pouvaient se refuser à reconnaître qu'une
certaine variation est déterminée sous nos yeux par les
conditions du milieu dans lequel vivent les différents individus d'une espèce déterminée et ils admirent que les
espèces pouvaient être subdivisées en *variétés* ou *races*
dont les caractères, produits par les conditions de l'existence, se perpétuaient par l'hérédité (1). Quelques naturalistes, frappés de la constance des caractères de certaines
races allèrent même jusqu'à considérer les races comme
douées d'une permanence semblable à celle que Linné et
ses adeptes attribuent aux espèces (2). D'un autre côté,
tant que le nombre des espèces connues d'un genre déterminé était resté peu considérable, on pouvait assez facilement leur assigner des caractères précis ; il était possible
même de disposer les caractères en tableaux dichotomiques
permettant de reconnaître assez facilement une espèce
déterminée ; mais, à mesure qu'on découvrait des espèces
nouvelles, et qu'aux formes déjà connues s'ajoutaient des

(1) « Par races, dit Faivre, nous entendons, avec la majorité des savants, naturalistes et praticiens, des variétés constantes, perpétuées par
la génération, ou encore, pour employer un langage plus rigoureux, des
groupes dont les individus donnent entre eux, par les croisements, des
produits indéfiniment féconds » (*La variation des esp. et ses limit.*
p. 87),

(2) SANSON Des *types naturels en Zoologie*, in *Journ. d'Anatomie*
de Robin, 1867.

formes non observées encore, la netteté des différences disparaissait graduellement ; entre deux formes autrefois bien distinctes venait s'en placer une troisième tenant à la fois des caractères de chacune des deux premières. Dans certains genres, il devint bientôt impossible de déterminer exactement l'espèce à laquelle on devait attribuer une plante nouvelle, tellement les caractères spécifiques offraient peu de précision.

La première partie de la définition primitive de l'espèce « collection d'individus ayant tous les mêmes caractères immuables » devenait ainsi insufisante ; on dut donc chercher le criterium de l'espèce ailleurs que dans la nature même des caractères ; on invoqua la faculté de reproduction et l'on considéra comme étant de la même espèce et ne formant que de simples races, les individus qui, quoique différents par leurs caractères, étaient capables de donner, en s'accouplant, des produits indéfiniments féconds. Tous les hommes, par exemple, étant capables de produire des métis féconds, on considéra toutes les races humaines comme appartenant à une seule espèce.

En transportant la question de l'espèce sur un terrain nouveau, les partisans de la fixité et de la création des espèces ne furent pas plus heureux. On ne tarda pas, en effet, à démontrer que des végétaux et des animaux appartenant, d'une façon manifeste, à des espèces différentes, pouvaient être accouplés et produire des métis indéfiniment féconds, quoique, dans la nature, ces unions ne se produisent jamais ou seulement dans des cas exceptionnels. Je me bornerai à citer le *Léporide* ou lièvre-lapin que Hæckel a nommé *Lepus Darwinii* et qui a été obtenu par le croisement du lièvre mâle et de la lapine,

Cet hybride de deux espèces bien distinctes et menant un genre de vie très différent donne par l'accouplement avec un hybride semblable une progéniture indéfiniment féconde. On élève au Chili des troupeaux d'un hybride plus remarquable encore, car il résulte de l'accouplement d'animaux que les zoologistes classent dans des genres différents : le mouton et la chèvre. Ce que nous venons de dire des animaux, nous pourrions avec plus de raison le dire des végétaux dont les hybrides produits par l'homme sont extrêmement nombreux.

Tandis que des organismes appartenant à des formes assez différentes pour qu'on en fasse des espèces et des genres distincts sont susceptibles de donner par hybridation une progéniture indéfiniment féconde, on connaît des hybrides qui ne peuvent plus produire avec leurs parents que des métis inféconds. Il en est ainsi, par exemple, des lapins de l'île de Porto-Santo, près de Madère, que M. Hæckel a désignés sous le nom de *Lepus Huxleyii*. Ces animaux proviennent de lapins d'Europe qui furent déposés dans l'île en 1419. Ils s'y multiplièrent avec une excessive rapidité, mais, en même temps, se transformèrent beaucoup, prirent une couleur particulière, une forme analogue à celle du rat, contractèrent des habitudes noctambules, etc. Aujourd'hui ils ne donnent plus aucun métis avec les lapins d'Europe qui, cependant, sont leurs ancêtres directs.

Les deux ordres de faits que nous venons de signaler : production de métis féconds par des êtres appartenant à des espèces et à des genres manifestement distincts ; impossibilité de produire des métis de la part d'êtres ayant une origine spécifique indubitablement commune, montrent bien que les partisans de la fixité de l'espèce commettent une grave erreur quand ils prennent pour caractéristique de l'espèce la possibilité de donner ou non une progéniture féconde.

Ce qui est vrai, c'est que plus deux formes animales ou végétales sont voisines et plus elles ont de chances de s'accoupler avec succès et de fournir une progéniture féconde. Si des circonstances déterminées agissent sur une portion de cette progéniture de façon à en modifier les caractères, il pourra se faire qu'au bout d'un certain nombre d'années, cette portion de l'espèce soit suffisamment transformée pour qu'elle ne puisse plus se mélanger à l'autre forme; c'est le cas des lapins de l'île Porto-Santo.

Le mot « espèce » se montre maintenant à nous dépourvu de tout sens précis, ou plutôt n'ayant qu'une valeur purement conventionnelle, comme tous les autres termes usités par les naturalistes dans la classification des animaux et des végétaux.

Les seules formes qui existent véritablement sont les formes individuelles. Quand un certain nombre d'individus nous offrent des caractères à peu près identiques, nous les unissons sous une dénomination commune; nous disons qu'ils constituent une espèce. Examinant ensuite un certain nombre d'espèces qui se ressemblent plus entre elles qu'elles ne ressemblent à toutes les autres, nous en formons un genre; puis, nous groupons les genres analogues en une famille unique, les familles en ordres et les ordres en classes. Mais toute cette opération est absolument artificielle et il n'y a pas une seule de nos classifications actuelles qui mérite l'épithète qu'elles prennent toutes de « naturelle ».

Les formes que nous classons sous des noms divers sont, en effet, reliées entre elles par des formes transitoires qui rendent impossible toute délimitation précise des espèces, des genres, des familles, etc. C'est ce qu'avait bien compris Buffon ; c'est ce que comprit encore mieux Lamarck.

« L'idée qu'on s'était formée de l'*espèce* parmi les corps vivants, dit Lamarck, était assez simple, facile à saisir, et semblait confirmée par la constance dans la forme semblable des individus que la reproduction ou la génération perpétuait : telles se trouvent encore pour nous un très grand nombre de ces espèces prétendues que nous voyons tous les jours.

« Cependant, plus nous avançons dans la connaissance des différents corps organisés, dont presque toutes les parties de la surface du globe sont couvertes, plus notre embarras s'accroît pour déterminer ce qui doit être regardé comme *espèce* et, à plus forte raison, pour limiter et distinguer les genres.

« A mesure qu'on recueille les productions de la nature, à mesure que nos collections s'enrichissent, nous voyons presque tous les vides se remplir et nos lignes de séparation s'effacer. Nous nous trouvons réduits à une détermination arbitraire, qui tantôt nous porte à saisir les moindres différences des variétés pour en former les caractères de ce que nous appelons *espèce*, et tantôt nous fait déclarer variété de telle espèce des individus un peu différents que d'autres regardent comme constituant une espèce particulière (1).

« Je le répète plus nos collections s'enrichissent, plus nous rencontrons de preuves que tout est plus ou moins

_____

(1) Il suffit de s'être tant soit peu occupé de la classification des animaux ou des végétaux pour reconnaître l'exactitude de ce que dit Lamarck. Il n'y a pas une espèce qui n'ait été divisée en un nombre plus ou moins considérable d'espèces différentes par certains auteurs, tandis que d'autres l'ont fondue dans une espèce différente.

nuancé, que les différences remarquables s'évanouissent,
et que, le plus souvent, la nature ne laisse à notre disposition, pour établir des distinctions, que des particularités
minutieuses et, en quelque sorte, puériles.

« Que de genres, parmi les animaux et les végétaux, sont
d'une étendue telle, par la quantité d'espèces qu'on y
rapporte, que l'étude et la détermination de ces espèces y
sont maintenant presque impraticables ! Les espèces de
ces genres, rangées en séries et rapprochées d'après la
considération de leurs rapports naturels, présentent, avec
celles qui les avoisinent, des différences si légères qu'elles
se nuancent, et que ces espèces se confondent, en quelque
sorte, les unes avec les autres, ne laissant presque aucun
moyen de fixer, par l'expression, les petites différences
qui les distinguent.

« Il n'y a que ceux qui se sont longtemps et fortement
occupés de la détermination des *espèces*, et qui ont con-
sulté de riches collections, qui peuvent savoir jusqu'à quel
point les *espèces*, parmi les corps vivants, *se fondent les
unes dans les autres*, et qui ont pu se convaincre que,
dans les parties où nous voyons des espèces isolées, cela
n'est ainsi que parce qu'il nous en manque d'autres qui
en sont plus voisines et que nous n'avons pas encore
recueillies.

« Je ne veux pas dire pour cela que les animaux qui
existent forment une série très simple et partout également
nuancée ; mais je dis qu'ils forment une série rameuse,
irrégulièrement graduée et *qui n'a point de discontinuité
dans ses parties*, ou qui, du moins, n'en a pas toujours
eu, s'il est vrai que, par suite de quelques espèces perdues,
il s'en trouve quelque part. Il en résulte que les espèces
qui terminent chaque rameau de la série générale tiennent,

au moins d'un côté, à d'autres espèces voisines qui se nuancent avec elles. Voilà ce que l'état bien connu des choses me met maintenant à portée de démontrer.

« Je n'ai besoin d'aucune hypothèse, ni d'aucune supposition pour cela ; j'en atteste tous les naturalistes observateurs.

« Non seulement beaucoup de genres, mais des ordres entiers, et quelquefois des classes mêmes, nous présentent déjà des portions presque complètes de l'état de choses que je viens d'indiquer.

« Or, lorsque, dans ces cas, l'on a rangé les espèces en séries, et qu'elles sont toutes bien placées suivant leurs rapports naturels, si vous en choisissez une, et que, faisant un saut par-dessus plusieurs autres, vous en prenez une autre un peu éloignée, ces deux espèces, mises en comparaison, nous offriront alors de grandes dissemblances entre elles. C'est ainsi que nous avons commencé à voir les productions de la nature, qui se sont trouvées le plus à notre portée. Alors les distinctions génériques et spécifiques étaient faciles à établir. Mais maintenant que nos collections sont fort riches, si vous suivez la série que je citais tout à l'heure depuis l'espèce que vous avez choisie d'abord, jusqu'à celle que vous avez prise en second lieu, et qui est très différente de la première, vous y arrivez de nuance en nuance, sans avoir remarqué des distinctions dignes d'être notées.

« Je le demande : quel est le zoologiste ou le botaniste expérimenté, qui n'est pas pénétré du fondement de ce que je viens d'exposer ? » (*Philos. Zool.*, 2ᵉ édition, I, p 75).

A l'époque où Lamarck écrivait les remarquables pages qui précèdent et que je me suis attaché à reproduire comme je le ferai pour toutes ses idées importantes, les méthodes employées par les sciences naturelles étaient encore à peu près dans l'enfance et des côtés entiers de ces sciences étaient entièrement négligés. On ne connaissait encore que d'une façon très superficielle l'anatomie des animaux et des plantes ; le microscope n'avait pas encore fouillé les profondeurs de leurs tissus ; l'embryogénie, qui étudie les premiers développements des êtres, l'organogénie qui suit pas à pas la formation des organes, l'histogénie qui assiste à l'apparition des cellules et à leur transformation, n'étaient pas encore connues. Toutes ces méthodes d'observation étaient destinées à fournir des preuves nouvelles et irréfutables à l'appui de cette opinion que les espèces, les genres, les familles sont unis si étroitement par des formes transitoires qu'il est absolument impossible de les délimiter d'une façon scientifique. D'autres preuves étaient en même temps fournies par la géologie et la paléontologie qui apportaient la connaissance d'espèces, de genres, de familles disparus, servant d'inter-médiaires entre les formes actuellement connues.

Quand à l'embryogénie, non seulement elle a montré des rapports jusqu'alors méconnus, mais encore elle a tracé le but vers lequel la science doit désormais marcher et qui est la recherche des liens de parenté qui unissent les unes aux autres toutes les formes animales et végétales du présent et du passé. Ce ne sont plus des classifications que le zoologiste et le botaniste doivent chercher à établir, c'est la généalogie des animaux et des végétaux ; travail gigantesque, semé d'obstacles de toutes sortes, mais fécond en résultats du plus haut intérêt.

Ayant répondu à la première question que nous avions posée au début de ce chapitre, ayant démontré que le mot « espèce » ne répond à rien de réel, nous avons, en même temps, résolu la deuxième question, celle de la permanence ou de la mutabilité des espèces. Nous n'avons pas à rechercher si un objet qui n'a pas d'existence réelle est permanent ou modifiable.

Il nous reste maintenant à étudier comment les formes organiques se modifient et se transforment, sous quelles influences se produit cette transformation et à quelles causes sont dues les ressemblances et les différences qui existent entre les divers individus qui forment ce que l'on nomme une espèce, entre les espèces d'un genre, entre les genres d'une famille, etc. Cette étude fera l'objet des chapitres suivants.

CHAPITRE VI

CAUSES DÉTERMINANTES DES VARIATIONS INDIVIDUELLES ET
DES TRANSFORMATIONS DES ÊTRES VIVANTS

———

Nous avons montré dans le chapitre précédent que
toutes les divisions établies parmi les êtres vivants, que
toutes les classifications de ces êtres adoptées par les naturalistes sont le produit de notre intelligence, de simples
procédés employés par les savants pour mettre en ordre
leurs connaissances. Nous avons insisté sur cette idée que
deux espèces voisines d'un même genre sont reliées les
unes aux autres par des variétés intermédiaires qui les
unissent d'une manière indissoluble. Chaque espèce étant
ainsi rattachée à d'autres, toutes les espèces d'un même
genre ne constituent, en réalité, qu'un ensemble de formes
ayant un si grand nombre de traits identiques qu'on est
naturellement amené à les considérer comme issues de

parents communs. On pourrait en dire autant des genres qui composent une même famille, des familles qui constituent chaque classe, etc. Enfin, il serait facile de montrer que les êtres placés dans les deux grands règnes animal et végétal se relient les uns aux autres par des formes intermédiaires, desquelles il est absolument impossible de dire si ce sont des animaux ou des végétaux.

Cependant, si nombreux que soient les traits de ressemblance qui existent entre toutes les familles d'une même classe, entre tous les genres d'une même famille, entre toutes les espèces d'un même genre, chaque groupe se distingue plus ou moins nettement des groupes voisins par quelques caractères qui ont permis de les séparer. La même chose existe pour les individus qui composent chaque espèce animale ou végétale. Tous les individus d'une même espèce diffèrent les uns des autres d'une manière suffisante pour que l'œil d'un observateur exercé puisse parvenir assez facilement à les distinguer. On sait très bien, par exemple, que le berger d'un troupeau reconnaît, à de certains caractères précis, tous les moutons ou les bœufs qui le composent. Nous distinguons nous-mêmes très facilement tous les hommes au milieu desquels nous vivons, alors même qu'ils portent un costume identique. Chaque individu possède, en effet, des caractères spéciaux qui lui appartiennent en propre et qui ne permettent de le confondre avec aucun autre. D'après M. Darwin, toutes les fourmis d'une fourmilière se reconnaissent. « J'ai souvent porté, dit-il, des fourmis d'une même espèce (*Formica rufa*) d'une fourmilière dans une autre habitée par des milliers d'individus; mais les intrus étaient à l'instant reconnus et mis à mort. J'ai pris alors quelques fourmis dans une grande fourmilière ; je les ai enfermées dans une bouteille sentant l'asa fœtida, et, vingt-quatre heures après, je les ai réintégrées dans leur domicile ; menacées d'abord par leurs camarades, elles furent cependant bientôt reconnues et purent rentrer. Il en résulte que chaque fourmi peut, indépendamment de l'odeur, reconnaître une camarade, et que si tous les membres de la même communauté n'ont pas quelque signe de ralliement ou mot de passe, il faut qu'ils aient quelques caractères appréciables qui leur permettent de se reconnaître. » (*Var. des an. et des pl.*, II, p. 250.)

Si nous réfléchissons que les espèces, les genres, les familles, etc., ne sont que des produits de notre raison, nous devons en conclure que l'individu seul a une existence réelle, indéniable, que lui seul peut être l'objet d'une étude directe et d'observations précises.

En nous livrant à cette étude, au point de vue que comporte un ouvrage de synthèse biologique de la nature de celui-ci, nous nous trouvons en présence d'une première question : D'où viennent les caractères propres à chaque individu et par quelles causes sont-ils déterminés? Pour nous servir d'une expression qui reviendra souvent sous notre plume : A quoi faut-il attribuer les variations individuelles que présentent tous les êtres vivants sans exception? Telle est la question qui fera l'objet du présent chapitre.

La cause la plus importante des variations individuelles réside, ainsi que l'avait fort bien indiqué Lamarck, dans l'action des milieux. En généralisant beaucoup plus que ne l'avait fait Lamarck l'idée des milieux, on pourrait même dire que le milieu constitue le seul agent déterminant des variations individuelles. On peut, en effet, admettre, comme nous l'avons indiqué dans un chapitre précédent, deux sortes de milieux, à l'influence desquels tout être vivant est successivement ou simultanément soumis : le milieu cosmique et le milieu générateur.

Par [*milieu cosmique* nous entendons toutes les conditions extérieures dans lesquelles vit l'animal ou le végétal : la température, l'état hygrométrique et électrique de l'atmosphère, la direction et l'intensité des vents, l'altitude, la sécheresse ou l'humidité, la déclivité, et la composition chimique du sol, la nature et l'abondance des aliments, la composition de l'air ou de l'eau qui servent à la respiration, la pression atmosphérique, la quantité de lumière et de chaleur solaire ou artificielle que chaque être reçoit, les autres organismes animaux ou végétaux avec lesquels il se trouve en contact, etc.

Par *milieu générateur* d'un être vivant nous entendons le ou les organismes qui lui donnent naissance, organismes qui ont leurs caractères individuels propres et qui sont eux-mêmes soumis, d'une manière incessante, à l'action du milieu cosmique.

Comme tous les êtres vivants restent, pendant un temps plus ou moins long, en communication avec ceux qui leur donnent naissance, il y a dans la vie de chaque animal ou végétal une période pendant laquelle il est soumis, à la fois, à l'action du milieu générateur, et, d'une manière plus ou moins directe, à celle du milieu cosmique. Pour prendre un exemple dans l'espèce humaine, l'enfant, pendant les neuf mois qu'il passe dans l'utérus maternel, est soumis simultanément à l'action du milieu cosmique dans lequel vit la mère, et à celle du milieu générateur, représenté par cette dernière.

Toutes les actions exercées par le milieu cosmique sur

la mère, toutes les impressions produites sur elle par ces actions, tous les troubles fonctionnels qu'elle est susceptible d'éprouver à la suite des impressions reçues, se répercutent avec une grande énergie dans l'organisme encore rudimentaire du fœtus. Personne n'ignore que les maladies contrac-. tées par la mère, soit avant, soit surtout pendant la gestation, ont une influence très considérable sur la santé de l'enfant. On sait, par exemple, que la mère syphilitique communique au fœtus la maladie contagieuse dont elle est atteinte, surtout si elle l'a contractée après la fécondation. Ce ne sont pas seulement les maladies contagieuses qui, en se transmettant de la femme à l'enfant, modifient souvent d'une manière indélébile l'organisme de ce dernier ; ce sont encore, d'une façon générale, toutes les maladies, même les plus passagères, que contracte la mère pendant la gestation. Ce sont aussi tous les troubles fonctionnels qui peuvent être provoqués dans l'organisme maternel par les conditions auxquelles il se trouve exposé. Il n'est pas douteux, par exemple, que l'anémie, la chlorose, les accidents nerveux les mauvaises conditions de l'alimentation, du logement, les excès de travail, etc., agissent puissamment sur le fœtus et peuvent même déterminer dans son organisme des modifications dont les effets se feront sentir pendant toute la durée de la vie. Beaucoup d'enfants scrofuleux, rachitiques, phthisiques, doivent leur état morbide aux mauvaises conditions hygiéniques dans lesquelles leur mère a vécu soit avant, soit pendant la gestation, sans que parfois elle ait elle-même paru subir l'influence désastreuse de ces actions.

Dans tous les cas, la mère constitue, bien réellement, pour l'enfant qui se nourrit de son sang, un milieu dont l'action est plus vivement ressentie par ce dernier que celle du milieu cosmique. Celui-ci, en effet, ne peut agir sur le fœtus que par l'intermédiaire de l'organisme maternel.

La mère ne constitue pas le seul milieu générateur de l'enfant. Il y a un moment où l'œuf maternel se fusionne avec le spermatozoïde du père. A partir de cet instant, qui est celui de la fécondation, l'œuf, c'est-à-dire l'enfant encore réduit à la phase unicellulaire de son évolution, tient à la fois de l'organisme maternel par lequel il a été produit et de l'organisme paternel qui a fourni le spermatozoïde fécondateur. Par l'intermédiaire de celui-ci certaines maladies, même passagères, dont le père était affecté au moment de la fécondation peuvent être transmises à l'œuf et se manisfester ultérieurement chez l'enfant. Le père syphilitique peut, par exemple, transmettre son état pathologique avec une intensité telle que l'enfant offrira lui-même soit des accidents syphilitiques, soit certaines autres affections résultant des troubles apportés dans l'état de l'œuf par les conditions spéciales dans lesquelles se trouvait le père.

En élargissant, comme je l'ai dit plus haut, le sens du mot « milieu », nous considérons volontiers le père et la mère comme le milieu le plus immédiat du fœtus. Ils représentent, en effet, un ensemble d'actions auxquelles le fœtus se trouve plus directement soumis qu'à toutes les autres. Cela est vrai surtout pour la mère qui, chez l'homme, nourrit pendant neuf mois le jeune animal de sa propre substance.

L'action des milieux générateurs est habituellement désignée par le nom d'hérédité. Quoique l'on confonde sous cette dénomination des choses, à notre avis, assez différentes, nous le conserverons, afin de ne pas rompre avec une habitude que nous ne voyons aucun motif sérieux d'abandonner.

Il suffit de remarquer que le milieu cosmique et l'hérédité embrassent toutes les conditions étrangères à un organisme déterminé, pour être convaincu que dans ces deux ordres d'actions résident toutes les causes susceptibles de déterminer la production des caractères individuels. Mais, nous verrons plus tard que si le milieu cosmique et l'hérédité agissent comme causes de variations, ils exercent aussi une action considérable en vue de la perpétuation de certains caractères individuels qui deviennent, à cause même de leur persistance et en raison de leur ténacité et de leur généralisation à un nombre plus ou moins considérable d'individus, des caractères de races, de variétés, d'espèces, de genres, de familles, etc. Nous devons donc étudier le milieu cosmique et le milieu générateur en nous plaçant à ces deux points de vue bien distincts. Dans le présent chapitre nous n'envisagerons l'action de ces milieux qu'au point de vue des variations qu'ils déterminent chez les êtres vivants.

§ 1. — *Des variations individuelles produites par le milieu cosmique.*

Les plus anciens observateurs avaient constaté que la plupart des espèces animales ou végétales sont confinées chacune dans une région du globe dont les conditions climatériques leur sont indispensables; mais ce n'est guère que depuis l'époque de Linné que l'on a songé à établir la géographie des êtres vivants et à déterminer les limites du territoire occupé par chaque espèce. C'est à Buffon que

revient l'honneur d'avoir le premier formulé des considérations véritablement scientifiques sur ce sujet, et d'avoir
signalé l'influence du climat sur les différentes espèces
d'animaux. Dans sa belle histoire du Lion, après avoir dit
que le climat n'a qu'une influence relativement peu
considérable sur l'homme (1), il ajoute : « Dans les animaux, au contraire, l'influence du climat est plus forte
et se marque par des caractères plus sensibles, parce que
les espèces sont diverses et que leur nature est infiniment
moins perfectionnée, moins étendue que celle de l'homme.
Non seulement les variétés dans chaque espèce sont plus
nombreuses et plus marquées que dans l'espèce humaine,
mais *les différences même des espèces semblent dépendre
des différents climats*; les unes ne peuvent se propager que
dans les climats chauds, les autres ne peuvent subsister
que dans les climats froids ; le lion n'a jamais habité les
régions du Nord, le renne ne s'est jamais trouvé dans les
contrées du Midi, et il n'y a peut-être pas d'animal dont
l'espèce soit, comme celle de l'homme, généralement répandue sur toute la surface de la terre ; chacun a son pays,
sa patrie naturelle, dans laquelle chacun est retenu par
nécessité physique, *chacun est fils de la terre qu'il
habite*, et c'est dans ce sens qu'on doit dire que tel ou tel
animal est originaire de tel ou tel climat. »

Plus loin, Buffon ajoute : « Pour prévenir la confusion
qui résulte de ces dénominations mal appliquées à la plupart des animaux du Nouveau-Monde, et en particulier à
ceux que l'on a faussement appelés tigres, j'ai pensé que le
moyen le plus sûr était de faire une énumération comparée

---

(1) Buffon en cela se trompe. Le climat exerce sur l'homme une
action tout aussi efficace que sur les animaux.

dés animaux quadrupèdes, dans laquelle je distingue :
1° Ceux qui sont naturels et propres à l'ancien continent,
c'est-à-dire l'Europe, l'Afrique et l'Asie, et qui ne se sont
point trouvés en Amérique lorsqu'on en fit la découverte ;
2° Ceux qui sont naturels et propres au nouveau continent,
et qui n'étaient point connus dans l'ancien ; 3° Ceux qui se
trouvant également dans les deux continents, sans avoir été
transportés par les hommes, doivent être regardés comme
communs à l'un et à l'autre. Il a fallu pour cela recueillir
et rassembler ce qui se trouve épars, au sujet des animaux,
dans les voyages et dans les premiers historiens du
Nouveau-Monde ; c'est le précis de ces recherches que nous
donnons ici avec quelque confiance, parce que nous les
croyons utiles pour l'intelligence de toute l'histoire naturelle, et en particulier de l'histoire des animaux. »

Dans le discours relatif aux animaux communs aux
deux continents, Buffon revient sur la pensée qu'il a déjà
exprimée dans l'histoire du Lion, la précise davantage
et lui donne une extension tellement considérable qu'il
atteint, par l'effort d'une induction vraiment géniale, aux
plus haut sommets de la philosophie biologique. « Les
animaux d'un continent, écrit-il, ne se trouvent pas dans
l'autre (1) ; ceux qui s'y trouvent sont altérés, rapetissés,
changés souvent au point d'être méconnaissables : en
faut-il plus pour être convaincu que l'empreinte de leur
forme n'est pas inaltérable, que leur nature, beaucoup
moins constante que celle de l'homme, peut se varier et
même se *changer absolument* avec le temps, que par la

---

(1) Buffon commet encore ici une erreur de détail. Il y a des animaux
communs aux deux continents ; ceux-ci ont, du reste, très certainement,
été en communication à une époque relativement peu éloignée de l'histoire de notre globe. Mais, cette erreur de détail n'enlève rien de son
exactitude à la pensée qui termine la citation:

même raison, *les espèces les moins parfaites, les plus déli-
cates, les plus pesantes, les moins agissantes, les moins armées, etc., ont déjà disparu ou disparaîtront ?* »

Nous trouvons dans ces pages remarquables : en premier
lieu, la conception de la géographie des êtres vivants, c'est-
à-dire de cette branche des sciences biologiques qui a pour
objet spécial de rechercher la patrie véritable des différentes espèces où variétés d'animaux et de végétaux et
d'étudier l'extension que chacune a prise à la surface du
globe autour de son lieu d'origine ; en second lieu, le
germe de la théorie de l'influence des milieux sur la production des variétés et des espèces, théorie à laquelle Lamarck devait plus tard donner une forme presque défi-ni-
tive ; et, enfin, le premier regard jeté sur les phénomènes
de la lutte pour l'existence et de la sélection naturelle que
Darwin, un siècle plus tard, mettait en lumière.

Je dois me limiter ici à la deuxième question, celle
de l'action du milieu cosmique envisagé comme cause déterminante des variations des animaux et des végétaux.
Écoutons ce qu'en dit Lamarck : « Quantité de faits, écrit-il,
nous apprennent qu'à mesure que les individus de l'une
de nos espèces changent de situation, de climat, de manière d'être ou d'habitude, ils en reçoivent des influences
qui changent peu à peu la consistance et les proportions
de leurs parties, leur forme, leurs facultés, leur organisation
même, en sorte que tout en eux participe, avec le temps,
aux mutations qu'ils ont éprouvées. Dans le même climat,
des situations et des expositions très différentes font d'a-
bord simplement varier les individus qui s'y trouvent exposés ; mais par la suite des temps, la continuelle différence des situations des individus dont je parle, qui
vivent et se reproduisent successivement dans les mêmes

circonstances, amène en eux des différences qui deviennent, en quelque sorte, essentielles à leur être ; de manière qu'à la suite de beaucoup de générations qui se sont succédées les unes aux autres, ces individus, qui appartenaient originairement à une autre espèce, se trouvent à la fin transformés en une espèce nouvelle, distincte de l'autre. Par exemple, que les graines d'une graminée ou de toute autre plante naturelle à une prairie humide soient transportées (1), par une circonstance quelconque, d'abord sur le penchant d'une colline voisine, où le sol, quoique plus élevé, sera encore assez frais pour permettre à la plante d'y conserver son existence, et qu'ensuite, après y avoir vécu et s'y être bien des fois régénéré, elle atteigne de proche en proche, le sol sec et presque aride d'une côte montagneuse, si la plante réussit à y subsister et s'y perpétue pendant une suite de générations, elle sera alors tellement changée que les botanistes qui l'y rencontreront en constitueront une espèce particulière. La même chose arrive aux animaux que des circonstances ont forcés de changer de climat, de manière de vivre et d'habitude, mais, pour ceux-ci, les influences que je viens de citer exigent plus de temps encore qu'à l'égard des plantes, pour opérer des changements notables sur les individus. » (*Philos. Zool.*, I, p. 79.)

Depuis l'époque où Lamarck écrivait ce qui précède, les observations multipliées des naturalistes n'ont fait que confirmer l'idée qu'il avait conçue de l'action transformatrice des milieux sur les êtres vivants. Il serait facile d'ac-

_____

(1) Je cite ce passage du livre de Lamarck non seulement parce qu'il contient un excellent résumé de sa manière de voir sur la transformation des espèces nouvelles par l'action du milieu, mais encore parce qu'il présente, à l'état embryonnaire, la théorie de la formation des espèces par *ségrégation* dont nous aurons à parler plus tard.

cumuler ici une quantité immense de faits démonstratifs
de cette action ; mais je dois me borner aux plus probants.

Les végétaux sont, ainsi que l'avaient remarqué Buffon
et Lamarck, beaucoup plus facilement modifiables par le
milieu cosmique que les animaux, parce qu'étant privés
de la faculté de déplacement ils subissent constamment et
pendant une suite indéfinie de générations l'influence des
conditions dans lesquelles ils se trouvent. C'est donc sur
les végétaux qu'ont été faites les observations les plus pro-
bantes relativement à l'influence du milieu cosmique.

Personne n'ignore qu'au seul aspect d'une plante un observateur ayant quelque expérience des herbiers pourra
dire si elle a vécu dans l'eau ou sur le sol, si elle provient
d'un climat chaud ou d'un climat froid, de la montagne ou
de la plaine, d'un désert sec et brûlant ou d'une vallée
fraîche et humide, d'une plaine découverte ou d'une forêt
ombreuse, des bords d'un fleuve ou des rivages d'une mer,
d'un étang ou d'une rivière, d'un marais stagnant ou d'un
torrent rapide, etc.

Les plantes qui vivent dans ces diverses conditions
ont un facies spécial, commun à toutes celles qui
habitent le même milieu, et si l'une d'entre elles est
transportée de son habitat ordinaire dans un lieu soumis
à des conditions climatériques ou autres différentes, elle
ne tarde pas, quand elle peut s'acclimater, à présenter,
dans une certaine mesure, le facies propre aux végétaux
de son nouvel habitat. La Renoncule aquatique de nos
mares présente, quand elle est submergée, des feuilles
très découpées ; la partie supérieure de ses rameaux, qui
fait sallie en dehors de l'eau, offre seule des feuilles à peu
près entières. Si la mare dans laquelle vit cette plante

vient à se dessécher, on ne tarde pas à voir les rameaux issus de la même souche qui a porté ceux dont nous parlions tout à l'heure présenter des feuilles de moins en moins découpées, puis tout à fait entières. En même temps que les feuilles se transforment, les tissus deviennent moins-aqueux, plus secs, moins riches en lacunes intercellulaires, etc. Un observateur, qui ne connaîtrait pas l'espèce dont nous parlons et sous les yeux duquel on placerait, sans qu'il connût leur lieu d'origine, les deux variétés que nous venons de décrire, les considérerait, sans aucun doute, comme appartenant à deux espèces tout à fait distinctes. Cependant, si la mare desséchée se remplit de nouveau, les Renoncules à feuilles entières produites par la sécheresse ne tardent pas à se transformer en Renoncules à feuilles découpées, manifestant ainsi leur nature véritable. Mais si la Renoncule aquatique type était transportée d'abord dans un lieu seulement humide, puis dans un endroit tout à fait sec, où elle se reproduirait pendant une longue série de générations, on peut affirmer qu'elle conserverait indéfiniment les caractères produits par la privation d'eau et ne pourrait reconquérir les premiers qu'à la condition de subir une nouvelle transportation et l'influence, prolongée pendant une longue période de temps, de son milieu primitif.

Ce que nous venons de dire de la Renoncule aquatique, nous pourrions le répéter au sujet de la plupart des plantes de nos ruisseaux, de nos étangs et de nos rivières. La Sagittaire, par exemple, quand elle vit hors de l'eau, a des feuilles en forme de large fer de lance, tandis que quand elle est submergée ses feuilles deviennent étroites et en forme de spatule, c'est-à-dire qu'elles ne sont élargies qu'au voisinage de leur extrémité supérieure, tout le reste de leur étendúe représentant le manche de la spatule. Ce n'est pas seulement la forme qui change ; les feuilles qui se développent dans l'air ont des stomates, sortes de petites bouches par lesquelles entre et sort l'air qui sert à la respiration, tandis que les feuilles submergées sont dépourvues de ces orifices, devenus inutiles, puisque l'organe n'est plus au contact de l'atmosphère.

Parmi les végétaux terrestres de notre pays que tous nos lecteurs connaissent il en est un fort remarquable par les transformations qu'il subit suivant les conditions dans lesquelles on le place ; je veux parler du Lierre. Quand on le fait pousser au pied d'un mur, il s'y fixe à l'aide de racines transformées en crampons qui se développent au niveau de chaque nœud, et allonge ses rameaux jusqu'au sommet du mur sans produire dé fleurs ni de fruits, mais en émettant des feuilles très larges. Quand il a atteint le haut de la muraille, il émet, d'habitude, des rameaux qui, continuant à s'élever vers le ciel, perdent le point d'appui qu'avaient les branches inférieures, et, en même temps acquièrent des caractères très différents : leurs feuilles sont plus petites, pressées, ils ne produisent pas de crampons, mais ne tardent pas à émettre des fleurs et des fruits en grande quantité.

Quand on transporte une plante d'un pays chaud dans un pays froid, ou réciproquement, ses caractères sont profondément modifiés. Le Ricin, qui est un simple arbuste annuel dans le nord de la France, est un petit arbre vivace en Chine. Le Réséda est annuel chez nous ; il est vivace et ligneux en Egypte ; l'Erytrine crête-de-coq est un arbre en Amérique, une herbe sous notre climat.

La nature du sol exerce sur certaines plantes une action assez énergique pour modifier leurs caractères d'une manière très accentuéé. La carotte sauvage aime les terrains secs ; elle y possède une racine fibreuse, mince et très dure ; quand on la cultive dans un sol riché en engrais et meuble, sa racine devient charnue et succulente, en même temps que ses feuilles prennent plus de largeur et perdent leur rudesse. C'est probablement le chou marin, à feuilles épaisses, mais relativement étroites et très étalées, qui a donné, par la culture, les choux pommés de nos jardins, à feuilles minces mais très larges. Cette transformation, comme toutes celles qui résultent de la culture, exigent comme premières conditions l'isolement et l'abondance de la nourriture dans un sol différent de celui où croît la plante sauvage. Quand on cultive les Hortensias dans la terre de bruyère, ils donnent des fleurs bleues, tandis que ces dernières sont roses quand la plante pousse dans un sol différent. Le fraisier panaché conserve ce caractère tant qu'on le cultive dans un sol sec ; il le perd rapidement quand on le transporte dans un sol humide et frais. Le terrain de certains districts du comté de Surrey possède manifestement la propriété de déterminer la panachure des feuilles ; le sol de Surbiton, localité du même comté, exerce cette action, d'une manière remarquable, sur les feuilles de certaines espèces de Pélargoniums. Darwin cite une observation de M. Salter très remarquable en ce qui concerne l'effet produit par la nature du sol sur la coloration des feuilles. Parmi plusieurs rangées plantées dans un même endroit, Salter en observa une seule dont un grand nombre de pieds étaient panachés et tous de la même façon ; il arracha ces pieds, mais pendant trois années consécutives d'autres plantes de la même rangée devinrent panachées, tandis qu'aucun des pieds des rangées voisines n'offrit ce phénomème. Il est indubitable que le sol de cette rangée avait acquis des caractères spéciaux, probablement sous l'influence de la fumure.

L'action exercée sur les plantes par le sol peut aller jusqu'à modifier la nature des principes chimiques qui se développent dans leurs tissus ou les qualités des parois de leurs cellules. Il est, par exemple, démontré que la culture affaiblit les propriétés médicales de la Digitale, probablement en diminuant la proportion des principes actifs produits. Le Lentisque, qui cependant pousse très bien dans le midi de la France, n'y sécrète qu'une très petite quantité de résine. La racine des Sassafras de l'Amérique du Nord est très odorante, tandis que celle des Sassafras cultivés en Europe n'a presque aucune odeur. Darwin reproduit un on dit d'après lequel les Ciguës de l'Écosse ne contiendraient pas de conicine ; on raconte, d'autre part, que les Aconits des régions froides, notamment de la Laponie, sont si pauvres en principes actifs qu'on peut les manger impunément et qu'on les utilise comme légumes. Le Chanvre de notre pays ne produit pas le principe résineux qui le fait employer dans l'Inde comme narcotique sous le nom de haschich, quoique les plantes des deux pays appartiennent à la même espèce. D'après Lecce, le Millepertuis crispé de Sicile est vénéneux pour les moutons quand il croît dans les terrains marécageux ; ailleurs il est inoffensif. On sait encore que le bois de la plupart des arbres employés dans la menuiserie ou l'ébénisterie diffère beaucoup de qualité suivant la région de laquelle il provient.

Une foule d'autres conditions de milieu, autres que celles dont nous avons parlé, sont susceptibles d'agir puissamment sur les plantes et de provoquer chez elles, soit au bout d'un temps très court, soit après un certain nombre de générations, des modifications assez importantes pour qu'il en résulte la production de variétés véritables. Faivre cite l'exemple de Sageret qui, en tourmentant un pied d'Hélianthe commun par la torsion, la bouture et les incisions annulaires, lui fit produire des graines dont sortirent des plantes panachées. Le même horticulteur, en pratiquant des incisions annulaires sur un Rosier capucine, obtint des graines qui produisirent un Rosier nain à fleurs dépourvues de pétales. Personne n'ignore qu'en transplantant les jeunes végétaux on modifie profondément leur manière d'être. Ce que l'homme peut faire artificiellement, la nature ne l'accomplit, il est vrai, que par hasard ; mais il est une foule de conditions auxquelles les plantes sauvages sont accidentellement exposées, tout aussi capables de déterminer des variations individuelles que celles dont nous venons de parler, et qui doivent jouer un grand rôle dans la production des variétés naturelles.

Il suffit parfois de modifications presque insignifiantes dans la nutrition pour déterminer des changements considérables de certains organes. Il est bien démontré, par exemple, que les fleurs situées au sommet d'un rameau et qui, par conséquent, reçoivent la sève en plus grande quantité, présentent plus souvent certaines difformités que les autres ; on sait qu'elles se pélorisent beaucoup plus fréquemment. Masters, a constaté que les pois situés à l'extrémité d'une gousse et qui sont plus petits que les autres dans la variété Bleu impérial, ont une grande tendance à donner des semis qui reviennent à la souche bleu prussien, dont les fruits sont plus petits. Chaté a remarqué qu'en supprimant les fleurs centrales de

la giroflée il obtenait des graines produisant presque toutes des fleurs doubles; les fleurs du centre ont beaucoup
de tendance à donner des graines qui produisent des
plantes à fleurs simples, c'est-à-dire faisant retour vers
l'ancêtre sauvage.

L'influence du milieu cosmique doit être d'autant mieux
subie par les végétaux que ces êtres sont, par la nature
même de leur organisation et de leurs fonctions, notamment par l'impossibilité dans laquelle se trouvent la plupart d'entre eux de se déplacer, condamnés à subir pendant un grand nombre de générations l'influence des
conditions locales de climat, de sol, de nourriture, etc.,
qui ne varient que fort peu d'une année à l'autre.

Malgré leur mobilité, les animaux subissent aussi, d'une
manière très prononcée, l'influence du milieu cosmique.

L'action exercée par ce milieu sur certains caractères des
animaux ne peut plus être mise en doute. Tout le monde
sait que sous l'influence de la domestication les chevaux,
les bœufs, les chiens, les chats, etc., montrent une tendance
très prononcée à perdre les couleurs uniformes et constantes dans une même espèce qu'ils présentent à l'état
sauvage. Chose remarquable, tous ces animaux prennent
volontiers une robe blanche. Ce sont d'abord des taches
grisonnantes qui apparaissent dans leur pelage, puis des
taches tout à fait blanches se montrent, et enfin parfois
ils étalent une robe entièrement blanche. Azara a remarqué que les chevaux des pampas élevés dans les fermes
non encloses, dans des conditions d'existence presque
analogues à celles de l'état sauvage, montrent cependant
une diversité de coloration qui ne se présente jamais
chez les chevaux tout à fait sauvages des mêmes pampas.
M'Clelland signale la production d'une très grande varia-

bilité des caractères chez des poissons d'eau douce de l'Inde auxquels on ne fait pas subir d'autre changement que de les élever dans des viviers très vastes. Dans les deux cas que je viens de rappeler, il est incontestable que, si minimes soient-ils, il se produit des changements dans l'alimentation, dans la facilité de locomotion, etc., des chevaux et des poissons, changements qui suffisent pour faire apparaître des caractères nouveaux. Ces derniers prennent ensuite une importance d'autant plus considérable que les animaux sont maintenus dans les conditions nouvelles, inhérentes à la domestication, pendant un nombre plus considérable de générations, et aussi que la domestication elle-même est plus intense, c'est-à-dire place l'animal dans des conditions plus différentes de celles de l'état sauvage.

La plupart des animaux domestiques de notre Europe ou des régions civilisées de l'Asie sont tellement différents des formes sauvages voisines, qu'il nous est actuellement impossible d'indiquer avec certitude les espèces sauvages auxquelles ils se rapportent. Il en est ainsi, par exemple, pour les chiens. On suppose généralement qu'ils descendent du loup ou du chacal, mais on ne peut pas en fournir la démonstration. Voilà donc une espèce animale, — car il est impossible de ne pas considérer nos chiens comme formant une espèce véritable, — voilà, dis-je, une espèce animale extrêmement riche en variétés, dont les caractères ont été incontestablement produits par les influences cosmiques inhérentes à la domestication. C'est encore à l'influence du milieu qu'on doit attribuer les caractères des nombreuses variétés de nos chats domestiques, de nos pigeons, de nos moutons, de nos bœufs, etc.

Il suffit parfois d'un temps fort court pour que la do-

mestication modifie certains caractères des animaux qu
y sont soumis. D'après Bachman, les dindons sauvages
perdent leurs teintes métalliques et commencent à offrir
des taches blanches dès la troisième génération. Hewitt
a constaté que les canards sauvages soumis à la domestication perdent, au bout de cinq ou six générations, les
caractères qui font leur beauté : le collier blanc du mâle
s'élargit et devient irrégulier, des plumes blanches se
montrent dans les ailes, le poids du corps augmente, les
os deviennent moins spongieux. Ces dernières modifications indiquent bien que la domestication agit non seulement sur les caractères extérieurs, tels que la coloration,
mais sur l'organisme tout entier.

Les oiseaux domestiques, dindons, canards, poules,
finissent par perdre presque complètement la faculté de
voler qui est plus ou moins développée chez les espèces
sauvages desquelles ils dérivent. Le canard est particulièrement remarquable à cet égard ; à l'état sauvage, son
vol est assez puissant pour lui permettre des migrations
très lointaines, tandis qu'à l'état domestique il ne vole, pour
ainsi dire, plus. Darwin a constaté des modifications profondes dans les dimensions des os de ces animaux. Il est
bien démontré que le régime a modifié dans une très
large mesure les organes digestifs profonds du chien, de
même qu'il a agi puissamment sur sa dentition, en la
rendant beaucoup moins forte qu'elle ne l'est chez le
chacal et le loup, d'où l'on prétend qu'il dérive. Daubenton
a constaté que les intestins du chat domestique sont plus
longs d'un tiers que ceux du chat sauvage d'Europe ; cela
est très certainement dû à ce que l'alimentation du chat
domestique est moins exclusivement animale que celle du
chat sauvage ; on sait, en effet, que chez tous les animaux

végétariens l'intestin est plus long que chez les carnivores. Cuvier a constaté que les intestins du porc domestique sont plus longs que ceux du sanglier ; ce qui est dû probablement à l'abondance de l'alimentation du premier. Chez le lapin domestique, le tube digestif est plus court que chez le lapin sauvage, sans doute parce que le premier a une alimentation plus substantielle et moins abondante.

Tanner a constaté que les races améliorées de moutons et de bœufs ont les poumons et le foie beaucoup plus volumineux que les races sauvages des mêmes espèces. Tout le monde sait combien les différentes races domestiques de chevaux diffèrent les unes des autres par les dimensions des diverses parties du corps, suivant qu'elles servent à tel ou tel usage. Les vaches et les chèvres laitières ont les mamelles beaucoup plus développées et fournissent beaucoup plus de lait que les vaches sauvages ; une bonne vache laitière peut et doit donner plus de 22 litres de lait par jour, tandis que, d'après Anderson, les vaches des Damaras de l'Afrique du Sud n'en donnent guère plus d'un litre par jour et se refuseraient absolument à en donner même la plus minime quantité si on les privait de leurs veaux. Wilckens a constaté entre certains animaux domestiques habitant les régions alpestres et d'autres de même espèce vivant dans les plaines des différences marquées dans la longueur du cou et des membres antérieurs et dans la forme des sabots. Schreibers a observé que lorsque le Protée, — animal de la classe des Amphibiens, voisin des Tritons et originaire de l'Amérique, — vit dans des eaux profondes, ses branchies se développent beaucoup plus que quand il vit dans des eaux peu profondes ; elles peuvent acquérir dans le premier cas deux et trois fois la taille qu'elles présentent dans le second, qui est le plus normal; en même temps que la taille des branchies augmente, celle des poumons diminue à peu près dans les mêmes proportions; quand, au contraire, la taille des branchies diminue, celle des poumons s'accroît. Les papillons du ver à soie soumis depuis longtemps à l'élevage n'ont que des ailes rudimentaires et incapables de leur servir pour le vol, tandis que ces organes sont bien développés chez les individus sauvages de la même espèce. Le lapin domestique diffère beaucoup par les caractères de son organisation du lapin sauvage. « Le lapin domestique a le corps et le squelette plus grands et plus pesants que l'animal sauvage : les os des membres sont plus lourds en proportion ; mais quel que soit le terme de comparaison employé, ni les os des membres, ni les omoplates n'ont augmenté de longueur, en proportion avec l'accroissement des dimensions du reste du squelette. Le crâne s'est très sensiblement rétréci, et, d'après les mesures que nous avons données de sa capacité, nous devons enclure que son étroitesse résulte d'une diminution du volume du cerveau, résultant de l'inactivité mentale des animaux qui vivent en captivité. » (Darwin.)

Darwin fait remarquer avec raison qu'un certain nombre d'animaux domestiques ont les oreilles rabattues et pendantes, tandis que les espèces sauvages ont les oreilles droites, et M. Blyth insiste sur ce fait qu'aucun animal sauvage n'a la queue retournée comme l'ont certains chiens domestiques et le porc. Hunter a observé que la muqueuse stomacale d'une mouette qu'il avait nourrie avec des graines, tandis qu'à l'état sauvage sa nourriture est animale, s'était considérablement épaissie au bout d'une année seulement. Des observations analogues ont été faites plus récemment sur divers oiseaux normalement carnivores, comme le corbeau, le hibou, etc. Menestries a observé un hibou dont l'estomac, sous l'influence d'une alimentation végétale, s'était modifié dans sa forme et était revêtu d'une membrane épaisse et dure commé du cuir, rappelant par conséquent le gésier des oiseaux granivores.

Enfin, tous les éleveurs savent que la domestication modifie considérablement les facultés génésiques des animaux qui y sont soumis. Beaucoup d'oiseaux et de mammifères cessent de se reproduire quand on les réduit en captivité. Les animaux qui ont subi depuis longtemps l'action de la domestication reviennent, au contraire, aux conditions primitives ou, même, se montrent, généralement, beaucoup plus prolifiques.

Il est difficile, sinon impossible, de déterminer exactement quelles sont, parmi les conditions inhérentes à la domestication, celles qui agissent avec le plus d'énergie pour déterminer la production des caractères nouveaux dont nous venons de parler. Mais, il est probable qu'en tête de ces conditions doivent figurer l'abondance plus grande et la nature des aliments, la soustraction de l'animal aux accidents atmosphériques qu'il doit subir à l'état sauvage, et la suppression des fatigues auxquelles il était condamné pour la recherche de sa nourriture. Les conditions spéciales dans lesquelles se trouve placé l'animal soumis à la domestication entraînent un fonctionnement plus actif de certains organes et, au contraire, une diminution d'activité de certains autres, d'où résultent des modifications dans les caractères morphologiques, anatomiques et fonctionnels des organes. Nous aurons à revenir plus bas sur cette question, que je me borne ici à indiquer.

L'influence du climat, de la nourriture, et de quelques autres conditions du milieu cosmique sur les caractères des animaux sont démontrés par un assez grand nombre de faits bien constatés. Darwin dit que sous l'action directe du climat humide et des maigres pâturages des îles Falkland, la taille du cheval décroît rapidement. D'après le professeur Low, cité par Darwin, l'épaisseur de la peau et la longueur des poils de la plupart des races du bétail anglais doivent être attribuées à l'humidité du climat. Les moutons transportés en Australie subissent une influence semblable. D'après Falconer, la chèvre du Thibet transportée des montagnes de l'Himalaya dans le Kachmir perd très rapidement la laine fine qui fait sa beauté et son utilité. Ainsworth attribue à la rigueur des hivers alternant avec des étés très chauds, l'abondance, la finesse et le soyeux qui caractérisent le poil des chèvres d'Angora; les chiens et les chats des bergers de cette région sont eux-mêmes remarquables par la finesse et le laineux de leurs poils. Burnes a constaté par lui-même que les moutons Karadools perdent leur belle toison noire et frisée quand on les transporte dans un autre pays. Darwin ajoute : « Même en Angleterre on m'a assuré que la laine de deux races de moutons avait été légèrement modifiée par le fait que les troupeaux avaient pâturé dans des localités différentes. On affirme aussi que des chevaux restés pendant plusieurs années dans des mines de houille profondes, en Belgique, s'étaient recouverts d'un poil velouté, analogue à celui de la taupe. » Ces cas, conclut Darwin, sont, sans doute, en rapport intime avec le changement de poil qui a naturellement lieu hiver et été. » Il n'y a aucun de mes lecteurs qui ne sache qu'en hiver le poil de tous nos animaux domestiques est plus long et plus fourni qu'en été.

D'après Pallas, les moutons sibériens dégénèrent et
perdent leur grosse queue lorsqu'on les éloigne des pâturages salins ; Erman a signalé le même fait chez les
moutons Kirghises qu'on transporte à Orenbourg. Il est
impossible de ne ne pas attribuer à l'alimentation et au
repos constant la propriété, acquise par notre porc, d'accumuler d'énormes quantités de graisse sous sa peau.
Náthusius cite le cas d'un porc de race pure du Berkshire
qui fut atteint, à l'âge de deux mois, d'une maladie du
tube digestif ; à dix-neuf mois, il avait déjà perdu un certain nombre des traits caractéristiques de sa race ; sa tête
s'était allongée et rétrécie et avait pris des proportions
exagérées par rapport au corps. « On sait, dit Darwin,
que nourris avec du chénevis, les bouvreuils et quelques
autres oiseaux deviennent noirs. » Il ajoute deux autres
observations extrêmement remarquables au point de vue
de l'influence de l'alimentation sur la modification des
caractères : « M. Wallace, dit-il, m'a communiqué quelques cas encore plus remarquables de même nature. Les
naturels de l'Amérique nourrissent le Pérroquet vert commun (*Chrysotis festiva* L.) avec la graisse de gros poissons
siluroïdes, et les oiseaux ainsi traités deviennent magnifi-
quement panachés de plumes rouges et jaunes. Dans l'archipel Malais, les naturels de Gilolo modifient, en employant les mêmes moyens, les couleurs d'un autre perro-
quet, le *Lorius Garrulus* et produisent ainsi ce qu'ils appel-
lent le Lori Rajah ou Lori Roi. Dans les îles malaises de
l'Amérique du Sud, ces perroquets, soumis à une nourriture végétale naturelle, comme le riz, conservent leurs
couleurs propres. M. Wallace rapporte un cas encore plus
singulier. Les Indiens (Amérique du Sud) emploient un
procédé curieux pour modifier les couleurs des plumes

de beaucoup d'oiseaux. Ils arrachent les plumes de la partie qu'ils veulent teindre et inoculent dans la blessure un peu de la sécrétion laiteuse de la peau d'un petit crapaud. Les plumes repoussent avec une couleur jaune brillante, et si on les arrache de nouveau, on dit qu'elles repoussent de la même couleur sans l'aide d'aucune opération nouvelle. »

Gregson, Greening, etc., ont démontré par des expériences directes que les chenilles soumises à une alimentation différente de celle qui leur est habituelle peuvent acquérir une coloration autre que leur coloration normale ou produire des papillons de couleurs différentes. Costes a constaté que de jeunes huîtres pêchées sur les côtes de l'Angleterre et transportées dans la Méditerranée, modifièrent immédiatement le mode de fabrication de leur coquille; elles formèrent des rayons saillants et divergents, semblables à ceux qui caractérisent l'huître propre à la Méditerranée.

En ce qui concerne le climat, Allez a démontré que plusieurs espèces d'oiseaux d'Amérique présentent des couleurs, une taille, une largeur de bec et de queue variables à mesure que l'on descend du nord au sud.

Les éléphants et les rhinocéros actuels sont presque nus ; mais, ainsi que le fait observer Darwin, « comme certaines espèces éteintes qui vivaient autrefois sous un climat arctique, étaient recouvertes d'une longue laine ou de poils épais, on pourrait presque affirmer que les espèces actuelles appartenant aux deux genres ont perdu leur revêtement pileux sous l'influence de la chaleur. Ceci paraît d'autant plus probable que les éléphants qui, dans l'Inde, habitent des districts élevés et froids sont plus velus que ceux des plaines inférieures. »

Les espèces de Dugongs et de Dauphins qui habitent les régions froides ont la peau doublée d'une couche de graisse qui n'atteint pas la même épaisseur dans les espèces des régions froides.

Darwin cite un fait très remarquable par la brièveté du temps qui fut nécessaire pour que le changement de climat exerçât son action modificatrice. En juin 1861, il examina deux lapins de Porto-Santo qui venaient d'arriver au Jardin zoologique de Londres ; le dessus de la queue était, comme chez tous les lapins de cette espèce, coloré en brun rougeâtre, et les oreilles n'offraient aucune trace de la bordure plus foncée qu'on trouve dans toutes les autres espèces de lapins. Au mois de février 1865, on envoya à Darwin le cadavre de l'un de ces deux rongeurs. « Les oreilles, dit le savant anglais, étaient alors nettement bordées, le dessus de la queue couvert d'une fourrure gris noirâtre, et le corps entier était beaucoup moins rouge ; cet individu avait donc, en un peu moins de quatre ans, recouvré, sous l'influence du climat anglais, sa véritable coloration propre. » Cette observation est intéressante à plus d'un titre. Elle met d'abord en relief, comme je l'ai dit plus haut, la rapidité avec laquelle le milieu cosmique opère son action transformatrice lorsque, bien entendu, les caractères sur lesquels il agit sont de nature à être influencés pendant toute la durée de la vie de l'animal, comme c'est le cas pour les poils du lapin qui se renouvellent, chaque année, au moins une fois. Elle est encore intéressante à un autre point de vue. Les lapins de Porto-Santo sont des lapins domestiques qui furent apportés dans cette île en 1418 ou 1419 dans des conditions qui ont été consignées dans l'histoire par Gonzalès Zarco. Il y déposa seulement une mere et ses petits. Les conditions se trouvèrent si favorables à leur multiplication qu'elle se fit avec une rapidité prodigieuse. Cada Mosto, trente ans plus tard, déclarait qu'ils étaient innombrables. Ils n'étaient d'ailleurs exposés à aucune cause de destruction, car il n'existe pas dans l'île d'animaux carnassiers. Ces lapins sont actuellement tout à fait différents des lapins domestiques communs dont ils tirent leur origine; ils ont, d'après des mesures effectuées par Darwin, diminué de près de 8 centimètres en largeur, ont perdu près de la moitié de leur poids, leur coloration a changé; en un mot, ils ont pris un aspect si particulier qu'on pourrait en faire une espèce distincte. Cependant, on voit qu'en quatre ans leur coloration, sous le climat anglais, a repris les caractères de notre lapin commun. Cela montre que pour qu'une espèce se maintienne, il faut qu'elle continue à habiter le milieu cosmique dans lequel elle a pris naissance. C'est là un fait important, sur lequel nous aurons à revenir quand nous parlerons de la formation des espèces par la ségrégation.

Parmi les exemples de modifications produites par l'action du milieu cosmique, il n'y en a certainement pas de plus probants que ceux qu'on peut tirer de l'organisation de certains animaux parasites du tube digestif ou des tissus d'autres animaux et de l'homme. Mais je n'y insisterai pas ici, parce que j'aurai l'occasion d'y revenir avec plus d'à propos dans un chapitre suivant. Je me bornerai à rappeler que chez ces êtres on voit disparaître les organes même les plus importants des espèces voisines, parce que ces organes deviennent inutiles. C'est ainsi, par exemple, que les Tænias ont perdu le tube digestif, que certains Infusoires qui vivent dans l'intestin des grenouilles ont perdu la bouche qu'on trouve dans toutes les espèces du même groupe, etc. Il serait possible d'organiser des expériences de nature à bien mettre en relief les modifications que le milieu est capable de produire ; mais nous ne pouvons encore en juger que par la comparaison des espèces parasites avec les espèces mixtes qui vivent à l'état libre.

L'influence du milieu sur l'homme, comme cause productrice de variations individuelles qui se transmettent ensuite par l'hérédité, est mise hors de doute par un certain nombre de faits. Il paraît certain que l'abondance de l'alimentation détermine une augmentation de la taille chez toutes les races humaines. « Lorsque, dit Darwin, on compare les différences qui, sous ce rapport (celui de la taille), existent entre les chefs polynésiens et les classes inférieures de ces mêmes îles, ou entre les habitants des îles volcaniques fertiles et celles des îles coralliennes basses et stériles du même océan, ou encore entre les Fuégiens habitant la côte orientale et la côte occidentale du pays, où les moyens de subsistance sont très différents, il n'est guère possible d'échapper à la conclusion qu'une meilleure nourriture et plus de bien-être influent sur la taille.... Le Dr Beddoc a récemment démontré que chez les habitants de l'Angleterre la résidence dans les villes, jointe à certaines occupations, exerce une influence nuisible sur la taille, et il ajoute que le caractère ainsi acquis est jusqu'à un certain point héréditaire ; il en est de même aux États-Unis. Le même auteur admet, en outre, que partout où une race « atteint son maximum de développement physique, elle s'élève au plus haut degré d'énergie et de vigueur morale ».

Il est à peine besoin de rappeler, à côté de ces faits, l'influence considérable et facile à constater par les personnes es plus étrangères aux sciences, que la nourriture et le logement exercent sur l'ensemble des caractères physiques des habitants d'un même pays. Les ouvriers des villes, qui sont mal logés et travaillent dans des ateliers étroits, diffèrent profondément des campagnards, qui travaillent en plein air et qui cependant sont souvent plus mal nourris et se livrent à des travaux beaucoup plus pénibles que les premiers. Tous les médecins savent combien la scrofule, le rachitisme, la phthisie et les autres maladies produites par de mauvaises conditions hygiéniques sont plus fréquentes dans les villes que dans les campagnes.

On sait aussi avec quelle énergie l'habitation dans les houillères, ou dans les localités paludéennes, ou dans certaines régions montagneuses agit sur l'homme. J'ai à peine besoin de rappeler, dans le même ordre d'idées, les maladies endémiques de certaines contrées : le goître dans les pays de montagnes, où il est produit, pense-t-on, par la composition chimique ou la basse température des eaux potables, l'idiotie, si fréquente dans les mêmes régions montagneuses, etc.

Alcide d'Orbigny a signalé le développement plus considérable de la poitrine et des poumons chez les individus qui habitent les hauts plateaux du Pérou que chez ceux de la plaine ; il ajoute que chez les premiers les cellules des poumons sont plus grandes et plus nombreuses que chez les seconds. Forbes a établi, par des mensurations, très précises que la taille des Aymaras, qui vivent dans les Andes à une altitude comprise entre dix et quinze mille pieds, diffère beaucoup de celle des autres races par la circonférence et la longueur du corps. Leur tronc est plus long par rapport aux membres inférieurs, le fémur surtout est beaucoup plus court que dans les autres races, comme si son raccourcissement devait compenser l'allongement du tronc. Quand ces hommes descendent de leurs hauteurs ils présentent une effrayante mortalité. Forbes put cependant observer quelques familles qui s'étaient établies depuis deux générations dans la plaine sans se croiser avec les autres. Leurs membres offraient encore les caractères spéciaux de la race, mais ces caractères tendaient à diminuer. Darwin, à qui j'emprunte ces détails, conclut : « Ces précieuses observations né laissent, je crois, pas de doute sur le fait qu'une résidence à une grande altitude, pendant de nombreuses générations, tend à déterminer, tant directement qu'indirectement, des modifications héréditaires dans les proportions du corps. »

La nature des occupations détermine encore, chez l'homme, des caractères individuels souvent très importants et dont la plupart sont transmis par l'hérédité. Les graveurs deviennent fréquemment myopes et ont souvent des enfants myopes comme eux ; il en est de même des horlogers. Les paysans, qui marchent habituellement pieds nus, acquièrent un épiderme plantaire extrêmement épais ; leurs enfants ont presque toujours la plante des pieds plus épaisse que les enfants de la classe aisée des mêmes localités. C'est très certainement aux habitudes d'oisiveté propres aux familles aristocratiques que l'on doit la petitesse relative des pieds et des mains dans ces familles. Les danseuses ont les mollets forts, et les boulangers les bras robustes ; ces caractères se transmettent sans doute. Si nous examinons les facultés mentales, nous n'avons pas de peine à constater le développement considérable que prennent ces facultés sous l'influence des occupations qui les mettent en jeu. Il est à peine besoin d'ajouter que la supériorité ainsi acquise se transmet presque toujours par l'hérédité. Cela est vrai non seulement pour l'homme, mais encore pour tous nos animaux domestiques. Il me suffira de rappeler les qualités héréditaires des chiens de chasse, des chevaux, etc.

La civilisation paraît exercer sur l'homme une action modificatrice analogue à celle que la domestication exerce sur les animaux.

Les faits nombreux que nous venons de citer démontrent d'une manière irréfutable que l'action du milieu cosmique est assez puissante pour modifier non seulement les caractères extérieurs et superficiels des végétaux et des animaux, mais encore leur organisation interne. Il est vrai que dans la plupart des cas ces modifications ne deviennent perceptibles qu'au bout d'un certain nombre de générations; mais cela ne veut pas dire que l'action des conditions cosmiques ne commence pas à se produire aussitôt que l'être vivant s'y trouve exposé. Lorsque, par exemple, on réduit à l'état de domesticité un cheval sauvage des pampas de l'Amérique, si l'on voit, au bout d'un petit nombre de générations, la couleur de son pelage se modifier, on ne doit pas en conclure que l'action de la domestication a exigé pour se produire tout le temps qu'ont vécu les générations intermédiaires. Il a fallu, au contraire, que cette action se produisît sur le premier animal domestiqué; elle a modifié, probablement, dans une certaine mesure, le fonctionnement des follicules pileux, c'est-à-dire des organes qui produisent les poils; mais la modification était trop minime pour se manifester au dehors. Pendant une seconde et une troisième génération, les follicules pileux ont été encore davantage modifiés, jus-

qu'à ce qu'enfin les poils traduisent à l'œil, par leur changement de coloration, les transformations profondes de
l'organe. On pourrait comparer la marche de cette transformation à celle de la petite aiguille d'une montre; celle-
ci parcourt en une heure un chemin si court qu'on ne peut
pas, à l'œil nu, constater sa progression, mais on déduit
la continuité de cette dernière du déplacement constatable
que l'aiguille subit en une heure.

Il existe aussi des cas nombreux dans lesquels les modifications produites par le changement soit du climat, soit
de l'alimentation, etc., deviennent perceptibles chez le
premier individu qui y est soumis. J'en ai cité plus haut
un certain nombre d'exemples très probants.

Toutes les espèces et tous les individus d'une même
espèce n'obéissent pas avec la même facilité à l'action
des conditions cosmiques. Plus une espèce est d'origine
récente, plus elle est susceptible de varier sous l'influence
du milieu cosmique. Quant aux individus, ils ne se modifient pas tous de la même façon sous l'influence d'une
même action; les modifications qu'ils subissent dépendent
en grande partie des caractères spéciaux de leur organisation. Il faut donc toujours tenir compte, dans l'étude
des variations produites par le milieu cosmique, à la fois
de la nature de ce milieu et de celle des individus qui
sont soumis à son action.

On peut très légitimement conclure des faits que
nous avons cités : 1° que les conditions cosmiques déterminent des modifications dans l'organisation des végétaux
et des animaux; 2° que ces modifications sont d'autant
plus profondes que l'action des mêmes conditions s'est
produite sur un nombre plus considérable de générations
successives; 3° que ces modifications peuvent arriver à

être assez profondes pour que les individus qui les présentent soient faciles à distinguer de ceux de la même espèce qui ne les ont pas subies, et être considérés comme formant une véritable race différente de la race primitive, formée par l'ensemble des individus dont les ancêtres ont été soustraits aux conditions spéciales de milieu cosmique qui ont produit ces modifications. 4° Si le lecteur se rappelle ce que nous avons dit au sujet de l'impossibilité dans laquelle se trouvent les biologistes de limiter les espèces autrement que d'une façon arbitraire; s'ils n'ont pas oublié que l'espèce est, en réalité, un groupe fictif, ils verront que le milieu cosmique, en déterminant les modifications dont nous avons parlé, peut être considéré comme un agent producteur d'abord de variations individuelles, puis de races, de variétés, et enfin d'espèces. Quel que soit, en effet, le sens que l'on attache aux mots « race » et « espèce », ces groupes artificiels ne sont jamais que la réunion d'individus ayant plus de ressemblance entre eux qu'avec tous les autres organismes et transmettant leurs caractères par l'hérédité à leurs descendants, sans modifications, tant que les conditions dans lesquelles les générations se succèdent restent les mêmes.

Nous verrons plus bas que pour que les races, les variétés et les espèces se constituent d'une manière définitive, c'est-à-dire pour que les variations individuelles produites par le milieu se fixent, il faut un concours de circonstances particulières dont les plus importantes sont que les caractères nouveaux soient favorables aux individus qui les ont acquis, et que ces individus soient mis à l'abri de croisements avec ceux qui n'ont pas été modifiés, croisements qui feraient disparaître les caractères nouveaux.

Quoi qu'il en soit, il est bien démontré que le milieu cosmique, même seul, est capable de produire les variations individuelles qui servent de point de départ indispensable à la formation d'espèces nouvelles, à ce que l'on désigne, d'un terme général, sous le nom de transformation des espèces.

Darwin a cependant très vivement contesté l'exactitude de cette proposition. Comme sa manière de voir a pour elle non seulement l'appui de ses nombreux et consciencieux travaux, mais encore le prestige du rôle prépondérant qu'il a joué dans le monde scientifique pendant ces trente dernières années, il me paraît utile d'exposer ici les arguments qu'il a produits et les réponses qu'on doit y faire. La question étant l'une des plus importantes parmi celles que soulève la doctrine du transformisme, le lecteur devra nous pardonner d'autant plus aisément cette discussion qu'elle n'a encore, à ma connaissance, été produite dans aucun livre sur la matière.

Dans son premier ouvrage sur la doctrine transformiste, celui qui porte le titre d'*Origine des espèces*, dont la première édition fut publiée le 24 novembre 1859, Darwin s'occupe à peine de l'influence du milieu cosmique. Parlant de Lamarck, qui avait le premier fait ressortir l'importance de cette influence au point du vue de la production des variations individuelles et de la formation des races et espèces nouvelles, il se borne au jugement rapide que voici : « Lamarck est le premier qui éveilla par ses conclusions une attention sérieuse sur ce sujet. Ce savant, justement célèbre, publia pour la première fois ses opinions en 1801 ; il les développa considérablement, en 1809, dans sa *Philosophie zoologique*, et subséquemment, en 1815, dans l'introduction à son *Histoire naturelle des animaux sans vertèbres*. Il soutint dans ces ouvrages la doctrine que toutes les espèces, l'homme compris, descendent d'autres espèces; le premier il rendit cet éminent service à la science, qu'il attira l'attention sur la probabilité que tout changement dans le monde organique, aussi bien que dans le monde inorganique, est le résultat d'une loi, et non d'une intervention miraculeuse. La difficulté de distinguer entre les espèces et les variétés, la gradation si parfaite des formes dans certains groupes et l'analogie des productions domestiques, paraissent avoir conduit Lamarck à ses conclusions sur les changements graduels des espèces. Quant aux moyens de modification, il les chercha en partie dans l'action directe des conditions physiques de la vie, dans le changement des formes déjà existantes, et surtout dans l'usage et le défaut d'usage, c'est-à-dire dans les effets de l'habitude. C'est à cette dernière cause qu'il semble rattacher toutes les remarquables adaptations de la nature, telles que le long cou de la girafe, qui lui permet de brouter les feuilles des arbres. Il admet également une loi de développement progressif; or, comme toutes les formes de la vie tendent ainsi au perfectionnement, il explique l'existence actuelle d'organismes très simples par la génération spontanée. »

Le lecteur, qui a déjà été mis au courant des principales idées de Lamarck par la lecture des précédents chapitres de ce livre, ne manquera pas de remarquer la pointe de dédain et de raillerie qui perce dans la courte analyse que fait Darwin de la théorie du grand naturaliste français. Ce n'est pas sans dessein qu'il choisit, parmi les nombreux exemples cités par Lamarck pour faire comprendre sa pensée, celui du « long cou de la girafe, qui lui permet de brouter les feuilles des arbres ». Darwin sait fort bien que son lecteur, frappé par la bizarrerie de l'exemple, aura quelque tendance à ne pas prendre au sérieux la doctrine de Lamarck et dédaignera d'aller puiser dans les ouvrages du naturaliste français l'exposé de cette doctrine. Darwin n'a que trop bien réussi dans son entreprise, car il a pu emprunter à son devancier la majeure partie de ses idées sans que personne s'en soit aperçu, si bien que le nom de Darwin et celui de la théorie de la transformation des êtres vivants se sont confondus dans le titre de « Darwinisme » que donnent aujourd'hui au transformisme la plus grande partie des savants et la totalité des gens étrangers à la science.

Notre lecteur a dû remarquer encore la confusion qu'introduit Darwin dans la théorie, si simple cependant, de Lamarck. Le naturaliste anglais semble croire que Lamarck considère l'habitude comme une cause de variations individuelles agissant au même titre que les conditions du milieu et le croisement. Il y a là une erreur considérable d'interprétation. Ainsi que je l'ai montré dans les chapitres précédents, ainsi que je le montrerai avec plus de détails dans un chapitre ultérieur, aux yeux de Lamarck, l'habitude n'est pas le moins du monde une cause de variations agissant parallèlement au milieu cosmique et au croisement ; elle sert simplement, dans sa théorie, à expliquer la façon dont le milieu cosmique exerce son influence sur les organismes vivants et modifie leurs caractères. Il m'a paru indispensable de relever cette erreur qui tend à amoindrir la valeur des conceptions admirables de Lamarck.

Il ne paraît pas, du reste, que Darwin ait prêté une grande attention à ce qui constitue la véritable découverte de Lamarck, à l'action modificatrice des milieux. Il est par-dessus tout préoccupé de sa propre théorie, et sacrifie tout au plaisir de l'exposer et de lui attribuer ce qui lui est le moins attribuable.

Cet état d'esprit se manifeste particulièrement dans son *Origine des espèces*. Cet ouvrage est tout entier consacré à l'exposition et à la défense de la « Lutte pour l'existence » et dé « la sélection » envisagées comme causes déterminantes de la formation des espèces nouvelles. Il n'est pas cependant sans se rendre compte que ces deux actions sont incapables d'expliquer la production des variations individuelles qui servent nécessairement de point de départ à la formation des espèces, et qu'elles ne peuvent servir, tout au plus, qu'à expliquer comment ces variations se fixent et se perpétuent au point de devenir les caractères distinctifs d'espèces nouvelles; mais il semble n'attacher que peu d'importance à la difficulté que saisit son esprit, et il s'en tire par un procédé qui paraît bien léger de la part d'un esprit aussi grave: il attribue la production des variations individuelles « moins à l'action directe des conditions ambiantes qu'*à une tendance à la variabilité due à des causes que nous ignorons absolument* ». (*Orig. des espèces*, 2ᵉ éd., p. 146.)

Il importe de faire remarquer que l'opinion qu'il émet dans cette phrase est contredite par tous les faits que lui-même fournit relativement à l'action du milieu cosmique et de ce que j'ai appelé plus haut le milieu générateur. Il sent bien, en effet, qu'il est impossible de nier cette action, ainsi que je le démontrerai plus bas, mais il ne perd pas de vue que s'il lui attribue autant d'importance que l'avaient fait certains de ses devanciers, tels que Lamarck et Geoffroy Saint-Hilaire, il perdrait une partie du bénéfice que la nouveauté de sa doctrine est de nature à lui rapporter. De là l'insistance avec laquelle il s'efforce d'atténuer l'action du milieu cosmique. « Les naturalistes, dit-il dans son *Origine des espèces* (p. 3), assignent comme *seules causes* possibles aux variations, les conditions extérieures telles que le climat, la nourriture, etc. Cela peut être vrai *dans un sens très limité,* comme nous le verrons plus tard ; mais il serait absurde d'attribuer aux seules conditions extérieures la conformation du pic, par exemple, dont les pattes, la queue, le bec et la langue sont si admirablement adaptés pour aller saisir les insectes sous l'écorce des arbres. Il serait également absurde d'expliquer la conformation du gui et ses rapports avec plusieurs êtres organiques distincts, par les seuls effets des conditions extérieures, de l'habitude ou de la volonté de la plante elle-même, quand on pense que ce parasite tire sa nourriture de certains arbres, qu'il a des graines que doivent transporter certains oiseaux, et qu'il a des fleurs de sexes séparés, ce qui nécessite l'intervention de certains insectes pour porter le pollen d'une fleur à l'autre. » Pour bien marquer qu'il n'attache qu'une mince valeur à l'action des conditions cosmiques comme cause productrice des variations individuelles, Darwin ajoute aussitôt : « Il est donc de la plus haute importance d'élucider quels sont les moyens de modifications et de coadaptation. »

Dans son histoire *De la variation des animaux et des plantes à l'état domestique,* Darwin revient sur la question de l'influence du milieu cosmique envisagé comme cause des variations des êtres vivants, et termine son exposé (II, p. 296) par cette proposition qui résume bien sa pensée: « Dans la plupart des cas, les conditions d'existence ne jouent, comme causes de modifications

particulières qu'un rôle très secondaire, comparable au
rôle que joue l'étincelle dans l'ignition d'une masse combustible, c'est-à-dire que la nature de la flamme dépend
de la matière combustible et non de l'étincelle. » Puis il
ajoute : « Chaque variation légère doit, sans doute, résulter d'une cause déterminante ; mais il est aussi impossible
d'espérer de découvrir la cause de chacune, que de dire
pourquoi un refroidissement ou un poison affectent un
homme d'une autre façon qu'un autre. Même dans le cas
de modifications résultant d'une action définie des conditions d'existence, lorsque tous ou presque tous les individus semblablement exposés sont affectés de la même
manière, il est rare que nous puissions établir un rapport
précis entre la cause et l'effet. »

La pensée de Darwin est clairement exprimée dans ces
dernières propositions ; elle peut se résumer de la façon
suivante : les conditions extérieures peuvent bien agir
dans une certaine mesure pour produire les variations,
mais elles n'agissent pas sur tous les organismes d'une
même espèce de la même façon, et leur diversité d'action
résulte de la diversité d'organisation des individus, ou, si
l'on aime mieux, des prédispositions organiques de ces
individus.

Cette pensée est exacte, mais Darwin en fait un mauvais usage quand il prétend en conclure que, « dans la
plupart des cas, les conditions d'existence ne jouent,
comme causes de modifications particulières, qu'un rôle
très secondaire. » En effet, sans l'action de ces conditions, les modifications ne seraient pas plus produites
que, sans l'étincelle à laquelle il les compare, la masse
combustible ne prendrait feu. Pour continuer à me servir
de ses comparaisons, il est parfaitement exact que le

même refroidissement de la température n'agit pas de la même manière sur tous les hommes qui y sont exposés; l'un contractera un rhumatisme, tandis qu'un autre prendra un rhume, un troisième une pleurésie, un quatrième une angine, etc. Mais le refroidissement n'en est pas moins la cause essentielle de ces maladies diverses; sans lui, aucune d'elles ne se serait produite; elles sont variables, parce que les individus exposés au même refroidissement diffèrent les uns des autres, mais elles sont toutes dues au refroidissement. Les effets produits par ce dernier sont différents, mais il n'en est pas moins la cause nécessaire de ces effets.

Examinons maintenant une des modifications produites par le milieu cosmique dont nous avons parlé plus haut, celle, par exemple, du changement de coloration qui se produit chez tous les animaux soumis à la domestication. Il est parfaitement exact que la variation ne sera pas la même chez tous les individus; les taches blanches se produiront chez un premier dans un certain point du corps, chez un second dans un autre point, etc.; le point affecté variera, très probablement, avec les caractères de l'organisation de la peau dans les divers individus; mais ôtez la domestication, laissez l'animal à l'état sauvage, et les taches blanches n'apparaîtront pas; la domestication n'est donc pas une cause « très secondaire » des modifications produites, mais la cause unique, essentielle, cause qui n'agirait pas, il est vrai, si les animaux n'étaient pas organisés de façon à subir son action, mais sans laquelle aucune modification ne serait produite.

Ajoutons encore que s'il est vrai que la nature des effets produits par certaines conditions du milieu cosmique varie avec les individus soumis à ces conditions, il ne faudrait pas cependant croire que cette variation soit toujours aussi considérable que tendrait à le faire supposer le cas du refroidissement cité plus haut. Quand, par exemple, on soumet des chevaux à la domestication, les changements de coloration qu'ils subissent ne sont pas les mêmes chez tous les individus, mais tous éprouvent ces changements. De même que quand on expose un certain nombre d'hommes à un même refroidissement, tous ne contractent pas la même maladie, mais presque tous, — on pourrait même dire tous, si l'on était assuré que le refroidissement a pu sévir sur tous avec la même intensité, — presque tous, dis-je, éprouvent un trouble physiologique plus ou moins considérable et plus ou moins durable.

Le premier argument imaginé par Darwin pour atténuer l'importance du milieu cosmique envisagé comme cause de variations individuelles ne résiste pas, on le voit, à l'observation précise des faits. Cet argument est cependant le plus important de tous, ou, pour mieux dire, tous les autres, ainsi que le lecteur va pouvoir s'en assurer, rentrent plus ou moins dans celui-là.

Voici une seconde considération à laquelle il importe de répondre. « J'ai fait allusion, dit Darwin (*Variat. des anim. et des pl.*, II, p. 289), aux différences légères qui existent entre les espèces vivant naturellement dans des pays distincts, sous des conditions différentes, différences que nous sommes d'abord disposés à attribuer, probablement avec raison dans un grand nombre de cas, à l'action définie des conditions ambiantes. Mais il faut songer qu'il y a un bien plus grand nombre d'animaux et de plantes qui ont une distribution fort étendue, qui se sont trouvés par conséquent exposés aux influences climatériques les plus diverses, et qui ont cependant conservé une grande uniformité de caractères…. Il y a environ deux cents plantes qui, se rencontrant dans tous les comtés de l'Angleterre, ont dû, pendant une longue période, être exposées à des différences considérables de climat et de sol, sans cependant différer les unes des autres. De même, certains animaux et certaines plantes s'étendent sur de vastes parties du globe, tout en conservant les mêmes caractères. »

Il serait facile de répondre à Darwin que des animaux et des plantes ayant « une distribution fort étendue » peuvent fort bien cependant n'être pas exposés à des conditions cosmiques très différentes. Il est certain, par exemple, que tous les comtés de l'Angleterre n'ont pas exactement le même climat et n'offrent pas un sol composé exactement de la même façon ; mais, en ce qui concerne le climat, les différences ne sont pas considérables, surtout si l'on envisage la moyenne des conditions climatériques pendant un certain nombre d'années ; d'autre part, en ce qui concerne le sol, il faudrait montrer que des individus d'une même espèce de plantes poussant dans des sols très différents se ressemblent absolument ; or Darwin lui-même a noté des faits de variations produites' chez certaines plantes, les fraisiers, par exemple, par des différences du sol tellement minimes qu'elles échappent à l'observation. L'argumentation de Darwin tombe donc devant les faits, et qui plus est, devant ceux-là mêmes qu'il invoque.

Il n'est pas douteux cependant que certains animaux et certaines plantes se rencontrent dans des climats très différents. Ainsi que Darwin le fait remarquer, « dans l'Inde, les pigeons domestiques offrent presque la même diversité de couleurs qu'en Europe, » et cependant, le climat est fort différent dans l'Inde et en France ou en Angleterre ; mais il faut noter que le climat n'est pas la seule condition cosmique capable d'agir sur les organismes vivants pour les modifier ; ce n'est même pas, très probablement, la plus active de ces conditions : le mode d'alimentation, de logement, etc., agissent puissamment sur les animaux-domestiques et peuvent fort bien contrebalancer l'influence du climat. Or dans le cas des pigeons domestiques, ces conditions sont à peu près les mêmes dans l'Inde qu'en Europe. Du reste, le climat lui-même se compose d'éléments très divers, tels que l'état hygrométrique et électrique de l'air, la continuité ou la discontinuité de la chaleur, la nature et la direction des vents, etc., et il faudrait connaître admirablement tous ces éléments pour comparer deux climats l'un à l'autre. Les comparaisons thermométriques sont absolument insuffisantes.

« Nous pouvons au moins conclure, dit Darwin (*loc. cit.*, II, p. 291), que la somme des modifications que les animaux et les plantes ont éprouvées sous l'influence de la domestication ne correspond pas à l'importance des changements de condition auxquels ils ont été exposés. » J'avoue que cette proposition me paraît singulièrement étonnante, venant à la suite de la description très minutieuse que Darwin fait, dans le même chapitre, des modifications produites par la domestication chez les animaux qui y sont soumis, non seulement dans leurs cacactères extérieurs, mais encore dans leur organisation interne. Tous les faits qu'il cite et que j'ai reproduits plus haut, en grande partie, conduisent, au contraire, à la conclusion que les modifications produites par la domestication sont plus considérables que ne pourrait le faire supposer le peu d'importance des changements introduits dans la manière de vivre des animaux domestiques. Que le lecteur se reporte à ce qui a été dit plus haut, d'après les observations de Darwin lui-même, relativement aux modifications produites par la domestication dans l'organisation interne des canards et des lapins, et qu'il les compare aux changements introduits dans l'existence de ces animaux par la domestication. Les os, les muscles, les dimensions du crâne, les dimensions de l'intestin, la coloration, la faculté locomotrice ont été profondément transformés ; et cependant les races domestiques vivent dans le même climat que l'espèce sauvage, la nature de leur alimentation est à peu de chose près la même, etc. Ce qui est changé c'est la quantité de la nourriture, qui est plus abondante à l'état domestique, c'est la somme d'exercice, l'animal domestique n'ayant à faire aucun effort pour se nourrir, c'est l'exposition aux intempéries des saisons, beaucoup diminuée par la domestication, etc. Ces changements ont suffi pour déterminer toutes les modifications que Darwin a étudiées avec tant de soin. Ses propres recherches réduisent donc à néant la proposition citée plus haut ; elles permettraient même d'en renverser les termes, si nous ne devions pas garder une extrême réserve au sujet de la valeur que des changements en apparence peu considérables des conditions cosmiques peuvent avoir, au point de vue de la transformation des organismes vivants, quand ils agissent sur une très longue série de générations, comme c'est le cas pour les animaux domestiques.

Dans l'étude qui précède, je crois avoir répondu aux arguments employés par Darwin pour atténuer l'importanse des conditions cosmiques envisagées comme cause déterminante des variations individuelles, ou, si l'on veut, des transformations des êtres vivants. Je n'hésite donc pas à conclure des faits cités plus haut et tous considérés comme exacts par Darwin lui-même, que le milieu cosmique doit être envisagé comme une cause puissante de production des variations individuelles des organismes vivants.

Je m'empresse d'ailleurs de rappeler que cette cause n'est pas la seule, et que, comme l'a fait avec raison, remarquer Darwin, il faut tenir compte, dans son action, des caractères propres aux individus qui y sont soumis.

§ 2.— *Mode d'action du milieu cosmique envisagé comme cause déterminante des variations individuelles.*

Pour en finir avec l'étude du milieu cosmique, il nous reste à résoudre un important problème. Nous devons rechercher par quels moyens il agit sur les êtres vivants pour déterminer la production des variations individuelles. Il ne suffit pas d'avoir établi la réalité de l'action du milieu cosmique, il faut encore déterminer de quelle façon se produit cette action. Pour prendre un exemple, il ne suffit pas de savoir que, sous l'influence de la domestication, le canard perd la faculté de voler et subit une atrophie des os, des muscles et des plumes des ailes; il faut encore savoir pourquoi et comment la domestication produit en lui des changements si profonds.

Nous avons déjà exposé dans un chapitre précédent (voy. p. 41) la manière de voir de Lamarck sur cet objet. Le lecteur me pardonnera de la rappeler brièvement en suivant d'aussi près que possible le texte que j'ai déjà reproduit. D'après l'illustre fondateur de la théorie du transformisme, les changements introduits dans les conditions cosmiques auxquelles est exposée une espèce animale, déterminent chez les individus qui composent cette espèce des changements corrélatifs dans les besoins, et les changements introduits dans les besoins « en amènent, nécessairement dans les actions ». Si les conditions cosmiques nouvelles persistent, si, par conséquent, les besoins nouveaux qu'elles ont créés « deviennent constants et très durables, » les animaux qui les éprouvent et qui accomplissent toujours les mêmes actions en vue de les satisfaire, « prennent de nouvelles habitudes qui sont aussi durables que les besoins qui les ont fait naître ; » quant aux habitudes ainsi contractées, elles déterminent « l'emploi de telle partie par préférence à celui de telle autre, et, dans certains cas, le défaut total de telle partie qui sera devenue inutile. » En d'autres termes, les habitudes entraînent l'usage ou le défaut d'usage des divers organes des animaux. L'usage répété d'une partie la développe, la fortifie, la fait naître même. « De nouveaux besoins, dit Lamarck, ayant rendu telle partie nécessaire ont réellement, par une suite d'efforts, fait naître cette partie, et ensuite son emploi soutenu l'a peu à peu fortifiée, développée, et a fini par l'agrandir considérablement. » Si, au contraire, les besoins nouveaux et les habitudes qu'ils ont déterminé rendent telle ou telle partie inutile, « le défaut total d'emploi de cette partie a été cause qu'elle a cessé graduellement de recevoir les développements que les autres parties de l'animal obtiennent ; qu'elle s'est amaigrie et atténuée peu à peu, et qu'enfin, lorsque le défaut d'emploi a été total pendant beaucoup de temps, la partie dont il est question a fini par disparaître. »

Quant aux végétaux, Lamarck leur refuse à tort les actions et les habitudes ; mais il se rend bien compte de la façon dont les changements des conditions cosmiques modifient leur organisation ; « ici, dit-il, tout s'opère par les changements survenus dans la nutrition du végétal, dans ses absorptions et ses transpirations, dans la quantité de calorique, de lumière, d'air et d'humidité qu'il reçoit alors habituellement ; enfin, dans la supériorité que certains des divers mouvements vitaux prennent sur les autres. » Lamarck aurait pu ajouter que ce sont là des « actions » et des « habitudes » analogues aux « actions » et aux « habitudes » des animaux, et que dans les deux groupes d'organismes les conditions cosmiques agissent de la même façon, c'est-à-dire en provoquant des besoins nouveaux, des habitudes nouvelles, l'usage plus grand ou moindre de telle ou telle partie, de tels ou tels organes.

Quoi qu'il en soit, sa manière de voir se trouve admirablement résumée dans les propositions suivantes :

Il faut, dit-il, reconnaître :

« 1° Que tout changement un peu considérable et ensuite maintenu dans les circonstances où se trouve chaque race d'animaux opère en elle un changement réel dans les besoins ;

« 2° Que tout changement dans les besoins des animaux nécessite pour eux d'autres actions pour satisfaire aux nouveaux besoins, et, par suite, d'autres habitudes ;

« 3° Que tout nouveau besoin nécessitant de nouvelles actions pour y satisfaire, exige de l'animal qui l'éprouve, soit l'emploi plus fréquent de telle de ses parties dont auparavant il faisait moins d'usage, ce qui la développe et l'agrandit considérablement, soit l'emploi de nouvelles parties que les besoins font naître insensiblement en lui par des efforts de son sentiment intérieur ; ce que je prouverai tout à l'heure par des faits connus. » (*Philosoph. zool.*, I, p. 235.)

De ces propositions, Lamarck fait découler la première des deux lois que j'ai citées plus haut, mais dont je crois à propos de reproduire ici le texte : « Dans tout animal (ajoutons : dans tout végétal) qui n'a point dépassé le terme de ses développements, l'emploi plus fréquent et soutenu d'un organe quelconque fortifie peu à peu cet organe, le développe, l'agrandit, et lui donne une puissance proportionnelle à la durée de cet emploi ; tandis que le défaut constant d'usage de tel organe l'affaiblit insensiblement et le détériore, diminue progressivement ses facultés et finit par le faire disparaître. »

Dans ses *Recherches sur les corps vivants*, Lamarck avait déjà formulé une proposition d'une haute importance et qui a dû servir de point de départ à la doctrine que je viens d'exposer : « Ce ne sont pas les organes, dit-il, c'est-à-dire la nature et la forme des parties du corps d'un animal qui ont donné lieu à ses habitudes et à ses facultés particulières, mais ce sont, au contraire, ses habitudes, sa manière de vivre et les circonstances dans lesquelles se sont rencontrés les individus dont il provient, qui ont, avec le temps, constitué la forme de son corps, le nombre et l'état de ses organes, enfin, les facultés dont il jouit. »

Si j'ai tant insisté sur la façon dont Lamarck expliquait les modifications produites dans l'organisme des êtres vivants par les conditions cosmiques dans lesquelles ils vivent, c'est parcé que sa manière de voir a été en partie confirmée par les travaux qui ont été faits depuis son époque. Il est donc permis de trouver au moins étrange que son opinion ait été négligée par le plus grand nombre des naturalistes de ce siècle, qui probablement n'ont guère lu ses œuvres, et qu'elle ait été tournée en dérision, sans que personne ait encore protesté, par Darwin qui, lui, en avait une parfaite connaissance et n'a fait que la reproduire sous une autre forme, après l'avoir exécutée d'un mot dédaigneux. On a inscrit à l'actif de Darwin la découverte de l'influence exercée par l'usage ou le défaut d'usage des parties sur leur développement. C'est cependant Lamarck qui a, le premier, signalé leur importance. Darwin n'a voulu voir dans l'exposé des vues de Lamarck que ce qui concerne « l'habitude ». « C'est, dit-il, à l'habitude que Lamarck *semble* rattacher toutes les admirables adaptations de la nature, telles que le long cou de la girafe, qui lui permet de brouter les feuilles des arbres. »

On a critiqué, on a raillé l'opinion de Lamarck sans se donner la peine de l'étudier, et l'on a fait gloire à Darwin d'avoir découvert le rôle extrêmement important de l'usage et du défaut d'usage des parties, alors que l'honneur de cette découverte revient tout entier à l'illustre savant français. Les citations que j'ai faites viennent à l'appui de ce que j'avance ; mais les faits qu'il a signalés sont encore plus démonstratifs et ne permettent de conserver aucun doute sur ses idées.

Je suis, il est vrai, obligé de reconnaître que Lamarck, poussant beaucoup trop loin les limites des modifications que l'usage ou le défaut d'usage peuvent introduire dans l'organisme des animaux, s'est laissé entraîner à attribuer à cette cause une foule de caractères dont il est indispensable de chercher ailleurs l'origine. Cette observation s'applique particulièrement à ce qu'il dit de la girafe. Comme on lui a beaucoup reproché cette erreur, ou plutôt comme on s'en est servi pour ridiculiser toute sa doctrine, le lecteur me pardonnera de reproduire ici ce qu'il dit de cet animal. « Relativement aux habitudes, écrit-il, il est curieux d'en observer le produit dans la forme particulière et la taille de la girafe (*Camelopardalis*) : on sait que cet animal, le plus grand des mammifères, habite l'intérieur de l'Afrique, et qu'il vit dans des lieux où la terre, presque toujours aride et sans herbage, l'oblige de brouter le feuillage des arbres, et de s'efforcer continuellement d'y atteindre. Il est résulté de cette habitude soutenue depuis longtemps, dans tous les individus de sa race, que ses jambes de devant sont devenues plus longues que celles de derrière, et que son col s'est tellement allongé, que la girafe, sans se dresser sur ses jambes de derrière, élève sa tête et atteint à six mètres de hauteur (près de vingt pieds). » (*Philos. zool.*, I, p. 255.)

Lamarck commet des erreurs semblables à la précédente quand il attribue la longueur des jambes des oiseaux de rivage aux efforts qu'ils font pour étendre et allonger leurs pieds ; quand il attribue la position des yeux des poissons à l'habitude qu'ils ont de regarder latéralement ; quand il considère le long cou du cygne comme produit par l'habitude qu'a l'animal de l'allonger pour atteindre le fond de l'eau, etc.

Mais à côté de ces erreurs, qui ne sont, du reste, pas de nature à infirmer la vérité du principe lui-même, Lamarck cite un certain nombre d'exemples dans lesquels des caractères même fort importants peuvent être attribués, avec une grande probabilité ou même parfois avec une

certitude presque absolue, à l'usage ou au défaut d'usage
des parties. Lamarck fait remarquer avec juste raison
que l'atrophie des ailes du canard domestique est due au
défaut d'usage de ces organes ; il cite le fait des buveurs
et des hommes de cabinet, qui ne prenant qu'une petite
quantité d'aliments, ont l'estomac beaucoup moins
développé que les hommes adonnés à un exercice corpo-
rel violent et continu, et rendus ainsi grands mangeurs ;
il attribue la production de la taille massive et lourde des
ruminants à la nécessité dans laquelle ils se trouvent de
rester stationnaires pour brouter pendant la plus grande
partie de leur vie, parce qu'il leur faut une énorme
quantité d'aliments ; il attribue les sabots de ces mêmes
animaux à cette station prolongée, et met encore sur le
compte de la même cause, c'est-à-dire sur un défaut
d'usage des membres, l'atrophie graduelle des doigts
et des os des portions terminales des membres qui se
produit chez ces êtres, tandis qu'il considère la faculté
qu'ont les tigres, les chats, les lions, de rétracter leurs
griffes à l'habitude qu'ils ont dû contracter de les relever
le plus possible afin de conserver aiguës et tranchantes les
armes qui leur servent à déchirer leur proie ; il attribue
l'atrophie des yeux de la Taupe, celle plus considérable
encore des mêmes organes dans l'Aspalax, à ce que ces
animaux vivent sous terre, à l'abri de la lumière, et n'ont
pas les moyens de faire usage de ces organes qui,
dans toutes les espèces voisines, présentent un développement normal ; c'est encore au défaut d'usage qu'il
attribue l'atrophie des dents de la baleine, dont le fœtus,
ainsi qu'il le fait justement remarquer, présente ces organes à l'état rudimentaire.

Il fait observer avec beaucoup de raison que tandis

qu'un certain nombre d'animaux, comme la Taupe, ne présentent que des yeux rudimentaires parce qu'ils vivent dans un milieu où la lumière ne pénètre pas et dans lequel ces organes ne sont pas exercés, aucun de ceux qui font partie « d'un plan d'organisation dans lequel l'ouïe entre essentiellement » ne se montre dépourvu de cet organe, et il attribue ce fait à ce que « la matière du son, celle qui, mue par le choc ou la vibration des corps, transmet à l'organe de l'ouïe l'impression qu'elle en a reçue, pénètre partout, traverse tous les milieux et même la masse des corps les plus denses », de telle sorte que les animaux « ont toujours occasion d'exercer cet organe dans quelque lieu qu'ils habitent ». C'est encore sur le compte du défaut d'usage qu'il met l'atrophie des ailes dans un certain nombre d'insectes qui, « par le caractère naturel de leur ordre et même de leur genre, devraient avoir des ailes; » l'atrophie des quatre membres chez les serpents ; l'atrophie des membres antérieurs chez le Kanguroo, dont les membres postérieurs et la queue ont pris, au contraire, un développement considérable, par suite de l'usage constant qu'en fait l'animal pour se soutenir, tandis que les pattes de devant sont élevées au-dessus du sol. L'explication qu'il donne de cette organisation si singulière du Kanguroo me paraît digne d'être exposée intégralement. Si elle n'est pas absolument juste, elle est du moins très séduisante. « Cet animal, dit-il, qui porte ses petits dans la poche qu'il a sous l'abdomen, a pris l'habitude de se tenir comme debout, posé seulement sur ses pieds de derrière et sur sa queue, et de ne se déplacer qu'à l'aide d'une suite de sauts, dans lesquels il conserve son attitude redressée pour ne point gêner ses petits. Voici ce qui en est résulté : 1° Les jambes de

devant, dont il fait très peu d'usage et sur lesquelles il
s'appuie seulement dans l'instant où il quitte son attitude
redressée, n'ont jamais pris le développement proportionné à celui des autres parties et sont restées maigres,
très petites et presque sans force ; les jambes de derrière,
presque continuellement en action, soit pour soutenir
tout le corps, soit pour exécuter les sauts, ont, au contraire, obtenu un développement considérable et sont
devenues très grandes et très fortes ; enfin, là queue, que
nous voyons ici fortement employée au soutien de l'animal et à l'exécution de ses principaux mouvements, a
acquis dans sa base une épaisseur et une force extrêmement remarquables. »

C'est encore dans l'usage de certaines parties et le
défaut d'usage de certaines autres que Lamarck trouve
la raison de l'organisation de l'Aï, qui se tient immobile
sur les branches des arbres, embrassées par ses pattes, et
qui a tellement perdu la faculté de la locomotion qu'il ne
peut se déplacer sur le sol qu'avec la lenteur proverbiale
qui lui a fait donner le nom de Paresseux. C'est à une
cause de même ordre qu'il attribue la formation des
appendices osseux et des cornes des bœufs, des béliers,
etc. Ces animaux « ne peuvent se battre, dit-il, qu'à coups
de tête, en dirigeant l'un contre l'autre le vertex de cette
partie. Dans leurs accès de colère qui sont fréquents, surtout entre les mâles, leur sentiment intérieur, par ses efforts, dirige plus fortement les fluides vers cette partie de
leur tête, et il s'y fait une sécrétion de matière cornée,
dans les uns, et de matière osseuse mélangée de matière
cornée, dans les autres, qui donne lieu à des protubérances solides : de là l'origine des cornes et des bois, dont
la plupart de ces animaux ont la tête armée. »

Il n'est guère permis de douter que l'habitude qu'ont les ruminants, surtout les mâles, de se battre à coups de tête, soit de nature à déterminer dans la région frontale une circulation très intense qui elle-même entraîne une nutrition très active des os et de la peau, et par conséquent peut fort bien provoquer la production de formations accessoires des os et de l'épiderme qui, au bout d'un grand nombre de générations, affecteront le caractère de cornes osseuses ou épidermiques. On sait fort bien, en effet, comme a soin de le faire remarquer Lamarck dans divers passages de son livre, que l'usage répété d'une partie entraîne dans cette partie un afflux très considérable des fluides nutritifs, et par suite un excès de nutrition.

L'usage ou le défaut d'usage déterminés par les besoins et les habitudes que provoquent les conditions de l'existence suffisent-ils, avec l'aide de l'hérédité, pour expliquer tous les caractères spéciaux que Lamarck met sur leur compte? Il serait, je crois, imprudent de l'affirmer ; il est probable que d'autres agents, tels que la lutte pour l'existence et la sélection naturelle, jouent un rôle considérable dans le développement et la perpétuation de ces caractères ; mais il n'en est pas moins vrai, que dans la plupart des cas que je viens de citer d'après Lamarck, l'action exercée par l'usage ou le défaut d'usage des parties, sur l'organisation des animaux, action antérieure à celle de la sélection et sans laquelle celle-ci ne pourrait pas se produire, a une importance considérable.

Darwin a recueilli, de son côté, un assez grand nombre de faits relatifs aux modifications que l'usage ou le défaut d'usage introduisent dans l'organisme des animaux. J'ai déjà cité plus haut la plupart de ces faits comme preuves de l'action exercée par le milieu cosmique en vue de la transformation des animaux. Je me bornerai ici à les rappeler rapidement, en montrant que dans ces cas le milieu cosmique agit en entraînant soit un usage plus fréquent, soit un défaut d'usage plus ou moins considérable des parties qui se modifient.

Il n'est pas permis de douter que ce soit de cette façon que la domestication diminue les dimensions des ailes des canards au point de leur rendre le vol à peu près impossible. Le canard domestiqué a très certainement, au début, été enfermé dans un espace clos où il lui était impossible de déployer toute la force de ses ailes; ou bien on lui a coupé les plumes de façon à rendre le vol tout à fait impossible. Il est résulté de ces conditions un manque d'usage des muscles des ailes, et, par suite, un afflux moins considérable du sang dans ces organes; les fibres musculaires recevant moins de sang ont été moins nourries, se sont par conséquent atrophiées; il en a été de même des cellules osseuses, de celles de la peau, de celles des follicules qui sécrètent les plumes, etc.

Les mêmes conditions agissant sur un nombre très considérable de générations et les caractères de chacune étant transmis aux suivantes par l'hérédité, il a dû se produire assez rapidement la diminution permanente de taille des os, des muscles, et même des plumes des ailes, que Darwin a si bien étudiées. L'action exercée par le défaut d'usage est ici aussi manifeste que possible; mais il ne faut pas oublier que le défaut d'usage n'est lui-même qu'une conséquence du changement apporté dans les conditions d'existence de l'animal, dans ce que nous appelons son milieu cosmique. Si le milieu n'avait pas été changé, les ailes auraient continué leur exercice habituel, et aucune modification n'eût été introduite dans leur organisation.

Nous avons également cité plus haut les observations faites par Darwin sur le Lapin domestique, et dit que la taille du corps de cet animal a augmenté sous l'influence de la domestication dans des proportions beaucoup plus considérables que son cerveau, qui est même relativement plus petit que chez les lapins sauvages. Ses observations sur un lapin Angora sont particulièrement remarquables à cet égard. « La couleur de cet animal, un blanc pur, et la longueur de son poil soyeux, dénotent, dit-il, une domesticité prolongée. Sa tête et son corps sont considérablement plus longs que ceux du lapin sauvage ; mais la capacité réelle de son crâne est moindre que celle même du petit lapin sauvage de Porto-Santo. Rapportée à la longueur de son crâne, sa capacité crânienne n'est que moitié de ce qu'elle devrait être. J'ai aussi comparé la capacité du crâne de l'Angora à celle du lapin sauvage en prenant d'autres bases, telles que la longueur et le poids du corps et le poids des os des membres ; tous les moyens s'accordent à indiquer un cerveau beaucoup trop petit ; la différence est toutefois un peu moins considérable quand on prend pour terme de comparaison les os des membres. Cette circonstance s'explique probablement par le fait que les membres ont dû subir une forte réduction de poids chez une race réduite depuis longtemps en domesticité et condamnée par suite à une vie inactive. J'en conclus que la race Angora, qu'on dit être plus tranquille et plus sociable que les autres races, a subi réellement une réduction considérable de la capacité de la boîte crânienne. » Darwin conclut avec juste raison de ces faits que les lapins domestiqués depuis longtemps et tenus enfermés depuis un grand nombre de générations n'ayant pu exercer leurs facultés intellectuelles, leurs sens et leur volonté, comme ils sont contraints de le faire à l'état sauvage, soit pour se procurer leur nourriture, soit pour éviter leurs ennemis, leur cerveau s'est atrophié par suite du défaut d'usage. De l'observation qui précède on peut conclure également que chez les lapins domestiques les membres subissent une atrophie partielle qui doit être attribuée, comme celle du cerveau, au manque d'exercice. Si, au contraire, les dimensions du corps augmentent, cela tient à ce que l'animal ne faisant pas d'exercice, tous les organes qui ne prennent pas part directement à ce dernier étant davantage nourris, prennent plus de volume qu'à l'état sauvage.

Dans le cas du lapin comme dans celui du canard, il est bien évident que les modifications de l'organisme dues directement à l'usage ou au défaut d'usage des parties, trouvent en réalité leur cause première dans les changements des conditions d'existence, autrement dit, dans le milieu cosmique de l'animal.

Le lecteur me dispensera de revenir sur tous les exemples de variations individuelles, produites par le milieu cosmique, que j'ai citées plus haut; il lui sera facile de leur appliquer lui-même les considérations sur l'usage ou le défaut d'usage que je viens d'exposer à propos des canards et des lapins. Il s'assurera ainsi facilement que dans tous les cas où le milieu cosmique agit comme modificateur de l'organisation animale, comme producteur de variations individuelles, c'est en augmentant ou diminuant l'usage des parties, ou bien, ce qui revient au même, en activant ou en ralentissant les diverses fonctions physiologiques, telles que la nutrition, la respiration, la circulation, etc., qu'il exerce son influence. Il verra aussi que cela s'applique non seulement aux animaux, mais encore aux végétaux, et il reconnaîtra l'exactitude de l'opinion émise par Lamarck relativement au mode d'action du milieu cosmique, à la seule condition de savoir interpréter scientifiquement les vues de l'illustre naturaliste et de les dégager de la part d'exagération qu'il était presque fatalement condamné à y introduire, étant donné le faible développement que les sciences biologiques présentaient à son époque.

Le lecteur ne manquera pas, du reste, de reconnaître que ce qui pèche le plus dans l'opinion de Lamarck citée plus haut, c'est la forme. Si l'on prend dans le sens le plus étroit les expressions de « besoins » et « d'habitudes » dont il fait usage, il est facile de lui objecter que, dans bien des cas, les modifications des besoins et des habitudes par un changement des conditions cosmiques ne sont pas constatables; le lapin qu'on enferme et qui acquiert un corps plus gros, un cerveau plus petit et des membres plus faibles, n'acquiert pas ces caractères en vue de satisfaire un besoin qui a créé des habitudes nouvelles; il doit ces caractères nouveaux à ce que ces diverses parties sont forcément soumises à des conditions nouvelles d'existence. Ce n'est pas par « besoin » qu'il n'exerce pas ses sens et son cerveau, c'est, au contraire, parce qu'il n'a plus un besoin aussi vif de se servir de ces organes. Ce n'est pas parce qu'il contracte des besoins nouveaux et des habitudes nouvelles que le mouton transporté dans un pays plus froid que celui où ont vécu ses ancêtres y acquiert une toison plus touffue, c'est parce que les conditions nouvelles de la température auxquelles il est exposé modifient la circulation centrale et cutanée, la nutrition de la peau et celle des follicules pileux. Je ne crois pas nécessaire de multiplier ces exemples pour montrer en quoi les termes « besoins » et « habitudes » employés par Lamarck sont mauvais si on les prend au sens strict de la lettre. Leur grand défaut est de ne pas être suffisamment généraux pour être applicables à tous les êtres vivants sans exception.

Lamarck emploie un langage déjà beaucoup plus correct quand il attribue l'atrophie d'un organe au « défaut constant d'usage » et son accroissement à son « emploi fréquent et soutenu ». Et cependant ces termes sont encore incorrects, parce qu'ils ne sont pas assez généraux pour être applicables à tous les cas. C'est ce que Darwin n'a pas suffisamment compris et ce qui peut-être lui a fait méconnaître l'importance des conditions cosmiques envisagées comme agents de production des variations individuelles. Quand, par exemple, un mouton perd sa toison, ou, du moins, la voit diminuer d'abondance sous l'influence d'un climat chaud, il est évident qu'on ne peut pas dire que cela soit le résultat du « défaut d'usage » de la toison ; ainsi que je l'ai dit plus haut, la modification qu'éprouve cette dernière résulte des changements apportés dans la circulation cutanée par l'élévation de la température.

Où Lamarck est tout à fait dans le vrai, soit comme forme, soit comme fond de la pensée, c'est quand il applique ses vues aux végétaux. Ne connaissant chez eux ni besoins ni habitudes, quoique cependant ils existent, il est obligé de donner à sa pensée une forme plus générale, et finit par trouver la formule exacte de sa théorie quand il écrit : « Ici, tout s'opère par les changements survenus dans la nutrition du végétal, dans ses absorptions et ses transpirations, dans la quantité de calorique, de lumière, d'air et d'humidité qu'il reçoit alors habituellement ; enfin, dans la supériorité que certains des divers mouvements vitaux peuvent prendre sur les autres. »

Nous bornant à donner à cette formule une forme plus moderne, nous en pouvons faire la conclusion de toute cette étude sur le mode d'action du milieu cosmique.

Le milieu cosmique, dirons-nous, détermine la production des variations individuelles en modifiant l'intensité des fonctions de l'animal ou de la plante, accélérant les unes et ralentissant les autres, et entraînant ainsi, soit l'augmentation, soit la diminution de taille et le changement de forme, soit même la disparition de certains organes et l'apparition d'organes nouveaux.

Pour que le milieu cosmique exerce l'action dont nous venons de parler, il faut qu'il agisse, ainsi que l'avait fort bien indiqué Lamarck, sur des organismes encore incomplètement développés. Si, par exemple, on réduit à l'état domestique un lapin sauvage ayant déjà atteint l'âge adulte, le régime nouveau auquel on le soumettra ne modifiera que fort peu ses caractères. Qu'on prenne, au contraire, une lapine sauvage pleine, qu'on l'enferme, qu'on lui donne une nourriture plus abondante, qu'on la soumette, en un mot, aux conditions de la domestication, et les petits en venant au monde seront déjà modifiés dans une certaine mesure ; la domestication continuant à agir sur eux pendant l'allaitement, puis pendant toute la durée des développements, quand ils parviendront à l'état adulte ils seront déjà presque entièrement domestiqués et pourront transmettre leurs nouvelles qualités, ou du moins une partie de ces qualités, à leurs descendants.

Je ne veux pas insister ici sur cette partie de la question ; elle se représentera dans le chapitre relatif à la transmission des caractères présentés accidentellement par les parents au moment de la fécondation ou pendant que le produit est encore en rapport avec la mère.

Le milieu cosmique exerçant son action la plus efficace pendant les premières phases de développement des animaux ou des végétaux, il modifiera d'autant plus vite les caractères d'une série d'individus que ces derniers se reproduiront avec plus de rapidité. Une race de plantes annuelles sera beaucoup plus vite transformée par le milieu cosmique qu'une race de plantes vivaces. Les pigeons, qui ont plusieurs couvées par an, sont très rapidement modifiés, tandis que les chevaux exigent un temps beaucoup plus long.

Ajoutons que plus une espèce d'animaux ou de végétaux se reproduit rapidement et abondamment, plus aussi elle est susceptible de présenter des variations individuelles dues au milieu cosmique, parce que ce dernier agit sur un plus grand nombre de générations successives et sur un plus grand nombre d'individus d'une même génération.

§ 3. — *Des variations individuelles produites par le milieu générateur.*

Ainsi que je l'ai déjà dit, j'entends par *milieu générateur* d'un animal ou d'un végétal, le ou les individus qui lui ont donné naissance, individus que nous désignerons sous le nom de *générateurs,* et les parents des générateurs jusqu'à une génération antérieure qu'il est impossible de déterminer, mais qui, parfois, comme on le verra tout à l'heure, remonte fort loin. Nous dirons, par exemple, que le milieu générateur d'un jeune chêne se compose du chêne, qui a produit le gland d'où il est sorti et des ancêtres de ce chêne; le milieu générateur d'un chien est formé par la chienne qui l'a mis au monde, par le chien qui a fécondé la chienne et par les ancêtres du père et de la mère.

En un mot, on peut dire que le milieu générateur d'un végétal ou d'un animal se compose de tous ses ancêtres. Je prie le lecteur de tenir grand compte de ce fait, sans lequel il lui serait impossible de comprendre la façon dont le milieu générateur agit pour produire des variations individuelles.

Tout le monde sait qu'il existe toujours entre un animal et ses parents une grande ressemblance; on peut même dire que les caractères principaux des parents se retrouvent toujours dans les enfants; un homme, par exemple, offre toujours l'organisation anatomique, la forme et la disposition des organes de l'homme et de la femme qui lui ont donné naissance; c'est ce qui a fait dire à Buffon avec une grande justesse et un rare bonheur d'expression que les « espèces sont des suites d'individus. » (*Histoire du bœuf.*)

Mais à côté des ressemblances profondes qui rattachent les parents à leurs produits, tout le monde sait qu'il existe toujours entre eux des différences plus ou moins prononcées.

Nous avons déjà indiqué qu'une partie de ces différences résultent, soit de l'action exercée par le milieu cosmique sur la mère pendant que le produit est encore en communication avec elle, soit au mélange inégal, dans chaque animal ou végétal, des caractères individuels de ses générateurs, soit à la réapparition de caractères individuels ayant appartenu à des ancêtres plus ou moins éloignés de l'un ou l'autre des générateurs et n'existant pas chez ces derniers.

Dans le premier cas, les variations individuelles sont dues au milieu cosmique agissant sur le produit par l'intermédiaire de la mère. Dans le second cas, on dit que les variations individuelles sont dues au *croisement*. Dans le troisième, on dit qu'elles sont dues à l'*atavisme*. Nous allons étudier successivement les deux derniers cas.

§ 4. — *Variations produites par le croisement.*

Dans tous les groupes supérieurs des animaux et dans un certain nombre de groupes de plantes supérieures et inférieures, chaque individu compte deux générateurs directs: un mâle ou père, et une femelle ou mère.

Un grand nombre d'animaux inférieurs et la plupart des végétaux sont hermaphrodites, c'est-à-dire que le même individu porte à la fois des organes mâles et des organes femelles. Il semble que dans ces organismes il ne doive jamais y avoir de croisement, un seul individu étant capable, en se fécondant lui-même, de produire un ou plusieurs autres individus. On a pendant longtemps admis cette manière de voir; mais les observations faites pendant ces dernières années ont montré qu'elle est erronée, et mis en relief le fait, aujourd'hui incontestable, que les animaux ou les végétaux hermaphrodites ne se fécondent que très rarement eux-mêmes. L'escargot, par exemple, est à la fois mâle et femelle, et les deux sortes d'organes sont très bien conformés ; cependant, les œufs d'un escargot ne peuvent, très probablement, pas être fécondés par les spermatozoïdes du même escargot. Il faut qu'il y ait accouplement de deux individus distincts. Il est très facile d'assister, au printemps et en été, à cet accouplement, et de s'assurer qu'il est double, c'est-à-dire que chaque individu joue à la fois le rôle de mâle et celui de femelle par rapport à l'autre. Chez les animaux hermaphrodites qui sont dépourvus d'organes de copulation, comme les huîtres, c'est l'eau qui se charge d'opérer le transport des spermatozoïdes de chaque individu sur les œufs des individus qui vivent dans son voisinage.

Dans les végétaux, où le même individu porte habituellement soit des fleurs mâles et des fleurs femelles, soit des fleurs hermaphrodites, une foule de conditions empêchent l'autofécondation, c'est-à-dire la fécondation directe d'un individu par lui-même.

Quand les fleurs mâles et les fleurs femelles sont portées par le même pied, les mâles sont presque toujours insérées sur les branches inférieures, tandis que les femelles se trouvent de préférence au sommet de la plante, de sorte que le pollen tombe sur le sol et est perdu pour elles.

Quand les fleurs mâles et les fleurs femelles sont réunies dans la même inflorescence, comme dans le Ricin, il est à peu près de règle que les fleurs mâles occupent la base de l'inflorescence, tandis que les femelles sont dans le haut et ne peuvent ainsi pas être fécondées par le pollen des mâles, qui cependant sont situées aussi près d'elles que possible.

Quand la même fleur contient à la fois des organes mâles et des organes femelles, il semble que l'autofécondation doive être extrêmement facile et fréquente; il n'en est rien cependant. Tantôt le pollen mûrit et tombe avant que les ovules soient aptes à être fécondés; tantôt les ovules arrivent à leur état parfait de développement

avant que le pollen soit mûr; dans les deux cas, l'autofécondation est impossible; tantôt les dimensions relatives
des étamines et du style sont telles que le pollen ne puisse
pas parvenir sur le stigmate dans le voisinage duquel il est
placé; tantôt encore le pollen, quoique mûrissant en même
temps que les ovules et parvenant avec la plus grande
facilité sur l'organe femelle de copulation, ou stigmate,
se montre impropre à opérer la fécondation des ovules
de la fleur qui la produit, tandis qu'il agit très énergiquement sur ceux d'une autre fleur. Parfois même, le
pollen d'une fleur agit comme une sorte d'agent toxique
sur les organes femelles de la même fleur; il détermine
leur flétrissement et leur mort, tandis qu'il féconde les
ovules d'une autre fleur.

Il résulte de toutes ces conditions une rareté très
grande de l'autofécondation chez les plantes qui, cependant,
sont très habituellement hermaphrodites. Chez elles, pour
que la fécondation ait lieu, il faut presque toujours que
le pollen d'une fleur soit porté sur les organes femelles
d'une autre fleur. Le vent ou les insectes, et parfois l'eau,
quand la plante est aquatique, sont les agents de transport des cellules reproductrices d'une fleur sur l'autre.

On voit par là que chez les animaux ou les végétaux
hermaphrodites, comme chez les animaux ou végétaux
dioïques, c'est-à-dire à individus unisexués, le croisement
est la règle, c'est-à-dire que tout individu est, habituellement, produit par deux générateurs.

Ajoutons que pour les animaux comme pour les végétaux, il y a avantage à ce que le croisement ait lieu.
Quand un hermaphrodite se féconde lui-même, il donne
des produits inférieurs à ceux qui résultent de son croisement avec un autre individu. Il y a également avantage à

ce que les individus ne soient pas parents, et pour les végétaux, à ce qu'ils n'aient pas poussé dans le même lieu et dans le même sol.

Cela dit, nous devons étudier les diverses conditions dans lesquelles le croisement est susceptible de se produire.

Les deux générateurs peuvent appartenir non seulement à la même espèce, mais encore à la même variété et à la même race, et avoir été élevés dans le même lieu, sous le même climat, dans les mêmes conditions d'alimentation, d'aération, de température, etc. ; il peut se faire même qu'ils soient issus tous les deux de parents communs. Ils sont, dans ce cas, je le répète, aussi semblables que possible ; mais il peut se faire aussi qu'ils soient aussi différents que possible l'un de l'autre.

Prenons des exemples. Stop est né d'un père et d'une mère épagneuls, c'est-à-dire de même race, vivant dans le même chenil et issus du même père et de la même mère. Il est évident que les parents de Stop sont aussi semblables que possible et que leur alliance constitue le premier degré des croisements imaginables entre deux chiens. Si semblables qu'ils soient, le père et la mère de Stop ne sont cependant pas absolument identiques ; chacun d'eux possède un certain nombre de caractères qui lui appartiennent exclusivement et qui ne se retrouvent pas dans l'autre. Stop étant issu de ces deux êtres, présentera nécessairement un mélange de leurs caractères, mélange qui, s'il existait en proportions égales, ferait de lui un organisme exactement intermédiaire à ses deux parents, et par conséquent distinct à la fois de l'un et de l'autre.

D'habitude, le mélange des caractères des parents se fait d'une façon très inégale, de sorte que Stop ressemble davantage à son père qu'à sa mère, ou à sa mère qu'à son père, mais n'est jamais identique ni à l'un ni à l'autre. Dans les deux cas, on le voit, l'individualité de Stop résulle du croisement de ses parents, mais les variations individuelles déterminées par ce croisement sont fatalement très faibles, parce que les parents sont aussi semblables que possible. Nous devons ajouter qu'elles pourront s'accuser davantage si, pendant les premières phases de son développement intra-ou extra-utérin, Stop est soumis à l'influence de conditions cosmiques différentes de celles dans lesquelles ses parents ont vécu, si, par exemple, on lui donne une nourriture spéciale, si on le transporte sous un autre climat, etc.

Nous avons supposé que les parents de Stop étaient aussi semblables que possible, et nous avons vu conséquemment le croisement ne produire chez lui que le minimum possible des variations individuelles dont il peut être la cause. Ce cas se présente rarement.

En voici un second beaucoup plus fréquent. Lyre est une chienne braque, issue d'un père et d'une mère braques qui sont sœurs par leur mère, mais qui ont eu des pères différents, et se distinguent, par conséquent, davantage l'un de l'autre que les parents de Stop. Le produit de leur croisement, Lyre, différera plus de l'un et de l'autre, que Stop ne différait de ses parents, en d'autres termes, les variations individuelles de Lyre seront plus marquées que celles de Stop.

Voici un troisième exemple : Pan est un braque issu d'un père et d'une mère braques n'ayant entre eux aucun lien de parenté. Pan présentera des variations individuelles plus prononcées que celles de Stop et de Lyre.

Voici un quatrième exemple pris dans une autre espèce

d'animaux domestiques. Kiki est le produit du croisement d'un chat angora et d'une chatte de gouttières, c'est-à-dire d'un père et d'une mère appartenant à des races différentes. Kiki présentera un mélange, en proportions très inégales, des caractères de l'angora et de ceux du chat de gouttières. Ses variations individuelles seront beaucoup plus prononcées que celles de Stop, de Lyre et de Pan, qui étaient issus de parents appartenant à la même race de chiens; elles le seront assez pour que Kiki puisse servir de point de départ à la formation d'une race nouvelle.

Cinquième exemple. Titi est un chat issu du croisement d'une chatte de gouttières et d'un chat sauvage. Le mélange des caractères de ses parents donnera lieu en lui à la production de qualités individuelles si marquées que Titi pourra devenir la souche d'une variété ou même d'une espèce nouvelle de chats, si on l'accouple à une femelle ayant la même origine, et si on a soin de soumettre ses descendants à certaines conditions que nous étudierons plus tard et qui sont indispensables à la perpétuation des caractères acquis par le croisement ou par tout autre moyen.

Ces exemples suffisent à donner une idée de la multiplicité des croisements qui peuvent avoir lieu entre animaux appartenant à la même espèce animale ou à des espèces voisines, et pour montrer que l'importance des caractères individuels produits par le croisement est nécessairement très variable.

En règle générale, on peut dire que plus les deux générateurs sont différents l'un de l'autre, plus les caractères individuels de leur produit offrent d'importance. Cela résulte naturellement de ce que les caractères des parents

étant très distincts, et leur produit héritant d'une partie
de ces caractères, il sera lui-même bien plus différent de
tous les autres animaux de son espèce que si son père et
sa mère se ressemblaient.

Le produit d'un loup et d'un chacal, par exemple, sera
très différent de tous les autres animaux de la famille
des chiens; ayant hérité d'une partie des caractères du
chacal et d'une partie de ceux du loup, il n'est ni loup,
ni chacal, ni chien ; il est lui, et pas autre chose. De même
le produit d'un loup et d'une chienne ne ressemblera tout
à fait ni à un loup, ni à un chien ; il représentera une
forme intermédiaire, absolument originale. Le produit
d'un épagneul et d'une braque ne sera, il est vrai, ni tout
à fait épagneul ni tout à fait braque, mais il aura tous les
caractères de l'espèce chien, au même titre que son père
et sa mère. Enfin, le produit d'un chien et d'une chienne
épagneuls aura non seulement tous les caractères de l'espèce chien, mais encore ceux de la race épagneule.

Nous supposons, dans ces exemples, que le produit
présentera un mélange en proportions égales des caractères des deux générateurs. Mais, comme nous l'avons dit
plus haut, il n'arrive pour ainsi dire jamais qu'il en soit
ainsi dans la nature. A peu près constamment, le produit
ressemble davantage à l'un des générateurs qu'à l'autre.

Toutes les variations déterminées par le croisement
peuvent être ramenées à trois catégories principales, que
Lucas, dans son excellent *Traité de l'hérédité*, a désignées
sous les noms d'*élection*, *mélange* et *combinaison*.

Dans l'*élection*, certains caractères de l'un des générateurs se retrouvent dans le produit avec la même netteté
que dans l'un des deux générateurs et sans qu'il ait été
modifié par l'autre, parfois même la plupart, sinon la

totalité des caractères du produit paraissent provenir d'un seul des deux parents.

Les faits d'élection bien observés sont extrêmement nombreux; je ne veux en citer ici que quelques-uns. D'après Lucas, « la plupart des bâtards de la poule et du faisan ont la tête du faisan; ceux du zèbre et du cheval ont la tête du cheval; ceux du chien et de la louve ont la tête du chien; ceux de la brebis mérinos et du bouc ont la tête du bouc; ceux des bœufs d'Écosse sans cornes et de la vache à cornes sont dépourvus de cornes et ont, par conséquent, la tête du bœuf; dans le métis de la linotte et du chardonneret, le bec ressemble à celui de la linotte, etc. »

Le fait suivant, cité par Girou dans son livre *De la Génération*, montre avec quelle ténacité certains caractères paternels ou maternels se retrouvent dans les produits. « Pendant dix ans, dit-il, j'ai allié l'*Éclair*, étalon arabe, petit et un peu panard, à tête grosse et à oreilles basses, mais dont le train de derrière était parfait, avec environ sept ou huit juments de taille moyenne, qui presque toutes avaient de l'aplomb, la tête assez légère et, à l'exception d'une seule, la croupe avalée. Or je n'ai pu obtenir de cet accouplement un seul poulain qui n'eût la tête plus grosse que celle de la mère, et presque tous ont été panards du même côté que le père : ils ont eu, la plupart, les oreilles basses; et, excepté un seul, qui provenait de la jument à croupe horizontale, tous ont eu la croupe avalée; ceux des mâles qui étaient gris rouan, comme le père, ont été petits comme lui, et parmi ceux qui avaient le poil de leur mère, on en comptait plusieurs qui en avaient aussi la taille; les femelles étaient, en général, plus grandes que les mâles et elles avaient, plus sûrement que ceux-ci, le caractère et le poil de l'étalon. »

Dans le croisement de deux individus ayant des couleurs différentes, il est très fréquent, que le produit présente uniquement la couleur de l'un des générateurs; l'enfant d'un brun et d'une blonde aura, par exemple, très souvent des cheveux tout à fait noirs ou tout à fait blonds.

Burdach cite le fait de l'accouplement d'un corbeau avec une corneille qui donna cinq petits dont deux étaient noirs comme le père, et deux gris comme la mère; un seul était de couleur mixte. D'après Lucas, « l'accouplement du serin et du chardonneret présente quelquefois des résultats plus rares : non seulement le métis peut représenter exclusivement la robe d'une de ces deux espèces, c'est-à-dire être blanc ou jaune, sans aucune tache, comme l'est la serine, ou de plumage varié, comme le chardonneret, mais il peut arriver qu'il ne passe au produit qu'une seule des couleurs de l'aile brillante du père. On voit de ces oiseaux naître des mulets noirs. »

Le même auteur cite deux faits « observés par lui-même » fort remarquables à cet égard. « La fille Fl..., giletière, maîtresse, pendant cinq ans, d'un nègre pur sang, et d'une fidélité sans reproche dans sa liaison, eut trois enfants de ce nègre; le premier, négrillon pur, à ne consulter que la couleur de la peau, négrillon noir au point que la pauvre fille, malgré son affection profonde pour son enfant, ne pouvait se décider à sortir avec lui; elle le perdit à l'âge de quinze mois. Le second enfant était un vrai mulâtre. Le troisième, également de sexe masculin, était parfaitement blanc, et non seulement blanc, mais encore d'une figure assez agréable; ses cheveux étaient d'un blond rouge, très frisés, et cependant, en regardant l'enfant avec soin, on reconnaissait en lui un fond de nègre. » Le second fait que l'auteur « a eu une année sous les yeux, se rapporte à des personnes d'un nom très connu et d'une position de fortune élevée. Le mari était blanc, la femme mulâtresse ou négresse, peut-être, tant la couleur noire et les caractères généraux du type nègre étaient prononcés dans son extérieur. Ils avaient trois enfants à l'époque où j'avais l'occasion de les voir. Le premier, âgé déjà de plusieurs années, était un mulâtre, tirant sur le nègre ; le second, plus jeune, était d'une couleur moins foncée et tirant sur le brun plutôt que sur le noir : le troisième était une jolie petite fille parfaitement blanche, d'une figure agréable, et pétillante d'esprit. »

Certains caractères anormaux peuvent même être transmis pendant un certain nombre de générations, exclusivement de mâles à mâles, ou de femelles à femelles, sans que cependant ces caractères appartiennent le moins du monde à ceux qui sont corrélatifs du sexe. Le cas de la famille Lambert, souvent cité dans les ouvrages du milieu de ce siècle, est fort remarquable à cet égard. Edward Lambert avait tout le corps, moins le visage, la paume des mains, l'extrémité des doigts et la plante des pieds, revêtu d'excroissances cornées, saillantes, bruissant l'une contre l'autre quand on les frottait avec la main. Il donna naissance à six enfants qui tous, dès l'âge de six semaines, offrirent la même anomalie. Cinq moururent, un seul, un garçon, survécut. « Il transmit son anomalie, comme son père, à tous ses garçons, et cette transmission *marchant de mâle en mâle*, s'est ainsi continuée, chez la famille Lambert, cinq générations. » (Lucas.)

L'élection des caractères est un phénomène très fréquent chez les végétaux. Lucas en cite un assez grand nombre de cas que je me borne à lui emprunter, parce qu'ils suffisent pour donner une excellente idée du phénomène. « Dans les hybrides des Amaryllidées, Herbert avait remarqué que la tige et le feuillage restaient ceux de la mère. Sageret a vu de même des hybrides de pêchers et d'amandiers porter le feuillage du pêcher; des hybrides de prunier et d'abricotier naître avec le feuillage de l'abricotier; Senff a fait des observations analogues. Cette action élective peut se porter sur les fleurs. Les fleurs des hybrides des Amaryllidées sont, d'après Herbert, celles de l'espèce du père; l'hybride du prunier et de l'abricotier dont il vient d'être question avait, avec la feuille, la fleur du dernier arbre. Le croisement des tulipes blanches et rouges donne naissance à des variétés de tulipes dont les unes sont rouges, les autres blanches, fait qui se reproduit dans l'hybridation d'anémones, de jacinthes et de renoncules de ces deux couleurs, mais qui est surtout très fréquent dans l'œillet. L'élection est aussi ordinaire dans les fruits; Sageret a vu des fruits d'hybride de prunier et d'abricotier semblables à la prune; ceux de divers hybrides d'amandier et de pêcher semblables à des amandes. Knight a même vu, par une analogie qui rappelle ce qui se passe dans le croisement des races chez les animaux, l'élection exclusive du père ou de la mère, selon la nature des espèces croisées, envahir en quelque sorte l'hybride tout entier: les hybrides provenant de la fécondation du pommier de Sibérie, ou de celui d'Angleterre, par le pollen d'autres variétés de pommiers, ressemblaient *constamment* à la variété mère; la fécondation de la fleur du pêcher par celle de l'amandier a donné, sous ses yeux, naissance à des pêchers. »

Dans les cas où il y a, non plus élection des caractères, mais *mélange*, il se fait, dit Lucas, « une union des caractères distincts des deux parents, soit dans le même attribut, la même qualité, ou la même fonction, soit dans la même partie, le même appareil ou le même organe. Cette union se produit à différents degrés, mais à chacun desquels le mélange est toujours, quelque part qu'il se porte, une agrégation simple et sans transformation des représentations de l'un et de l'autre facteur. »

Lorsque le mélange des caractères est poussé aussi loin que possible, lorsqu'il va jusqu'à ce que Lucas appelle la fusion, les caractères des deux générateurs se fondent dans une sorte de moyenne qui sert d'intermédiaire plus ou moins exact entre les deux parents. Le phénomène de la fusion se présente fréquemment dans les métis de deux races distinctes d'animaux et dans les produits de deux générateurs appartenant à la même race. Chez l'homme, par exemple, un brun et une blonde ont fréquemment des enfants châtains. Le nègre et la blanche ont habituellement des enfants mulâtres, c'est-à-dire offrant un mélange à peu près parfait des caractères du père et de la mère. Chez les végétaux, la fusion n'est pas rare non plus. Le pavot rouge fécondé par le pavot blanc donne très souvent des produits dont les fleurs sont roses.

Dans un grand nombre de cas cependant le mélange est moins parfait ; il ne va pas jusqu'à la fusion des caractères ; il s'arrête à leur *dissémination*, c'est-à-dire que « les caractères transmis des deux auteurs se distribuent pêle mêle et s'agglomèrent par points ou par fragments épars dans le même système, dans le même appareil, ou dans le même organe, etc. » (Lucas.)

Ainsi, le mulet de l'âne et du zèbre a souvent la coloration générale grise et la raie noire dorsale de l'âne, en même temps qu'il présente les raies transversales du zèbre sur les cuisses, les jarrets et la tête. Ribbe a observé que le métis du bouc et de la brebis mérinos offre sur le cou, la poitrine, le dos et les flancs une laine semblable à celle de sa mère, tandis que la laine du devant de la tête, du sacrum, des cuisses, de la queue, est mélangée de poils semblables à ceux du père. D'après Grognier, cité par Lucas, « on voit des béliers mérinos alliés à des brebis communes engendrer des produits dont la laine est un tel mélange de celle du père et de celle de la mère qu'aucun drapier ne peut l'assortir ni en faire une étoffe passable ». C'est à la dissémination des couleurs que sont dus les chevaux et les vaches pies et la coloration mouchetée d'un grand nombre d'oiseaux. Lucas a observé un métis de pigeon noir et de tourterelle blanche qui offrait sur le plumage une sorte de damier noir et blanc.

Dans les plantes, le mélange des caractères par dissémination se manifeste très fréquemment par la panachure des fleurs, des feuilles et des tiges.

Une troisième forme de mélange des caractères peut encore se présenter ; elle est désignée par Lucas sous le nom d'*agrégation* ; elle consiste « dans la jonction par entrelacement ou juxtaposition, dans la même fonction, dans le même appareil, ou dans le même organe, des représentations propres à chaque facteur. » L'exemple suivant, emprunté par Lucas à Sageret, donnera une excellente idée de ce phénomène. Cet habile horticulteur féconda un Chaté par un melon cantaloup brodé appartenant l'un et l'autre à des variétés bien franches et se distinguant par les cinq caractères principaux suivants :

Chaté	*Cantaloup*
Chair blanche.	Chair jaune.
Graines blanches.	Graines jaunes.
Peau lisse.	Peau brodée.
Côtes légèrement prononcées. .	Côtes très prononcées.
Saveur sucrée et très acide en même temps. . . .	Saveur douce.

L'un des hybrides produit par ces deux générateurs offrait les caractères suivants :

Chair jaune.

Graines blanches.

Peau brodée.

Côtes assez prononcées.

Saveur acide,

Cet hybride alliait, on le voit, la chair jaune et la peau brodée du cantaloup, avec les graines blanches, les côtes peu prononcées et la saveur acide du Chaté.

Un hybride d'amandier et de pêcher, obtenu par Knight, porta des fruits dont le péricarpe avait la saveur de la pêche, tandis que l'enveloppe, le noyau et la graine ressemblaient à ceux de l'amande. Les hybrides de l'œillet blanc et rouge ont souvent la corolle formée d'un certain nombre de pétales tout à fait rouges, tandis que les autres sont entièrement blancs.

L'agrégation de Lucas ne diffère guère, on le voit, de sa dissémination ; lui-même s'y laisse prendre, car après avoir cité le métis du zèbre et de l'âne, dont nous avons parlé plus haut, comme exemple de dissémination, il le cite, de nouveau, comme exemple d'agrégation. On peut donc réduire les formes de variations dues au mélange des caractères à deux types : la fusion, dans laquelle les caractères des deux générateurs se fondent dans le produit en un caractère intermédiaire (pavot rouge, et pavot blanc donnant un pavot rose) et la dissémination, dans laquelle les caractères des deux générateurs se mélangent sans se fondre (œillet rouge et œillet blanc donnant un œillet panaché ou un œillet dont une partie des pétales sont blancs et les autres rouges).

La troisième grande catégorie de variations produites par le croisement, admise par Lucas, est désignée par lui sous le nom de *combinaison*, par analogie avec le phénomène qui se produit quand deux corps se combinent chimiquement. Ils donnent naissance, on le sait, à un troisième corps *absolument distinct* des deux qui lui ont donné naissance. La combinaison de l'oxygène et de l'hydrogène, par exemple, produit un corps nouveau, l'eau, qui ne ressemble par aucune de ses propriétés ni à l'oxygène ni à l'hydrogène qui entrent dans sa composition et auxquels on peut rendre la liberté en décomposant l'eau.

Nous avons à peine besoin de dire que le produit du croisement de deux êtres vivants n'est jamais aussi distinct de ses générateurs que l'eau l'est des deux gaz qui entrent dans sa composition. Il ne faut donc pas prendre à la lettre le terme employé par Lucas. Mais il est vrai que très souvent le produit du croisement de deux animaux ou de deux végétaux offre un certain nombre de caractères qui n'existaient chez aucun des deux parents. D'après Darwin, « Kölreuter affirme que les hybrides du genre *Mirabilis* (Belle-de-nuit) varient presque à l'infini; il vient des caractères *nouveaux* et *singuliers* dans la forme des graines, la couleur des anthères, la grosseur

des cotylédons, l'odeur particulière, la floraison précoce
et l'occlusion des fleurs pendant la nuit. Il fait, au sujet
d'un lot de ces hybrides, la remarque qu'ils présentaient
précisément *les caractères inverses* de ce qu'on aurait dû
attendre d'eux étant donnés leurs parents. » Tous les horticulteurs ont signalé des faits du même ordre.

Tous aussi sont d'accord avec les éleveurs des diverses
sortes d'animaux domestiques pour affirmer que plus on
augmente le nombre des races ou des variétés que l'on
croise entre elles, et plus on a de chances d'obtenir des
produits possédant des caractères entièrement nouveaux.

Pour expliquer ce fait, on admet généralement que
le croisement répété de variétés nombreuses favorise
l'apparition dans les produits de caractères ayant appartenu à des ancêtres plus ou moins éloignés, mais n'existant
plus chez les générateurs directs. En d'autres termes,
toutes les fois qu'on voit apparaître chez un animal ou un
végétal un caractère que ses générateurs ne présentent
pas, on admet généralement qu'on se trouve en présence
d'un cas d'atavisme. Nous allons voir que certains faits
bien observés donnent une grande apparence de vérité à
cette manière de voir. Quoi qu'il en soit il est aujourd'hui
bien démontré que le meilleur moyen d'obtenir des
hybrides très variés est de multiplier les croisements, en
variant les générateurs autant que possible.

D'après un botaniste illustre du siècle dernier, Gœrtner,
le sexe des espèces parentes joue un grand rôle dans la
variabilité. Il affirme que les produits d'un père hybride
avec une mère appartenant à l'une des espèces qui ont
donné naissance à cet hybride ou à une troisième espèce
pure, sont beaucoup plus variables que les produits vis-
à-vis desquels l'hybride joue le rôle de mère.

Quelques naturalistes ont cité le fait assez curieux des variations produites par la greffe, d'une plante sur une autre. J'emprunte à Darwin l'exposé de ces faits : « Cabanis, dit-il, affirme que lorsqu'on greffe certains poiriers sur le cognassier, leurs graines engendrent plus de variétés que les graines du même poirier greffé sur le poirier sauvage. Mais comme le poirier et le cognassier sont des espèces distinctes, bien qu'assez voisines pour qu'on puisse parfaitement les greffer l'une sur l'autre, la variabilité qui en résulte n'a rien de surprenant, car nous pouvons en trouver la cause dans la différence de nature entre la souche et la greffe. On sait que plusieurs variétés de pruniers et de pêchers de l'Amérique du Nord se reproduisent fidèlement par semis ; mais, d'après Downing, lorsqu'on greffe une branche d'un de ces arbres sur une autre souche, elle perd sa propriété de reproduire son propre type par semis et redevient comme les autres, c'est-à-dire que ses produits sont très variables. Voici encore un exemple : La variété du noyer dite *Lalande* pousse ses feuilles entre le 20 avril et le 15 mai, et ses produits obtenus par semis héritent invariablement de la même propriété ; plusieurs autres variétés de noyers poussent leurs feuilles en juin. Or, si on greffe la variété Lalande qui pousse ses feuilles en mai, sur une autre souche de la même variété qui pousse aussi ses feuilles en mai, bien que la souche et la greffe aient toutes deux la même période précoce de feuillaison, les produits de ce semis poussent leurs feuilles à des époques différentes, et parfois aussi tardivement que le 5 juin. Ces faits prouvent de quelles causes minimes et obscures peut dépendre la variabilité. » (*Variat. des an. et des pl.*, II, p. 260.)

De tous ces faits, sur lesquels il me paraît inutile d'insister plus longtemps, nous pouvons conclure, sans crainte de nous tromper, que le croisement, soit par les sexes, soit même par la greffe, doit être considéré comme une cause extrêmement puissante de production des variations individuelles. Il nous restera à déterminer, dans un autre chapitre, les conditions nécessaires pour que les variations ainsi produites se perpétuent et deviennent le point de départ de la formation de races, de variétés et d'espèces nouvelles.

Nous devons dire quelques mots de l'atavisme auquel nous avons plus haut fait allusion, et dont l'action rentre dans le cadre de celles qui sont produites par le milieu générateur.

§ 5. — *Des variations dues à l'atavisme*

On désigne par *atavisme* le fait de l'apparition, chez un individu déterminé, animal ou végétal, de caractères que ne possédaient pas ses parents directs, mais qui ont appartenu à des êtres que l'on peut, à d'autres titres, considérer comme les ancêtres de l'un ou l'autre des parents.

Il n'est pas toujours facile de déterminer exactement le rôle joué par l'atavisme, c'est-à-dire par le retour à la forme ancestrale, dans la production des caractères nouveaux. Les exemples les plus incontestables d'atavisme, ceux qui permettent de tirer des faits de cet ordre des déductions logiques relativement à la filiation des organismes, nous sont offerts par les espèces et variétés animales ou végétales que l'homme a créées. Tout le monde sait que la Pensée à grandes fleurs, dont nos horticulteurs ont produit des variétés innombrables et superbes, tire son origine de la Pensée à petites fleurs, qui vit dans nos champs à l'état sauvage, sans éclat et sans odeur. Si le jardinier néglige de donner ses soins à la Pensée cultivée, il ne tarde pas à voir la grande taille, les vives couleurs et l'agréable parfum de la fleur disparaître graduellement, et la plante offrir, au bout d'un certain nombre de générations, tous les caractères de l'espèce sauvage dont elle a été tirée. Toutes les plantes cultivées présentent des faits de cet ordre. Toutes manifestent une tendance très prononcée à retourner au type dont elles sont dérivées, dès qu'on les abandonne à elles-mêmes. Le Hêtre à feuilles pourpres revient très facilement à la forme ancestrale, dont les feuilles sont vertes. Le Cresson alénois frisé reprend tellement vite le caractère de ses ancêtres que d'un même semis de graines provenant toutes du même pied de Cresson alénois frisé il est rare de ne pas obtenir à la fois des pieds à feuilles frisées et d'autres à feuilles plates. Les variétés les plus anciennes de pommiers cultivés, celles qui paraissent être le mieux fixées, ne peuvent guère être propagées par le semis, parce que leurs graines donnent rapidement des formes plus ou moins analogues aux ancêtres. Les graines de l'aubépine à feuilles linéaires ont révélé de la sorte que cette plante dérivait de l'aubépine épineuse, et cependant cette forme est tellement fixe qu'on la considère comme une espèce véritable.

Un horticulteur fort distingué, Vilmorin, a constaté, relativement aux faits d'atavisme qui se produisent chez les plantes cultivées, qu'afin de combattre chez elles la tendance au retour vers les formes ancestrales, il faut choisir pour la multiplication, non pas les individus offrant au plus haut degré le caractère que l'on veut fixer, mais ceux qui par l'ensemble de leurs caractères s'éloignent le plus du type ancestral. En agissant de la sorte, on ne tarde pas à obtenir une variété fixe et ne manifestant plus de tendances de retour. C'est seulement quand on a obtenu ce premier résultat que l'on peut se préoccuper de fixer et de développer le caractère spécial en vue duquel on a entrepris la culture.'

Les animaux domestiques offrent, comme les plantes cultivées, de nombreux exemples d'un atavisme incontestable. En Andalousie, on prend, depuis plusieurs siècles, les soins les plus minutieux pour supprimer les mérinos à laine blanche qui sont moins estimés, et cependant on voit, à chaque instant, survenir des individus de cette couleur, qui leur est léguée par des ancêtres très lointains. On sait que d'une chienne et d'un chien braques il peut fort bien naître des épagneuls, si cette dernière race figure parmi les ancêtres du père ou de la mère. Girou cite le fait suivant dont j'emprunte le récit à l'excellent livre sur l'hérédité de Prosper Lucas : « Un chien de chasse était issu d'une mère braque et d'un père épagneul. Son aïeule maternelle était braque, et son aïeul paternel épagneul. On ignore ce qu'étaient l'aïeul paternel et l'aïeule maternelle ; il était lui-même braque. Ce chien accouplé avec une chienne braque donna des mâles épagneuls qui n'avaient ni sa couleur, ni son caractère, mais bien le poil et le caractère de son père. Il donna aussi, du même accouplement, des chiennes braques auxquelles il avait transmis sa bonté et sa vivacité ; et de plus des chiens braques, qui avaient le caractère du père, et la couleur de la mère. »

Les faits d'atavisme contenus dans cette observation sont remarquables parce qu'il est impossible de mettre le retour aux propriétés ancestrales sur le compte d'aucune action produite par le milieu. Il doit être, à ce titre, rapproché des faits cités plus haut de graines de Cresson frisé, qui, semées dans les conditions où vivent leurs parents, donnent, en même temps, des plantes semblables à ces derniers et des plantes ayant les caractères d'ancêtres beaucoup plus reculés.

Des phénomènes analogues se présentent, chaque jour, à notre observation, dans l'espèce humaine. D'un père et d'une mère bruns, il n'est pas rare de voir naître un enfant ayant les yeux bleus et les cheveux blonds et souvent même les traits de quelque ancêtre de l'un de ses procréateurs, sans qu'aucune action du milieu cosmique puisse être invoquée pour expliquer cet atavisme. L'hérédité seule, c'est-à-dire la perpétuation indéfinie des formes par la multiplication génératrice, exerce son influence dans la réapparition de caractères en apparence éteints, mais, en réalité, seulement assez affaiblis pour n'être pas facilement perceptibles.

C'est, au contraire, manifestement à l'action du milieu cosmique qu'il faut attribuer le retour à l'état sauvage de Pensées, de Pommiers, de Rosiers que l'horticulteur néglige. La culture avait créé les variétés, en modifiant les conditions d'existence d'ancêtres sauvages ; dès que le milieu nouveau disparaît et fait place au milieu ancien, les formes qui étaient l'œuvre de ce dernier ne peuvent manquer de réapparaître.

Dans certains cas, il suffit de croiser des variétés entre elles pour faire surgir la forme ancestrale. L'expérience suivante de Lecoq est très intéressante à cet égard. Ayant fécondé les unes par les autres un grand nombre de variétés de Belle-de-nuit à fleurs diversement colorées, dans le but d'obtenir des colorations nouvelles, il fut fort surpris de voir que sur six cents pieds obtenus en diverses fois, presque tous donnèrent des fleurs rouges, c'est-à-dire ayant la couleur du type ancestral sauvage. Ici encore la cause de l'atavisme ne peut être cherchée ailleurs que dans la manifestation de l'hérédité, mais il serait bien difficile de déterminer les motifs de cette manifestation, dans les circonstances que nous venons de rappeler.

Dans tous les cas qui précèdent, le fait de l'atavisme, c'est-à-dire le retour aux caractères de l'ancêtre, quelle que soit la cause qui le détermine, ne peut être contesté, puisque nous connaissons l'origine et les ancêtres des plantes, des animaux ou des hommes qui offrent ces phénomènes.

Il est un grand nombre de cas dans lesquels la certitude est moins grande, mais où l'on peut cependant parvenir à atteindre la vérité, en tenant compte de l'analogie de ces cas avec ceux dont nous venons de parler.

Nous pouvons citer en premier lieu les phénomènes qui ont reçu des botanistes le nom de *pélories*. En voici un exemple qui a été bien observé. Tout le monde connaît la magnifique fleur violette de l'Ancolie, dont les pétales sont prolongés, au-dessus de leur base, en un long éperon creux, qui sécrète un liquide sucré très recherché des insectes. Cet éperon constitue un caractère commun à presque toutes les plantes du genre Ancolie (*Aquilegia*). Pour expliquer son existence, les botanistes supposent qu'il constitue une simple exagération d'un organe existant chez la plupart des Renoncules. Les pétales d'un grand nombre d'espèces de ce genre offrent une petite cupule glanduleuse, située au-dessus de leur base. Il suffit de supposer que cette cupule se creuse très profondément pour obtenir l'éperon des

Ancolies. C'est, en effet, ce qu'admettent les botanistes.
Or, les Ancolies offrent fréquemment un caractère accidentel qui justifie cette opinion. Il n'est pas rare de
voir leurs éperons disparaître, et être remplacés par les
cupules rudimentaires des Renoncules; la cupule elle-
même peut s'effacer et les pétales devenir tout à fait
lisses, comme ceux de certaines espèces du même genre.
On dit, dans ces cas, que les fleurs des Ancolies sont
péloriées, et l'on voit dans cette anomalie le résultat d'une
action de l'atavisme ramenant la fleur de l'Ancolie à une
forme ancestrale, dans laquelle il n'existe ni éperon, n
cupule glanduleuse. Les Mufliers, plantes de la famille des
Scrofulariacées, offrent un exemple de pélorie également
bien connu. Dans le Muflier jaune, qui vit à l'état sau_
vage dans tous nos champs, la corolle a la forme d'une
gueule à deux lèvres et porte un androcée -didyname;
c'est-à-dire formé de deux étamines longues et de deux
étamines plus courtes. Ces deux caractères sont particuliers
à la famille des Scrofulariacées; mais cette famille se rattache manifestement, par tous les autres traits de son
organisation, à celle des Solanacées, dans laquelle la
corolle est régulière, c'est-à-dire formée de cinq pétales
égaux, et porte un androcée composé de cinq étamines
ayant la même taille. Or, la fleur péloriée du Muflier jaune
offre une corolle en entonnoir, à peu près régulière, et
cinq étamines de même taille. On en conclut que cette
anomalie constitue un retour à la forme ancestrale que
présentent les Solanacées, et l'on invoque la pélorie du
Muflier comme une nouvelle preuve en faveur de l'opinion, généralement admise, que les Scrofulariacées sont
des descendants, à forme irrégulière, des Solanacées.

Des faits analogues sont fréquemment offerts par les

animaux. Il n'est pas rare de voir des chevaux offrir sur
le dos des raies longitudinales ou transversales assez analogues à celles que présentent normalement le zèbre, le
couagga et d'autres espèces sauvages, voisines du cheval
par un grand nombre de caractères. Attribuant l'apparition des raies accidentelles du cheval à l'atavisme, on en
conclut que les zèbres, les couaggas, etc., figurent parmi
les ancêtres du cheval domestique ou, du moins, ainsi que
le dit Hæckel, que ces raies ont « appartenu au type an_
« cestral, depuis longtemps éteint, de toutes les espèces
« chevalines, type qui, sans doute, était rayé comme le
« zèbre, le couagga, etc. » Cette manière d'interpréter
les raies accidentelles du cheval domestique paraîtra fort
légitime à toutes les personnes qui ne perdront pas de vue
les cas fort analogues cités plus haut, dans lesquels il
n'était pas permis de contester l'action de l'atavisme,
parce qu'on connaissait les ancêtres.

En appliquant la même manière de raisonner, on peut
arriver à tirer de certains caractères, soit accidentellement présentés par des individus d'une même espèce, soit
constants dans une espèce déterminée, d'un genre qui ne
les présente pas, des déductions importantes au point de
vue de la filiation des êtres vivants. Voici des faits empruntés aux animaux inférieurs qui mettront bien en relief
ma pensée. Les Infusoires Flagellates sont tous des organismes unicellulaires, pourvus d'un long flagellum mobile,
et constitués par un corps arrondi ou ovoïde, à contour
net et invariable. Les Amœbiens sont également des
animaux unicellullaires, dépourvus de flagellum, mais à
corps changeant sans cesse de forme et émettant, tantôt
sur un point, tantôt sur un autre, des prolongements mobiles, désignés sous le nom de pseudopodes. Malgré ces

différences, il n'est guère permis de nier qu'il existe entre ces êtres une certaine analogie des caractères, et, comme les Flagellates ont une organisation plus complexe que celle des Amœbiens, on peut, avec quelque raison, considérer les premiers comme postérieurs aux seconds. L'étude d'une espèce de Flagellates, très inférieure, *Cercomonas Termo*, confirme pleinement cette hypothèse, de la façon suivante. La plupart des individus de cette espèce sont ovoïdes ; leur corps est lisse, arrondi en avant, où est inséré le flagellum, et en arrière ; mais chez un certain nombre d'individus, la partie postérieure du corps se modifie et émet des prolongements tout à fait analogues aux pseudopodes d'un Amœbe.

Ce caractère, purement accidentel dans le *Cercomonas Termo*, est permanent dans d'autres espèces de Flagellates. Le *Cercomonas ramulosa*, par exemple, est essentiellement caractérisé par la présence constante d'un nombre variable de prolongements en forme de pseudopodes, partant de la partie postérieure et des côtés du corps.

Il me paraît bien incontestable que dans les deux espèces de Cercomonas dont je viens de parler, la présence accidentelle dans la première, permanente dans la seconde, de pseudopodes analogues à ceux des Amœbes est due à l'action de l'atavisme et nous révèle que les Amœbiens doivent être considérés comme les ancêtres des Flagellates.

Chez l'homme, les cas d'apparition de caractères dus à une action atavique ne sont pas rares. Parmi ces cas figurent les gueules de loup, la persistance chez certains fœtus des fentes branchiales du cou, etc., c'est-à-dire de caractères qui existent chez les vertébrés inférieurs, véritables péplories ataviques, très analogues à celles que nous avons étudiées chez les végétaux et nous permettant de formuler des déductions de même ordre.

Dans la plupart des cas étudiés jusqu'ici, l'action de l'atavisme se manifeste par le développement de caractères ancestraux, qui viennent, pour ainsi dire, s'ajouter à ceux de l'individu ou de l'espèce. Dans le cas de la pélorie du Muflier jaune, par exemple, une cinquième étamine s'ajoute aux quatre qui existent normalement dans cette plante; dans le *Cercomonas ramulosa* les pseudopodes des ancêtres Amœbiens s'ajoutent au flagellum qui est l'appendice normal des *Cercomonas*, etc.

Dans d'autres cas, l'atavisme exerce une action opposée ; il détermine un arrêt de développement qui rend permanent chez l'individu un état qui n'est que transitoire chez tous les autres individus de l'espèce à laquelle il appartient. C'est à une action de cet ordre qu'est dû le changement de forme de la corolle du Muflier jaune pélorié. Dans toutes les plantes de la famille des Scrofulariacées, de même que dans toutes les plantes à fleurs irrégulières, la corolle offre pendant son jeune âge une régularité parfaite : ce n'est qu'en avançant en âge qu'elle devient plus ou moins irrégulière. Dans le Muflier jaune normal, par exemple, ce n'est que tardivement que la corolle prend la forme de gueule qui la caractérise. La régularité de la fleur péloriée est donc due à ce que le développement s'arrête avant l'époque où l'irrégularté se serait produite. Ce nouveau fait confirme l'opinion que les Scrofulariacées irrégulières sont postérieures aux Solanacées. On sait d'ailleurs que les deux familles sont reliées par des formes actuelles à fleurs presque régulières et à cinq étamines (*Duboisia*).

Chez l'homme et les animaux supérieurs, l'atavisme

agit très fréquemment par arrêt de développement. Je
me bornerai à rappeler le cas des microcéphales ; ce sont
véritablement des individus dont le cerveau s'est arrêté
à une phase de son évolution qui répond à l'état parfait
de certains vertébrés, figurant sans nul doute parmi nos
ancêtres.

Le parti qu'il est permis au naturaliste de tirer des
faits de l'atavisme est d'autant plus considérable qu'on
peut, comme nous l'avons montré plus haut, provoquer
expérimentalement l'apparition de caractères ataviques.
Le lecteur a sans doute été frappé de l'expérience de
Lecoq, dans laquelle le croisement de variétés diversement colorées ne donna presque que des individus à
fleurs rouges, c'est-à-dire offrant le caractère du type
ancestral, bien connu, des variétés croisées. Darwin a mis
en œuvre ce procédé pour découvrir le type ancestral de
nos pigeons domestiques. Il remarque que tous les
pigeons obtenus par croisement des diverses races domestiques présentent certaines taches qui sont caractéristiques du Biset, et il conclut : « Si toutes les races de
pigeons domestiques descendent du Biset, ces faits s'expliquent facilement par le principe bien connu du retour
aux caractères des ancêtres. » L'expérience de Lecoq,
connue, sans nul doute, de Darwin, justifie pleinement
la conclusion de ce dernier.

Tous ces faits montrent que l'atavisme est susceptible
de jouer un rôle assez considérable dans la production
des variations individuelles, surtout si l'on admet qu'il
faille lui attribuer tous les caractères nouveaux qui apparaissent sous l'influence du croisement ; opinion que
tendent à justifier les observations de Lecoq et de Darwin
que je viens de rappeler. Mais, si cette opinion est exacte,

les variations individuelles produites par l'atavisme ne
nous importeraient que fort peu puisqu'elles ne provoque-
raient qu'un retour vers des formes antérieures.

§ 6. — *Cause de l'inégalité d'action des parents dans la production des variations individuelles*

Nous avons insisté à diverses reprises sur l'inégalité qui
existe, dans la plupart des cas, entre les deux générateurs,
au double point de vue de l'action qu'ils exercent sur le
produit, et de la transmission de leurs caractères. La fusion
complète de tous les caractères des deux générateurs, dans
le produit auquel ils ont donné naissance, est tellement
rare qu'on peut ne la considérer que comme purement théo-
rique. En règle générale, le produit ressemble beaucoup
plus à l'un de ses générateurs qu'à l'autre, et s'il reproduit, en vertu de l'atavisme, certains caractères ancestraux
qui manquent chez les générateurs, on peut être assuré
qu'il reproduira uniquement les caractères des ancêtres
d'un seul de ses générateurs.

On a beaucoup discuté sur les causes qui déterminent
l'inégalité d'action des parents dans la production des
caractères que présente le produit.

Autrefois, les naturalistes étaient, à cet égard, divisés
en deux camps.

Les représentants de l'opinion la plus ancienne, auxquels on a plus tard donné le nom de *spermistes*, pen-
saient que le mâle seul devait imprimer le cachet de son
organisation au produit, parce que seul il fournissait les
éléments matériels nécessaires à sa formation. La femelle n'était que le champ dans lequel les matériaux

étaient semés ; elle fournissait les aliments nécessaires au germe, mais elle n'en fournissait pas la matière. « Un homme, dit le Manava-Dharma des Hindous, en fécondant sa femme y renait sous la forme d'un fœtus.... La femme est considérée par la loi comme le champ et l'homme comme la semence. C'est par la coopération du champ et de la semence qu'a lieu la naissance de tous les êtres animés. »

Après qu'on eut découvert l'œuf de la femme, une autre opinion, aussi exclusive, se fit jour. Les *ovistes*, ainsi qu'on les appela, admirent que l'œuf seul fournissait les matériaux nécessaires à la formation du produit ; la semence du mâle n'agissait qu'en imprimant à l'œuf une sorte d'impulsion, indispensable, il est vrai, à son développement, mais ne lui apportant aucun élément matériel nouveau.

Ni l'une ni l'autre de ces opinions ne pouvait résister à l'observation qui montre dans une foule d'individus du règne animal ou végétal une association manifeste des caractères du père avec ceux de la mère. Physiologiquement, elle ne tient pas davantage devant la constatation faite par la science moderne de la fusion constante de la substance mâle avec la substance femelle.

A une époque déjà fort reculée, une troisième opinion avait été émise, d'après laquelle le mâle fournissait constamment au produit un certain nombre de caractères, toujours les mêmes, tandis que la femelle fournissait les autres. Aristote pensait que le mâle donne la force motrice ou l'âme, tandis que la femelle donne la matière ou le corps. Tertullien admet, comme Aristote, que l'âme provient du père et qu'elle est simplement confiée « au nid génital de la femelle. » Plus tard, les naturalistes ne s'occupent plus de l'âme, dont l'origine leur paraît, sans doute, trop difficile à découvrir, ils s'efforcent simplement de déterminer auquel des deux parents on peut attribuer les divers organes et tissus du produit ; mais tous les efforts faits dans cette voie ont échoué.

La seule opinion qui soit aujourd'hui plausible, la seule aussi qui soit généralement admise par les naturalistes, est celle qui considère le mâle et la femelle comme transmettant simultanément leurs caractères à tous les organes, appareils, tissus et éléments anatomiques du produit, avec cette condition que tantôt le mâle, tantôt la femelle exerce une action prépondérante sur les diverses parties du produit. Chez l'homme, par exemple, c'est tantôt le père et tantôt la mère qui se retrouvent dans l'intelligence de l'enfant, ou dans la couleur de la peau, dans celle des cheveux, dans la forme des membres ou du tronc, etc. C'est aussi tantôt l'action du père et tantôt celle de la mère qui se montre prépondérantes dans la transmission du sexe et de tous les caractères qui, comme nous le verrons tout à l'heure, sont corrélatifs du sexe.

Quant aux explications qui peuvent être données de l'inégalité d'influence du mâle et de la femelle, elles ne reposent que sur des déductions plus ou moins plausibles.

On peut, en s'appuyant sur un certain nombre de faits assez bien observés, admettre, d'une façon générale, que a prépondérance de l'un des générateurs sur l'autre dépend de l'état dans lequel ils se trouvent tous les deux au moment de la fécondation. Celui qui est le plus robuste, le mieux équilibré dans toutes ses fonctions, est aussi celui qui a le plus de chances d'imprimer son cachet au produit.

Il faut bien distinguer cependant l'ensemble des caractères de l'animal, son cachet général, si je puis m'exprimer de la sorte, des caractères de chacune de ses parties. Un enfant, par exemple, peut avoir la forme générale du corps, les traits faciaux, la coloration des poils ou de la peau de son père, ce qui lui donne avec ce dernier une ressemblance extérieure très prononcée, tandis qu'il aura l'intelligence ou le tempérament de sa mère, c'est-à-dire la prédisposition aux mêmes maladies et la même sensibilité à des impressions déterminées.

Il est permis d'attribuer l'influence prépondérante exercée par l'un des parents sur telle ou telle portion de l'organisme de l'enfant à ce que les caractères de ces parties sont plus tranchés dans un des deux parents que dans l'autre. Un exemple banal fera bien comprendre cela. Qu'un homme très brun épouse une femme châtaine, il y aura plus de chances pour que les enfants soient bruns que châtains.

Cette faculté qu'ont les caractères très tranchés de se perpétuer plus facilement que les caractères peu prononcés explique la fréquence avec laquelle les déformations corporelles et les maladies sont transmises par l'hérédité. Les enfants d'une femme à lèvre supérieure bien conformée et d'un homme à bec-de-lière congénital très prononcé auront beaucoup de chances pour offrir le bec-de-lièvre de leur père. Demarquay a cité le fait d'un homme qu'il opéra d'un bec-de-lièvre double qu'il avait hérité de sa mère ; le père et le grand-père de cette dernière avaient également ce vice de conformation ; plusieurs de ses frères et sœurs le présentaient également ; elle eut elle-même sept enfants, dont quatre atteints de bec-de-lièvre double. Lucas reproduit également le fait d'un homme atteint d'une fissure du voile du palais qui eut quatre fils bien constitués et trois filles atteintes de bec-de-lièvre et de scission du voile du palais. Ce fait est remarquable en ce que les quatre enfants qui héritent du sexe du père, n'héritent pas de sa difformité, tandis que ceux qui ont le sexe de la mère présentent le vice de conformation du père. La sœur de la mère de cet homme avait eu cinq filles bien conformées et cinq fils affectés de bec-de-lièvre.

La transmission des maladies est tout aussi fréquente. Qu'un homme sain épouse un femme phthisique, il y aura beaucoup de chances pour qu'une partie, sinon la totalité des enfants héritent de la maladie de la mère. La transmission sera peut-être moins fréquente si c'est le père qui est phthisique, mais elle sera encore fort à craindre.

Il semble, je le répète, que tout caractère bien tranché soit plus aisément transmissible que les autres. Mais il est étrange de voir cette règle s'appliquer aux caractères anormaux, comme le bec-de-lièvre et les tubercules.

En ce qui concerne la transmission du sexe, toutes sortes d'hypothèses ont été émises. Je ne veux en dire que quelques mots en passant. L'école hippocratique admettait que le testicule droit et la partie droite de la matrice font les garçons, tandis que le testicule gauche et la moitié gauche de la matrice font les filles. Veut-on avoir un garçon, on doit se lier le testicule gauche, de façon à ce que le droit agisse seul; veut-on avoir une fille, il faut se lier le testicule droit.

D'après une autre opinion, le sexe du produit sera celui des deux parents qui, au moment de la fécondation, l'emporte en vigueur sur l'autre. Girou de Buzareingues, appliquant cette théorie à l'élevage des chevaux trace les règles suivantes pour obtenir à volonté des mâles ou des femelles. « Désire-t-on des mâles ? La femelle à choisir doit être ou jeune ou vieille, épuisée au moment du coït par le port ou par l'allaitement, être plutôt maigre que grasse, ressembler à son père, avoir le front large et n'entrer en chaleur que par l'excitation de la présence du mâle et non par l'influence d'une large nourriture. Le mâle doit être dans son parfait développement, ni trop jeune, ni trop vieux, d'une grande force musculaire, en bel état de santé, ressembler à son père de forme et de couleur, avoir le front étroit et les testicules gros relativement à la verge. — Désire-t-on des femelles ? La femelle doit être dans la vigueur de l'âge, en bel état de santé, remise des fatigues du port et de l'allaitement, ou de la gestation et de l'exercice ; ressembler à sa mère ; avoir le bassin large et le front étroit, et n'entrer en chaleur que par l'effet direct du tempérament et de la nourriture. Le mâle doit, au contraire, être sous l'influence de l'excitation des sens et non de l'abondance de la nourriture ; être très jeune ou vieux, fatigué d'une ou deux saillies antérieures avec d'autres femelles ; ressembler à sa mère, avoir le front large et la verge grande relativement aux testicules. » (Lucas.)

Oken pensait que le sexe du produit est déterminé par l'intensité relative de la sexualité des deux parents. D'après lui, un homme à type féminin, et une femme ayant tous les caractères de son sexe, produiront une fille, tandis qu'un homme à type très mâle avec une femme ayant également les caractères de la virilité produiront un garçon.

D'après un certain nombre de naturalistes, l'âge relatif du mâle et de la femelle joueraient un grand rôle dans la production du sexe. L'égalité des âges favoriserait la naissance des femelles; quand la mère serait plus âgée que le père, il y aurait aussi production de femelles; le produit serait, au contraire, mâle, quand le père est plus âgé que la mère.

Je ne veux pas insister sur ces opinions, que je me borne à citer pour donner une idée des diverses voies dans lesquelles se sont lancés les naturalistes désireux de découvrir la cause de faits qui sont encore pour la science des mystères insondés.

Rien, du reste, ne serait plus important que de découvrir les causes déterminantes de la production des sexes, car le sexe entraîne toujours après lui un nombre considérable de caractères que les éleveurs et les horticulteurs ont avantage à supprimer ou à développer. Ils auraient donc grand intérêt à être en mesure de faire produire à volonté des mâles ou des femelles. Cela nous conduit à aborder la dernière question que nous ayons à traiter pour en finir avec les causes déterminantes des variations individuelles.

§ 7.— *Des variations corrélatives.*

Un très grand nombre de caractères des végétaux et des animaux sont si étroitement placés sous la dépendance les uns des autres que la variation de l'un d'entre eux entraîne celle d'un ou plusieurs autres. C'est ce phénomène que l'on a désigné sous le nom de *variation corrélative.*

Le caractère qui en tient le plus grand nombre d'autres sous sa dépendance est le sexe. Dans l'espèce humaine, le développement des testicules, qui sont les organes mâles

par excellence, tient sous sa dépendance celui de la verg e
celle-ci reste habituellement rudimentaire quand les testicules ne se développent pas ou sont enlevés de très
bonne heure. C'est pourquoi les dames romaines avaient
soin, comme le dit Juvénal, de ne faire châtrer leurs
eunuques qu'après l'apparition des poils du pubis, c'est-
à-dire alors que la verge avait atteint à peu près sa taille
normale. Elles n'avaient plus, dit le satirique latin, à
craindre les grossesses importunes, et trouvaient plus doux
les plaisirs donnés par des lèvres que ne recouvrait pas
une barbe. C'est qu'en effet la barbe, les poils de
la poitrine, des bras, des jambes, des cuisses sont des
caractères corrélatifs des organes sexuels. Dans l'espèce
humaine, ils sont l'apanage presque exclusif de l'homme,
et ne se trouvent que très rarement chez la femme. Le
développemment des os hyoïdes et des cordes vocales est
également corrélatif de celui des testicules, d'où la différence de voix qui existe entre l'homme et la femme, et la
saillie formée chez le premier par le cartilage thyroïde,
saillie connue vulgairement sous la nom de pomme
d'Adam. Chez l'homme, les muscles sont également plus
développés que chez la femme, ce qui entraîne des dimensions plus considérables des os, tandis que le système
graisseux prend un accroissement beaucoup moindre chez
le premier que chez la seconde. Le bassin est plus large
chez cette dernière, tandis que le crâne et le cerveau sont
plus réduits, etc. Je n'insiste pas sur ces faits, que tout le
monde connaît plus ou moins et qui, d'ailleurs, n'ont
qu'un intérêt secondaire au point de vue auquel nous
devons ici nous placer. Je ne m'appesantirai pas davantage sur les caractères corrélatifs du sexe dans les animaux inférieurs à l'homme où les différences entre les

mâles et les femelles sont parfois tellement prononcées qu'il est facile de croire que les deux sexes appartiennent à deux espèces distinctes.

Les seules variations corrélatives qui nous intéressent en ce moment sont celles qui ne sont pas placées sous la dépendance des sexes. Un très grand nombre ont été l'objet d'observations très précises.

Les mieux connues, celles qui offrent avec le plus de netteté le caractère de la corrélation, sont celles qui portent sur les organes homologues des animaux. Rappelons qu'on désigne par le nom de parties homologues, dans un animal déterminé, celles qui offrent la même organisation. Ainsi, les deux moitiés d'un organe impair sont dites homologues ; deux organes pairs, comme les bras, les jambes, les oreilles, les yeux, sont homologues l'un de l'autre ; on étend parfois cette épithète à des organes ayant une structure non pas semblable, mais seulement analogue ; on dit, par exemple, que les pattes et les ailes des oiseaux, les membres antérieurs et postérieurs des quadrupèdes, etc., les bras et les jambes de l'homme sont homologues.

De nombreuses observations ont établi que les variations déterminées dans une partie, soit par le milieu cosmique, soit par le milieu générateur, le croisement ou l'atavisme, sont fréquemment accompagnées de variations semblables dans la partie homologue. Lorsqu'un homme présente un doigt supplémentaire, il est fréquent que cette anomalie existe non seulement aux deux mains, mais encore aux pieds. Maupertuis cite le cas d'un médecin de Berlin qui avait six doigts aux deux mains et aux deux pieds ; sa mère présentait la même infirmité ; ses descendants en héritèrent. Les anatomistes sont d'accord pour admettre que quand il existe aux bras des muscles supplémentaires ou disposés autrement qu'à l'état normal, il est fréquent de constater les mêmes anomalies dans les membres inférieurs. Darwin attribue le développement des plumes sur les pattes des pigeons pattus à une variation corrélative, ces plumes occupant la même position qu'elles ont sur les ailes. L'excès d'alimentation aurait, suivant le savant anglais, déterminé d'abord une production plus active des plumes sur les ailes, puis, corrélativement, des plumes se seraient développées sur les pattes. Darwin ajoute une observation très remarquable au point de vue de la corrélation des variations. « Chez les pigeons de toutes races, dit-il, les deux doigts externes, lorsque les pattes sont emplumées, sont toujours partiellement réunis par une membrane. Ces deux doigts externes correspondent à notre troisième et à notre quatrième doigt; or, dans l'aile du pigeon ou de tout autre oiseau, le premier et le cinquième doigt sont entièrement atrophiés, le second est rudimentaire et porte ce qu'on appelle l'aile bâtarde, tandis que le troisième et le quatrième sont complètement enveloppés par la peau et forment ensemble l'extrémité de l'aile. Il en résulte que chez les pigeons à pattes emplumées, non seulement la face extérieure est garnie d'une rangée de longues plumes semblables aux rémiges, mais les mêmes doigts qui, dans l'aile, sont complètement réunis par la peau, le deviennent partiellement dans la patte. Le principe de la variation corrélative des parties homologues nous permet ainsi de comprendre le singulier rapport qui existe entre les pattes emplumées et la membrane qui réunit les deux doigts externes. »

Les organes ayant une même origine histologique présentent fréquemment des variations corrélatives. C'est ainsi que les cornes des ruminants varient corrélativement aux poils. Or, on sait que les cornes de ces animaux sont formées d'un étui épidermique porté par une saillie osseuse. Les éleveurs sont d'accord sur ce fait que les moutons, à cornes longues et droites comme celles de la chèvre, ont la laine rude et droite, tandis que, les races dont la laine est frisée ont les cornes tordues. Il est permis d'admettre que c'est la laine qui varie la première sous l'influence du climat, et que les variations des cornes ne sont que consécutives. Nous avons déjà vu plus haut que d'après M. Low, le climat humide rend les poils du bétail épais ; on sait, d'autre part, que les races de moutons originaires des tropiques ont la laine droite et rude ; ils ont aussi les cornes droites. Les chèvres d'Angora à poil long ont des cornes longues, tandis que celles dont le poil est court ont des cornes de petite taille.

Il paraît exister encore une relation étroite entre les variations de la peau et celles des organes des sens qui, comme la peau, tirent leur origine du feuillet externe de l'embryon. Les chats tout à fait blancs qui ont des yeux bleus sont presque toujours sourds. Or, il est important de remarquer que presque tous les chats ont les yeux bleus au moment de la naissance ; leurs yeux conservent cette coloration tant qu'ils restent fermés, c'est-à-dire pendant les neuf premiers jours. Pendant tout ce temps, Darwin prétend qu'ils sont assez sourds pour qu'on puisse agiter des ferrailles autour d'eux sans qu'ils paraissent s'en apercevoir. Il y aurait donc une corrélation étroite entre la coloration des yeux et l'irritabilité de l'ouïe. Dès que les yeux commencent à s'ouvrir, ils se colorent, et à ce moment aussi les petits chats commencent à entendre. Sichel cite un cas dans lequel un jeune chat qui avait la peau et les yeux bleus, et qui était sourd, commença à entendre au bout de quatre mois, en même temps que ses yeux prenaient une couleur foncée.

La coloration blanche de la peau pouvant être consi-dérée comme due à une modification de sa nutrition, la coloration bleue des yeux serait due à la même cause; il y aurait arrêt de développement de ces organes, et cet arrêt porterait en même temps sur l'ouïe. Les variations corrélatives portent donc, dans ce cas, à la fois, sur la peau, sur les yeux et sur les oreilles.

Dans les espèces animales, l'albinisme, qui est essentiellement caractérisé par un arrêt de développement des cellules chromatogènes de la peau, est accompagné d'une imperfection de la vue, de l'ouïe et même de l'intelligence ; or, le cerveau est, comme les organes des sens et la peau, une production du feuillet externe de l'embryon. Les albinos de l'espèce humaine ont tous la vue faible, l'ouïe dure, ils sont souvent nyctalopes, c'est-à-dire qu'ils n'y voient bien qu'au crépuscule, la lumière les fatigue et détermine des clignements incessants des paupières ; ils sont, en général, peu intelligents et n'ont qne de médiocres facultés génératrices.

La coloration de la peau paraît avoir avec d'autres caractères des relations beaucoup moins connues et surtout moins faciles à expliquer. On assure que les porcs blancs s'empoisonnent avec un Millepertuis croissant dans les marais de la Sicile, tandis que les porcs colorés peuvent le manger impunément ; on prétend que certaines affections cutanées ne frappent que les chevaux blancs et seulement les parties de leur peau qui sont couvertes de poils blancs ; on a dit aussi que les vers à soie qui font des cocons jaunes sont plus facilement envahis par les champignons que ceux dont les cocons sont blancs.

Mais ce sont là des assertions qui auraient besoin d'être prouvées par des faits positifs.

Il existe cependant certaines corrélérations aussi étonnantes que celles-là et qu'on ne peut pas nier ; par exemple, la forme bombée des ongles et le renflement des doigts chez les gens atteints de phthisie.

Lucas cite, d'après Gærtner, un fait qui est un exemple remarquable de variation d'un caractère anatomique accompagnée d'une variation physiologique ; il s'agit d'une mulâtresse du Cap qui avait six mamelles et qui, étant devenue mère à quatorze ans pour la première fois, avait l'habitude de faire quatre ou cinq enfants à la fois. Or, on sait que chez les animaux le nombre des mamelles est en rapport direct avec le nombre des petits engendrés à chaque portée.

Il y a une corrélation incontestable entre l'odeur de la sueur et des autres sécrétions cutanées et la couleur des poils ; il est impossible, par exemple, de confondre l'odeur d'un noir avec celle d'un blanc, celle d'un brun avec celle d'un blond ; les rouges ont une odeur beaucoup plus forte que celle des bruns et des blonds.

Chez les oiseaux, la longueur des grandes plumes de l'aile et de la queue varie corrélativement. Chez les pigeons, les pieds et le bec présentent des variations corréla-tives, très manifestes ; les éleveurs qui ont obtenu l'allongement du bec par sélection ont vu se produire, en même temps, sans l'avoir cherchée, l'augmentation de la taille des pieds. N'est-ce pas le lieu de citer ici la corrélation indiquée dans ce vers d'un poète latin :

Nosces e pedibus quantum sit virginis antrum ?

On a constaté que chez les pigeons, quand les caroncules s'épaississent, les paupières augmentent de taille. Il existe aussi des variations corrélatives bien démontrées entre la dimension de la tête et celle des membres, chez les chevaux ; il suffit de comparer à cet égard le cheval de trait et le cheval de carrosse ; le premier a les membres épais et la tête grosse, tandis que le second a les membres grêles et la tête fine. Chez la plupart des animaux on peut constater cette relation.

Chez les lapins à oreilles pendantes, la forme de la tête et la position du canal auditif sont toujours modifiées, mais cette modification s'explique facilement par les tiraillements que l'oreille pendante exerce sur la peau, et, par son intermédiaire, sur les os ; quand une seule oreille est pendante, le crâne est asymétrique.

Les poils et les dents paraissent varier, dans beaucoup de cas, corrélativement. Il est fréquent, par exemple, de voir des hommes, atteints de calvitie héréditaire, manquer d'une partie de leurs dents. Yarrell, cité par Darwin, a observé trois chiens égyptiens et un terrier sans poils chez lesquels une grande partie des dents faisaient défaut.

On a signalé, au contraire, un certain nombre de cas dans lesquels la présence de poils très abondants était accompagnée, chez l'homme, d'un avortement plus ou moins complet de la dentition.

Ce dernier cas entrerait dans la catégorie des faits que l'on désigne habituellement sous le nom de *compensation* et de *balancement* des caractères, faits dont il n'existe qu'un très petit nombre bien démontrés, comme celui que je viens de rappeler. D'après Darwin, chez les poules et les oies qui portent une huppe sur la tête, « le crâne est perforé de trous nombreux, de sorte qu'on peut enfoncer une épingle dans le cerveau sans toucher aucun os. »

« Quelques auteurs, ajoute-t-il, y verront probablement un cas de compensation de croissance. » Il me paraît inutile d'insister sur ces faits, dont le nombre serait facile à multiplier.

En général, toutes les fois qu'une excroissance se produit en un point du corps, il se produit dans son voisinage des modifications souvent très considérables d'autres organes ou tissus ; certaines parties s'accroissent, tandis que d'autres diminuent. Il est impossible, par exemple, de supposer que la présence des gigantesques et lourdes défenses de l'éléphant n'ait pas déterminé chez cet animal des modifications importantes des os et des muscles de la tête et du cou, modifications qui ont dû, à leur tour, provoquer des changements dans toutes les parties de l'organisme. Lorsque, par exemple, on modifie une race de chevaux en vue de la course, il ne faut pas croire que l'on agisse seulement sur les jambes de l'animal ; la vitesse de la course exige des poumons spéciaux, ceux-ci entraînent des modifications dans le cœur et dans tout l'appareil circulatoire, et, finalement, l'organisme entier se trouve transformé. Chez les pigeons dont on a cherché, par sélection, à augmenter la longueur du corps, les éleveurs ont obtenu une augmentation du nombre des vertèbres et un élargissement des côtes, sans cependant qu'ils se soient préoccupés de ces parties (Darwin).

Les variations corrélatives sont moins connues dans le règne végétal que dans le règne animal. Cependant, on en a signalé quelques cas très curieux. Il est généralement admis, par exemple, chez les horticulteurs, que les variations de coloration des feuilles entraînent des variations semblables dans les fruits. Dans les variétés de citrouilles à fruits très allongés, les feuilles, les vrilles, les tiges elles-mêmes manifestent une tendance très marquée à l'allongement, etc.

. Comme exemple de variations par compensation, chez les végétaux, on peut citer les fruits de nos arbres cultivés qui en acquérant une pulpe succulente perdent leurs graines, et celui des fleurs doubles, dont les ovules et le pollen avortent plus ou moins, tandis que les étamines se transforment en pétales.

On voit par tous les faits que nous avons cités, quel compte il faut tenir, dans toutes les questions relatives à l'évolution des êtres vivants, des variations corrélatives des caractères, soit que ces variations marchent dans le même sens, soit qu'elles marchent en sens inverse, comme dans les cas que l'on réunit sous les noms de balancement et de compensation de croissance.

D'une façon générale, on peut, en s'appuyant sur toutes les données de l'anatomie et de la physiologie comparées, affirmer que dans tout être vivant, nul caractère, si minime, si peu important qu'il soit ou qu'il paraisse être, ne peut subir la variation la plus faible, sans que tout l'organisme s'en ressente. Rapprochons de ces propositions les faits nombreux, cités dans tout ce chapitre, de variations souvent considérables, produites par des modifications parfois insignifiantes du milieu ambiant ou par le croisement et l'atavisme, et nous arriverons à cette conclusion : que tout être vivant est soumis, d'un bout à l'autre de son existence, à des causes incessantes de variations, causes dont l'effet se fait d'autant plus vivement sentir qu'il est plus rapproché du début de son développement. C'est sur cette vérité incontestable que repose la doctrine du transformisme.

CHAPITRE VII.

CAUSES DÉTERMINANTES DE LA PERPÉTUATION ET DE LA
DISPARITION DES VARIATIONS INDIVIDUELLES.

§ 1.— *De la perpétuation des variations individuelles.—*
Hérédité.

Il résulte de tout ce qui a été dit dans les chapitres précédents : 1° que chaque individu du règne végétal ou du règne animal offre un certain nombre de caractères particuliers qui lui appartiennent en propre et qui permettent de le distinguer de tous les autres ; 2° que ces caractères résultent d'une modification plus ou moins profonde de caractères existants dans les ancêtres de cet individu, qui peut être ainsi considéré comme un produit de leur transformation ; 3° que les variations ou transformations sont déterminées : soit par le milieu cosmique, agissant sur les individus pendant les premières phases de leur développement, tantôt directement, tantôt par l'intermédiaire de la mère, si les premiers développements de l'embryon s'effectuent dans l'utérus de celle-ci ; soit par

le milieu générateur, c'est-à-dire le croisement ou l'atavisme ; soit par ces deux ordres de causes modificatrices,
agissant d'une manière simultanée.

Toute variation individuelle, utile ou nuisible, ou même
constituant un vice de conformation, une anomalie, une
infirmité ou une maladie, est susceptible d'être transmise
par l'hérédité aux descendants de l'individu qui la présente,
et peut ainsi servir de base, si elle est assez marquée, à
une variété nouvelle, qui pourra elle-même être considérée
comme une espèce véritable, le jour où le caractère nouveau existera chez un nombre très considérable d'individus les léguant tous à leurs descendants pendant une série
indéfinie de générations. On dit alors que le caractère est
stable et qu'il a acquis la valeur d'un caractère spécifique.

Tous les faits cités dans la deuxième partie du chapitre
précédent témoignent de l'exactitude de la proposition
formulée plus haut relativement à l'hérédité des variations individuelles. Je me bornerai à ajouter quelques
observations empruntées aux deux règnes et portant sur
diverses catégories de caractères.

Le fait général, constant, facile à observer par tout le
monde, qui démontre le mieux l'action incessante de l'hérédité sur les êtres vivants, consiste dans la transmission,
pendant un nombre indéfini de générations, des caractères
de classe, d'ordre, de famille, de genre, d'espèce et même
de variété, de chaque être vivant. Tout le monde sait, par
exemple, qu'un mammifère n'engendrera jamais un poisson ou un reptile ; qu'un mammifère de la classe des Rongeurs ne mettra pas au monde un mammifère de celle des
Ruminants ; que, parmi les Ruminants, un cerf n'engendrera pas une vache, et enfin qu'une vache de Durham

n'engendrera pas une vache de Bretagne, pas plus qu'un couple d'Arabes ou de nègres n'aura des enfants Saxons.

Aucun fait, sans doute, n'est plus merveilleux que cette transmission incessante, par l'hérédité, de tous les caractères de groupes, mais aucun non plus n'est mieux démontré ; aucun n'est plus incontestable. Que la cellule ovarienne d'une femme, cellule dont le diamètre ne dépasse pas un millimètre et dont la structure est à peu près aussi simple que possible, se transforme toujours en un organisme ayant tous les traits essentiels de l'espèce humaine et de la race à laquelle appartient la femme ; qu'au contraire l'œuf d'une lapine, qu'il est à peu près impossible de distinguer de celui de la femme, se transforme toujours en un lapin ; que telle cellule initiale d'un chêne produise toujours un bourgeon ayant tous les caractères des autres branches de l'arbre, tandis que telle cellule d'un peuplier, tout à fait semblable en apparence à celle du chêne, donne toujours un bourgeon de peuplier et non de chêne : ce sont là des faits qu'il ne nous est pas possible d'expliquer, mais qu'il nous est donné d'observer tous les jours et qui suffisent pour mettre hors de doute l'importance considérable de l'hérédité et son intervention incessante dans la vie des êtres vivants.

C'est grâce à la perpétuation des caractères par l'hérédité qu'il nous est donné de diviser les organismes vivants en variétés, espèces, genres, familles, etc. Si nous pouvons distinguer ces groupes les uns des autres, c'est parce que leurs caractères se transmettent de génération en génération.

Mais, ainsi qu'on l'a vu déjà par les faits signalés dans le chapitre précédent, ce ne sont pas seulement les caractères de variété, d'espèce, de genre, de famille, etc. qui sont transmis par l'hérédité, ce sont encore les caractères purement individuels, ceux qui n'existent que chez un seul individu de la même variété ou espèce d'animaux et de plantes, et qui permettent de le distinguer de tous les autres individus appartenant au même groupe que lui. Un homme blanc, par exemple, transmettra à ses descendants non seulement tous les caractères de l'espèce humaine, non seulement tous ceux de la race blanche, tels que la couleur de la peau, la disposition et la forme des cheveux, l'aspect de la face, etc., mais encore, dans beaucoup de cas, les traits qui lui sont propres, la configuration spéciale de la face, la proportion relative du tronc et des membres, la forme des yeux, la coloration de la peau, etc., tout ce qui fait qu'il est « lui ». J'ai dit « dans beaucoup de cas » et non pas « toujours, » parce qu'en effet, si la transmission des caractères d'espèce et même de variété ou de race est constante, il n'en est pas de même des caractères individuels. Nous reviendrons tout à l'heure sur cette question.

L'hérédité des caractères individuels peut porter sur les plus insignifiants d'entre eux. Rien paraît n'être plus variable que la coloration des cheveux, et cependant Hofacker signale un fait qui montre que rien ne serait plus facile que de fixer complètement, par l'hérédité, une couleur déterminée. Deux cent seize juments de quatre couleurs différentes ayant été accouplées avec quatre étalons de même couleur, sans qu'on se fût occupé de la coloration des ancêtres, il n'y eut, sur les deux cent seize poulains obtenus, que douze individus offrant une couleur différente de celles des parents. Il est très rare qu'une variété de plantes à fleurs blanches présente des individus ayant une autre couleur. La plupart des plantes à fleurs rouges, jaunes, bleues, violettes, transmettent si régulièrement cette coloration à leurs descendants, qu'on peut, dans beaucoup de cas, considérer la couleur comme un caractère spécifique. On ne verra jamais, par exemple, un arnica autrement que jaune, un coquelicot qui ne soit pas rouge, ou un aconit napel qui n'ait pas des fleurs violettes. Certaines plantes à fleurs panachées transmettent très habituellement la coloration bariolée de leurs fleurs à leurs descendants. Il en est ainsi, par exemple, de certaines variétés de calcéolaires mouchetées, de tulipes, etc. Les panachures des feuilles sont également transmises, d'habitude, par l'hérédité, avec une fidélité si remarquable que la forme de la panachure peut souvent permettre de distinguer, du premier coup d'œil, une variété d'une autre.

Chez l'homme, l'hérédité de la coloration de la peau ou des poils est parfois très remarquable et peut porter sur les détails même les plus insignifiants. Darwin cite le fait d'une famille anglaise dont quelques membres offrirent pendant plusieurs générations consécutives une mèche de cheveux ayant une couleur différente de celle du reste de la chevelure. J'ai connu moi-même un jeune homme qui présentait, au niveau de la tempe gauche, une mèche blanche qu'il avait toujours vue de cette couleur et qui existait chez son père, depuis le premier âge. Darwin rapporte encore le fait, qui lui fut communiqué par Paget, de familles dont les membres se transmettaient par l'hérédité deux ou trois poils de sourcils beaucoup plus longs que les autres.

Quoiqu'on n'ait pas suffisamment étudié les phénomènes de l'hérédité chez les plantes, il est permis d'affirmer que des détails au moins aussi insignifiants que ceux dont nous venons de parler peuvent être transmis de père en fils pendant un nombre considérable de générations. Il suffit, pour en être convaincu, de jeter un coup d'œil sur les caractères qui, dans certaines familles de plantes, sont considérés par les botanistes classificateurs comme caractéristiques des espèces ou des variétés. Ils sont souvent tellement minimes qu'il est impossible, même à un botaniste de profession, de déterminer une espèce qu'il voit pour la première fois, d'après les caractères qui lui sont attribués par les flores, s'il ne connaît pas très exactement, par l'observation directe, toutes les espèces voisines.

Ce ne sont pas seulement les caractères morphologiques ou anatomiques qui sont transmis par l'hérédité. Celle-ci peut encore conserver, pendant un nombre plus ou moins considérable de générations, des qualités intellectuelles ou morales, ou même des habitudes, et jusqu'à de simples tics.

Il n'est pas nécessaire d'insister ici sur la transmission des facultés intellectuelles. Tout le monde sait que l'intelligence est héréditaire, et que le fils d'un homme et d'une femme intelligents a beaucoup plus de chances de l'être lui-même que le fils d'un homme à esprit borné. La nature des qualités intellectuelles est également transmissible par l'hérédité, et peut même devenir un caractère de race. Il n'est, par exemple, pas nécessaire d'être bien fort en ethnologie pour distinguer avec la plus grande facilité, dans une société, la race et même la nationalité d'hommes également instruits causant entre eux. Chacun apporte dans sa manière de comprendre les choses et de les exposer une forme d'esprit particulière, qu'il a héritée de ses ancêtres ; il est vrai que l'éducation a fortifié cette qualité, mais elle eût été incapable de la faire naître. Un méridional élevé dans le nord depuis la plus tendre enfance

n'en conservera pas moins la tournure d'esprit des gens
de sa patrie et de ses ancêtres directs.

L'hérédité des facultés intellectuelles n'est pas moins
manifeste chez les animaux que chez l'homme. Un grand
nombre d'observations bien faites établissent que les quadrupèdes et les oiseaux qu'on a l'habitude de chasser et
dont la plupart font preuve d'une très grande intelligence
dans les moyens qu'ils emploient pour échapper au chas-
seur, se transmettent ces qualités de générations en générations.

Georges Leroy a établi que les jeunes renards se montrent,
dès leur première excursion en dehors du terrier dans
lequel ils sont nés, c'est-à-dire avant d'avoir pu acquérir la
moindre expérience, beaucoup plus rusés et plus défiants
que ne le sont les vieux renards, qui habitent des
localités dans lesquelles on n'a pas l'habitude de chasser
le renard. Tous les dresseurs de chevaux partagent l'avis
de Buffon que les poulains issus de parents bien dressés,
marquent, dès leur jeune âge, une aptitude très prononcée
pour les exercices du manège, s'en acquittent beaucoup
mieux que les autres et parviennent plus rapidement à
apprendre les exercices qu'on leur enseigne. Tous les
amateurs de serins et autres oiseaux chanteurs savent
fort bien qu'il existe une grande différence, au point de
vue des dispositions pour le chant, entre les petits d'un
père bon chanteur et ceux d'un chanteur médiocre. Le
jeune bœuf suisse se montre, dès ses premières sorties,
particulièrement habile à traîner la charrue sur les bords
des précipices et sur les pentes les plus rapides des montagnes. La fourmi, l'abeille, l'oiseau, les insectes héritent
des qualités intellectuelles nécessaires à la construction
de leurs nids; et, chez eux, la transmission des habitudes

des parents est si parfaite, qu'ils accomplissent, sans jamais l'avoir vu faire, le même travail que leurs ancêtres et édifient les mêmes constructions. Ajoutons que les travaux de ces animaux sont parfaitement raisonnés, car ils en modifient la nature suivant les nécessités créées par les circonstances dans lesquelles ils se trouvent; et, quand ces modifications tiennent à des causes permanentes, leurs descendants en conservent la tradition. Or, s'il est vrai que chez la plupart de ces êtres l'éducation puisse s'ajouter à l'hérédité des qualités intellectuelles ; si, par exemple, il est facile d'admettre que le jeune oiseau grave dans sa mémoire, pour les reproduire quand il sera adulte, les formes de son nid et la nature des matériaux qui le composent ; si même on peut croire qu'au moment où il construit pour la première fois son propre nid il apprend de ses anciens la façon d'agencer les matériaux qui entrent dans la construction de sa maison, certains insectes se trouvent dans des conditions fort différentes. La jeune chenille qui sort d'un œuf déposé par un papillon sur une feuille de chou, n'a pas vu son aïeule construire son cocon, elle n'a connu aucun de ses parents, ni sous la forme de chenilles, ni sous celle de papillons, puisqu'elle naît seulement six mois après leur mort ; cependant, dès qu'elle a atteint son complet développement, elle construit un cocon tout à fait semblable à celui que construisit sa mère quand elle était chenille, le place dans les même abris et le fixe de la même façon. Il faut bien qu'il y ait eu transmission par l'hérédité des qualités intellectuelles qui sont indispensables à l'accomplissement de ce travail; il faut aussi que cette transmission soit exacte, complète et qu'elle ait lieu sous une forme tellement semblable à celle que ces qualités revêtaient chez les ancêtres

que l'animal soit fatalement condamné à les appliquer de
la même façon, en n'y introduisant que les modifications
nécessitées par les conditions spéciales du milieu que son
intelligence le met en mesure d'apprécier.

Les qualités dites morales ne sont pas moins héréditaires que les facultés intellectuelles. Un grand nombre
de faits permettent d'assurer que le fils d'un voleur ou
d'un assassin aura beaucoup plus de prédispositions à devenir lui-même un voleur ou un assassin que le fils d'un
homme dans la famille duquel le vol et l'assassinat n'ont
jamais figuré. L'éducation ajoutera, sans nul doute, ses
effets à la prédisposition, ou bien, pourra modifier, peut-
être, assez profondément le naturel de l'enfant pour qu'il
ne tombe pas dans les fautes de ses ancêtres ; mais il
serait dangereux, même après une longue éducation
morale, de l'exposer à la tentation. Tous les gens qui ont
voyagé savent que le vol est beaucoup plus fréquent chez
certains peuples que chez d'autres.

Dans certaines familles, la vivacité des appétits sensuels
et la tendance à les satisfaire immédiatement se transmettent de génération en génération ; il en est de même de
l'amour du jeu, de l'ivrognerie, etc. Ce sont là des faits
dont le juge devrait tenir le plus grand compte dans
l'appréciation des actes des hommes qui sont soumis à
son jugement.

L'hérédité des qualités morales peut également être
constatée chez les animaux. Il y a une très grande différence entre la conduite d'un jeune animal sauvage et
celle d'un jeune animal domestique. S'il s'agit d'animaux
carnassiers, le premier se montre beaucoup plus avide
de chair et de sang que le second, il est plus farouche et
beaucoup moins sociable, vole plus volontiers les ali-

ments qui se trouvent à sa disposition, et cela se produit même quand on a soin de l'isoler de ses parents de manière à le mettre dans l'impossibilité d'en recevoir la moindre éducation.

Ce ne sont pas seulement les qualités intellectuelles et morales qui peuvent être transmises par l'hérédité, mais encore les habitudes les plus insignifiantes. La plupart des observateurs sont d'accord, par exemple, pour admettre que la forme de l'écriture est transmissible du père au fils, et qu'un enfant anglais, transporté en France avant d'avoir reçu aucune notion d'écriture, marquera plus ou moins de tendance à donner aux lettres la forme qui est habituelle dans l'écriture anglaise.

Ce qui est bien indéniable, c'est que les aptitudes spéciales des parents sont transmises très fréquemment aux enfants. Un musicien a beaucoup de chances d'avoir des enfants doués d'une oreille délicate; les peintres lèguent fort souvent à leurs fils ou à leurs filles la faculté qu'ils ont de percevoir nettement les formes, les proportions et la coloration des objets. Les enfants d'un habile ouvrier naissent souvent avec des dispositions très marquées à apprendre le métier de leur père beaucoup plus rapidement que tous les autres. Ces faits rentrent dans le même cadre que ceux que nous avons signalés chez les animaux en parlant de l'hérédité des facultés indispensables à la construction des nids et des abris de toute sorte. Les qualités intellectuelles ne suffisent pas pour cela; il faut encore qu'elles soient accompagnées de certaines aptitudes physiques, de l'adresse des membres mis en usage pour l'accomplissement de ces travaux.

Je reviens à l'hérédité des habitudes. Je ne parlerai pas de l'hérédité bien connue de la démarche, du maintien, des gestes, du son de la voix, etc., dont la transmission est incontestable ; mais on a cité des cas d'hérédité d'habitudes vraiment singuliers et inexplicables. Girou de Buzaringues raconte le cas d'un homme qui avait l'habitude de dormir sur le dos en croisant sa jambe droite sur la gauche, dont la fille encore au berceau prenait habituellement la même position et résistait aux efforts qu'on faisait pour l'en faire changer. Darwin cite un fait non moins remarquable, observé par lui-même, « qui est curieux comme tic associé à un état mental particulier, celui d'une émotion agréable. Lorsque cet enfant était content, il avait la singulière habitude de remuer rapidement les doigts parallèlement les uns aux autres, et, quand il était très excité, il levait les deux mains de chaque côté de sa figure, et à hauteur des yeux, toujours en remuant les doigts. Cet individu, devenu vieux, avait encore de la peine à se contenir pour ne pas faire ces mêmes gestes ridicules quand il éprouvait une vive satisfaction. Il eut huit enfants, dont une fille, qui, à l'âge de quatre ans, remuait les doigts de la même manière, et, lorsqu'elle était excitée, levait les mains en agitant les doigts exactement comme l'avait fait son père. Je n'ai jamais entendu parler d'un pareil tic chez d'autres personnes, et, dans le cas qui nous occupe, il n'y avait certainement pas eu imitation de la part de l'enfant. »

Il serait facile de citer des habitudes, tout aussi peu importantes que celles dont nous venons de parler, transmises, chez les animaux, par la génération. Nous avons déjà signalé l'hérédité, chez ces êtres, des aptitudes indispensables à la construction des nids, des terriers, etc. Nous pouvons ajouter ici la transmission par l'hérédité de simples habitudes n'ayant aucune utilité pour l'animal et résultant simplement d'une éducation des ancêtres. On sait, par exemple, que les chiens sauvages n'aboient pas; ils n'ont contracté cette habitude que sous l'influence de la domesticité ; peut-être, pensent certains auteurs, sous l'impulsion du désir d'imiter le langage de l'homme. Ce qui tendrait à faire admettre cette interprétation, c'est qu'on cite l'exemple de quelques chiens qui sont parvenus à prononcer des mots par imitation de l'homme et pour faire plaisir à leur maître, ou bien pour en obtenir quelques faveurs. M. Roujou, professeur de zoologie à la faculté des sciences de Clermont-Ferrand, m'a communiqué récemment l'observation recueillie par lui-même d'un chien d'un faubourg de cette ville qui répète très nettement, après quelques efforts, le mot « maman ». Il n'est pas douteux que cet animal pourrait transmettre à ses descendants ses prédispositions marquées à parler, prédispositions qu'il suffirait de cultiver pour obtenir des résultats fort intéressants. On sait que les phoques arrivent assez facilement à prononcer certains mots; les perroquets, le corbeau, le sansonnet apprennent à dire un grand nombre de mots et même des phrases correctes. Il est incontestable qu'avec du soin on pourrait, grâce à l'hérédité, obtenir des races de ces animaux beaucoup plus aptes à parler que les individus isolés auxquels nous faisons allusion. Il n'y a pas de motif, en effet, pour que les parents ne lèguent pas à leurs produits l'aptitude de la parole aussi bien que celle du chant ou de l'aboiement.

Parmi les habitudes héréditaires des animaux, il en est une qu'il est presque impossible d'expliquer et qui cependant se transmet très fidèlement par l'hérédité, c'est celle qu'ont les chiens mâles de lever une patte pour uriner et d'uriner contre les arbres, les murs, les tas de terre ou de pierres plutôt que sur le sol. Ces deux habitudes sont liées l'une à l'autre, mais elles ne sont guère plus faciles à expliquer l'une que l'autre ; quoi qu'il en soit, elles sont éminemment héréditaires et, chose curieuse, elles ne se manifestent qu'au moment où le chien approche de la puberté. Citons encore l'habitude, également héréditaire au premier chef, qu'ont les chats de se laver le museau avec leur pattes humectées de salive. D'autres habitudes beaucoup moins importantes ne se transmettent que dans une seule famille d'animaux, comme celles que nous avons citées en parlant de l'homme.

Les végétaux eux-mêmes présentent des habitudes héréditaires comme celles des hommes et des animaux. Je me bornerai à citer l'habitude qu'a la Belle-de-Nuit de fermer ses fleurs tous les matins et de les ouvrir tous les soirs ; celle qu'a le Pissenlit d'ouvrir les siennes vers sept heures du matin et de les fermer vers cinq heures du soir ; celle qu'a le salsifis sauvage de les ouvrir à quatre heures du matin et de les fermer à midi, etc. Des habitudes fort singulières se trouvent dans certains organismes inférieurs. Thuret a constaté, par exemple, que lorsque les cellules mâles, ou anthérozoïdes, du *Fucus vesiculosus*, Algue brune très fréquente sur nos côtes, rencontrent la cellule femelle de cette même plante, ils se collent à elle et lui impriment un mouvement de rotation qui dure pendant quelques minutes. Ce phénomène accompagne constamment la fécondation de l'Algue ; l'habitude de le produire est donc transmise héréditairement, avec une grande fidélité, de générations en générations, par tous les individus qui composent l'espèce. Les habitudes héréditaires ont chez les plantes une telle ténacité qu'elles continuent souvent à se manifester après que les plantes ont été soustraites

au milieu dans lequel ces habitudes ont été contractées.
C'est ainsi, par exemple, que des graines de plantes d'une
région chaude germent dans un climat plus froid à la
même époque que leurs ancêtres ; il en est de même des
graines produites par les deux ou trois premières générations ; puis l'habitude se perd, et la germination se règle
sur l'époque qui convient au nouveau milieu cosmique.
Des faits de cet ordre ont été constatés par divers horticulteurs sur les froments d'été et d'hiver, l'orge, la vesce.
Darwin en cite un exemple offert par les animaux.
Il raconte qu'à Aylesbury, où l'on élève beaucoup de
canards pour le marché de Londres, on a la coutume de
conserver les œufs dans les maisons pour hâter leur éclosion, puis il ajoute : « Mon ami transporta ces œufs et les
fit couver dans une autre partie fort éloignée de l'Angleterre ; les canards provenant de ces œufs firent, l'année
suivante, leur première couvée le 24 janvier, tandis que
les autres œufs de canards appartenant à la même basse-
cour et traités de la même manière, firent éclosion seulement à la fin de mars ; ce qui prouve que l'époque de
l'éclosion est héréditaire. Mais, dès la seconde génération,
les canards d'Aylesbury perdirent leurs habitudes d'incubation précoce, et l'époque d'éclosion de leurs œufs fut
désormais la même que pour ceux des autres canards de
la localité. »

Les anomalies de formes, les arrêts de développement,
les infirmités, les troubles fonctionnels, les maladies sont
tout aussi héréditaires que les caractères normaux et que
les qualités naturelles dont nous venons de parler. Ces faits
sont assez généralement connus pour que je n'y insiste
pas beaucoup ici ; j'ai d'ailleurs cité, dans le précédent
chapitre, un grand nombre d'exemples de transmission de

ces divers états. Il n'y a pas un vice de conformation, pas un trouble fonctionnel, pas une maladie qui ne puisse être et qui ne soit très souvent transmis, par l'individu qui les présente, à un nombre plus ou moins considérable de générations consécutives. Tout le monde sait à quel point sont héréditaires la phthisie, les maladies du cœur, le rhumatisme, la goutte, la scrofule, les maladies mentales.

Les hernies, le bec-de-lièvre, les imperfections de la vue et de l'ouïe, du goût, de tous les organes des sens affectent souvent une ténacité remarquable dans leur transmission héréditaire. Ce ne sont, du reste, pas seulement les grandes anomalies et les maladies graves qui sont capables de se transmettre de générations en générations pour le malheur de l'humanité ; les anomalies les plus légères offrent encore une remarquable tendance à l'hérédité. Osburn cite le cas d'une famille composée de six garçons et de cinq filles dont la pupille était marquée d'une tache rappelant la couleur des chats tricolores. La mère de ces enfants offrait la même tache ; son père et ses trois sœurs étaient dans le même cas et avaient hérité cette anomalie de leur mère, qui elle-même appartenait à une famille connue pour offrir depuis fort longtemps ce caractère spécial. Portal cite le fait encore plus singulier d'un individu qui perdait la vue toutes les fois qu'il baissait la tête ; ses deux fils offraient la même infirmité. La nyctalopie, c'est-à-dire l'infirmité qui consiste à n'y voir normalement que dans le demi-jour du crépuscule, est signalée par Cuvier comme ayant existé chez quatre-vingt-cinq membres d'une même famille pendant le cours de six générations consécutives. Darwin cite le fait de quatre frères qui moururent entre soixanteet soixante-dix ans dans un état comateux très particulier et identique chez tous les quatre.

Les grandes déformations ne sont pas moins héréditaires que les petites. Hallam a cité le cas de porcs qui pendant trois générations consécutives naquirent dépourvus totalement de membres postérieurs.

Les déformations, les anomalies de développement et les maladies sont héréditaires chez les végétaux comme chez les animaux. Les frênes, les bouleaux, les saules pleureurs transmettent très souvent cette anomalie aux plants issus de leurs graines. Il en est de même d'un grand nombre d'autres anomalies de forme ou de structure. Cependant les monstruosités paraissent être à la fois plus fréquentes et moins héréditaires chez les végétaux que chez les animaux.

Dans tout ce qui précède nous n'avons envisagé que l'hérédité des caractères congénitaux, c'est-à-dire offerts en naissant par l'individu qui les transmet. Le champ d'action de l'hérédité est beaucoup plus considérable que cela. Un grand nombre de caractères acquis par les individus, après leur naissance, sous l'influence du milieu cosmique auquel ils sont exposés, sont également susceptibles d'être transmis aux générations suivantes. Sans parler des maladies contagieuses, comme la syphilis, qui peuvent être transmises aux enfants par le père ou la mère qui les ont contractées, il est une foule de maladies acquises, produites soit par la misère, comme la scrofule ou la phthisie, soit par les excès de la table, comme la goutte, la gravelle, etc., qui sont très fréquemment légués par les parents à leurs enfants. Il en est de même des facultés intellectuelles, de l'adresse corporelle, de l'habileté manuelle dues à l'éducation, des habitudes de débauche, de jeu, d'ivrognerie, etc., provoquées par des conditions accidentelles, chez des individus dont les parents ne les avaient pas offertes.

Certains états physiologiques ou psychologiques des parents au moment de la fécondation paraissent aussi être susceptibles de se transmettre aux enfants. Les anciens prescrivaient aux époux de s'abstenir de rapports sexuels à la suite d'un chagrin, ou d'une impression pénible, parce qu'ils craignaient que les enfants n'héritassent de cet état d'esprit et ne fussent condamnés à avoir un caractère triste, ou chagrin, ou mélancolique. C'est peut-être de là que viennent les réjouissances qui ont toujours marqué les premières relations sexuelles des jeunes époux ; on voulait que leur esprit fût dégagé de tout souci et que leur corps fût dépourvu de toute fatigue, afin que leurs enfants fussent conçus dans la joie, l'amour et la force.

Da Gama Machado affirme que l'un des enfants adultérins de Louis XIV, conçu par Mme de Montespan dans une crise de larmes et de remords provoquée par un sermon, garda pendant toute sa vie un caractère de tristesse qui le fit surnommer par les courtisans l'enfant du Jubilé.

Beaucoup d'auteurs admettent comme certain que les enfants conçus dans l'ivresse ont de grandes chances d'être plus ou moins idiots. Lucas raconte le fait d'une femme de Monistrol qui avait eu de très beaux enfants, lorsque tout à coup elle se livra avec frénésie à l'ivrognerie ; à partir de ce moment, elle n'eut plus que des enfants rabougris, sans vigueur, laids et difformes, inintelligents et mourant en bas âge.

J'emprunte également à Lucas le récit d'un fait très

curieux, signalé par Sigaud de Lafond : une chienne reçut pendant son accouplement un coup violent qui lui brisa la colonne dorsale et détermina une paralysie de tout le train de derrière qui dura plusieurs jours ; elle fut cependant fécondée et mena sa portée à terme ; mais, de ses huit petits, tous, à l'exception d'un seul, qui ressemblait à son père, avaient le train de derrière, ou défectueux, ou d'une extrême faiblesse, ou mal conformé, l'un d'eux même manquait des extrémités postérieures, et un autre ne pouvait pas les mouvoir.

On a de tout temps, mais surtout dans l'antiquité, attaché une grande importance à l'âge auquel doit s'effectuer le mariage, parce qu'on considérait l'âge des parents comme exerçant une grande influence sur les caractères physiques et intellectuels des enfants. Aristote remarque qu'en Grèce, où l'on avait l'habitude de marier les jeunes filles et les jeunes garçons dès leur entrée dans l'adolescence, les enfants des époux très jeunes étaient, d'habitude, faibles et de petite taille. On a remarqué la faible taille et la débilité des conscrits des années 1832 et 1833, et on l'a attribuée à ce que, pendant les années 1812 et 1813, un grand nombre de familles marièrent leurs fils très jeunes, afin de les mettre à l'abri du service militaire. On a souvent signalé l'aspect rechigné, malingre et vieillot des enfants de vieillards. Lucas dit que les agneaux nés d'une vieille brebis et d'un vieux bélier n'ont que très peu de laine et que celle-ci est grossière, et il ajoute que, d'après Columelle, ils sont souvent stériles. Sigaud de Lafond rapporte un fait peut-être un peu merveilleux, mais qui, s'il est exact, est fort significatif. Une Polonaise, Marguerite Cribsowna, ayant épousé, à l'âge de 94 ans, un vieillard nommé Gaspard Raycoul qui avait lui-même 105 ans,

en eut trois enfants qui vivaient encore à la mort de
leur mère, qui n'eut lieu qu'à 108 ans, mais ils « avaient
les cheveux blancs; ils n'avaient point eu de dents et
leurs gencives offraient le vide qu'en offre la perte ; ils ne
vivaient que de pain et de légumes; assez grands pour
leur âge, ils avaient le dos courbé, le teint flétri, et tous
les autres symptômes de la décrépitude.. » (Lucas.)

Lucas, poussant plus loin l'action de l'hérédité des qualités
ou des défauts des parents au moment de la fécondation,
tente d'expliquer par cette cause les faits qui ont été
signalés de garçons ou de filles venant au monde avec
le caractère de la puberté ou atteignant très prématuré-
ment cet état physiologique. Quelques-uns de ces cas sont
véritablement remarquables. Je lui en emprunte deux ou
trois. Sigaud de Lafond rapporte le fait d'un enfant
du voisinage d'Alais, nommé Jacques Viala, qui prit subitement, à l'âge de quatre ans, un développement considérable en taille, en corpulence et en force musculaire ;
à cinq ans il avait quatre pieds trois pouces de haut ; sa
voix était forte, pleine, avec la tonalité de la basse-taille ;
son visage se couvrit de barbe en même temps que des
poils se développaient sur le pubis ; à six ans, il avait
tous les caractères d'une puberté complète. Moreau de
la Sarthe a observé un enfant qui à l'âge de six ans était
en pleine puberté ; son pubis était couvert de longs poils
et ses testicules étaient « les plus volumineux qu'un adulte
puisse avoir » ; sa force musculaire était très grande. Un
enfant du Jura marchait à six mois; à quatre ans il était
pubère et à sept ans il avait la taille et la force d'un
homme. Gerberon a observé un enfant qui était pubère
à trois ans et demi. En 1806, Dupuytren vit à la faculté
de médecine de Paris un garçon de trois ans, haut de

trois pieds et demi chez lequel la puberté s'était manifestée à deux ans et demi. Presle Duplessis cite le fait
d'un enfant chez lequel la puberté se montra à dix-huit
mois; la voix devint forte et rauque, les mamelons se
tuméfièrent, les organes génitaux se développèrent rapidement et le pubis se couvrit d'un duvet dense; « à trois
ans un mois, sa taille était déjà de trois pieds trois pouces;
son poids de quarante-neuf livres; il avait vingt dents,
une moustache naissante à la lèvre supérieure, la peau
un peu velue, les hanches bien formées et très développées, les traits rudes, la voix forte, les testicules très gros,
le pénis de trois pouces de long, dans le repos, de cinq
dans l'érection assez souvent suivie d'éjaculation; enfin un
poil frisé et serré entourait toutes ces parties. » J'ai observé
moi-même, en 1861, à Bordeaux, un enfant né dans les
Landes qui, à l'âge de six ans, gagnait trois francs par jour
à rouler des brouettes de pierres et de terre. Il n'avait que
la taille d'un enfant de dix ans ordinaire, mais il était
très musclé et robuste ; ses organes génitaux avaient les
dimensions de ceux d'un jeune homme de vingt ans; il
avait de très fréquentes érections accompagnées d'éjaculation, surtout quand il restait quelques jours sans travailler.

Des faits analogues ont été relevés dans l'autre sexe. Les
cas de petites filles ayant leurs menstrues à sept ans, trois
ans, deux ans, trois mois et même plus tôt encore sont
assez fréquents. Le docteur Dezeimeris a recueilli un grand
nombre d'observations de cet ordre dans un mémoire au
sujet duquel Lucas écrit : « Dans tous les faits de cet
ordre recueillis par l'auteur, la menstruation a été
précédée de tous les signes physiques de la puberté :
le développement des mamelles et du mont de Vénus ;
l'apparition des poils aux aisselles, au pubis, etc. ; l'ac-

croissement hâtif de la taille et de la chevelure, phénomène
que .Is. Geoffroy Saint-Hilaire avait cru, chez les filles,
être exceptionnel. Nous ne sommes pas encore aux dernières limites: des observations plus anciennes, rapprochant, de plus en plus, le phénomène de sa source et de
son explication, nous montrent, chez les filles, la manifestation de la puberté dès la naissance même; Sinibaldi
rapporte, d'après Albert le Grand, l'exemple d'une fille
venue au monde menstruée, les mamelles développées
comme une fille adulte, les aisselles et le mont de Vénus
couverts de poils. Rucker parle d'une autre dont les règles
parurent le troisième, le cinquième et le neuvième jour
après la naissance, mais qui mourut bientôt dans les
convulsions. Les règles d'une autre coulèrent, d'après
Müller, trois jours après qu'elle, était née et reparurent
ensuite de quinze en quinze jours. Kerdrin a vu aussi une
jeune fille sujette, dès sa naissance, aux règles. Le chirurgien Baillot, de Linières, vit une autre petite fille de
Bernon, en Champagne, née au mois de septembre 1756,
apporter, en naissant, tous les signes de la puberté. »

Lucas explique tous ces faits par une transmission aux
enfants de l'état même dans lequel se trouvent les parents
au moment de la fécondation. C'est là une explication
absolument inadmissible. Nous ne pouvons y voir, en
réalité, que des phénomènes d'un développement anormalement rapide, une sorte d'abréviation de l'évolution
organique et physiologique, analogue à celle que l'on
constate quand on compare le développement de certaines
espèces animales à d'autres parfois très voisines. Le
poulet, par exemple, naît couvert de duvet, court et se
nourrit lui-même, aussitôt après sa sortie de l'œuf, tandis
que le pigeon vient au monde entièrement nu et tellement

faible que les parents sont obligés de le nourrir pendant une vingtaine de jours. Exagérez anormalement cette abréviation de développement, et vous arrivez aux faits exceptionnels que nous avons cités plus haut. Quant à la cause déterminante de cette·abréviation anormale de l'évolution, nous ignorons sa nature ; peut-être pourrait-on la chercher dans un état spécial des parents au moment de la fécondation, mais c'est là une simple hypothèse sans fondement expérimental.

Un certain nombre· d'observations bien faites tendent à prouver que non seulement des maladies véritables et apportant un trouble profond dans l'organisme, mais encore de simples lésions subies à une époque plus ou moins éloignée de la naissance et même à l'âge adulte peuvent être transmises par l'hérédité. Lucas, et, après lui, Darwin, ont réuni un assez grand nombre de faits de cette nature parmi lesquels le lecteur me permettra de faire un choix de quelques-uns des plus importants et des plus certains. Pichard cite le fait d'un superbe étalon, fils du Glorieux, du haras de Pompadour, qui, étant devenu aveugle, donna des produits qui tous, malgré leur beauté, devinrent aveugles vers l'âge de trois ans. Meckel raconte le cas .d'une femme déjà mère de plusieurs enfants qui ayant eu un panaris à la suite duquel le doigt devint difforme, mit plus tard au monde deux enfants dont le même doigt offrait une difformité semblable. D'après William Buchan, les dames anglaises qui avaient, de son temps, l'habitude de porter des corsets très serrés au niveau des seins, donnaient fréquemment naissance à des filles sans mamelles. D'après Grognier, les poulains dont les ancêtres ont été marqués du fer rouge pendant un certain nombre de générations à la même place naissent souvent avec des taches rappelant la brûlure de leurs parents. D'après Langsdorf, au Kamtchatka, où l'on a l'habitude de couper la queue aux chiens attelés aux traîneaux, on voit fréquemment ces animaux naître sans queue. Cuvier raconte avoir vu au Muséum de Paris un chien braque auquel on avait coupé la queue donner naissance, par son accouplement avec une louve dont la queue était intacte, à deux métis n'ayant qu'un rudiment de queue. Darwin rapporte qu'il existe en Angleterre une race de chiens de berger qui naissent sans queue, et il attribue ce caractère à l'habitude qu'on avait autrefois de couper la queue aux chiens de bergers par suite de l'existence d'une loi fiscale qui dispensait ces chiens de l'impôt, à la condition qu'ils eussent la queue coupée. Il reproduit le cas d'une vache qui ayant perdu accidentellement une corne, mit au monde trois veaux dépourvus de la corne du même côté. Le même savant rapporte le cas qui lui fut signalé par Rolleston de deux hommes qui avaient reçu des blessures profondes, l'un au genou, l'autre à la joue ; leurs enfants offraient, dans les mêmes endroits, des cicatrices semblables à celles de leurs pères. Quelques auteurs ont signalé chez les Juifs, qui ont depuis de nombreux siècles l'habitude de couper le prépuce aux enfants, la fréquence de la brièveté très grande du prépuce au moment même de la naissance.

Dans ces derniers temps, M. Brown Sequard a publié un certain nombre d'observations très précises de transmission d'anomalies provoquées par diverses opérations pratiquées sur des cochons d'Inde. Les animaux chez lesquels il détermine l'épilepsie par la section du nerf sciatique ou par une lésion de la moelle épinière, mettent très fréquemment au monde des petits qui deviennent rapidement

épileptiques. Il a aussi observé, très souvent, une modification de la forme de l'oreille chez les animaux dont les
parents avaient subi la division du nerf sympathique cervical qui entraîne cette modification chez l'adulte. Quand
il amenait l'occlusion des paupières par la section du nerf
sympathique cervical ou par l'ablation du ganglion cervical supérieur, il voyait, très fréquemment, les petits des
animaux ainsi lésés naître avec une occlusion partielle, per-
sistante, des paupières. Les cochons d'Inde chez lesquels
il avait provoqué la sortie de l'œil hors de l'orbite par la
lésion des corps restiformes donnaient fréquemment naissance à des petits dont les deux yeux faisaient saillie hors
de leurs cavités, quoique les parents ne fussent lésés que
d'un côté. Les parents qui dévoraient leurs pieds de derrière, devenus insensibles à la suite de la section du nerf
sciatique, donnaient naissance à des petits auxquels man-
quaient aux mêmes pieds un, deux ou même les trois
doigts, ou bien une partie d'un ou plusieurs doigts. Les
animaux auxquels il avait infligé la gangrène sèche des
oreilles par une lésion des processus restiformes près de
l'extrémité du calamus, produisaient des petits dont les
oreilles ne tardaient pas à se gangréner, etc. Dans une
récente communication à l'Académie des sciences de
Paris, il résume de la façon suivante, les conditions dans
lesquelles ces transmissions héréditaires s'effectuent:
« Mettant à part, dit-il, les manifestations épileptiques, je
puis dire que tous les états morbides héréditaires dont
j'ai parlé peuvent se constater chez le descendant au moment même de sa naissance. Il en est deux cependant,
l'état de l'oreille soumis à la gangrène après des ecchy-
moses, et les altérations de nutrition de l'œil, qui, d'ordinaire, ne commencent qu'après la naissance. L'hérédité

des états morbides dont j'ai parlé peut se montrer d'un
seul côté, alors que chez le parent les deux côtés étaient
atteints. L'inverse peut aussi exister. Il y a plus, si chez
le parent et chez le descendant aussi l'état morbide n'existe
que d'un côté, il arrive quelquefois que ce côté ne soit
pàs le même chez tous deux. L'hérédité de ces états morbides peut manquer dans une génération et apparaître
à la suivante. La femelle est plus capable que le mâle de
transmettre ces états morbides. Quant à la fréquence de
ces transmissions, je puis dire que, chez plus des deux
tiers des animaux nés de parents chez lesquels une lésion
accidentelle a fait apparaître plusieurs de ces états morbides, ces altérations se sont montrées. La transmission
par hérédité de plusieurs de ces états morbides peut se
faire de génération en génération. J'ai constaté l'existence de centaines de ces altérations à la cinquième et
même à la sixième génération. »

Ces faits mettent hors de doute la possibilité de la transmission héréditaire d'altérations de nutrition et d'autres
désordres entraînés chez les parents par des lésions purement accidentelles.

Avant d'abandonner la question de la transmission des
variations individuelles par l'hérédité, je dois dire quelques mots de certains faits qui n'ont peut-être pas attiré
encore suffisamment l'attention des naturalistes et qui
sont cependant d'une grande importance par les déductions biologiques et sociologiques qu'on en peut tirer.

Des observations bien faites tendent à établir qu'un
certain nombre de caractères normaux ou anormaux,
de troubles fonctionnels, de maladies, d'habitudes, de
qualités ou de défauts intellectuels et moraux, ne
se manifestent chez les descendants de l'individu qui

en était atteint qu'à l'âge même auquel ils se sont montrés
chez cet individu. Tous les médecins savent que les maladies héréditaires ne se développent pas au même âge
dans toutes les familles. Dans certaines, par exemple, la
phthisie apparaît de bonne heure, tandis que dans d'autres
elle ne se montre que tardivement. Il en est de même des
maladies du cœur, des rhumatismes, de l'épilepsie et
d'une foule d'autres affections; elles ont une grande tendance à se montrer chez les descendants à l'âge où elles
se sont montrées chez les parents. Une foule de caractères physiques ou moraux sont dans le même cas.
Il est, par exemple, bien démontré que l'ivrognerie peut se
développer au même âge chez les enfants que chez les
parents. Toutes les qualités morales et intellectuelles, tous
les vices moraux et les troubles physiques sont susceptibles
de ne se développer chez les enfants qu'à l'époque où ils
ont fait leur première manifestation chez les parents.
Ce fait est d'une grande importance au point de vue mé-
dical et sociologique. Le médecin qui a la charge d'enfants issus de parents malades doit surveiller avec la plus
scrupuleuse attention l'âge où la maladie paternelle ou
maternelle est susceptible de se montrer, et ne pas
s'endormir dans une sécurité trompeuse, parce que pendant les premières années de leur vie ces enfants n'ont
manifesté aucun symptôme de maladie. Quant au juge
qui se trouvera placé en face d'un criminel dont les anté-
cédents ont été bons, et qui, tout à coup, se livre soit au
vol, soit à l'assassinat, soit à des actes de perversion des
sens, il devra, préalablement à toute décision, consulter
le médecin légiste, dont le devoir est de connaître les
conditions héréditaires dans lesquelles se trouve l'accusé.
Il trouvera presque toujours qu'un de ses ancêtres était

ou fou, ou épileptique, ou atteint de quelque autre affection nerveuse ; il pourra même souvent apprendre que l'ancêtre a été atteint de cette maladie à l'âge où le fils a brusquement changé de conduite.

Si, de ces caractères anormaux, nous passons aux caractères normaux des animaux ou des plantes, nous nous trouvons en présence d'un nombre, pour ainsi dire, illimité de faits témoignant de la fréquence avec laquelle chaque caractère apparaît au même âge chez les ascendants et chez les descendants. Il me suffira de rappeler que chez les oiseaux il est très fréquent de trouver un plumage d'enfance et un plumage d'adulte qui né se développe jamais qu'au moment où les organes reproducteurs atteignent leur maturité et qui fréquemment diffère du premier au point que les animaux vus sous des aspects différents par un même naturaliste ont souvent été classés dans des espèces distinctes. Chez les mammifères, les cornes se montrent toujours au même âge, etc. Chez les végétaux on a souvent constaté que certains caractères normaux ou anormaux se comportent de la même façon. Il est fréquent, par exemple, de voir le frêne ne commencer à devenir pleureur qu'à partir d'un certain âge et ses graines produire des descendants qui se comportent de la même façon, et deviennent pleureurs au même âge que leurs ancêtres.

Il existe aussi un grand nombre de cas dans lesquels certains caractères ne se montrent que pendant une période déterminée de l'année, toujours à la même époque dans une même variété ou espèce d'animaux ou de végétaux. Les oiseaux changent souvent de plumage au moment des amours. Les mammifères changent non moins souvent de poil pendant l'hiver, etc., et cette hérédité se manifeste tant que ces êtres sont soumis aux mêmes conditions d'existence.

L'hérédité ne transmet pas toujours les caractères avec la même intensité qu'ils offraient chez les parents ; tantôt il y a affaiblissement, tantôt il y a égalité ; tantôt, enfin, il y a augmentation d'intensité ou apparition prématurée.

Les cas de transmission égale, ou du moins à peu près égale, sont les plus fréquents, si l'on envisage les caractères spécifiques. Il n'en est pas ainsi des caractères individuels ou même des caractères de races et de variétés. Ceux-ci ont une tendance très manifeste à acquérir chez les descendants une intensité de plus en plus grande. Le docteur Struthers, cité par Darwin, rapporte le cas d'un individu qui avait à l'une des mains un doigt supplémentaire ; ses fils présentaient la même anomalie ; à la troisième génération, trois frères avaient également un doigt supplémentaire à chacune des deux mains, mais l'un d'eux en avait aussi à l'un des pieds ; à la quatrième génération, les quatre membres présentaient la même anomalie. Dans certains cas, les caractères prennent, en s'accroissant de la sorte, une telle intensité qu'ils dépassent la limite à atteindre. Les éleveurs sont très au courant de ce fait. Ils savent, par exemple, que pour obtenir un canari jonquille il ne faut pas accoupler deux individus offrant cette nuance, parce que le produit dépasse la couleur des parents et tend à prendre une coloration brune. Ce fait est extrêmement important, parce qu'il contribue à expliquer le phénomène de l'évolution ascendante des êtres vivants qui est l'un des plus difficiles à interpréter. Nous y reviendrons dans un autre chapitre.

Dans un certain nombre de cas, le caractère héréditaire n'acquiert pas une intensité plus grande dans les descen-

dants que chez l'ascendant, mais il se montre plus tôt chez
les premiers que les seconds. Bowmann a constaté que les
enfants des myopes sont souvent myopes à un âge plus
précoce que leurs parents ; il est vrai que souvent aussi
la myopie est chez eux plus prononcée. La cataracte et
l'opacité du cristallin apparaissent aussi, très souvent,
beaucoup plus tôt chez les enfants que chez les parents.

§ 2.— *De l'affaiblissement et de la disparition*
des variations individuelles.

Dans la majorité des cas, les variations individuelles,
au lieu de s'accroître en passant aux descendants, diminuent d'intensité pour des raisons qu'il est important
d'exposer avec soin parce qu'elles découlent de faits qui
tiennent une place très importante dans la doctrine du
transformisme.

De tout ce qui a été dit dans le chapitre précédent au
sujet de l'influence plus ou moins grande que prennent
dans le croisement l'un ou l'autre des deux parents, il est
aisé de déduire que tous les caractères purement individuels, c'est-à-dire qui n'appartiennent ni à la race, ni à la
variété, ni à l'espèce dont fait partie un individu déterminé, tous ceux qui ne font que donner à l'animal ou au
végétal son individualité, doivent nécessairement tendre à
s'affaiblir sous l'influence du croisement. Pour qu'il en
fût autrement, il faudrait qu'on pût trouver et accoupler
deux individus ayant absolument les mêmes caractères
individuels, ce qui est impossible.

On peut bien parvenir à trouver deux individus ayant
un même caractère spécial, et, en les accouplant, augmen-

ter les chances de transmission de ce caractère ; mais on ne mettra jamais la main sur deux êtres absolument semblables par tous leurs caractères individuels. Le lecteur ne devra pas perdre de vue cette considération, sous peine de ne comprendre que très imparfaitement ce que nous dirons plus tard à propos de la lutte pour l'existence, de la sélection et de la ségrégation.

Si donc on envisage l'ensemble des caractères individuels, on peut affirmer, comme je l'ai déjà dit plus haut, que le croisement est fatalement destiné à mettre obstacle à la perpétuation des variations individuelles par l'hérédité. Par suite du mélange des caractères individuels des deux parents, il diminue leur intensité chez les produits. S'il en était autrement, chaque individu servirait de point de départ à une race spéciale, tellement permanente qu'on pourrait la considérer comme une espèce distincte. C'est, au contraire, grâce à la fusion des caractères individuels par les alliances sexuelles, que se constitue la physionomie commune à tous les êtres de même race, variété ou espèce.

Si, maintenant, nous envisageons la question en la limitant à la transmission d'un seul ou d'un petit nombre de caractères individuels, nous arrivons encore à cette solution que le croisement doit avoir pour objet d'affaiblir, soit immédiatement, soit au bout d'un nombre de générations plus ou moins considérable, l'intensité de ces caractères. Nous avons dit, il est vrai, dans les pages précédentes, que certains caractères, même n'appartenant qu'à un seul des parents, peuvent se retrouver chez la totalité ou une partie de leurs enfants ; mais nous avons vu aussi que rarement la transmission porte sur tous les enfants, et que même, dans certains cas, elle ne se fait pas du tout, parce que celui des deux parents qui offre le caractère envisagé exerce dans l'acte fécondateur une action moindre que celui qui en est dépourvu. Si donc un individu présentant un caractère déterminé, six doigts aux mains et aux pieds, par exemple, se trouve soumis aux conditions ordinaires de la reproduction sexuelle, c'est-à-dire s'il ne cherche pas une femme ayant le même caractère que lui, il y aura de grandes chances pour que son vice de conformation ne soit pas transmis à ses descendants ou ne passe qu'à une partie d'entre eux. Dans les deux cas, ce premier croisement aura affaibli la valeur du caractère; un deuxième croisement, c'est-à-dire l'alliance d'un garçon ayant hérité de l'anomalie paternelle avec une femme normalement conformée, apportera un nouvel affaiblissement, et, au bout d'un nombre déterminé de générations, l'anomalie aura disparu.

Nous pouvons conclure de ces faits et de ces considérations que, dans les conditions ordinaires d'alliance sexuelle des animaux ou des végétaux, tout caractère individuel tend à être affaibli et supprimé par le croisement.

Pour qu'il en fût autrement, il faudrait que les individus présentant un caractère spécial déterminé ne s'alliassent qu'avec des individus offrant le même caractère. Cela n'a pas lieu dans la nature, mais l'homme intervient souvent dans ce sens; son action constitue alors ce que Darwin a nommé la sélection artificielle ; elle peut avoir pour effet la production de races, de variétés ou même d'espèces dont le caractère visé par la sélection constitue la marque distinctive. Nous aurons à revenir plus bas sur cette importante question.

Envisageons maintenant ce qui advient sous l'influence

du croisement pour les caractères de races et de variétés, c'est-à-dire ceux qui existent simultanément chez un grand nombre d'individus, et sont transmis, d'habitude, par les générateurs à leurs produits, mais qui, cependant, n'ont pas encore atteint le degré de fixité distinctif des caractères spécifiques.

Tant que les individus doués de ces caractères s'allient entre eux, autrement dit, tant que les unions sexuelles sont limitées à une même race ou variété, les qualités de cette race ou de cette variété se perpétuent par l'hérédité. Il n'en est plus ainsi quand des individus appartenant à des races distinctes s'allient sexuellement. Il se produit alors un certain nombre de phénomènes qui ont été l'objet d'observations assez précises pour donner lieu à des règles à peu près fixes.

En premier lieu, on a constaté que quand deux races se croisent librement, dans le milieu cosmique où elles ont pris naissance, ce sont les individus de la race la plus ancienne qui exercent le plus d'influence sur la constitution des produits, de telle sorte qu'au bout d'un temps déterminé, si rien n'entrave le libre mélange sexuel des individus, la race la plus jeune finit par disparaître. Chacun sait que les mulâtres croisés avec des blancs ou avec des nègres disparaissent très rapidement devant la race blanche ou la race nègre, qui sont évidemment plus anciennes, puisque ce sont elles qui ont donné naissance aux mulâtres. Les animaux et les végétaux offrent un nombre incalculable d'exemples de même nature, sur lesquels il me paraît inutile d'insister ici.

En second lieu, quand deux races de même ancienneté se croisent librement dans le milieu cosmique où elles ont pris naissance, c'est toujours celle qui est la plus riche en individus qui finit par absorber l'autre. L'expérience a été faite souvent et est facile à faire, soit avec des animaux, soit surtout avec des plantes.

En troisième lieu, enfin, toutes les fois que deux races, égales entre elles à tous les autres points de vue, se croisent librement dans un milieu cosmique qui est plus favorable à l'une qu'à l'autre, celle qui est la mieux adaptée au climat absorbe toujours l'autre au bout d'un temps plus ou moins long. Les observations qui établissent la constance de ce fait sont assez nombreuses pour que sa réalité ne puisse pas soulever le moindre doute. Mais, dans ce cas, le croisement n'est pas la seule cause de la disparition de la race étrangère au climat sous lequel les alliances sexuelles s'effectuent ; le climat lui-même joint son action modificatrice à l'action absorbante de la race indigène. Il paraît bien certain, par exemple, que des chevaux et des juments arabes transportés en France ou en Angleterre et accouplés uniquement entre eux, sans croisement avec les races françaises ou anglaises, arrivent, au bout d'un certain nombre de générations, à donner des produits n'ayant plus les caractères des arabes leurs ancêtres, mais ceux des chevaux français ou anglais. Dans ce cas, c'est, évidemment, le milieu seul qui agit.

Récapitulons brièvement ce qui vient d'être dit. Nous avons étudié les causes qui produisent les caractères ou variations individuelles ; nous avons analysé celles qui sont susceptibles d'assurer la transmission de ces caractères, et celles qui, au contraire, sont de nature à entraîner leur disparition. Il reste maintenant à étudier les conditions qui sont nécessaires à la formation des races, des variétés, des espèces nouvelles, c'est-à-dire celles qui déterminent les transformations permanentes des êtres vivants, celles qui nous mettent en mesure d'expliquer comment la matière vivante a pu s'élever des formes rudimentaires qu'elle a d'abord revêtues jusqu'à celle qui a atteint chez l'homme un degré de développement si considérable et une telle perfection de toutes les propriétés biologiques qu'elle peut, sans orgueil, avec la conscience légitime de ses forces intellectuelles, scruter les mystères de sa propre origine et formuler l'espoir de déchirer un jour les voiles qui lui cachent encore la raison de son incontestable supériorité sur tout ce qui l'entoure.

CHAPITRE VIII.

PROCÉDÉS ARTIFICIELS DE FORMATION DES RACES, VARIÉTÉS ET ESPÈCES NOUVELLES.

Partout où l'homme est intervenu dans la formation des races, variétés ou espèces animales et végétales, il est relativement facile d'expliquer la formation et la fixation de ces groupes.

Tous les faits connus permettent de réduire à deux les moyens employés par l'homme, consciemment ou inconsciemment, pour produire des races, variétés ou espèces nouvelles : 1° l'isolement de certains individus et leur transport dans un pays plus ou moins éloigné de celui qu'habite leur espèce, de façon à les soumettre à des influences cosmiques différentes de celles au milieu desquelles leurs ancêtres ont vécu, influences appelées à les transformer au bout d'un certain nombre de générations ; 2° l'accou-

plement réglé de façon que tel caractère, telle variation individuelle soit conservée par l'hérédité et mise à
l'abri de la disparition qui résulterait de croisements
libres et capricieux.

Pour donner des noms à chacun de ces procédés de
création de races, variétés ou espèces nouvelles, nous
donnerons au premier celui d'*isolement* ou *ségrégation* et
au second celui de *choix* ou *sélection*.

L'isolement, la ségrégation, (*de segregare*, séparer)
c'est-à-dire l'isolement de certains individus d'une espèce
déterminée d'animaux ou de végétaux et leur transport
dans un pays différent, au milieu de conditions différentes
de celles dans laquelle ont vécu leurs ancêtres, la segré-
gation et l'expatriation, dis-je, ont été appliquées par
l'homme à un très grand nombre de membres d'espèces animales ou végétales; mais je ne crois pas qu'elle
ait jamais été mise en usage dans le but précis de déterminer la transformation de ces individus par le milieu
nouveau et de faire ainsi produire par ce dernier des
espèces nouvelles. En d'autres termes, quoique l'expatriation par l'homme ait entraîné la formation de nombreuses
races, variétés ou espèces d'animaux ou de végétaux, il
ne paraît pas que l'homme en ait jamais fait usage
dans ce but. Quand il a transporté d'un pays dans
un autre une espèce végétale ou animale, c'est afin d'en
tirer profit plus facilement, de l'avoir sous la main, de
l'élever et de la cultiver lui-même, et de se dispenser
d'aller la chercher dans sa patrie originaire. N'est-ce pas
là l'unique motif qui a fait introduire en France la culture de la pomme de terre exportée d'Amérique, et celle
du tabac exporté d'Orient? n'est-ce pas la seule raison
utilitaire qui a déterminé les Anglais à transporter le Quin-

quina de l'Amérique du Sud dans l'Inde? N'est-ce pas cette même raison qui a causé l'expatriation de la poule, qui est originaire de l'Indo-Chine et son transport dans toutes les parties du monde, etc?

Ceux qui ont opéré ces diverses expatriations ne songeaient certainement pas à autre chose qu'aux avantages qu'ils en pouvaient tirer. Mais la nature ne perd jamais ses droits, et les espèces ainsi expatriées n'ont pas tardé à subir, dans leurs patries nouvelles, sous l'influence de conditions cosmiques différentes, des transformations destinées à les adapter à ces conditions, transformations assez grandes, dans certains cas, pour qu'il soit difficile aujourd'hui de déterminer exactement l'origine de certaines espèces animales ou végétales, domestiquées ou cultivées depuis une époque reculée.

Il me paraît inutile d'insister ici sur les preuves de la transformation subie par les espèces domestiquées ou cultivées sous l'influence des changements du milieu cosmique. Les nombreux faits qui ont été cités dans le chapitre précédent sont autant de preuves incontestables à l'appui de cette manière de voir. Mais je ne suis pas fâché de citer l'opinion de Darwin à cet égard. Malgré sa répugnance intéressée à admettre l'action transformatrice du milieu, Darwin est contraint de reconnaître son importance au point de vue de la formation de presque toutes les races d'animaux ou de végétaux domestiqués. Je me borne à reproduire ce qu'il en dit à propos de deux ou trois espèces principales. Voici comment il s'exprime relativement à l'origine de diverses races actuelles de pigeons : « Aussi longtemps qu'on garde les pigeons à l'état demi-domestique dans des colombiers *et dans leur pays natal,* sans s'occuper de la sélection ou de l'accouplement des individus, ils ne varient guère plus que le *Colomba livia* sauvage (qui en est la souche), et, comme chez ce dernier, les variations portent sur la taille, les tachetures des ailes et la coloration bleue ou blanche du croupion. Si, au contraire, on transporte les pigeons de colombier dans divers pays, tels que la Sierra-Leone, l'archipel Malais, l'île de Madère, ils se trouvent alors soumis *à de nouvelles conditions d'existence, et ils semblent, en conséquence, varier à un degré plus prononcé.* Quand on les garde en captivité, soit pour le plaisir de les observer, soit pour éviter qu'ils ne s'échappent, ils se trouvent exposés, même dans leur pays natal, à des conditions très différentes, car ils ne peuvent plus se procurer la nourriture diversifiée qu'ils trouvent à l'état de nature, et, ce qui est probablement plus important, ils sont abondamment nourris sans pouvoir prendre un exercice suffisant. Par analogie avec les autres animaux domestiques, nous devons, dans ces circonstances, nous attendre à trouver chez ces oiseaux une somme plus grande de variabilité individuelle que chez le pigeon sauvage, ce qui est, en effet, le cas. Le défaut d'exercice tend à réduire les proportions des pattes et des organes du vol, et affecte celles du bec par suite de la corrélation de croissance. »

Le changement de patrie a pour effet, non seulement de déterminer directement certaines transformations destinées à adapter l'animal aux conditions nouvelles de température, d'humidité, en un mot, de climat, dans lesquelles il se trouve subitement placé, mais encore, comme le fait justement remarquer Darwin, elle augmente sa variabilité. Il est, en effet, digne de remarque que tout changement cosmique a pour effet, non seulement la transformation en vue de l'adaptation au milieu, mais encore l'accroissement dés disposititions naturelles à la variation, la plasticité, si je puis me servir de ce terme, que possède tout animal. L'action du changement de patrie est encore presque toujours augmentée des modifications apportées dans la nourriture.

Darwin reconnaît encore très nettement l'action modificatrice des changements du milieu sur les races bovines. « Je me suis souvent demandé, dit-il, comment il se fait que chaque district séparé de la Grande-Bretagne ait autrefois possédé sa race particulière de bétail, et j'ai essayé de déterminer les causes probables de ces différences ; la question est peut-être plus embarrassante encore quand il s'agit de l'Afrique méridionale. Nous savons aujourd'hui qu'il convient d'attribuer en partie les différences à la descendance d'espèces distinctes ; mais cette cause ne saurait expliquer tous les phénomènes. Se pourrait-il que les légères différences de climat et la nature des pâturages des diverses régions de l'Angléterre, aient directement entraîné des différences correspondantes dans le bétail ? Nous avons vu que le bétail demi-sauvage qui habite les divers parcs n'est identiqué, ni au point de vue de la couleur, ni au point de vue de la taille, et que, pour conserver ce bétail intact, il a fallu exercer un certain degré de sélection. Il est à peu près certain qu'une nourriture abondante, continuée pendant beaucoup de générations, affecte dirèctement la taille d'une race. L'action du climat sur l'épaisseur de la peau et sur les poils est également démontrée. Roulin affirme que, dans les vastes plaines chaudes connues sous la nom de Llanos, « la peau du bétail sauvage est toujours plus légère que celle des animaux habitant le haut plateau de Bogota, et que celle-ci est encore moins pesante et moins fournie de poils que celle du bétail redevenu sauvage sur les hauteurs des Paramas. On a observé la même différence entre les peaux des bestiaux élevés dans les froides îles Falkland, où dans les Pampas tempérées. Low a remarqué que le bétail habitant les parties les plus humides de l'Angleterre a le poil plus long et le cuir plus épais. Si nous comparons le bétail très amélioré des étables aux races plus sauvages, ou les races des montagnes à celles des plaines, nous ne pouvons douter qu'une vie active, nécessitant le libre usage et l'exercice des membres et des poumons, affecte les formes et les proportions du corps entier. Il est probable que quelques races, telles que la race des niatas, et quelques particularités, telles que l'absence de cornes, etc., ont dû surgir subitement de ce que, dans notre ignorance, nous pouvons appeler une variation spontanée; mais, même dans ce cas, une espèce de sélection grossière et une séparation partielle des animaux ainsi caractérisés ont dû intervenir. Cette espèce de précaution paraît avoir été prise même dans des endroits peu civilisés et là où on devait le moins s'y attendre ; dans le cas, par exemple, des niatas, des chivos, et du bétail sans cornes de l'Amérique du Sud. »

Je tiens à reproduire encore ce que dit Darwin à propos du mouton ; il est important de montrer que lui-même fournit amplement les armes qui permettent de vaincre son hostilité à l'influence transformatrice du milieu.

« De tous les animaux domestiques, dit le savant anglais, le mouton est peut-être celui qui est le plus promptement affecté par l'action directe des conditions d'existence auxquelles il est exposé. D'après Pallas, et plus récemment d'après Ermann, le mouton Kirghise, dont la queue est si chargée de graisse, dégénère, en Russie, au bout de quelques générations ; la masse de graisse diminue graduellement, tant les herbages maigres et amers des steppes paraissent nécessaires à son développement. Pallas a fait la même remarque relativement à une race de la Crimée. Burnes assure que la race Karakool, qui produit une toison noire, fine, frisée et de grande valeur, perd cette toison lorsqu'on la fait sortir de la localité qu'elle habite près de Bokhara, pour la transporter en Perse ou ailleurs. Il se peut, toutefois, qu'un changement quelconque dans les conditions d'existence engendre la variabilité et, par conséquent, la perte de certains caractères et non pas que certaines conditions soient nécessaires pour le développement de ces caractères. Une grande élévation de température semble cependant exercer une action directe sur la toison ; on a publié à cet égard plusieurs rapports sur les changements que subissent, dans les Indes occidentales, les moutons importés d'Europe. Le Dr Nicholson d'Antiga m'apprend qu'après la troisième génération la laine disparaît de tout le corps, à l'exception des reins ; l'animal offre alors l'espect d'une chèvre couverte d'un paillasson sale. Un changement analogue se produit, dit-on, sur la côte occidentale d'Afrique. D'autre part, beaucoup de moutons à toison laineuse habitent les plaines chaudes de l'Inde. Roulin affirme que dans les vallées basses et chaudes des Cordillères, les agneaux continuent de porter une toison laineuse, si on a soin de les tondre dès que la laine a atteint une certaine épaisseur, mais si on néglige de le faire, la laine se détache par flocons, et est remplacée d'une manière constante par un poil court et brillant, semblable à celui de la chèvre. Ce curieux phénomène paraît être l'exagération d'une tendance naturelle à la race mérinos ; car, comme le remarque lord Somerville, une grande autorité dans la matière, « la toison de nos mérinos devient, après la tonte, si dure et si grossière, qu'il paraît presque impossible de supposer que le même animal pût produire une laine d'une qualité si complètement opposée à celle qu'on vient de lui enlever ; mais, à mesure que le temps devient plus froid, la laine reprend toutes ses qualités. Chez les moutons de toutes races, la toison se compose de poils longs et grossiers qui recouvrent une laine plus courte et plus souple ; le changement qu'éprouve souvent la toison dans les climats chauds n'est donc probablement qu'un fait d'inégal développement ; car, même chez les moutons dont le corps, comme celui des chèvres, est couvert de poils, on peut toujours trouver un peu de laine sous-jacente. Le mouton sauvage, habitant les parties montagneuses de l'Amérique du Nord (*Ovis montana*), subit annuellement un changement de toison analogue : la laine commence à tomber au commencement du printemps, laissant à sa place une couche de poils semblables à ceux de l'élan ; ce changement de pelage est tout à fait différent de l'épaississement de la fourrure et du poil qui se produit ordinairement en hiver chez presque tous les animaux velus, tels que le cheval, le bœuf, etc., lesquels se dépouillent au printemps de leur robe d'hiver. Une légère modification de nourriture affecte parfois légèrement la nature de la toison, ce qui a été souvent observé dans différentes parties de l'Angleterre, et ce que prouve bien la grande douceur des laines importées de l'Australie méridionale. Mais il faut remarquer aussi, Youatt le répète avec insistance, qu'on peut généralement

contrebalancer par une sélection attentive cette tendance
à la variation. M. Lastérye, après avoir discuté ce sujet, le
résume comme suit : « La conservation de la race mérinos
dans sa plus grande pureté, au cap de Bonne-Espérance,
dans les marécages de la Hollande, et sous le climat rigoureux de la Suède, viennent à l'appui de mon principe
invariable, à savoir qu'on peut élever des moutons à laine
fine partout où il existe des hommes industrieux et des
éleveurs intelligents. »

Si le changement de patrie, c'est-à-dire de milieu cosmique, auquel s'ajoute toujours le changement de la
nourriture et d'une foule d'autres conditions, exerce, de l'avis même de Darwin, qui est si peu sympathique à l'opinion qne nous soutenons ici, une action
manifeste sur les races animales déjà domestiquées, il
n'est pas permis de douter qu'il agisse beaucoup plus
énergiquement encore sur les espèces ou races sauvages
que l'on domestique en même temps qu'on les expatrie.
Si, par exemple, le changement de conditions cosmiques, l'expatriation, est une puissante cause de transformation chez les pigeons domestiques, combien plus activement l'expatriation n'agira-t-elle pas quand on l'appli-
quera à l'espèce sauvage elle-même, au *Colomba livia*, si,
en même temps qu'on la change de climat, on modifie
par la domestication toutes ses habitudes, en provoquant
des besoins nouveaux, en rendant inutiles des organes
qui jusqu'alors ont été de la plus grande utilité, et en
accroissant l'activité d'autres organes ?

Tout cela est si évident que je crois pouvoir abandonner ce sujet en formulant de nouveau la proposition
qu'il s'agissait de démontrer : l'un des moyens de formation de races, de variétés et même d'espèces nouvelles

qui ont été employés par l'homme, consciemment ou inconsciemment, est le changement de climat, l'isolement de certains individus, leur ségrégation et l'expatriation.

Ce moyen n'est pas le seul. De tout temps, ou, du moins, depuis une époque tellement reculée qu'elle se perd dans la nuit des siècles passés, l'homme a employé, avec plus ou moins de connaissance de l'effet à obtenir, un autre moyen également efficace, consistant dans le choix, la sélection, comme dit Darwin, d'individus présentant accidentellement un caractère déterminé, utile ou simplement agréable, que l'on désirait conserver. Les individus ainsi choisis ou sélectés étaient mis de côté, isolés, ségrégés de tous les autres individus de la race, mis dans l'impossibilité de contracter des alliances autrement qu'entre eux, et préservés ainsi de l'effet destructif des caractères individuels sur lequel nous avons insisté dans le chapitre précédent.

Je ne connais aucune description de ce procédé aussi parfaite que celle qui a été donnée par Buffon. Je la reproduis ici d'autant plus volontiers que beaucoup de gens s'imaginent, de la meilleure foi du monde, que Darwin est le premier qui ait compris la valeur et l'importance de la sélection comme moyen de créer des races, des variétés ou des espèces.

Après avoir parlé des cinq espèces de pigeons qu'il admet, Buffon écrit : « Voilà donc nos cinq espèces nominales de pigeons réduites à deux, savoir : le Biset et le Pigeon, entre lesquelles deux il n'y a de différence réelle, sinon que le premier est sauvage et le second est domestique. » Remarquons en passant que Buffon n'ignorait pas l'importance de la domestication au point de vue de la transformation des espèces. Il continue : « Je regarde le Biset comme la souche première, de laquelle tous les autres pigeons tirent leur origine, et duquel ils diffèrent plus ou moins, selon qu'ils ont été *plus ou moins maniés* par les hommes. » Il étudie ensuite les principales transformations ou, pour me servir de son expression qui ne manque pas de justesse, les « dégénérations » que l'homme a fait subir au Biset, et, arrivant à sa quatrième « dégénération », il écrit : « Ce sont les gros et les petits pigeons de volière, dont les races, les variétés, les mélanges sont *presque innombrables*, parce que depuis un temps immémorial, ils sont absolument domestiques ; et l'homme, en perfectionnant les formes extérieures, a en même temps altéré leurs qualités intérieures, et détruit jusqu'au germe du sentiment de la liberté. »

Buffon passe ensuite à la méthode employée, qui est la sélection.

« Supposant une fois nos colombiers établis et peuplés, ce qui était le premier point et le plus difficile à remplir, pour obtenir quelque empire sur une espèce aussi fugitive, aussi volage, on se sera bientôt aperçu que, dans le grand nombre de jeunes pigeons que ces établissements nous produisent à chaque saison, *il s'en trouve quelques-uns qui varient pour la grandeur, la forme et les couleurs. On aura donc choisi les plus gros, les plus singuliers, les plus beaux ; on les aura séparés de la troupe commune pour les élever à part avec des soins assidus et dans une captivité plus étroite ;* les descendants de ces esclaves choisis auront encore présenté de nouvelles variétés, qu'on aura distinguées, séparées des autres, unissant constamment et mettant ensemble ceux qui ont paru les plus beaux ou les plus utiles.

« Le produit en grand nombre est la première source

des variétés dans les espèces ; mais le maintien de ces variétés et même leur multiplication dépend de la main de l'homme ; *il faut recueillir de celle de la nature les individus qui se ressemblent le plus, les séparer des autres, les unir ensemble, prendre les mêmes soins pour les variétés qui se trouvent dans les nombreux produits de leurs descendants, et par ces attentions suivies on peut, avec le temps, créer à nos yeux, c'est-à-dire amener à la lumière une infinité d'êtres nouveaux que la nature seule n'aurait jamais produits.* Les semences de toutes matières vivantes lui appartiennent, elle en compose tous les germes des êtres organisés ; mais la combinaison, la succession, l'assortiment, la réunion ou la séparation de chacun de ces êtres dépendent souvent de la volonté de l'homme ; dès lors, il est le maître de forcer la nature par ses combinaisons et de la fixer par son industrie ; de deux individus singuliers qu'elle aura produits par hasard, il en fera une race constante et perpétuelle, et de laquelle il tirera plusieurs autres races qui, sans ses soins, n'auraient jamais vu le jour. Si quelqu'un voulait donc faire l'histoire complète et la description détaillée des pigeons de volière, ce serait moins l'histoire de la nature que celle de l'art de l'homme. »

A toutes les époques, le choix et l'isolement des individus, en vue de la formation de races douées de certaines qualités utiles ou agréables, ont dû être employés, plus ou moins consciemment, par les hommes. De tout temps, on a recherché une belle poire, une belle pomme, un cheval rapide ou robuste, une vache à lait abondant, une volaille dodue ou un porc gras. A toutes les époques, par conséquent, on a dû se préoccuper des moyens d'obtenir tout cela, et le premier procédé qui a dû se présenter à l'esprit de l'homme a été celui qui consiste à allier entre eux les animaux offrant les caractères enviés à un degré plus prononcé que les autres.

Les auteurs anciens sont remplis d'indications très précises au sujet de l'importance que l'on a de tout temps accordée au choix des générateurs pour la production ou la conservation des plus belles races d'animaux ou de plantes. Tantôt ils recommandent de choisir les plus beaux individus pour les faire reproduire, tantôt ils prescrivent de supprimer tous ceux qui offrent quelque défectuosité.

En Grèce, 150 ans avant Jésus-Christ, le poète Théognis regrette qu'on n'applique pas à l'amélioration de l'espèce humaine les sages pratiques dont ón fait usage pour obtenir de belles races d'animaux : « Quand il s'agit de porcs ou de chevaux, ô Kurnus, nous appliquons les règles raisonnables, *nous cherchons à nous procurer à tout prix une race pure, sans vices ni défauts, qui nous donne des produits sains et vigoureux.* Dans les mariages que nous voyons tous les jours il en est tout autrement ; les hommes se marient pour l'argent, le manant ou le brigand qui a su s'enrichir peut marier ses enfants dans les plus nobles familles. Ne vous étonnez donc plus, mon ami, que la race humaine dégénère de plus en plus, au point de vue de la forme, de l'esprit et des mœurs. La cause de cette dégénérescence est évidente ; mais c'est en vain que nous voudrions remonter le courant. »

Les textes sacrés hindous formulent certaines règles auxquelles doivent obéir les mariages. Partant de l'idée que les qualités morales comme les qualités physiques sont héréditaires, ils interdisent certaines alliances. « Des mariages irréprochables, dit le Manava-Dharma-Sastra, que je cite d'après Lucas, naît une postérité irréprochable; des mariages répréhensibles, une postérité méprisable. On doit donc éviter les mariages dignes de mépris. » Ces derniers mariages sont fort nombreux, à en juger par l'énumération suivante, dont j'emprunte l'exposé au livre de Lucas.

« Les deux principales sources des classes impures sont le mélange illicite des classes, et les mariages contraires aux règlements. .

« Les mariages contraires aux règlements comprenaient : 1° les alliances aux degrés de consanguinité prohibés par la loi, et la loi les prohibe jusqu'au septième degré ; 2° les alliances avec l'une des deux familles suivantes, lors même qu'elles seraient très considérables et très riches en vaches, chèvres, brebis, biens et grains, savoir : La famille dans laquelle on néglige les sacrements ; celle qui ne produit pas d'enfants mâles ; celle où l'on n'étudie pas l'Écriture sainte ; celle dont les individus ont le corps couvert de longs poils ou sont affligés soit d'hémorrhoïdes, soit de phthisie, soit de dyspepsie, soit d'épilepsie, soit de lèpre blanche, soit d'éléphanthiasis. » A ces interdictions, le Code ajoute celles d'épouser une fille ayant les cheveux rougeâtres, ou ayant un membre de trop, ou souvent malade, ou nullement velue, ou trop velue, ou insupportable par son bavardage, ou ayant les yeux rouges. 3° Les mariages prohibés comprenaient enfin les alliances avec les autres castes, et le Code tient le langage le plus physiologique sur leurs conséquences. Quelque distinguée que soit la famille d'un homme, dit le texte sacré, s'il doit sa naissance au mélange des classes, il participe, à un degré plus ou moins marqué, au naturel pervers de ses parents. »

Darwin rappelle que pendant les périodes barbares de l'histoire d'Angleterre, il existait des lois interdisant l'exportation des animaux de choix et ordonnant la destruction des chevaux qui n'atteignaient pas une certaine taille. D'autre part, on sait que les Chinois apportent, depuis une antiquité très reculée, le soin le plus considérable à la conservation des meilleures races d'animaux et de végétaux. Les vers à soie, par exemple, ont été de leur part l'objet constant de soins excessifs et d'une sélection parfaitement raisonnée en vue de l'amélioration des produits.

Quant à l'époque actuelle, il est à peine besoin d'en parler. Tous nos lecteurs savent avec quel soin scrupuleux les éleveurs de chevaux, surtout en Angleterre, établissent la généalogie des animaux qu'ils destinent aux courses, les précautions qu'ils apportent dans le choix des étalons et des femelles en vue de la conservation et du développement de certains caractères déterminés, et l'empêchement rigoureux qu'ils mettent à ce que les femelles soient jamais montées par des mâles autres que ceux qui leur sont rationnellement destinés par le producteur. Les mêmes coutumes commencent à être adoptées pour les porcs, les moutons, les bœufs de l'Angleterre, et ont déjà produit des résultats véritablement merveilleux. Quant aux éleveurs de pigeons, ayant entre les mains une espèce d'animaux à reproduction rapide, ils sont arrivés à la pétrir, pour ainsi dire, avec une telle facilité qu'un bon éleveur peut s'engager à créer, au bout d'un temps déterminé, une race d'animaux ayant le caractère qu'on lui demande, pourvu toutefois que le demandeur se renferme dans les limites des variations individuelles qui sont susceptibles d'apparaître dans les pi-

geonniers. On a fait ainsi, de toutes pièces, les races les
plus singulières, par exemple, les pigeons culbutants, qui
ont la singulière habitude de faire la pirouette en
volant.

La méthode employée dans ces opérations est toujours
la même ; c'est celle que Theognis regrette qu'on n'applique pas à l'espèce humaine, c'est celle que les livres
sacrés de l'Inde prescrivent, c'est celle que Buffon a si
admirablement décrite dans le passage de son histoire des
Pigeons que j'ai reproduit plus haut, c'est celle enfin
que Darwin a décorée du nom, fort bien choisi, de *sélection* (du mot latin *selectio,* choix), en y ajoutant l'épithète
d'artificielle, pour indiquer qu'elle est mise en pratique,
non par la nature, mais par l'homme.

Pour créer, à l'aide de la sélection artificielle, une race
nouvelle, douée d'un caractère spécial déterminé, commun
à tous les individus de la race, l'éleveur ou l'horticulteur
choisit dans son troupeau, dans son pigeonnier, dans sa
volière ou dans son jardin, deux individus offrant au
plus haut degré possible le caractère qu'il veut fixer dans
la race projetée ; cette première opération constitue la
sélection proprement dite. Puis, il sépare ces individus
des autres, les isole, les met à l'abri de tout croisement
libre, et ne leur permet de s'accoupler qu'entre eux.
Cette deuxième opération constitue la *ségrégation* (de
segregare, isoler, séparer). Il reste ensuite à entourer
ces individus et leur postérité de tous les soins nécessaires, pour que le caractère qu'on veut perpétuer et accentuer ne disparaisse pas sous l'influence de croisements
illicites. La première partie de cette tâche est, d'habitude,
très difficile à réaliser.

Le seul moyen rationnel d'y atteindre serait de placer

les individus sélectés et ségrégés dans les conditions auxquelles est due la production, en apparence accidentelle,
du caractère que l'on veut conserver ; mais ces conditions
ne sont presque jamais connues, de telle sorte qu'il n'est
que rarement possible de les réaliser. La deuxième partie
de la tâche est plus aisément réalisable. Il s'agit simplement de rejeter tous les individus qui naissent sans le caractère qu'on veut perpétuer, et de ne conserver que ceux
qui le présentent. A l'aide de ces diverses opérations,
l'éleveur ou l'horticulteur ne peut manquer de réaliser la
création projetée, de produire la race qu'il a voulu obtenir.

Il ne faut pas oublier que les espèces les plus domestiquées ou les mieux cultivées sont celles qui ont le plus de
tendance à présenter des variations individuelles nombreuses. Si donc on voulait opérer sur une espèce encore
sauvage d'animaux ou de plantes, il faudrait commencer
par la domestiquer ou la cultiver pendant un certain
nombre de générations.

Pour rendre plus sensible tout ce que je viens de dire,
je vais prendre un exemple. Je suppose qu'un éleveur désire obtenir une race de pigeons à pattes emplumées. Il
devra choisir dans sa volière un couple de pigeons marquant une tendance à avoir des plumes aux pattes, par la
présence de quelques plumes rares, ou simplement de
quelques poils de duvet dans cette région ; il isolera ce
couple et le fera reproduire jusqu'à ce qu'il obtienne des
petits offrant le même caractère à un degré un peu plus prononcé, ce qui devra fatalement arriver en vertu des lois de
l'hérédité que nous avons exposées plus haut et dont il doit
avoir une parfaite connaissance. Lorsqu'il aura obtenu un
couple de jeunes pigeons ayant aux pattes un plus grand

nombre de plumes que leurs parents et que ceux de leurs frères nés précédemment, il l'isolera de nouveau, de façon que le croisement avec des individus moins bien doués n'interrompe pas l'action commençante de l'hérédité condensatrice. La même opération sera répétée chaque fois que surgira un couple mieux doué que les précédents au point de vue du caractère que l'éleveur veut produire. Par suite de l'accroissement incessant du caractère, il finira par obtenir des pigeons à pattes entièrement emplumées ; une race nouvelle sera créée ; mais pour en conserver la pureté il faudra éviter les croisements avec celles qui n'offrent pas cette particularité. Pendant le cours de cette opération, l'éleveur ne devra pas perdre de vue les conditions de vie, d'alimentation, d'exercice, nécessaires au développement du caractère qu'il cherche à faire apparaître. Il n'oubliera pas que l'emplumement des pattes est une variation corrélative d'un grand développement des plumes des ailes ; il devra, par conséquent, choisir des individus à ailes très fournies, et placer ceux qu'il aura choisis et isolés dans les meilleures conditions pour que les plumes des ailes prennent un grand accroissement. L'exercice est pour cela indispensable, mais il existe aussi, peut-être, des aliments qui favorisent le développement des plumes, un traitement des organes qui agissent dans le même sens, etc. La recherche de ces conditions entre pour la part la plus considérable dans la science d'un éleveur, car s'il parvient à renforcer l'action de la sélection de celle des conditions cosmiques les plus favorables, il arrive plus rapidement et plus sûrement à son but.

Je doute que la pratique des éleveurs ait fait, dans cette voie, des progrès bien considérables ; mais je ne doute pas qu'ils aient déjà compris la nécessité de tirer profit des révélations que leur fait chaque jour la science. Déjà on a obtenu de superbes résultats dans l'engraissement de certains animaux par le choix des aliments, la manière de les leur faire prendre, etc. ; on a aussi créé de véritables races de chevaux à l'aide d'un dressage habile, accompagné d'une alimentation réglée avec le plus grand soin en vue d'obtenir la force musculaire et l'activité de la circulation ou de la respiration, sans provoquer le développement de la graisse.

Les efforts tentés dans ces directions et dans plusieurs autres encore, indiquent que les éleveurs ont compris que la sélection ne suffit pas pour produire des races, mais qu'il faut y joindre l'action du milieu cosmique, action plus puissante encore que celle de la sélection parce qu'elle contribue bien plus activement que l'hérédité à accroître l'intensité des caractères sur lesquels elle s'exerce. Si, par exemple, un éleveur de chevaux de course se bornait à surveiller la généalogie de ses élèves, sans se préoccuper de leur alimentation, de leurs exercices, etc., il ne tarderait pas à voir disparaître chez eux les qualités de leurs ancêtres. Les horticulteurs n'ignorent pas non plus la nécessité de joindre à la sélection les conditions cosmiques favorables au développement des caractères qu'ils veulent obtenir. Ils prennnent le plus grand soin de choisir convenablement l'exposition des lieux dans lesquels ils font leurs semis, de repiquer ces derniers ou, au contraire, de les laisser grandir sur place, de les placer dans telle terre plutôt que dans telle autre, etc. C'est seulement en ajoutant ces soins à la sélection et à la ségrégation qu'ils sont arrivés aux résultats merveilleux donnés par les diverses branches de l'horticulture depuis un certain nombre d'années.

En résumé, choix ou sélection d'abord, puis isolement ou ségrégation des individus sélectés, et application des conditions cosmiques les plus favorables aux caractères que l'on veut produire et fixer, tels sont les moyens que l'homme met en usage, avec plus ou moins de préméditation et de science, depuis une époque extrêmement reculée, pour créer et fixer les races, les variétés et les espèces domestiquées ou cultivées d'animaux et de plantes qu'il emploie à ses usages, ou qu'il recherche pour son agrément et ses plaisirs.

Les races et variétés ainsi produites par l'homme sont en nombre extrêmement considérable. Il est à peine besoin de rappeler les races et les variétés de chiens, de chats, de poules, de plantes ornementales ou économiques qui existent à l'heure actuelle, pour donner une idée de la puissance créatrice de l'homme. Quant aux espèces, c'est-à-dire à ces groupes plus étendus et plus fixes de formes, se reproduisant constamment par l'hérédité, l'homme n'en a produit qu'un nombre moindre, mais il en existe quelques-unes dont il est impossible de ne pas le considérer comme le véritable créateur. Il me suffira de citer le Chat domestique, le Chien domestique, le Bœuf, le Mouton, etc., auxquels les naturalistes les plus rigoureux sur le sens à attribuer au mot « espèce » donnent des noms spécifiques distincts de ceux qu'ils attribuent aux espèces qu'on peut, avec plus ou moins de probabilité, considérer comme leur ayant donné naissance.

Les adversaires de la doctrine du transformisme essaient de tirer avantage contre elle de ce fait que quand on abandonne à elle-même une variété ou même une espèce animale ou végétale domestiquée ou cultivée, elle ne tarde pas à perdre un certain nombre des caractères

qu'elle avait acquis sous l'influence de la domestication ou de la culture, pour reprendre ceux des formes
sauvages qui figurent parmi ses ancêtres. Ils en con-
cluent qu'il n'y avait pas eu transformation véritable, et
que les espèces domestiques ne sont pas de « bonnes
espèces ». En tenant ce raisonnement, les hommes auxquels je fais allusion oublient que nulle espèce animale
ou végétale ne peut conserver ses caractères qu'à la condition de vivre dans les conditions cosmiques qui ont présidé à sa formation. Pourquoi voudrait-on qu'il en fût
autrement des espèces domestiquées ? Celles-ci doivent
leurs caractères aux conditions multiples de la domestication ; il est fort naturel qu'elles les perdent quand on
les soustrait à ces conditions, et il n'est pas moins naturel
qu'elles revêtent alors les caractères des espèces sauvages
desquelles elles dérivent. Je ne vois dans ce fait rien qui
permette de conclure contre leur valeur spécifique,
rien non plus qui soit de nature à infirmer aucune des
propositions que nous avons déjà émises.

Connaissant la façon dont l'homme est parvenu à produire les races, variétés et espèces nouvelles, il ne nous
reste plus qu'à rechercher quels sont les procédés que la
nature met en usage pour atteindre le même résultat.

CHAPITRE IX

PROCÉDÉS NATURELS DE FORMATION DES RACES, VARIÉTÉS ET
ESPÈCES SAUVAGES

---

§ 1.— *La ségrégation et la migration chez les animaux et les végétaux et leur rôle dans la formation des espèces.*

Nous avons vu que deux moyens sont mis en usage par l'homme pour produire des races, des variétés et des espèces nouvelles : la ségrégation avec expatriation, et la sélection avec ségrégation. Nous devons rechercher si les mêmes moyens sont mis en pratique par la nature pour obtenir les mêmes résultats.

On pourrait, à priori et par simple déduction de tout ce que nous connaissons relativement aux procédés à l'aide desquels s'effectue la dispersion des animaux et des plantes, admettre que la formation de variétés et d'espèces nouvelles par ségrégation et expatriation doit se produire très fréquemment dans la nature.

Les fruits et les graines d'un grand nombre de plantes présentent des détails d'organisation admirablement adaptés à leur dispersion loin des pieds qui les ont produits. Les uns sont pourvus d'ailes ou d'aigrettes légères qui permettent au vent de les emporter à de très grandes distances ; d'autres sont armés de crochets qui se prennent dans les poils des mammifères ou dans le duvet des oiseaux et qui facilitent leur transport en des localités plus ou moins éloignées de celles où ils se sont développés ; certains fruits ont une pulpe gluante qui les colle aux ailes des oiseaux ; d'autres ont leurs graines protégées par des noyaux très durs que les oiseaux ne peuvent ni broyer ni digérer, et qu'ils rendent avec leurs excréments. Grâce à ces traits spéciaux de leur organisation, les fruits et les graines d'un grand nombre de plantes sont disséminés sur une surface géographique d'autant plus considérable que les vents ont plus de force ou que les animaux qui servent à leur transport ont eux-mêmes une aire de dispersion plus étendue.

En général, cette dernière n'est pas assez grande pour que les graines ainsi disséminées se trouvent exposées, au moment de la germination, à des conditions de climat ou de nourriture très différentes de celles dans lesquelles ont vécu leurs parents, et les plantes qui en sortent conservent l'ensemble des traits des individus qui les ont produites. Cependant, il n'est pas rare de trouver dans l'aire géographique d'une espèce déterminée de végétaux, un nombre plus ou moins considérable de variétés, et, presque toujours, celles-ci présentent des caractères d'autant plus marqués et d'autant plus distincts de ceux qui appartiennent aux formes typiques de l'espèce, qu'elles se trouvent plus éloignées du centre géographique de cette dernière.

En d'autres termes, et pour mieux me faire comprendre,

chaque espèce de végétaux possède un territoire qui est
sa propriété, territoire tantôt très restreint, tantôt très
étendu. Dans le premier cas, tous les individus se ressemblent assez pour que, d'ordinaire, on ne puisse pas
établir dans l'espèce de variétés. Dans le second cas, au
contraire, c'est-à-dire quand le territoire ou aire géographique de l'espèce est très vaste, on peut presque toujours subdiviser l'espèce en un certain nombre de variétés
qui occupent chacune une localité particulière. On peut
alors, fréquemment, à l'aide d'une étude attentive, reconnaître qu'il existe dans ce vaste territoire un point central, dans lequel les individus appartenant à l'espèce
envisagée sont plus uniformément semblables les uns aux
autres et qui peut être considéré comme le berceau de
l'espèce. C'est là qu'elle a pris naissance par un nombre d'abord peu considérable d'individus qui, trouvant
des conditions favorables, se sont multipliés et ont
rayonné dans toutes les directions; mais, à mesure qu'ils
se répandaient, ils se sont fatalement trouvés exposés à
des conditions d'alimentation, de climat, d'abri, etc., en
un mot, à des conditions cosmiques de plus en plus
distinctes de celles du berceau de l'espèce, et sous l'influence desquelles ils subissent des modifications, des
transformations plus ou moins considérables et transmissibles de générations en générations. D'où, production
d'un nombre plus ou moins considérable de variétés qui,
nécessairement, diffèrent d'autant plus de la forme type,
de celle qui continue à habiter le berceau de l'espèce,
qu'elles sont plus éloignées de ce berceau.

Supposons maintenant que les graines des variétés
déjà très distinctes de la forme type qui habitent les
confins de l'aire géographique soient transportées assez

loin de leur lieu de naissance pour qu'elles se trouvent
exposées à des conditions cosmiques entièrement nouvelles, les individus qui en sortiront et leurs descendants subiront des transformations assez profondes pour
que si, au bout d'un certain nombre de générations, on
compare leurs caractères avec ceux qui habitent toujours
le berceau primitif de l'espèce, on trouve entre eux plus
de dissemblance que de ressemblance, et qu'on soit obligé
de les considérer comme appartenant à deux espèces distinctes ; cela sera d'autant plus aisé à faire, que l'on
n'aura pas suivi la marche de l'espèce mère dans les localités où elle s'est successivement établie.

Nous avons supposé que l'espèce végétale dont nous
venons de suivre la dispersion et les transformations
graduelles jusqu'à la production d'une espèce nouvelle
s'était étalée lentement autour de son lieu de naissance.
Ce cas est celui que l'on peut considérer comme le plus
simple et le plus conforme à l'organisation des plantes ;
c'est aussi le plus habituel ; mais ce n'est pas le seul qui
puisse se présenter.

Grâce aux caractères adaptés à la dispersion des graines
et des fruits, que nous avons signalés plus haut, il peut
fort bien se faire que certaines graines soient transportées d'emblée à une très grande distance du point où elles
se sont formées. Cela peut être l'œuvre, par exemple, des
oiseaux migrateurs ou du vent. On sait, par des observations très précises, que le vent peut transporter des
corps relativement lourds, tels que des grains de sable ou
même de petites pierres, à des distances très considérables ; à plus forte raison peut-il servir de véhicule
à certaines graines qui sont d'une extrême légèreté. Les
oiseaux migrateurs qui parcourent en peu de jours plu-

sieurs centaines de lieues, qui, d'une seule traite, vont des côtes méditerranéennes de la France à celles de l'Afrique, peuvent, avec la même facilité que le vent, sinon plus aisément encore, transporter à de grandes distances des noyaux non digérés et des fruits ou des graines collés ou accrochés à leurs plumes. Que ces graines tombent sur un sol suffisamment propice à leur germination, quoique distinct de celui dans lequel croissent leurs parents, que leurs produits se trouvent exposés à des conditions cosmiques différentes mais permettant leur développement et leur multiplication, et une espèce nouvelle va se former.

Il ne faut pas croire, d'ailleurs, qu'un transport à des distances très considérables soit nécessaire pour donner lieu à des espèces nouvelles par les procédés dont nous venons de parler. Il suffira que des graines soient portées du versant d'une chaîne de montagnes à l'autre pour qu'elles soient exposées à des conditions très différentes de celles du lieu de leur naissance. Le degré d'humidité et de chaleur, la nature et la direction des vents, le sol lui-même parfois diffèrent d'un versant à l'autre de certaines chaînes de montagnes à un degré tel que les espèces qui se trouvent sur l'un ne sont pas les mêmes que celles qui croissent sur l'autre. Souvent cela est vrai aussi des animaux. Mais, si les espèces sont distinctes, il est fréquent de retrouver des deux côtés les mêmes genres, ce qui indique bien que les espèces ont été produites par les conditions cosmiques, et permet de supposer qu'elles sont issues d'une branche commune, dont les individus ont été expatriés. Quoi de plus facile à admettre que le transport des graines d'un versant de montagne à un autre par les oiseaux ou les mammifères ?

Toutes ces considérations permettent d'admettre, à priori, que la ségrégation et l'expatriation doivent avoir joué et jouent encore un rôle considérable dans la production des races, des variétés, des espèces nouvelles de végétaux. Mais si, comme nous venons de le voir, cette opinion s'impose pour les végétaux, elle doit paraître bien plus probable encore pour les animaux, qui, ayant des moyens de locomotion dont les plantes sont dépourvues, sont en mesure d'opérer des ségrégations, des émigrations, des expatriations actives tandis que les plantes ne peuvent que les subir passivement.

L'opinion qui résulte des considérations auxquelles nous venons de nous livrer est entièrement confirmée par les faits. Un grand nombre d'observations relatives à la distribution géographique des animaux et des plantes permettent d'affirmer sans la moindre hésitation que la ségrégation et l'expatriation ou migration, passives ou actives, mais produites indépendamment de l'homme, jouent un rôle de la plus haute importance dans la formation des races, variétés et espèces sauvages d'animaux et de plantes.

En premier lieu, le fait même des migrations, soit actives, soit passives, des animaux et des plantes, à des distances souvent très considérables, est démontré par un grand nombre d'observations. Je me bornerai à en signaler quelques-unes des plus remarquables.

J'ai à peine besoin de rappeler les migrations effectuées sur une si large échelle par les diverses races humaines. Je ne veux pas entrer ici dans l'étude de l'origine de l'espèce humaine qui trouvera sa place dans un ouvrage ultérieur, mais je dois citer l'opinion généralement admise aujourd'hui par les anthropologistes, d'après laquelle l'espèce humaine serait sortie, comme toutes les autres espèces animales ou végétales, d'un berceau unique, aurait pris naissance dans une localité relativement circonscrite, par exemple, une grande île intertropicale, d'où elle se serait répandue, par des migrations successives, volontaires ou involontaires, sur le reste de la terre. La possibilité de ces migrations est rendue très manifeste par les faits d'expatriation involontaire observés chez les races les moins civilisées, chez celles qui, à notre époque, ont conservé la plus grande somme des traits de nos ancêtres. Cook trouva dans l'île de Ouateva trois habitants de Taïti, qui est à une distance de 880 kilomètres. Etant allés à la pêche dans une pirogue, ils avaient été surpris par un coup de vent et portés à Ouateva. Kotzebue raconte l'odyssée d'un individu né à Ulea qu'il trouva dans les îles de Radack, où il avait été transporté par les vents et les courants à travers un espace de 2,400 kilomètres. « Kadu et trois de ses compagnons, dit Lyell, auquel j'emprunte l'analyse de ce récit, ayant un jour quitté Ulea dans un canot, avaient été assaillis par un violent orage qui les jeta hors de leur route ; ils furent ballottés en pleine mer pendant huit mois, ainsi qu'ils purent en juger par le cours de la lune, faisant chaque fois qu'elle était nouvelle un nœud à une corde. Pêcheurs habiles, ils vécurent entièrement des produits de la mer, et quand il pleuvait ils recueillaient autant d'eau que leurs vases pouvaient en contenir. Lorsque ces malheureux atteignirent les îles de Radack, tout espoir et, pour ainsi dire, tout sentiment était éteint en eux ; depuis longtemps, leurs voiles étaient détruites, ils se trouvaient à la merci des vagues et des vents, et, lorsqu'ils furent recueillis par les habitants d'Aur, ils étaient dans un état d'insensibilité presque complète ; mais grâce aux soins hospitaliers de ces insulaires, ils furent bientôt remis, et recouvrèrent une parfaite santé. »

On connaît d'autres faits du même ordre qui témoignent de la possibilité d'une migration involontaire d'individus de l'espèce humaine à des distances très considérables, à travers les mers et dans les conditions de la civilisation la plus primitive. Rien n'empêche donc de supposer que des migrations de cette sorte aient pu avoir lieu entre l'Europe ou l'Asie et l'Amérique. Quant aux voyages volontaires faits à des époques plus récentes de l'histoire de l'humanité, il n'est pas utile d'en parler ici. Nous nous bornons, en effet, à rechercher hypothétiquement les moyens à l'aide desquels les premiers êtres méritant la dénomination d'hommes ont pu se répandre à la surface de la terre, dans le cas où l'on admet qu'ils se seraient développés dans une île intertropicale, plus ou moins éloignée des grands continents. Quant à cette dernière supposition, elle a été inspirée par l'idée que si les premiers hommes s'étaient formés dans un continent peuplé de grands carnivores, comme l'Afrique, l'Asie, ou l'Europe et l'Amérique, ils seraient presque fatalement devenus les victimes de leurs redoutables voisins.

Quel a été ce berceau unique de l'humanité ? nous l'ignorons complètement. Peut-être est-ce quelque territoire situé dans l'Atlantique et couvert aujourd'hui par les eaux.

Quoi qu'il en soit, les migrations volontaires ou involontaires des premiers hommes ne peuvent pas être niées ; elles se sont poursuivies jusqu'à une époque très voisine de la nôtre, et l'on peut dire qu'elles continuent encore, en présence de la conquête graduelle de l'Amérique faite par des hommes partis d'Europe et des explorations tentées par la race blanche jusque dans le centre du continent africain.

Dispersés dans des directions très différentes les unes des autres, atterrissant sur des continents qui n'avaient de commun ni le climat, ni la nature du sol, ni celle de la végétation, les premiers hommes ségrégés, expatriés, volontairement ou involontairement du lieu où ils avaient vu le jour, durent subir des transformations d'autant plus considérables que les caractères de l'espèce n'étaient pas complètement fixés, que les hommes n'étaient pas encore tout à fait des hommes dans le sens scientifique qu'on doit aujourd'hui attribuer à ce terme.

C'est, en effet, une règle générale, que dans toutes les espèces en voie de formation, les variations individuelles sont beaucoup plus fréquentes que dans les espèces déjà anciennes ; les formes n'étant pas encore arrêtées, elles sont plus malléables et plus plastiques. Empruntons une comparaison à la statuaire : on pourrait dire que l'espèce en voie de formation est la glaise encore docile au doigt du sculpteur, tandis que l'espèce fixée dans ses caractères est le marbre que seul le ciseau peut entamer.

Grâce à l'expatriation, sur des points très différents du globe, d'individus ségrégés du groupe humain primitif, il peut donc s'être produit un nombre plus ou moins considérable de races ou de variétés, dont les caractères furent déterminés par les conditions cosmiques dans lesquelles les émigrateurs se trouvèrent placés. Il est bien certain, par exemple, que les individus transportés dans le nord, sur les côtes de l'Europe, de l'Asie ou de l'Amérique septentrionale, durent subir des modifications tout à fait différentes de celles qui se produisirent chez les migrateurs transportés sur les côtes de l'Afrique ou dans les régions tropicales de l'Asie et de l'Amérique. Nous avons déjà cité plus haut des faits très probants des modifications que les races humaines actuelles, races complètement formées cependant, subissent encore de nos jours sous l'influence des changements de climat, de nourriture et autres conditions cosmiques ; ajoutons qu'on a constaté, d'une manière certaine, que les Anglo-Américains de l'Amérique du nord et les Anglais d'Australie diffèrent manifestement des Anglais dont ils descendent. Il a suffi, pour les premiers, d'une période de deux cents ans, et pour les seconds d'un laps de temps plus court encore, pour produire ces modifications dans le type ancestral d'une race parvenue à une évolution complète, comparable à tous égards au marbre non malléable du statuaire.

Ne peut-on pas, à plus forte raison, admettre que des conditions cosmiques très différentes suffirent pour déterminer très rapidement, dans les premiers âges de l'humanité, la formation de races distinctes ?

Pour conclure, nous devons admettre que tous les faits connus relativement aux migrations des hommes et à la faculté qu'ils possèdent d'être facilement modifiés par les conditions cosmiques, permettent de supposer que la ségrégation et l'expatriation ont été de puissants moyens de formation des races et des variétés que l'on observe actuellement dans l'espèce humaine.

Les phénomènes de ségrégation et de migration offerts par les animaux sont encore moins contestables que ceux dont nous venons de parler.

M. Moritz Wagner qui a, le premier, attiré l'attention

des savants sur l'importance de la ségrégation au point de vue de la formation des espèces, et qui même la considère comme l'unique agent de cette formation, a cité un nombre considérable de cas dans lesquels il est impossible de nier que la ségrégation et l'expatriation, avec la modification consécutive qu'elles occasionnent, aient joué un rôle important dans la formation de races, de variétés et d'espèces nouvelles d'animaux.

J'ai à peine besoin de rappeler les longues et périodiques migrations des oiseaux ; mais celles-là n'entrent pas, à proprement parler, dans le cadre des migrations dont il s'agit ici. Les oiseaux migrateurs, en effet, ont, pour ainsi dire, deux patries : l'une dans laquelle ils passent une partie de l'année, l'autre où ils se rendent pour le reste de la période annuelle. Si je parle ici de ces migrations, c'est uniquement à cause des motifs qui les provoquent et qui sont de nature à nous éclairer sur les raisons qui ont déterminé et déterminent encore les émigrations ou expatriations véritables qui nous occupent en ce moment. On attribuait autrefois les migrations périodiques des oiseaux à une sorte d'instinct capricieux. Buffon le premier, ou, du moins, un des premiers, signala le véritable motif de la migration des oiseaux et vit qu'il réside dans les nécessités de leur alimentation. Il montra que ceux qui nous quittent pendant l'hiver y sont forcés par la disparition des aliments dont ils ont l'habitude de se nourrir. Si, à l'approche de l'hiver, les hirondelles, les cigognes, etc., fuient notre pays et se dirigent vers le sud, c'est parce qu'elles trouvent dans ces régions les aliments qui leur manqueraient chez nous. Les oiseaux abandonnent ensuite les pays chauds lorsqu'ils cessent de leur offrir la nourriture qu'ils étaient allés y chercher.

« On se figure généralement, dit Aug. Weissmann (*Migrations des Oiseaux*, in *Revue internat. des sciences*, 1878, II, p. 260), que les contrées tropicales offrent pendant toute l'année de la nourriture animale et végétale à foison.. Ceci n'est cependant vrai que pour quelques-unes. Au centre de l'Afrique, de larges bandes de pays se dessèchent complètement en été; toutes les eaux stagnantes et presque toutes les eaux courantes disparaissent; les grenouilles, les salamandres, les lézards et les serpents, même certains poissons, s'enfouissent dans la vase, où ils se livrent à un sommeil d'été; les insectes aussi disparaissent à mesure que la verdure des plantes est brûlée par les rayons incandescents du soleil. A cette époque, les oiseaux ne trouvent plus de nourriture, surtout ceux d'entre eux qui ne vivent que d'insectes, comme les petits chanteurs et le coucou, ou d'animaux aquatiques, de limaçons, de mollusques et de vers, comme la plupart des échassiers et des oiseaux aquatiques. On peut aller plus loin et affirmer que l'existence devient impossible pour maint oiseau qui se nourrit exclusivement de végétaux, comme la grue. Ce grand et bel oiseau vit en grande partie de grains et d'herbes vertes. Dans l'Afrique orientale, où il passe l'hiver en troupes innombrables, il pille les champs de millet de la steppe. Mais, en été, cette steppe est entièrement desséchée comme tout le bord méridional du désert de Sahara. La nécessité d'émigrer s'impose donc alors aux grues. » Et Weissmann conclut comme Buffon : « Voici donc une première vérité scientifique : les oiseaux n'émigrent pas par goût, mais parce qu'ils doivent émigrer pour pouvoir exister; ils émigrent, en premier lieu, pour ne pas mourir de faim. »

Cependant, Weissmann fait remarquer avec raison que

ce n'est pas à la faim elle-même qu'obéissent les oiseaux migrateurs, au moment où ils quittent le pays dans lequel ils ont passé une saison, et qu'ils n'attendent jamais d'être privés d'aliments pour se mettre en voyage. L'oiseau migrateur obéit à un instinct qui le pousse à partir à un moment déterminé, et Weissamann ajoute que, si nous voulons comprendre le phénomène de la migration, nous devons avant tout nous demander d'où vient l'instinct de la migration des oiseaux, quelles causes l'ont fait naître, et à quels degrés divers il s'est développé dans les différentes espèces. La réponse à ces questions se trouve dans le fait, bien compris par Buffon, que les oiseaux migrateurs sont toujours ceux dont l'alimentation est de telle nature qu'ils manquent périodiquement de nourriture, chaque année, à la même époque. Les ancêtres des oiseaux migrateurs ont dû, pour se procurer des aliments, étendre peu à peu leurs excursions autour de la région qu'ils habitaient, et diriger leurs courses dans la direction où les aliments se présentaient en plus grande abondance. Chaque année, des courses alternant en sens inverse étaient faites, les parents entraînant avec eux leurs petits, et ceux-ci persévérant ensuite dans les habitudes contractées pendant leur jeune âge. Or, nous savons aujourd'hui que les habitudes se transmettent par l'hérédité tout aussi bien que les qualités corporelles. Les habitudes de la migration se sont ainsi transmises de générations en générations avec d'autant plus de constance que le manque périodique de nourriture ne cesse pas de se produire.

Je n'ai insisté quelque peu sur les migrations des oiseaux que parce qu'elles nous révèlent l'une des causes qui déterminent les véritables émigrations et expatriations

actives des hommes et des animaux. C'est, dans la plupart
des cas, le besoin de nourriture qui détermine les animaux
et l'homme lui-même à changer de patrie, et comme tous
n'ont pas les moyens rapides de locomotion des oiseaux,
ils s'établissent là où ils se trouvent bien. Les Alle-
mands et les Irlandais qui se précipitent en si grand
nombre vers l'Amérique du Nord, les Basques et les Espa-
gnols qui émigrent vers l'Amérique du Sud, les Chinois
qui se répandent dans toute l'Indo-Chine et l'Inde et
traversent le Pacifique pour aller s'établir sur les côtes
occidentales de l'Amérique, ne s'expatrient ainsi que parce
que la nourriture manque dans le pays où ont vécu leurs
ancêtres, soit parce que le sol est ingrat, comme en Allemagne et dans le pays Basque, soit parce que le maître
est trop dur et trop rapace, comme en Irlande, soit
parce que la population est trop dense, comme en Chine.

C'est encore ce motif qui détermine les longues émigrations des Criquets, qui se transportent souvent du centre
de l'Afrique, leur patrie naturelle, jusqu'au nord de la
Méditerranée et même, en traversant cette mer, sur les
côtes méridionales de l'Europe, où ils font de terribles ravages dans les champs, dévorant les herbes, les moissons
et parfois, comme je l'ai vu au Sénégal, jusqu'à l'écorce
des arbres.

C'est aussi le besoin de la nourriture qui chasse les loups
des régions froides où se trouve leur véritable berceau,
jusque dans les zones tempérées et même chaudes où ils
auraient, sans nul doute, fixé définitivement leur domicile
et pullulé dans la bonne chère, si l'homme n'avait mis
obstacle à cet envahissement des régions qu'il habite lui-
même de préférence à toutes les autres. Le Loup était autrefois beaucoup plus répandu en Europe qu'il ne l'est

actuellement ; il était même très abondant en France et en Espagne ; mais, obligé d'émigrer devant l'homme, il s'est réfugié dans les forêts et les montagnes du centre de l'Europe, et surtout dans les vastes steppes de la Russie, d'où il ne descend plus vers l'occident que quand il est chassé par le manque de nourriture que déterminent des hivers très rigoureux. Supposons que ces années-là il ne fut pas pourchassé par l'homme, et il n'est pas douteux qu'il s'établirait d'une façon définitive dans des localités qui lui fournissent des aliments abondants.

Il n'est pas permis non plus de douter qu'un climat plus doux et une nourriture plus abondante seraient de nature à modifier profondément ses caractères. Ces faits ont une importance très grande, non seulement parce qu'ils donnent une idée exacte de l'une des causes les plus puissantes d'expatriation des animaux, mais encore parce qu'ils atténuent dans une très grande mesure, ainsi que nous aurons à le montrer plus loin, la valeur de la lutte pour l'existence et de la sélection dans la formation des espèces.

Le manque de nourriture n'est pas la seule cause qui soit de nature à déterminer les ségrégations et les émigrations actives et permanentes des animaux. Les variations brusques de la température sont également capables de produire des expatriations lointaines ; mais, dans ce cas, le manque de nourriture s'ajoute presque toujours au froid pour déterminer la migration. Les grandes pluies et les inondations qui en sont les conséquences déterminent aussi fréquemment les migrations de certains animaux, particulièrement des mammifères qui vivent dans des terriers et des insectes terrestres. D'autres causes, dont la nature nous échappe, peuvent encore agir dans le même sens ; il est, par exemple, difficile de donner les motifs des migrations qu'effectuent parfois certains papillons. On sait qu'il y a deux ans, il y eut une véritable invasion de Vanesses dans les parties septentrionales de la France. La Vanesse du Chardon (*Vanessa Cardui*) est une espèce éminemment voyageuse ; elle s'étend peu à peu et finira sans nul doute par exister dans presque toutes les parties du monde.

A côté de ces migrations accidentelles dont il serait facile de multiplier les exemples, il en existe d'autres plus importantes peut-être au point de vue qui nous occupe ici; ce sont celles que certaines espèces d'animaux effectuent lentement, en rayonnant autour du point central d'apparition de l'espèce, comme l'a fait l'homme lui-même. Certaines de ces espèces accompagnent l'homme dans toutes ses migrations; il me suffit de citer les rats, la blatte orientale, les termites, etc. D'autres suivent certaines espèces dont elles se nourrissent ou sur lesquelles elles vivent en parasites. Les mammifères, les oiseaux, les insectes transportent avec eux, dans leurs migrations, leurs puces, leurs poux, leurs champignons parasites, etc. Il n'est guère permis de douter que si tous ces organismes se trouvent, en fin de compte, exposés à des conditions cosmiques très différentes de celles qui ont présidé à l'évolution de leurs ancêtres, ils sont condamnés à subir des transformations d'autant plus grandes que les différences des conditions sont elles-mêmes plus considérables.

L'une des causes les plus importantes des migrations lentes et rayonnantes des animaux réside dans la recherche des aliments. La multiplication rapide des individus d'une même espèce animale dans une localité déterminée, ayant pour conséquence nécessaire la consommation des aliments que fournit cette localité, un grand nombre d'individus ne tardent pas à être obligés, pour satisfaire leur appétit, d'aller chercher plus ou moins loin les aliments qui leur manquent. Il se produit ainsi une véritable ségrégation et une migration d'une partie des individus qui sont, d'habitude, les plus forts, les plus robustes et les plus actifs. Ces migrateurs s'établissent dans une localité nouvelle, peu distante de celle où ils ont vu le jour, s'y multiplient, et si les conditions cosmiques sont suffisamment différentes, y forment une variété de l'espèce mère. Le même fait se reproduit fatalement, au bout d'un certain temps, dans cette seconde localité ; des individus pressés par le besoin se ségrègent et vont faire ailleurs souche d'une deuxième variété, etc. Dans ce cas, on le voit, le besoin de manger, la lutte pour la nourriture, est la cause de la ségrégation, mais celle-ci détermine, de son côté, la production de variétés et même d'espèces nouvelles.

La lutte sexuelle entraîne parfois aussi des résultats analogues. Il est fréquent de voir, dans les troupeaux de bœufs ou de chevaux de l'Amérique, un jeune mâle se séparer du troupeau en entraînant à sa suite un certain nombre de femelles et de petits. Des ségrégations semblables ont lieu dans les ruches lorsqu'il s'y développe plusieurs reines ; chacune s'éloigne avec une partie de la tribu et va plus ou moins loin constituer une nouvelle société et bâtir une ruche nouvelle. Les fourmis en font souvent autant ; une partie des membres d'une fourmilière se détachent, sans doute à la suite des mâles ou des femelles qui prennent l'initiative de cette ségrégation, et vont parfois loin de leur premier asile établir une autre demeure.

Parmi les oiseaux polygames, tels que les poules, les perdrix, etc., la ségrégation consécutive à la lutte sexuelle est la règle absolue. Dès que les petits coqs ont atteint l'âge des amours, ils sont chassés par leur père, ou s'isolent volontairement, en emmenant chacun un certain nombre de poulettes.

Il est bien évident que ces isolements, que ces ségrégations et les migrations plus ou moins étendues qui les suivent, ont pour conséquence nécessaire l'extension rayonnante, graduelle, de l'aire géographique occupée par l'espèce et la formation consécutive de variétés, puis d'espèces distinctes, si les migrateurs s'écartent assez du berceau de leur espèce pour se trouver exposés à des conditions cosmiques différentes.

D'autres migrations très lentes, mais non moins certaines et attestées par toutes les données de la géologie et de la paléontologie, ont été provoquées par les transformations de la surface du globe et les variations climatériques consécutives dont nous parlerons tout à l'heure; mais il n'est pas probable que ces migrations aient déterminé des transformations sérieuses dans les animaux, car ces derniers n'émigraient que pour se maintenir dans les conditions climatériques de leur passé. Je n'insiste donc pas sur cette question, mais j'aurai à revenir sur les transformations considérables produites par les modifications auxquelles je viens de faire allusion.

Les migrations actives ne sont pas les seules que les animaux présentent. Ils offrent encore, très souvent, des migrations passives, c'est-à-dire indépendantes de leur volonté, mais qui n'en sont pas moins importantes au point de vue de leur transformation, qui, peut-être même, ont, à cet égard, une valeur encore plus grande.

Les Mollusques n'ont guère l'humeur voyageuse, et cependant ils peuvent être transportés, pendant leur jeunesse ou à l'état d'œufs, à des distances très grandes de leur point d'habitation. Les agents de transport sont alors, d'habitude, les oiseaux aquatiques, sur les pattes desquels peuvent se fixer les jeunes mollusques ou des végétaux portant leurs œufs. Quant aux Mollusques d'eau salée, leurs œufs, fixés sur des plantes marines que le flot arraché, peuvent facilement être transportés à de grandes distances. Les bois flottants que charrient les fleuves et que transporte la mer sont presque toujours couverts d'animaux et de plantes de toutes sortes qui peuvent être transportés fort loin de leur lieu d'origine et qui se multiplient dans leur nouvelle patrie, sauf à subir les transformations indispensables à leur adaptation aux nouvelles conditions de climat, de nourriture, etc. Le vent lui-même emporte fréquemment des œufs et de petits animaux qu'il puise dans les eaux des étangs, des fleuves, des lacs, etc., ou de la mer, et qu'il dépose fort loin du point où il les a pris. Certaines Araignées voyagent à travers les airs au bout de leur fil que le vent a brisé et enlevé. Des insectes, des oiseaux, même de grande taille, sont fréquemment surpris par des vents de tempête et entraînés à des distances énormes, d'Europe en Amérique, par exemple.

Je n'ai pas besoin d'insister sur ces faits dont le lecteur comprendra l'importance au point de vue de la transformation des espèces animales, s'il n'a pas oublié que le moindre changement dans les conditions cosmiques entraîne fatalement la modification des organismes qui les subissent, et leur transformation au bout d'un certain nombre de générations.

Le fait de ces transformations a été constaté pour un grand nombre d'espèces. Böttger signale, par exemple, ce détail caractéristique que les nombreuses îles de l'Archipel hellénique possèdent chacune une espèce distincte d'un mollusque du genre *Clausilia*. Des observations semblables ont été faites sur d'autres genres de mollusques qui habitent les diverses îles des Açores, des Canaries, et sur les mollusques d'eau douce des lacs de la Bavière. « Les oasis du Sahara, dit Moritz Wagner, formant des îlots séparés, les collines des Andes de Quito, les groupes isolés des volcans de l'Amérique et vraisemblablement toutes les autres régions isolées fournissent des faits absolument identiques, c'est-à-dire des espèces endémiques, étroitement limitées, et des variétés locales, constantes, en nombre indéfini. »

Il est évident, que si chaque île de l'Archipel hellénique possède son espèce particulière de *Clausilia*, que si chaque oasis du Sahara présente également son espèce ou sa variété spéciale d'un même genre d'animaux, cela ne peut tenir qu'à ce qu'une espèce déterminée du genre, s'étant répandue dans toutes ces localités, s'y est transformée, au bout d'un temps déterminé, en une forme nouvelle, adaptée aux conditions cosmiques de la localité. Aucune autre explication du fait ne peut être donnée, à moins qu'on n'admette l'intervention d'un créateur, fabriquant de toute pièce la faune de chaque île hellénique et de chaque oasis saharienne.

Parmi les autres exemples bien incontestables de formation d'espèces sauvages nouvelles par la ségrégation et l'expatriation Moritz Wagner cite le fait d'un papillon, le *Saturnia Luna*, espèce propre au Texas, qui, ayant été transporté en Suisse, s'y est modifié suffisamment pour qu'on lui ait donné un nom spécifique nouveau. Il rappelle encore l'exemple que nous avons cité plus haut du lapin commun qui, transporté à Porto-Santo, y a pris des caractères assez tranchés pour qu'on puisse en faire une espèce distincte de celle dont il dérive.

La superbe famille des oiseaux-mouches et des colibris fournit à Moritz Wagner un exemple analogue à celui des mollusques des îles de la Grèce dont nous avons parlé plus haut, de transformations consécutives à la ségrégation. Il fait remarquer que parmi les espèces de ces oiseaux, celles qui ont des habitudes très prononcées de migration et qui parcourent des espaces très considérables n'offrent, pour ainsi dire, pas de variétés, tandis que les espèces localisées, celles qui ont un habitat déterminé, au delà duquel elles ne s'étendent pas, présentent un grand nombre de variétés, dont il attribue la formation à des couples peu nombreux qui se sont isolés et ont formé souche. « Chez les espèces à résidence fixe de la grande famille des colibris, dit-il, la formation des espèces par voie de ségrégation nous présente les résultats les plus surprenants. Chaque degré d'altitude des Cordilières de l'Amérique, d'après le célèbre ornithologiste anglais Gould, possède une espèce de colibris qui lui est particulière. Ces espèces varient à peu près tous les mille pieds sur les différents versants, à mesure qu'on s'élève de la base jusqu'à la région des neiges. Gould aurait pu ajouter que sur les volcans isolés et les pics des Andes, ce changement des espèces a lieu dans le sens horizontal aussi bien que vertical. Chaque pic isolé très élevé possède, dans sa région supérieure, une ou plusieurs espèces, qui lui sont tout à fait particulières et dont la parenté avec les espèce des pics voisins est manifeste. »

On comprend facilement ce qui se produit dans ce cas. Si l'espèce est voyageuse, si elle a l'habitude de se transporter à de grandes distances, elle s'adapte peu à peu aux conditions cosmiques diverses de la vaste région qui constitue son domaine ; ces conditions déterminant l'apparition de caractères pour ainsi dire moyens, la production des variétés n'a pas lieu. Si, au contraire, l'espèce se renferme dans un habitat bien délimité, comme un pic isolé, ou une zone de la montagne, il doit arriver souvent que quelques individus franchissent la limite du territoire de l'espèce, se transportent, par exemple, sur un pic voisin de celui qu'elle habite, et s'ils y trouvent, avec la tranquillité, une nourriture suffisante, y bâtissent leurs nids, y établissent leur famille et s'y fixent d'une manière définitive. Comme les conditions cosmiques de cette nouvelle patrie ne sont pas tout à fait identiques à celles de la première, leurs descendants subissent peu à peu des modifications qui deviennent permanentes, et une nouvelle variété, ou même une nouvelle espèce se trouve formée.

Les poissons, qui, grâce au milieu dans lequel ils vivent, peuvent se déplacer avec la plus grande facilité, mais dont chaque espèce reste cependant, d'habitude, confinée dans une localité spéciale, ou à une profondeur constante, les poissons fournissent, en faveur de la formation des espèces par la ségrégation, des preuves analogues à celles que Wagner déduit de la distribution géographique des colibris. Il fait remarquer que les espèces vraiment cosmopolites n'existent guère chez les poissons, mais que les grands archipels placés à peu de distance les uns des autres, comme les Canaries et les Açores, ont à peu près les mêmes espèces de poissons, tandis que les archipels isolés ou les îles solitaires présentent toujours des espèces spéciales, qui se sont évidemment formées par ségrégation d'espèces habitant les mers voisines, car elles conservent avec elles des relations très manifestes de parenté. « Chaque groupe d'îles éloigné des continents ou d'autres archipels, dit-il, ou les îles tout à fait solitaires, comme Sainte-Hélène, l'île de l'Ascension et celle de Waihu, possèdent sur leurs côtes des espèces qui leur sont presque exclusivement propres, quoique se rattachant à des genres très répandus. Tous les poissons de mer rapportés de l'archipel Galagos par l'expédition scientifique du navire anglais le *Beagle* appartenaient à des espèces tout à fait endémiques qui n'avaient jamais été signalées sur les côtes de l'Amérique du Sud situées en face. L'archipel de Hawaï, les îles Fidji, le groupe des îles Samoa, celui des Marquises ont de même leurs espèces endémiques particulières. »

Les poissons d'eau douce présentent aussi des variétés ou des espèces locales très nombreuses. Les eaux douces ayant autrefois recouvert de très vastes régions desquelles sont descendus les fleuves, il est facile de comprendre que les mêmes espèces de poissons se trouvent dans des fleuves différents lorsque ceux-ci descendent du même bassin ; mais, après la formation des fleuves, les poissons qui s'étaient répandus dans les eaux de chacun d'entre eux se sont trouvés isolés de ceux de tous les autres et ont subi, sous l'influence de conditions spéciales, des modifications qui en ont fait des variétés ou même des espèces distinctes. « Le genre *Salmo* (Saumon), qui appartient, dit Wagner, à une des familles les plus répandues ainsi que les plus riches en espèces, nous montre, en particulier chez les truites des ruisseaux, un nombre incalculable de variétés locales, à côté de bonnes espèces voisines. Ces variétés se distinguent surtout par des modifications dans la forme et la couleur de leurs taches, provenant réellement de leur ségrégation dans l'espace. » Le savant allemand met encore en relief un fait qui démontre bien le rôle de la ségrégation dans la formation des espèces de

poissons. « Les ruisseaux qui coulent les uns à côté des
autres dans la même direction et sur le même versant
sont généralement peuplés d'espèces identiques. Sur l'autre versant de la chute des eaux, on trouve, dans presque
toutes les montagnes élevées, des variétés plus ou moins
caractéristiques, qui diffèrent beaucoup, par la couleur et
la forme de leurs taches, des espèces voisines du versant opposé. » Richardson, célèbre voyageur américain, rapporte
un fait qui offre à cet égard une assez grande importance
et dont j'emprunte le récit à Wagner. « Quand il arrive
aux vieux trappeurs qui s'aventurent jusqu'à la région
des sources de s'égarer sur les hauts plateaux et de ne
pouvoir reconnaître si les ruisseaux sinueux coulent vers
l'Atlantique ou vers le Pacifique, ils jettent la ligne pour
s'orienter. Les taches rouges ou noires des truites pêchées
leur fournissent un indice précis. »

Wagner rapporte un fait qui prouve bien la formation
des espèces par la ségrégation. Il s'agit de poissons de la
famille des Silures qui vivent dans les Andes de l'Amérique équatoriale et sont connus des indigènes sous le
nom de *Prenadilla*. Dans les lacs et ruisseaux des plateaux
il n'en existe qu'une seule espèce, mais elle est si abondante que les enfants en font la pêche avec des cribles ; on
en connaît une autre espèce qui habite exclusivement les
eaux du versant occidental du Chimborazo et du Pichin-
cha ; cette espèce est très voisine de la première et les
deux sont seules dans le petit genre qu'elles constituent,
ce qui met dans la nécessité de considérer l'une d'entre
elles comme produite par la ségrégation d'un certain
nombre d'individus appartenant à l'autre. Cette conclusion s'impose d'autant plus que l'on ne trouve jamais
dans les bassins des plateaux qu'une seule et même

espèce. « Jamais, dit Wagner, on n'a constaté la présence de deux espèces, pas plus que celle de deux variétés dans un même bassin ; » et l'auteur allemand ajoute : « Malgré la quantité incroyable de cette espèce de silures dans les bassins montagneux des Andes, où la lutte pour l'existence sévit avec intensité parmi ces poissons voraces et où, par conséquent, sont réunies toutes les conditions favorables à la sélection darwinienne, jamais on n'a vu aucune autre espèce se constituer dans le même bassin, sur le même versant des eaux de cette haute. région. Sur le versant opposé nous voyons, au contraire, au delà de la barrière étroite qui forme la séparation des eaux, surgir une « bonne espèce », proche parente de la précédente, munie du même appareil dentaire et des mêmes ardillons, mais, sous d'autres rapports, présentant des divergences morphologiques notables. Parmi les nombreuses preuves inductrices que nous présente la chorologie des organismes, dans le phénomène des espèces dites substituantes, aucune n'est aussi concluante contre le principe de la sélection darwinienne, aussi décisive en faveur de l'action de la ségrégation sur la formation des espèces, que l'existence des deux espèces substituantes de silures dans les hauts plateaux du Quito. »

Moritz Wagner invoque encore en faveur de la formation des espèces par la ségrégation ce qui se passe dans le groupe des éponges. Ces organismes vivent au fond de la mer, fixés sur des rochers ; ils s'accroissent avec une grande rapidité, par une sorte de bourgeonnement incessant qui leur permet, dans certaines espèces, d'acquérir une taille très considérable. Les œufs fécondés de ces animaux donnent naissance à des larves couvertes de cils qui se meuvent librement dans l'eau pendant un certain temps, puis se fixent et se développent en un organisme semblable à celui qui leur a donné naissance.

Il y a donc toujours ségrégation des jeunes vis-à-vis des parents. Mille causes concourent à augmenter l'importance de cet isolement en entraînant les jeunes plus ou moins loin des lieux qu'habitent leurs parents. Tandis que la ségrégation est la règle dans ce groupe animal, la lutte pour l'existence entre les individus est absolument nulle, car c'est la mer qui se charge d'apporter à tous les aliments qui leur sont nécessaires. Or, la variété des formes est plus grande parmi les éponges que dans aucun autre groupe animal. Ainsi que le fait remarquer avec raison Moritz Wagner, « chaque agrégat, chaque colonie isolée d'individus se distingue d'une autre, qui parfois n'en est pas très éloignée, à un degré dépassant souvent les distinctions morphologiques qui séparent les espèces dans les autres classes d'animaux, » et rendant extrêmement difficile la classification de ces organismes. L'auteur allemand tire très légitimement de ces faits les déductions suivantes :

« Il est facile de comprendre combien les migrations actives des larves, ainsi que les migrations passives des éponges adultes, arrachées avec leur support par le courant de la mer de l'endroit où elles s'étaient fixées, et emportées au loin, doivent contribuer à cette multiplicité de formes. Selon que, dans le cours de ses pérégrinations, la larve voguant librement est entraînée par un courant plus chaud ou plus froid ; selon qu'elle se fixe au fond de la mer, à l'embouchure d'un fleuve charriant beaucoup de matières organiques ou, au contraire, à un endroit moins abondamment pourvu de la nourriture dont elle a besoin ; selon que des circonstances locales, telles, par exemple, que la profondeur plus ou moins grande de l'endroit où la colonie s'est fixée, facilitent ou entravent l'alimentation de ses parties constitutives par l'eau qui les baigne, toutes ces circonstances doivent influer puissamment sur les aptitudes à varier de la colonie isolée et lui être favorables ou défavorables. Dans tous les cas, c'est la ségrégation qui est ici la cause mécanique la plus puissante, la plus immédiate de toutes ces modifications morphologiques. »

De tout ce qui précède il résulte que la ségrégation et les migrations actives ou passives, lointaines et brusques, ou graduelles et rayonnantes, jouent un rôle extrêmement considérable dans la formation des races, variétés et espèces sauvages des animaux.

Cette action est également indéniable en ce qui concerne les végétaux. On pourrait croire qu'un bien petit nombre seulement de ces organismes sont capables de se ségréger et de s'expatrier volontairement, parce que bien peu paraissent être doués de la faculté de déplacement. En réalité, cependant, beaucoup de végétaux inférieurs sont susceptibles, soit pendant les premières phases de leur existence, soit pendant toute sa durée, de changer de place et de se séparer des individus qui leur ont donné naissance. Les Diatomées, petites algues microscopiques remarquables par la carapace siliceuse qui les enveloppe, sont douées de mouvements de locomotion relativement rapides ; les Oscillaires, algues filamenteuses non moins abondantes que les précédentes, quoique moins riches en espèces, se meuvent également, mais avec plus de lenteur ; certains Bactériens, comme les *Spirillum*, petits champignons visibles seulement avec de forts grossissements microscopiques, se déplacent avec une très grande rapidité. Beaucoup d'algues se reproduisent à l'aide de zoospores mobiles qui cheminent pendant un certain temps dans l'eau avant de se fixer, etc. Tous ces organismes ne font certainement pas de bien grands voyages, mais leur mobilité contribue à faciliter dans une très large mesure les migrations passives dont ils sont l'objet, migrations telles que leurs espèces sont très répandues sur tous les points du globe.

Parmi les végétaux supérieurs, il en est un certain nombre qui sont manifestement susceptibles de se livrer à des ségrégations et à des migrations actives. A cette catégorie appartiennent tous ceux dont les tiges rampent au-dessous du sol ou à sa surface. Tout le monde sait avec quelle rapidité le houblon se répand sous le sol, et le fraisier s'étale à la surface de la terre. Un seul pied de fraisier, planté dans un terrain favorable, ne tarde pas à envahir, si l'on n'y prend garde, une surface extrêmement considérable; chacun des premiers rameaux qu'il produit s'étale sur le sol, s'allonge rapidement, s'y fixe à l'aide de racines qui poussent au niveau des nœuds et font de chacun une nouvelle plante, capable de vivre indépendamment de la première.

Or, si l'on se rappelle que dans un même jardin et sans cause apparente, mais sans doute par suite de quelques minimes différences dans la composition du sol, on peut voir des fraisiers présenter des caractères assez tranchés pour qu'on en puisse faire la souche de variétés nouvelles, on comprendra avec quelle facilité, à l'état sauvage, cette migration peut, malgré son peu d'étendue relative, activer la production de variétés et même d'espèces nouvelles.

Ces quelques exemples suffisent à montrer que les migrations actives ne sont pas aussi rares parmi les végétaux qu'on serait, au premier abord, tenté de le croire. Il ne faudrait pas non plus admettre trop facilement qu'elles se produisent sans but déterminé ; on risquerait fort de se tromper. Il suffit de surveiller avec attention la marche des rameaux du fraisier à la surface du sol ou celle des branches souterraines du houblon ; on ne tarde pas à voir que les unes et les autres se portent de préférence vers les points les plus humides et les plus riches en matières alimentaires. Pour atteindre ces points, elles font souvent des circuits considérables, ou traversent des obstacles qu'on serait tenté de considérer comme invincibles.

Quoique les migrations actives des végétaux puissent jouer un rôle assez important dans la formation des espèces nouvelles, leur fréquence et leur valeur sont cependant beaucoup moindres que celles de la ségrégation et de la migration passives.

Je ne reviendrai pas ici sur ce que j'ai dit déjà au sujet des organes de dispersion dont sont pourvues un grand nombre de graines, et des conditions d'organisation qui facilitent le transport des fruits. Je me borne à rappeler que le vent et les animaux jouent un rôle extrêmement efficace dans la dispersion, ou, pour me servir des termes que j'ai employés en parlant des animaux, dans la ségrégation, la migration et l'expatriation des plantes. Le vent peut entraîner à de très grandes distances des graines et même des fruits ; les oiseaux et les mammifères en font autant ; les fleuves peuvent charrier certains fruits à la mer, dont les courants les transportent, encore aptes à germer, sur des rivages lointains, etc. Toutes nos connaissances relatives à la distribution géographique des plantes et à l'action des conditions cosmiques sur ces or-.

ganismes, témoignent de l'importance de ces migrations, de ces expatriations passives, au point de vue de la formation d'espèces sauvages nouvelles.

Un premier fait bien démontré èst la présence, dans des régions très éloignées, de plantes appartenant à une même espèce et n'ayant pu être transportées d'un lieu à l'autre que par les animaux, le vent ou tout autre agent de même nature. Quand les plantes qui se trouvent dans ce cas appartiennent à la même espèce, on peut en conclure qu'elles vivent dans des conditions suffisamment identiques pour que la migration n'ait eu qu'un seul résultat : l'extension de l'aire géographique de l'espèce. Mais quand on trouve une espèce déterminée de plantes dans une localité isolée, où ne vivent pas d'autres espèces du même genre, et que dans la patrie véritable de ce genre on ne trouve pas l'espèce en question, on est bien obligé d'en conclure que la migration a été suivie d'une transformation, et que l'espèce isolée et solitaire dont nous avons parlé provient de la transformation, sous l'influence des conditions cosmiques de sa nouvelle patrie, d'une espèce émigrante. C'est seulement ainsi qu'on peut expliquer un certain nombre de faits de la géographie botanique dont je ne veux rappeler ici que quelques-uns.

L'Amérique du Sud présente un certain nombre d'espèces de plantes étroitement alliées à des espèces européennes. On a signalé sur les montagnes de l'Amérique équatoriale des espèces propres à ces montagnes, mais appartenant à des genres européens. L'Australie possède un certain nombre d'espèces appartenant à des genres essentiellement européens. Ce que nous avons dit à propos de la distribution des espèces animales dans les îles solitaires et les archipels isolés est vrai des plantes; certains archipels offrent dans chacune de leurs îles une espèce déterminée d'un même genre de plantes ou des variétés d'une même espèce. En un mot, tout ce que nous avons dit au sujet de la distribution géographique des animaux s'applique également aux plantes.

De ces faits nous devons conclure qu'en ce qui concerne les végétaux la ségrégation et les migrations actives ou passives, mais surtout passives, jouent un rôle considérable dans la formation des races, variétés et espèces sauvages nouvelles.

§ 2. — *Des transformations de la surface du globe et de leur rôle dans la formation des espèces.*

Connaissant l'importance de la ségrégation et de la migration au point de vue de la formation des espèces nouvelles d'animaux et de végétaux sauvages, nous devons rechercher s'il n'existe pas d'autres causes susceptibles de produire le même effet.

Parmi ces causes nous devons étudier d'abord les modifications climatériques que notre globe a subies depuis l'apparitition des premiers êtres vivants.

Ces modifications ont déterminé non seulement les migrations d'animaux et de végétaux dont j'ai déjà parlé plus haut et des changements profonds dans la distribution géographique de ces êtres, mais encore des transformations, extrêmement lentes, il est vrai, mais tout à fait incontestables, dans l'organisation des animaux et des végétaux, transformations mises en relief par les découvertes de la paléontologie animale et végétale.

La théorie des révolutions du globe, émise par Cuvier, théorie d'après laquelle la terre aurait subi une série de cataclysmes accompagnés de la disparition de tous les êtres vivants et de la création d'espèces nouvelles, n'a plus aujourd'hui d'adepte sérieux.

On admet que les cataclysmes universels de Cuvier n'ont jamais existé, que les soulèvements et abaissements locaux se font lentement, et que les mêmes causes qui agissent de nos jours pour modifier l'aspect des différents points de la surface du globe ont existé de tout temps et ont, à tous les âges de l'existence de la terre, exercé leur influence de la même façon qu'à l'heure actuelle.

Cette thèse, admirablement soutenue d'abord par le savant géologue anglais Ch. Lyell, est chaque jour consolidée par des faits nouveaux et étayée par des preuves irrécusables. Je n'ai pas à entrer ici dans l'étude de cette question. Je dois me borner à rappeler les modifications qui, chaque jour, sont introduites dans la forme de notre globe.

Des abaissements lents se faisant sur certains points, tandis que des relèvements s'opèrent en d'autres, et ces phénomènes s'étant produits d'une manière incessante à toutes les époques de l'histoire de notre globe, il en est résulté le passage graduel et successif de certaines surfaces à l'état de mers et à celui de continents. Tout le territoire qui s'étend autour de Paris a été, par exemple, occupé jadis par la mer, ainsi qu'en témoignent les animaux marins fossiles qu'on y trouve, tandis que certaines portions du lit de l'océan Atlantique actuel émergaient au-dessus des flots et constituaient de vastes continents.

Il n'est pas permis de douter que ces transformations de la terre, accompagnées de modifications lentes mais continues dans le climat, aient exercé une action puissante sur les animaux et les végétaux qui ne s'y sont pas soustraits par la migration, et ceux-là sont nombreux, si nous en croyons les débris qu'ils ont laissés dans les lieux où ils habitaient.

Prenons des exemples; on sait qu'au cap Nord, le sol s'élève de 1 m. 50 environ par siècle, tandis que le Groënland subit un abaissement continu. Il n'est pas douteux que l'élévation du cap Nord soit, quoique très lente et constatable seulement à l'aide d'observations très précises, accompagnée d'une modification très faible aussi, mais continue, dans la température de la localité. Y a-t-il là des éléments suffisants pour que les animaux et les végétaux terrestres se transforment au point que les espèces actuelles prennent des caractères nouveaux assez tranchés pour qu'on en puisse faire des espèces nouvelles? La réponse à cette question est évidemment fort difficile à faire, si l'on considère que le milieu se transforme avec une si grande lenteur qu'il nous est impossible d'en observer l'effet sur les animaux.

Cependant, les faits fournis par la paléontologie tendent à démontrer que des transformations de ce genre se sont produites. On a trouvé, par exemple, en Australie, des mammifères fossiles très étroitement alliés aux marsupiaux qui habitent actuellement ce vaste continent insulaire. Owen a montré que la plupart des mammifères fossiles de l'Amérique du Sud peuvent également être considérés comme des parents des mammifères actuels de cette partie du monde. L'île de Madère et les autres îles du groupe des Canaries sont actuellement peuplées par des espèces qui ont la plus grande affinité avec celles qui vivaient sur le continent africain et européen au moment de la période glaciaire, mais qui cependant se distinguent par quelques caractères indiquant une transformation.

Devons-nous considérer ces faits comme suffisamment démonstratifs d'une opinion qui consisterait à admettre que les mammifères actuels de l'Australie et de l'Amérique du Sud et que la faune entière des Canaries ont été produits par une transformation des organismes qui habitaient autrefois ces régions, transformation déterminée elle-même par le changement des conditions cosmiques ? Il me semble que l'on peut répondre affirmativement à cette question, et voici pourquoi : nous savons d'abord, d'une manière certaine, que les conditions climatériques des pays dont j'ai parlé ont changé dans une large mesure depuis l'époque reculée à laquelle vivaient les formes animales fossiles que nous y découvrons ; nous avons, d'autre part, démontré plus haut que les changements dans les conditions cosmiques sont de nature à modifier profondément les animaux et les végétaux.

Les animaux qui émigrèrent et allèrent chercher un climat semblable à celui dans lequel avaient vécu leurs ancêtres purent seuls échapper à ces transformations. C'est pourquoi les grands continents offrent un mélange beaucoup plus grand de formes fossiles que les terres depuis longtemps isolées et mises par la mer à l'abri des invasions ou des émigrations. Ces dernières présentent dans leurs fossiles une suite plus parfaite, une chaîne plus régulière de formes et des transitions plus insensibles entre ces dernières, parce que le croisement avec des espèces venues d'autres régions n'a pas troublé la tranquille évolution déterminée par les modifications très lentes du milieu.

Un autre fait s'est produit. Tant que les continents d'une époque géologique déterminée ont été en relation les uns avec les autres, les animaux qui les habitaient pouvaient se répandre sans difficulté sur toute leur étendue. Il est bien démontré, par exemple, que jadis la France et l'Afrique ont été en communication par une terre que recouvre actuellement la Méditerranée. Les animaux pouvaient donc alors facilement passer de l'une à l'autre de ces régions, qui n'étaient que des parties d'un même continent. La trace de ces migrations est entre nos mains, car certaines espèces d'animaux terrestres se trouvent à l'état fossile à la fois dans le nord de l'Afrique et dans le sud de la France. Mais, plus tard, l'affaissement qui a produit le lit de la Méditerranée ayant séparé la portion septentrionale de la portion méridionale du continent, et déterminé, sans aucun doute, une modification dans les conditions climatériques de ces deux portions, parce que d'autres parties du globe, telles que les Pyrénées et les Alpes se soulevèrent simultanément, les individus qui sont restés sur le sol africain et ceux qui ont continué à vivre sur le sol français se sont trouvés isolés, ségrégés par la mer, interposée entre leurs aires d'habitations ; ils se sont, en même temps, trouvés exposés à des conditions cosmiques différentes, et ont, par suite, été transformés, de façon à produire des espèces distinctes. A partir de ce moment, la France a eu une faune plus différente de celle de l'Afrique que ne l'était la faune de l'époque antérieure à l'abaissement méditerranéen. Mais, si certaines espèces manquent sur un rivage tandis qu'elles se trouvent sur l'autre, les genres sont les mêmes, et la parenté des formes est tellement grande que les zoologistes et les botanistes admettent une « région méditerranéenne » c'est-à-dire, une aire dont la flore et la faune sont spéciales, et se distinguent de celles des régions situées plus au nord ou plus au sud.

Un phénomène analogue, mais dirigé en sens contraire, s'est produit au niveau de l'isthme de Panama. Autrefois, le Pacifique et l'Atlantique communiquaient, en ce point, l'un avec l'autre. Actuellement, on trouve sur les deux rivages opposés de l'isthme des espèces distinctes d'animaux marins, mais ces espèces ne se sont, très certainement, différenciées que sous l'influence des changements de conditions qui ont accompagné la formation de l'isthme, car elles sont très voisines; la plus grande ressemblance existe même entre les animaux fixes, tels que les coraux, qui habitent la côte du Pacifique, et ceux qui habitent la côte de l'Atlantique.

Ce qui montre bien l'importance des transformations déterminées dans les animaux et les plantes par les modifications qui se sont produites et se produisent encore de nos jours dans les formes des contours de la terre, c'est qu'à chaque grande période de l'histoire du globe terrestre correspondent des formes animales et végétales spéciales, formes qui persistent tant que les conditions cosmiques leur sont favorables, qui se transforment en d'autres et disparaissent à mesure que les conditions changent.

§ 3. — *La lutte pour l'existence, la sélection naturelle, et leur rôle dans la formation des espèces.*

Nous avons démontré très amplement, plus haut, que deux procédés ont, de tout temps, été employés par l'homme pour produire des races, des variétés et des espèces nouvelles : la sélection, c'est-à-dire le choix d'individus présentant au plus haut degré le caractère à développer, et la ségrégation, c'est-à-dire l'isolement des individus choisis, sélectés, et leur élevage dans les conditions les plus propres à déterminer la fixation et l'évolution ascendante des caractères pour lesquels on les a choisis.

Étudiant ensuite les procédés à l'aide desquels ont pu se produire les variétés et les espèces sauvages d'animaux et de végétaux, nous avons vu qu'il faut ranger parmi ces procédés : la ségrégation et la migration, actives ou passives, des espèces, et l'action lente des modifications apportées dans les conditions cosmiques des divers points du globe par les changements de niveau de sa surface.

Dans ces deux procédés de transformation des organismes vivants, c'est le milieu cosmique qui est l'agent modificateur et par conséquent producteur des espèces nouvelles.

Un autre procédé a été indiqué par Darwin, qui lui a non seulement attribué l'importance la plus considérable, mais qui encore l'a entièrement substitué aux deux autres : je veux parler de la lutte pour l'existence et de la sélection naturelle.

C'est à la lutte pour l'existence et à la sélection naturelle que Darwin attribue la formation de toutes les espèces sauvages et l'évolution des animaux et des plantes. Sa manière de voir ayant été adoptée par la majorité des partisans actuels de la doctrine du transformisme, je ne puis faire autrement que de l'exposer avec tous les détails que comportent les limites de cet ouvrage.

La théorie de Darwin fut empruntée aux idées de Malthus sur la multiplication de l'homme, dans une localité déterminée, comparée à celle des animaux ou des végétaux nécessaires à son alimentation. En ne tenant compte que de la rapidité avec laquelle se fait la multiplication des hommes, d'une part, et celle des végétaux et des animaux dont il se nourrit, de l'autre, et de la consommation que l'homme fait de ces derniers, Malthus était arrivé à ce résultat que le nombre des premiers s'accroît dans une proportion géométrique, tandis que celui des seconds croît seulement en proportion arithmétique (1) ; et il en concluait que les premiers ne tarderaient pas, si aucune cause extraordinaire de destruction n'intervenait, à être tellement nombreux que les aliments leur feraient défaut. Pour la race humaine, les causes accidentelles de destruction destinées à limiter la multiplication de l'espèce sont les maladies épidémiques, les guerres, etc. Malthus conseille, afin d'éviter les guerres, d'avoir recours à la limitation volontaire des enfants. Je n'insiste pas actuellement sur cette question. Je me borne à rappeler que c'est la doctrine de Malthus qui servit de base à la théorie de Darwin sur la formation des espèces par une sélection naturelle résultant de la lutte pour l'existence. C'est, du reste, ce que Darwin lui-même reconnaît en propres termes dans une page de son livre sur l'*Origine des espèces* que je crois utile de reproduire ici :

« La lutte pour l'existence, dit-il (*Origine des espèces*, p. 69), résulte inévitablement de la rapidité avec laquelle tous les êtres organisés tendent à se multiplier. Tout individu qui, pendant le terme naturel de sa vie, produit plusieurs œufs ou plusieurs graines, doit être détruit à quelque période de son existence, ou pendant une saison

(1) Voyez l'Appendice, note L.

quelconque, car autrement, le principe de l'augmentation géométrique étant donné, le nombre de ses descendants deviendrait si considérable qu'aucun pays ne pourrait les nourrir. Aussi, comme il naît plus d'individus qu'il n'en peut vivre, il doit y avoir, dans chaque cas, lutte pour l'existence, soit avec un individu de la même espèce, soit avec des individus d'espèces différentes, soit avec les conditions physiques de la vie. C'est la doctrine de Malthus appliquée avec une intensité beaucoup plus considérable, à tout le règne animal et à tout le règne végétal, car il n'y a là ni production artificielle d'alimentation, ni restriction apportée au mariage par la prudence. Bien que quelques espèces se multiplient aujourd'hui plus ou moins rapidement, il ne peut en être de même pour toutes, car le monde ne pourrait plus les contenir. »

En d'autres termes, tous les êtres vivants sont en lutte perpétuelle, soit contre le milieu dans lequel ils vivent, soit contre les organismes différents qui les entourent, soit contre leurs semblables.

Le chêne empêche de croître les jeunes arbres qui poussent à ses pieds ; le bœuf mange la plante ; le tigre mange le bœuf ; l'homme mange l'un et détruit l'autre, et les hommes s'égorgent ou s'exploitent les uns les autres.

La conséquence fatale de cette lutte incessante et universelle des êtres vivants les uns contre les autres est la disparition des faibles et la persistance des forts ; c'est-à-dire de ceux qui sont pourvus des meilleures armes offensives ou défensives, de ceux auxquels certains caractères individuels donnent un avantage quelconque sur les autres, au point de vue du milieu dans lequel ils se trouvent, en face des ennemis contre lesquels tous sont obligés de lutter.

Il se fait ainsi dans la nature une sorte de choix, de *sélection*, pour me servir du mot de Darwin, au profit des plus forts, des mieux *adaptés* aux diverses conditions de la vie ; et leurs caractères étant conservés par l'hérédité, ils finissent par persister seuls et par constituer une race nouvelle, supérieure à celle que représentaient leurs ancêtres. Je crois utile de reproduire ici ce que, Darwin lui-même dit à ce sujet, quoique je l'aie déjà cité dans un chapitre précédent.

« On peut encore se demander, écrit-il, comment il se fait que les variétés que j'ai appelées *espèces naissantes*, ont fini par se convertir en espèces vraies et distinctes, lesquelles, dans la plupart des cas, diffèrent évidemment beaucoup plus les unes des autres que les variétés d'une même espèce; comment se forment ces groupes d'espèces, qui constituent ce qu'on appelle des genres distincts et qui diffèrent plus les uns des autres que les espèces du même genre. Tous ces résultats, comme nous l'expliquerons de façon plus détaillée dans le chapitre suivant, proviennent de la *lutte pour l'existence*. Grâce à cette lutte, les variations, quelque faibles qu'elles soient, et de quelque cause qu'elles proviennent, tendent à préserver les individus d'une espèce et se transmettent ordinairement à leur descendance, pourvu qu'elles soient utiles à ces individus dans leurs rapports infiniment complexes avec les autres êtres organisés et avec les conditions physiques de la vie. Les descendants auront, eux aussi, en vertu de ce fait, une plus grande chance de survivre, car, sur les individus d'une espèce quelconque nés périodiquement, un bien petit nombre peut survivre. J'ai donné à ce principe, en vertu duquel une variation si insignifiante qu'elle soit, se conserve et se perpétue, si elle est utile, le nom de *sélection naturelle*, pour indiquer les rapports de cette sélection avec celle que l'homme peut accomplir. Mais l'expression qu'emploie souvent M. Herbert Spencer : « la persistance du plus apte, » est plus exacte et tout aussi commode. Nous avons vu que, par la sélection, l'homme peut certainement obtenir de grands résultats et adapter les êtres organisés à ses besoins, en accumulant les variations légères, mais utiles, qui lui sont fournies par la nature. Mais la sélection naturelle est une puissance toujours prête à l'action ; puissance aussi supérieure aux faibles efforts de l'homme que les ouvrages de la nature sont supérieurs à ceux de l'art. » (*Origine des espèces*, p. 67.)

Je ne veux pas, en ce moment, discuter la valeur de l'opinion qu'émet Darwin, dans ce passage, relativement au rôle joué par la lutte pour l'existence dans la formation de races, de variétés et d'espèces nouvelles d'animaux et de plantes. Il me paraît préférable d'exposer d'abord les phénomènes de la lutte pour l'existence que nous présentent les animaux et les végétaux. Quand nous aurons une connaissance exacte des faits, il nous sera plus facile d'examiner s'ils corroborent l'opinion de Darwin citée plus haut, s'ils démontrent ou non que la lutte pour l'existence et la sélection naturelle suffisent pour expliquer la formation des espèces sauvages.

La lutte pour l'existence n'est pas douteuse, et l'on ne saurait trop louer Darwin d'avoir attiré sur elle l'attention des savants. Mais j'espère montrer que les phénomènes attribués à son influence sont beaucoup plus considérable que ne permet de l'admettre une saine logique.

Je tiens d'abord à faire remarquer qu'au point de vue social on l'a fort mal interprétée. Telle qu'elle a été for-

mulée par Darwin, la « théorie de la lutte pour l'existence »
ne pouvait manquer d'être exploitée par tous les satis-
faits et les ambitieux, par ceux qui rêvent la conquête
des peuples ou l'escalade du pouvoir. Les socialistes qui
trouvent que tout n'est pas pour le mieux dans le meilleur des mondes possibles n'étaient que des métaphysi-
ciens et des visionnaires, définitivement condamnés par
la science.

Interprétée à la lettre et en ne tenant compte que des
faits réunis par Darwin sous le nom de « lutte pour
l'existence », cette triste conclusion ne manquait pas de
base et pouvait embarrasser plus d'un esprit. Mais j'espère montrer que, à côté des faits incontestables signalés par Darwin, il en est un grand nombre d'autres,
restés à peu près complètement méconnus, faits qui conduisent à des conséquences absolument opposées à celles
que j'exposais tout à l'heure.

Nous avons aussi à rechercher quelle est la part réelle
qu'il faut accorder à la lutte pour l'existence et à la sélection naturelle dans la formation des espèces nouvelles ;
mais, auparavant, nous devons étudier les faits de lutte
pour l'existence que nous offrent les différents organismes
soumis à notre observation.

J'emprunterai les premiers faits au monde inorganique.
Qui n'a vu, sur nos côtes, quelque roche isolée des
falaises ? La mer l'entoure de toutes parts ; tantôt le flot
paisible lèche amoureusement sa surface qu'il use avec
une extrême lenteur ; tantôt la vague furieuse la frappe
en rugissant et en arrache des débris ; la pluie ajoute ses
innombrables petits coups aux rudes chocs de la vague ;
les galets soulevés par la mer joignent leurs efforts à ceux
des autres agents ; le lichen apporté par le vent se cram-

ponne à la roche et accomplit lentement sur elle son œuvre destructive. Si, dans quelque fissure produite par la foudre, il existe un peu de terre, une graine déposée par les oiseaux ne tardera pas à germer dans ce sol étroit, la plante enfoncera ses racines entre les lèvres de la fissure, les écartera, et bientôt la fente sera assez large pour offrir un abri aux oiseaux. La pluie pénétrera par là jusqu'au cœur de la roche et y exercera une action dissolvante d'autant plus efficace que l'eau pourra plus longtemps séjourner au contact de la pierre.

Tandis que vers le haut tous ces efforts s'exercent pour détruire la roche, des tentatives analogues sont faites à la base. Des animaux marins, des organismes infimes et, en apparence absolument inoffensifs, se creusent des tanières qui sont autant de portes ouvertes à la mer pour pénétrer jusque dans les entrailles du rocher. Tout cela dure pendant de longues années sans que l'œil du promeneur puisse reconnaître le danger qui menace la roche, et cependant, un jour, elle s'écroule sous le seul choc d'une vague plus robuste que les autres; en tombant, elle se brise, et ses fragments ne tardent pas à être réduits à l'état de galets, avec lesquels les enfants joueront sur le rivage.

Traduisons maintenant ces faits en langage scientifique : nous disons que la roche a « lutté pour son existence » contre la mer, contre la pluie, contre les animaux qui ont creusé ses flancs, contre les lichens qui ont rongé sa surface, contre la foudre qui l'a fendue et les arbustes qui ont élargi ses fissures. Tous ces agents sont des ennemis de la roche, des ennemis qui sont restés les vainqueurs dans « le combat pour son existence » qu'elle a, pendant des années ou peut-être des siècles, combattu contre eux.

Nous connaissons les armes offensives des ennemis de cette roche ; nous devons rechercher quelles sont ses armes défensives.

Au premier rang figure sa dureté. Le granit résistera plus longtemps que le calcaire, et le calcaire sera détruit moins facilement que l'argile ; mais, quelle que soit sà dureté, la roche succombera fatalement sous les coups de ses adversaires, elle sera fatalement vaincue dans « la lutte pour l'existence. »

Cependant, si ses flancs sont protégés par d'autres rochers, même moins durs, elle présentera une force de résistance beaucoup plus considérable ; la bataille durera plus long-temps, elle pourra même se prolonger assez pour que quelque haussement du sol vienne sauver les rochers encore debout et mis dès lors à l'abri des atteintes du plus redoutable de leurs ennemis : la mer.

Leur association inconsciente a préservé ces rochers de la destruction que chacun d'eux, isolé, n'aurait pu éviter.

Que des actions analogues se produisent tout le long d'une côte étendue, semée de roches éparses, et, au bout d'un nombre d'années déterminé, toutes ces roches au-ront disparu ; les hautes falaises dont elles s'étaient déta-chées, resteront seules debout. Nous dirons que ces dernières ont résisté dans la lutte pour l'existence, parce que les rochers dont elles sont composées étaient mieux adaptés aux conditions de la lutte, et ils étaient mieux adaptés parce qu'ils étaient associés.

L'exemple suivant, également emprunté au monde inorganique, est encore plus apte que le précédent à mettre en relief l'importance de l'association dans la lutte pour l'existence que les corps inorganiques sou-tiennent contre le milieu qui les entoure.

Chacun sait que si l'on abandonne à elle-même une solution de sel marin, il ne tarde pas à se déposer, sur les parois du vase qui la contient, des cristaux, d'abord très petits, sur lesquels viennent s'en accumuler d'autres, de façon à former bientôt des masses volumineuses. On sait vez aussi que si, au moment où le dépôt cristallin n'a encore qu'un très faible volume, on expose le vase à une chaleur, même très modérée, les cristaux ne tardent pas à se dissoudre. On peut admettre que la chaleur détermine autour d'eux un mouvement du liquide et la production d'une sorte de courant qui, malgré sa lenteur apparente, agit comme le torrent qui coule sur un sol mobile, c'est-à-dire qu'il entraîne, atome par atome, le cristal de sel marin. Il existe là, entre le cristal et l'eau qui effleure sa surface, une sorte de combat, dans lequel le cristal, qui « lutte pour son existence », ne tarde pas à être vaincu, c'est-à-dire finit par être totalement dissous.

Si nous attendons, pour exposer le vase à l'action de la chaleur, qu'au cristal isolé dont nous venons de parler s'en ajoute un second, puis un troisième, puis un nombre de plus en plus considérable, les choses ne se passeront pas de la même façon. Si le courant destructeur n'augmente pas d'intensité, la dissolution de la masse cristalline sera assez lente pour qu'elle puisse être compensée par les dépôts nouveaux qui continuent à se produire.

En s'ajoutant les uns aux autres, les cristaux de sel marin se prêtent mutuellement un secours qui assure la résistance de leur masse à l'agent de destruction auquel ils sont exposés. Dans la lutte pour l'existence, les cristaux de sel marin trouvent ainsi dans leur union, dans leur association, une arme puissante, à laquelle nous donnerons le nom d' « *association pour la lutte* ».

Tous les cristaux isolés ayant succombé dans la lutte, ceux-là seuls qui sont organisés en société persistent et forment des masses solides qui ne pourront plus être détruites que par des agents dont la force soit proportionnée au nombre des individus qui constituent la société.

Si de ces faits particuliers nous passons à tous ceux de même ordre que nous présente le monde inorganique, nous constatons que nulle part dans la nature il n'existe un corps minéral qui puisse, s'il est isolé, résister aux agents innombrables de destruction dont il est entouré. Le rocher isolé dans la mer est rapidement détruit par le seul frôlement du flux et du reflux, tandis que contre la falaise puissante et la colline formée de rochers entassés les uns sur les autres, la vague furieuse vient battre, presque impuissante, pendant de longs siècles.

Partout, les corps bruts se présentent à nous à l'état d'associations inconscientes. Il en est ainsi parce que, tout corps isolé ne tardant pas à être détruit, ceux-là seuls que groupent les agents physiques ou chimiques qui modèlent notre globe, résistent à la destruction.

Les associations inconscientes formées par les corps inorganiques sont souvent constituées par des agrégations de parties, ou, si je puis m'exprimer de la sorte, d'individus tous semblables et de même nature. Telles sont les masses de cristaux de sel marin dont il a été question tout à l'heure. Dans d'autres cas, ces associations sont, au contraire, formées de parties dissemblables par leur forme ou leur nature chimique. C'est ce que nous pourrions appeler des associations d'individus appartenant à des espèces minérales différentes. Elles sont de beaucoup les plus fréquentes, et ce sont elles aussi qui manifestent, d'habitude, le plus de résistance aux agents extérieurs. La

roche que les géologues désignent sous le nom de poudingue en offre un excellent exemple. C'est un mélange de
sable marin et de galets roulés, unis par une sorte de
ciment calcaire.

On sait avec quelle facilité le sable qui couvre nos
rivages est enlevé par le vent ou dispersé par les vagues.
On n'ignore pas non plus que les grains de ce sable,
s'usant sans cesse par leur frottement réciproque, facilitent leur lente dissolution par l'eau de la mer.
En second lieu on sait avec quelle rapidité relative
les galets roulés les uns contre les autres par le flot
s'usent et se détruisent. Enfin, on sait que le calcaire
est tendre et s'effrite sous les moindres chocs. Si les trois
éléments qui forment l'association « poudingue » sont
isolés sur une plage, ils seront tôt ou tard détruits les uns
par les autres.

Mais, supposons que les interstices des galets se remplissent de sable bien tassé. Déjà, la masse étant moins
facilement agitée par les flots de la mer, chacune des parties qui la forment frotte moins contre les autres ; l'usure
et la destruction qui sont la conséquence du frottement
se trouvent ralenties. L'association des deux éléments
sable et galets a produit un effet salutaire. Supposons
maintenant que l'eau de la mer dépose entre les grains
de sable qui remplissent les interstices des galets, des molécules de calcaire. Celles-ci aggloméreront les grains de
sable les uns avec les autres et avec les galets, de façon à
former une masse compacte, dont les parties les plus minimes ne subissent plus le moindre déplacement. Tout
frottement est supprimé, toute usure disparaît.

L'association parvenue à la forme la plus élevée qu'elle
puisse présenter avec les éléments que nous avons envi-

sagés, a mis tous ces élements à l'abri de la destruction.
L'association d'individus dissemblables a été l'arme suprême dans la « lutte pour l'existence » que ces individus
soutenaient les uns contre les autres et contre les agents
extérieurs, tels que les vents et les flots. Les masses de
poudingue ainsi formées se dresseront plus tard loin
des rivages sur lesquels elles se sont constituées. Isolés,
leurs éléments étaient ballottés par le moindre souffle
du vent ou la plus faible agitation de la mer; associés, ils forment des collines et des montagnes altières.

Si, des corps inorganiques nous passons aux êtres vivants, nous nous trouvons en présence de phénomènes de
même ordre, mais plus nettement accentués encore.

Commençons par les végétaux. De toutes parts, les ennemis fondent sur la plante, grande ou petite, faible ou
forte, et conspirent contre sa vie ; mais tous n'agissent
pas de la même façon, et les conséquences de la lutte sont
loin d'être identiques.

Le milieu extérieur est le premier de ces ennemis
que nous devions envisager. Nul n'ignore les terribles dégâts que produit un froid intempestif sur les
arbres fruitiers. La moindre gelée blanche survenant à
l'époque où les bourgeons de la vigne commencent à s'é-
panouir suffit pour détruire la récolte de l'année. Une
gelée intense survenant à la même époque peut déterminer la mort de la plante elle-même. Des pluies trop
prolongées font pourrir le blé dans la terre; un soleil
trop ardent tue la jeune plante.

Quelles seront les conséquences de ces accidents? Pouvons-nous ici appliquer la loi de Darwin et admettre que,
dans la lutte pour l'existence soutenue par les végétaux
contre les accidents du milieu extérieur, c'est-à-dire contre

les vents, les pluies, le froid et la gelée, la chaleur, etc., le résultat doit toujours être « la persistance des plus forts »? Je ne le pense pas. L'intensité des désordres produits par ces agents varie bien, il est vrai, dans une certaine mesure, avec la force des végétaux attaqués; mais, par suite de diverses conditions, il peut fort bien arriver que les plantes les plus vigoureuses soient tuées, tandis que les plus faibles résistent. Dans le cas de la vigne, par exemple, comme les pieds les plus vigoureux sont ceux dont les bourgeons s'épanouissent en premier lieu, ce sont ceux-là aussi que les gelées printanières emportent.

Le milieu extérieur n'est pas l'ennemi le plus redoutable des végétaux. Les caractères de ces derniers sont, en effet, ainsi que l'avait bien indiqué Lamarck, en grande partie produits par ce milieu. Toute plante indigène d'une région déterminée du globe est adaptée au climat et à toutes les autres conditions de cette région.

La lutte pour l'existence que les plantes ont à soutenir contre le milieu extérieur se réduit, en réalité, à une lutte contre les variations brusques qui se produisent dans les conditions de ce milieu. De là l'abondance des espèces végétales dans les pays à climat tempéré et relativement constant, et leur petit nombre dans les régions du globe où la température et les autres conditions cosmiques subissent des changements fréquents.

Les plantes trouvent, chez les animaux, des ennemis autrement redoutables que ne l'est le milieu extérieur. Les animaux sont tous organisés de telle sorte qu'ils ne peuvent se nourrir qu'à l'aide d'aliments organiques préalablement formés. Les plantes vertes jouissent seules de la propriété de fabriquer elle-mêmes leurs aliments, à l'aide des matériaux inorganiques contenus dans le sol, dans l'eau et dans l'atmosphère. La plante verte est le laboratoire chimique dans lequel se fabriquent les aliments nécessaires à l'entretien de la vie de tous les êtres vivants. Il en résulte que les plus inoffensifs, en apparence, des animaux, le bœuf, le mouton, la plupart des oiseaux sont, pour les plantes, des ennemis acharnés.

Un seul bœuf mange, dans sa journée, des milliers et des milliers de pieds d'herbes ; un seul pigeon peut consommer les grains de nombreux épis de blé ; une plate-bande couverte de graines peut être dévastée en une seule nuit par les habitants d'une fourmilière. C'est que les végétaux ne contiennent qu'une proportion relativement peu considérable de matière capable de servir à la nutrition des animaux, et que ces derniers doivent manger une quantité énorme de substances végétales pour obtenir le poids de matière nutritive qui leur est indispensable. De là les dimensions parfois colossales des organes digestifs de certains animaux herbivores ou granivores. La panse d'un bœuf est un véritable grenier, dans lequel l'animal entasse un volume énorme de végétaux.

Contre ces ennemis, les plantes possèdent quelques armes défensives. Le rosier a ses aiguillons, le prunellier ses longues et solides épines, la ciguë son odeur vireuse et son redoutable poison. Mais ces armes ne sont que de peu de valeur. Si le rosier et le prunellier peuvent se défendre à l'aide de leurs aiguillons et de leurs épines contre le bœuf ou le mouton, ces défenses sont impuissantes à les protéger contre la chenille qui ronge leurs jeunes pousses, le puceron minuscule qui suce leurs feuilles, ou le ver blanc qui dévore leurs racines. Les poisons eux-mêmes sont incapables de protéger les végétaux contre tous leurs ennemis. La fausse oronge, dont le poison tue rapidement l'homme et les grands animaux, est pour les limaces un aliment très inoffensif et sans doute très délicat, car elles le recherchent beaucoup.

Peut-on affirmer que les plantes les plus robustes et les mieux armées sont aussi celles qui ont le plus de chances d'échapper aux attaques des divers animaux dont nous venons de parler ? En aucune façon.

C'est le hasard des circonstances qui exerce, sur le sort des végétaux, relativement aux animaux herbivores ou granivores, l'influence prépondérante. Telle plante vigoureuse sera dévorée par les chenilles, tandis que telle autre, beaucoup plus faible, échappera à ce danger. La première ne laissera pas de postérité ; la seconde, au contraire, se perpétuera.

Si les plantes n'avaient pour se défendre contre les animaux que les épines, l'odeur ou la saveur désagréables et les poisons qui se trouvent en un grand nombre d'entre elles, la disparition complète de la plupart des espèces végétales ne tarderait pas à se produire.

La disparition des plantes vertes serait d'autant plus rapide qu'elles servent d'aliments non seulement aux animaux herbivores ou granivores, mais encore à un nombre incalculable de champignons qui envahissent tous leurs organes et particulièrement ceux qui servent à la reproduction et à la perpétuation des espèces.

Les plantes trouvent un élément de protection, une arme défensive plus importante, contre les animaux et les champignons, dans la rapidité avec laquelle elles se multiplient, et, chose remarquable, plus une espèce de plantes compte d'ennemis parmi les animaux et les champignons, plus aussi elle possède de moyens divers de multiplication, plus, par exemple, elle produit de graines.

S'il en est ainsi, c'est que, comme l'a bien montré Darwin, dans des conditions- semblables, les individus qui produisent le plus de graines se sont perpétués, alors que les autres ont été supprimés par leurs ennemis.

Mais cette rapide multiplication, utile contre les ennemis du dehors, est susceptible d'offrir, dans certains cas, de très graves inconvénients.

Si tous les grains produits par un champ de blé se développaient à la fois, s'ils donnaient des épis dont les graines germeraient toutes dans le même lieu, il ne tarderait pas à y avoir, à la surface du champ, un nombre de pieds de blé de beaucoup supérieur à celui que la terre peut nourrir; il y aurait famine dans le champ, et la famine ne s'arrêterait qu'après la mort de tous les individus qui sont en excédant.

Dans ce cas, nous disons que tous les pieds de blé du champ luttent les uns contre les autres pour la nourriture. Dans cette lutte, l'avantage sera aux plus robustes, à ceux, par exemple, qui pourront, grâce à la vigueur de leurs racines, pénétrer dans le sol plus profondément et aller à la recherche d'aliments que les autres ne peuvent pas atteindre.

La vigueur particulière de ces individus est due soit à ce qu'ils proviennent de parents qui eux-mêmes étaient particulièrement robustes, soit à ce que le hasard les a fait germer dans un coin du champ plus humide, plus riche en aliments, mieux exposé aux rayons du soleil levant ou couchant et abrité contre les ardeurs du midi, ou enfin à toute autre cause absolument accidentelle. Quoi qu'il en soit, dans cette lutte des individus les uns contre les autres, la victoire restera toujours aux plus forts et aux mieux doués, et la conséquence de la lutte sera fatalement *le progrès de l'espèce.*

N'oublions pas cependant que le cultivateur a soin de ne semer dans son champ qu'un nombre de pieds de blé proportionné à la quantité d'aliments que contient le sol; il y trouve avantage pour lui et pour la plante qu'il sème. Celle-ci se développe mieux, produit des épis plus gros et des graines plus vigoureuses. Ce que le cultivateur fait dans son propre intérêt, nous le voyons se produire dans la nature pour un très grand nombre de plantes. Ceci m'amène à aborder une catégorie de faits qui sont de la plus haute importance.

Nous avons vu que l'arme la plus forte que possèdent les minéraux dans leur lutte pour l'existence contre le milieu extérieur et contre tous les ennemis dont ils sont entourés, est l'association. Ce fait se manifeste chez les végétaux, d'une manière encore plus frappante.

Qu'on sème une seule poignée de grains de blé dans un jardin, à l'été suivant la récolte sera bien minime, si même elle n'est pas tout à fait nulle. Les quelques grains que l'on avait semés sont mangés par les oiseaux ou emportés par les fourmis, avant même d'avoir pu germer; s'ils échappent à ce premier danger, ils pourront être dévorés par les chenilles; si quelques-uns, plus favorisés, parviennent à fleurir, et que leurs fruits mûrissent, on fera sagement de hâter la récolte, car les moineaux pourraient fort bien devancer le jardinier.

Jetons maintenant des milliers de poignées de grains du même blé sur les flancs des larges sillons que le bœuf a tracés dans la plaine, et, si nombreux que soient les ennemis, les épis jaunis par le soleil onduleront à l'été sous le souffle du vent et nous donneront une abondante récolte. Plus sera riche en individus la société du blé qui couvre la plaine, plus nombreuses seront ses chances de triomphe dans la lutte pour l'existence que chaque individu est condamné à soutenir.

Que quelques grains, emportés par le vent, aillent germer loin de leurs compagnons, et ils succomberont très probablement, tandis que la société dont ils ont été séparés se perpétuera et augmentera, chaque année, en nombre.

Ici comme dans le cas des cristaux de sel marin envisagé plus haut, l'association est inconsciente, l'aide pour la lutte que se prêtent mutuellement les individus qui la composent est inconsciente ; mais, association et aide n'en existent pas moins et nous apparaissent, dans les deux cas, comme l'arme la plus importante dans la lutte pour l'existence.

Chez certaines plantes, l'association pour la lutte existe, non plus entre des individus appartenant à la même espèce, comme nous venons de le voir pour le blé, mais entre des individus appartenant à des espèces parfois très différentes les unes des autres. On sait, par exemple, que la violette ne peut vivre qu'à l'abri d'autres plantes, soit qu'elle y trouve l'humidité constante dont elle a besoin, soit qu'elle y soit protégée contre les rayons du soleil. Qu'une graine de violette aille germer loin de cet abri, dans un lieu découvert, la plante qui en naîtra sera tuée par la sécheresse ou par les rayons du soleil. La violette a donc besoin de la société de plantes plus hautes qu'elle-même ; elle se place, pour ainsi dire, sous leur protection, et trouve dans cette société l'aide qui lui est nécessaire.

Je dois ajouter que les plantes protectrices des violettes trouvent leur propre avantage dans l'abri qu'elles fournissent à ces dernières. Les violettes, en effet, forment à leurs pieds une sorte de tapis verdoyant qui ralentit l'évaporation de l'eau contenue dans le sol et entretient ainsi une humidité favorable à la croissance des protégées et des protectrices. Entre ces deux ordres de plantes, l'aide pour la lutte est réciproque ; les plus faibles rendent aux plus fortes les services qu'elles en reçoivent.

Dans ce cas, comme dans les précédents, l'association des individus, employée comme arme défensive dans la lutte pour l'existence, est absolument inconsciente, mais elle n'en est pas moins réelle, et elle est indispensable aux forts comme aux faibles, aux grands comme aux petits.

Les sociétés végétales dont nous venons de parler offrent à notre étude un autre problème dont je dois maintenant exposer les termes.

La famille est actuellement considérée, même par la majorité des savants, comme la base sur laquelle se sont élevées les sociétés humaines.

Plaçons-nous en dehors de toutes les passions soulevées par la discussion de cette question, et, pour être certains de conserver le calme nécessaire à nos observations scientifiques, commençons l'étude de ce problème par les sociétés végétales.

Voyons ce qui se passe dans une forêt inculte au moment de la germination des graines et pendant le développement des jeunes arbres.

Ce chêne, doyen de la forêt, ancêtre plusieurs fois séculaire d'innombrables générations, laisse tomber à ses pieds les graines sans nombre qu'il a produites. Sur le sol entretenu constamment humide et protégé contre les ardeurs du soleil par la cime du géant, les graines ne tardent pas à germer. Les jeunes plantes qu'elles produisent, nourries par l'humus qu'ont formé les vieilles feuilles de léur père, grandissent rapidement, et le chêne est bientôt entouré d'une nombreuse famille qui prospère sous sa protection.

Mais, lorsque les enfants ont atteint un certain âge, les conditions changent complètement. Jusqu'alors ils avaient besoin d'ombre et de repos; désormais il leur faut le soleil, il leur faut le vent, qui, en agitant leurs branches, active la circulation de la sève dans leurs vaisseaux: Or, le vieux chef de la famille intercepte la chaleur, la lumière et le vent; les enfants ne tardent pas à mourir, anémiés, étouffés par celui-là même qui leur a donné le jour.

Pendant ce temps, des plantes toutes différentes, des ronces, des herbes, des mousses, des lichens, une innombrable quantité de petits êtres ayant des besoins spéciaux, se développent à la surface du sol, s'y étalent et vivent plantureusement à l'ombre de cette famille, dont les membres se combattent les uns les autres et meurent victimes des liens trop étroits qui les retiennent enchaînés.

La famille a été impuissante à constituer une société durable, tandis que des êtres différents se prêtent l'aide mutuelle pour la lutte qui fait les sociétés nombreuses et prospères.

Supposons maintenant, et, en agissant ainsi, nous nous conformons à ce qui se passe réellement dans la nature, supposons, dis-je, qu'un certain nombre de graines du chêne dont je parlais tout à l'heure aient été emportées par des oiseaux ou entraînées par l'eau de la pluie et transportées plus ou moins loin de l'arbre qui les a produites, dans un lieu découvert et propice, sur la lisière de la forêt, par exemple, ou dans quelque grasse clairière, chacune d'entre elles pourra facilement produire un arbre nouveau, qui se développera librement et contribuera à l'extension des limites de la forêt.

Ainsi, pour que la société à laquelle appartient notre chêne s'accroisse, il a fallu que les membres de sa famille fussent ségrégés et dispersés par des causes accidentelles.

Le même fait nous est offert par tous les végétaux. Retenue dans les limites étroites que lui assigne l'immobilité des êtres qui la composent, la société familiale entraînerait fatalement la disparition des espèces. Aussi trouvons-nous chez les végétaux tous les procédés de dispersion des graines qu'il est possible d'imaginer et dont nous avons déjà parlé dans un chapitre précédent.

Ce qu'il importe de noter, ce dont la doctrine de la lutte pour l'existence nous donne l'explication, c'est la façon dont les moyens de dispersion des graines et des fruits se sont développés.

Si les graines et les fruits se montrent pourvus de tous les caractères les plus convenables pour amener leur dispersion, si les fruits du pissenlit ont les légères aigrettes qui permettent au vent de les enlever; si les graines du coton ont les poils qui s'accrochent aux plumes et à la laine des animaux ; si les baies du gui sont entourées d'une glu qui les fait adhérer aux branches sur lesquelles les déposent les oiseaux, ce n'est pas en vertu de l'intervention de quelque puissance occulte, — nous pouvons nous passer de toutes celles que l'ignorance a imaginées, — mais simplement parce que des individus dont les graines sont le plus activement dispersées sont les seuls qui puissent laisser une descendance, ceux dont les graines germent sur place succombant fatalement, tôt ou tard, dans la lutte pour l'existence qu'ils ont à soutenir, non seulement contre le monde extérieur, les animaux et les plantes de nature différente, mais encore contre leurs semblables et surtout contre leurs parents les plus proches.

En présence de ces faits, dont il me semble impossible de contester l'exactitude et la généralité, quoiqu'ils paraissent avoir échappé jusqu'ici aux observateurs, nous est-il possible de considérer la famille comme la base et le point de départ des sociétés végétales? Évidemment non.

Il est un autre phénomène dont nous avons déjà parlé dans un chapitre précédent, sur lequel nous devons revenir ici, parce qu'il présente un intérêt marqué relativement à la lutte pour l'existence chez les végétaux.

Nous avons dit que les fleurs hermaphrodites se fécondent rarement elles-mêmes et que, d'autre part, il n'y a pas avantage pour les plantes à ce que les fleurs d'un individu déterminé fécondent les fleurs du même individu, mais qu'il est, au contraire, très avantageux que les fleurs d'un individu soient fécondées par celles d'un autre.

Les avantages de la fécondation croisée sont si considérables, que les plantes les mieux douées en vue de cette fécondation sont celles qui luttent avec le plus de succès pour leur existence et qui offrent les espèces les plus permanentes.

Les fleurs ne pouvant pas aller au-devant les unes des autres pour effectuer cette fécondation, celle-ci est opérée, d'habitude, par les insectes qui voltigent d'une fleur à l'autre, transportant les éléments fécondateurs des organes mâles sur les organes femelles.

Les insectes visitent les fleurs pour s'y nourrir du liquide sucré qu'elles produisent. Or, les fleurs de presque toutes les espèces végétales qui existent actuellement produisent, en plus ou moins grande quantité, un liquide de cette nature. Ce fait très remarquable résulte de ce que les plantes mal douées à cet égard périssent sans laisser de descendance, tandis que les mieux douées se perpétuent parce qu'elles se multiplient assez pour pouvoir résister aux divers ennemis que nous connaissons déjà.

Il ne suffit pas aux fleurs de posséder le nectar sucré que recherchent les insectes ; il faut encore qu'elles puissent facilement être découvertes par les êtres qu'elles nourrissent. Pour cela, il n'est pas de moyens qu'elles n'emploient. Celles qui s'épanouissent pendant le jour rivalisent de beauté ou de parure. Les couleurs les plus vives et les plus variées s'étalent sur leurs corolles, dont les formes sont admirablement disposées de façon à mettre les insectes qui les visitent dans la nécessité, soit de se charger du pollen fécondateur, soit de déposer leur utile fardeau sur l'organe femelle prêt à le recevoir.

Ce caractère, autrefois dédaigné des botanistes, la couleur, n'a nullement pour fonction de rendre les fleurs attrayantes à cet être qui rapporte si bizarrement tout à lui-même, l'homme ; il joue un rôle de la plus haute importance dans la reproduction des plantes, et, par suite, dans la perpétuation des espèces.

Nous pourrions en dire autant de l'odeur. Les fleurs qui s'épanouissent la nuit, celles dont la beauté serait inutile, jouissent presque toujours d'une odeur qui révèle leur présence aux insectes et attire ces indispensables visiteurs. Malheur aux végétaux mal doués au point de vue de l'attraction à exercer sur les agents de la fécondation croisée ; comme ils ne se multiplient pas avec une rapidité suffisante, ils succombent fatalement dans la lutte pour l'existence.

Il me paraît inutile d'insister sur ces faits. Je tiens seulement à faire remarquer qu'ils viennent à l'appui de ce que nous avons dit au sujet du rôle de la famille dans la formation des sociétés végétales et dans la perpétuation des formes de ces êtres. Tout concourt à empêcher la formation de familles dont les membres, détruits les uns par les autres, disparaissent fatalement en entraînant la ruine de l'espèce.

De même que les minéraux et les végétaux, les animaux ont d'abord à lutter contre le milieu extérieur. Ils sont, il est vrai, comme les végétaux, adaptés au milieu dans lequel ils vivent; mais les variations brusques de la température, les pluies trop intenses ou trop rares, l'extrême froid et l'extrême chaud, sont pour eux des ennemis redoutables.

Il en est ainsi, non seulement parce que les modifications violentes produites dans les conditions extérieures de la vie tuent directement un grand nombre d'animaux, mais encore parce qu'elles agissent sur les plantes qui sont les fournisseurs nécessaires de l'alimentation des animaux.

Qu'une sécheresse prolongée se produise, les immenses troupeaux de bœufs sauvages de l'Afrique ou de chevaux de l'Amérique seront décimés, à la fois par le manque d'eau et par la destruction des herbes dont ils se nourrissent. Dans nos climats, le froid prolongé tue des milliers d'oiseaux et d'insectes. Darwin rapporte qu'à la suite d'un hiver rigoureux les quatre cinquièmes des oiseaux de sa propriété disparurent, tués par les gelées, et, sans doute aussi, par le manque de nourriture. Tous les êtres dépendent les uns des autres ; le froid qui tue les plantes tue indirectement les animaux herbivores qui s'en nourrissent et les animaux carnivores qui vivent de ces derniers.

Devons-nous admettre que l'action fâcheuse du milieu extérieur s'exerce uniquement sur les faibles et que les forts y échappent toujours? Je ne le pense pas; je ne crois pas que la lutte pour l'existence soutenue par tous les animaux contre les variations brusques et exagérées du milieu extérieur puisse servir, comme on l'admet généralement, au progrès des espèces. La part des circonstances imprévues est trop considérable pour que, à mon avis, il puisse en être ainsi.

Mais si la lutte contre les accidents imprévus n'est que peu utile au progrès des espèces, il n'en est pas de même de la lutte que les animaux sont obligés de soutenir contre les variations normales de la température. Je ne parle pas de la fourrure qui recouvre tous ceux qui habitent des régions froides et dont le développement est une conséquence forcée de la température; je me borne à rappeler que si certains individus naissent accidentellement avec des poils moins serrés que leurs ancêtres et par suite les mettant moins bien à l'abri du froid, ils auront beaucoup plus de chances que les autres de succomber pendant l'hiver, et par conséquent de ne pas faire race. Au contraire ceux qui sont les mieux fournis en poils, en duvet ou en plumes et autres vêtements protecteurs, résistent mieux au froid et se perpétuent. En un mot, c'est l'influence du climat qui a fait apparaître le vêtement protecteur, c'est elle aussi qui le maintient, et dans la lutte contre les accidents du climat, les mieux armés sont ceux que la nature a le mieux adaptés à ces accidents.

Les animaux ont eux-mêmes imaginé des moyens souvent fort ingénieux de protection contre les intempéries

des saisons, contre le froid, la chaleur, le vent, la pluie,
etc. Je me borne à citer les terriers des lapins et des renards, les nids souvent si habilement construits des oiseaux,
les cocons et les tubes des insectes, etc. Mais presque
toutes ces habitations ont un double objet : mettre les
animaux qui les construisent ou leur progéniture à l'abri
des intempéries du climat, et les préserver des autres animaux dont ils ont à redouter les attaques. C'est toujours
en vue de ce double but à atteindre que se fait le perfectionnement des abris auxquels je fais allusion. Ce perfectionnement est lui-même le résultat d'un travail intellectuel que fait l'animal, et par conséquent la lutte pour l'existence contre le milieu extérieur peut être considérée
comme l'un des éléments les plus puissants de l'évolution
cérébrale des animaux. Mais, en même temps, elle contribue
au perfectionnement des organes qui servent à la construction des abris ou à l'emploi de tout autre moyen de
protection contre le milieu extérieur. Les individus les
mieux doués comme organes et les plus intelligents ont,
toutes les autres conditions étant égales, plus de chances
que les autres de résister aux variations de la température
et par conséquent de laisser une postérité chez laquelle
s'accroîtra graduellement la perfection des organes qui
assurent leur supériorité dans la lutte contre le milieu
extérieur. C'est encore parmi les armes défensives de la
lutte pour l'existence contre le milieu extérieur et pour
la nourriture qu'il faut placer les migrations des oiseaux
et des autres animaux dont nous avons déjà eu l'occasion
de parler dans le chapitre précédent.

Un observateur superficiel serait tenté de croire que, si
les plantes ont tout à redouter des animaux, ces derniers,
au contraire, n'ont rien à craindre des plantes. La plante

cependant est assez bien armée pour que, dans beaucoup de cas, elle reste victorieuse dans la lutte qu'elle soutient contre les animaux. Ses épines et ses poisons font plus d'une victime.

Mais ce ne sont là que de rares accidents. Les épines et les poisons ne sont que des armes défensives. Les poisons redoutables que contiennent certaines plantes constituent un danger sérieux pour les herbivores; mais les plantes vénéneuses sont presque toujours douées d'une odeur ou d'une saveur désagréables qui servent, en même temps, à protéger l'animal contre la plante.

Certains végétaux, au contraire, prennent réellement l'offensive contre les animaux. Chaque feuille des Népenthes est terminée par un vaste sac dans lequel l'eau de la pluie s'accumule et qui sert de tombeau à de nombreux insectes attirés par l'humidité. L'animal se noie dans l'eau que contient l'urne, et son cadavre sert de nourriture au végétal. L'une des plus jolies plantes de nos tourbières, le *Drosera*, nommé vulgairement Rosée du soleil, à cause des glandes brillantes qui couvrent ses feuilles, est un ennemi redoutable des petits insectes. Lorsqu'un de ces malheureux se pose sur la feuille de cette plante, tous les longs poils qui la couvrent se replient autour de lui et l'engluent d'un liquide visqueux qui jouit de toutes les propriétés du suc gastrique des animaux ; l'insecte est lentement digéré, puis absorbé par la plante carnivore.

Une petite plante américaine a reçu le nom de Gobe-Mouche, parce qu'elle tend aux insectes de véritables pièges. Ses feuilles sont bordées de dents fines, aiguës et raides. Lorsqu'un insecte se pose sur la face supérieure d'une de ces feuilles, les deux moitiés de celle-ci se rabattent, comme les mâchoires d'un piège à loup; les dents qui les bordent se croisent, et les mâchoires de ce piège minuscule ne s'ouvrent qu'après que l'animal a été digéré et absorbé par la plante.

Je pourrais multiplier beaucoup les exemples de plantes qui ont reçu le nom de « carnivores » parce qu'elles ajoutent aux aliments inorganiques qu'elles puisent dans le sol et dans l'atmosphère une quantité plus ou moins considérable de chair fournie par les animaux dont elles peuvent s'emparer. Le nombre de ces plantes est néanmoins peu considérable relativement, et elles ne constituent un danger que pour un bien petit nombre d'animaux.

C'est parmi les végétaux les plus inférieurs, parmi ceux que les microscopes les mieux perfectionnés permettent seuls d'observer en détail, qu'il faut chercher les ennemis véritables des animaux.

Plus la science avance, plus deviennent nombreuses les maladies que l'on peut attribuer à la présence des champignons microscopiques dans les tissus ou le sang des animaux. Les teignes, les pelades, le charbon, la morve, le muguet, le croup, peut-être aussi les fièvres paludéennes, la fièvre typhoïde, le choléra et un grand nombre d'autres maladies contagieuses sont déterminées par des végétaux infimes, qui font, dans tous les lieux où les animaux sont agglomérés, d'innombrables victimes. Ces végétaux sont d'autant plus redoutables qu'eux-mêmes et leurs germes peuvent rester à l'état de mort apparente pendant des semaines, des mois et même des années, sans perdre leurs redoutables propriétés.

Dans la lutte contre ces invisibles ennemis, les animaux les plus puissants sont absolument désarmés. Qu'une épidémie de charbon survienne dans un troupeau de moutons, c'est le hasard de la contagion qui détermine le choix des victimes. Forts et faibles sont également exposés aux coups de l'ennemi. Les moutons les plus robustes n'ont pas plus de chances d'échapper à l'envahissement du charbon, que les hommes les plus forts, les plus intelligents ou les plus braves d'un régiment exposé à la mitraille de l'ennemi n'en ont d'échapper aux balles qui sillonnent l'air autour d'eux. Il pourra bien se faire, il est vrai, que quelques individus particulièrement bien doués pour la résistance succombent moins facilement au charbon qui a envahi leur organisme, mais cela ne voudra pas dire que l'ensemble de leurs caractères en fasse des êtres supérieurs aux autres.

Je suis, pour ces motifs, très peu disposé à admettre que la lutte pour l'existence soutenue par les animaux contre les ennemis dont je viens de parler ait pour conséquence nécessaire le progrès de la race et l'évolution ascendante de l'espèce.

J'aborde maintenant la question de la lutte que les animaux ont à soutenir contre les autres animaux. Comme nous l'avons fait pour les végétaux, il faut ici distinguer deux cas : la lutte des animaux qui ne se ressemblent pas, et la lutte des animaux qni appartiennent à la même espèce. Les bœufs sauvages, par exemple, entretiennent une lutte incessante contre les animaux carnivores, tigres, lions, panthères, etc., contre les animaux venimeux, tels que les serpents, contre les parasites des divers ordres, mouches qui déposent des larves sous leur peau, vers qui se logent dans leurs intestins ou leurs tissus, gales qui creusent des galeries dans l'épaisseur de leur cuir, chiques et tiques qui s'attachent à leurs flancs, taons qui sucent leur sang, etc. Mais en même temps que les bœufs ont à se défendre contre tous les animaux que nous venons de citer, ils ont aussi à soutenir, les uns contre les autres, une lutte dont les deux motifs principaux sont la recherche de la nourriture et la satisfaction des besoins génésiques.

Ce que nous venons de dire des bœufs, nous pourrions le répéter de toutes les espèces animales, depuis les plus infimes jusqu'aux plus élevées.

La lutte entre animaux différents a toujours pour objet la nourriture. C'est uniquement pour se nourrir que le tigre poursuit le mouton et l'égorge. C'est également pour se nourrir que le taon et le moustique sucent le sang des chevaux et des chiens; c'est pour que leur larve ait à manger que les œstres la déposent sur le poil du cheval, dans un point où il puisse, en se léchant, la saisir avec sa langue et l'introduire dans son tube digestif, où elle vivra jusque vers le moment de sa transformation en un être semblable à la mère qui a su prendre de si sages précautions. C'est encore pour se nourrir que l'araignée tend sa toile élégante au moucheron imprudent et que le fourmilion creuse dans le sable un puits sur les parois mobiles duquel glisseront les insectes qui s'aventureront au bord du précipice.

Enfin, de tous les animaux, le plus redoutable, sans contredit, pour tous les autres, c'est l'homme, qui tue souvent sans aucune nécessité, dans le seul but de se distraire et d'exercer les instincts carnassiers qu'il tient de ses ancêtres.

Dans cette lutte incessante des animaux les uns contre les autres, les armes offensives et défensives sont aussi variées que sont nombreuses les espèces qui se combattent. Je n'ai pas besoin d'insister ici sur les armes offensives;

griffes du tigre, du lion et du chat, dents du loup et du chien, lancette aiguë du moustique, ventouse et scies dentelées des sangsues, venin mortel du serpent, pièges de l'araignée, etc. ; ni sur les armes défensives : cornes du bœuf, trompe de l'éléphant, course rapide du cerf, vol plus rapide encore des oiseaux et des insectes, etc.

Mais il n'est pas inutile de faire remarquer que la lutte pour l'existence a dû jouer un rôle très important dans le développement et le perfectionnement de ces armes. Il est incontestable, par exemple, que, dans une région déterminée, les tigres les plus robustes, les mieux armés de griffes, les plus hardis, les plus habiles et les plus rusés, auront beaucoup plus de chances que les autres de bien vivre et, par conséquent, de laisser une postérité qui, elle-même, en vertu de l'hérédité, offrira les mêmes caractères. De leur côté, les animaux chassés par le tigre, les cerfs, par exemple, éviteront d'autant mieux leur redoutable ennemi qu'ils seront plus rapides à la course, auront l'oreille et l'odorat plus délicats et seront doués d'une intelligence plus apte à déjouer les ruses. Ces qualités, en assurant la conservation des individus qui en sont doués au plus haut degré, déterminent leur propre évolution ascendante. Je n'insiste pas sur cette question ; j'aurai à y revenir avec plus de détail quand je chercherai à déterminer la part que la lutte pour l'existence et la sélection ont dans la formation des variétés et des espèces nouvelles.

Parmi les armes que les animaux d'espèces différentes emploient dans la lutte pour l'existence, il en est une sur laquelle je dois insister ici, parce qu'elle a été l'objet de controverses très importantes.

Les observateurs qui étudient les couleurs des animaux ne pouvaient manquer d'être frappés de l'identité de la coloration de certains d'entre eux avec celle du milieu dans lequel ils vivent. Certains crustacés marins, par exemple, sont rouges quand ils reposent sur une algue rouge, et verts quand ils vivent sur une algue verte. Les chenilles qui fréquentent les feuilles vertes ont souvent une couleur verte qui les rend très difficiles à voir. Il y a même des insectes qui présentent une forme analogue à celle des objets au milieu désquels ils vivent. Certains papillons poussent la chose encore plus loin. Ils se sont revêtus de couleurs propres à d'autres papillons que les oiseaux dédaignent à cause de leur odeur repoussante.

Toutes ces ressemblances ont été réunies sous une dénomination commune, celle de *mimétisme*. Pour les expliquer, deux théories ont été émises.

D'après Russel Wallace et Darwin, les ressemblances mimétiques sont la conséquence de ce simple fait que les individus qui, sous des influences quelconques, se sont trouvés revêtus d'une coloration ou d'une forme semblables à celle des objets avoisinants, ont échappé à leurs ennemis et ont perpétué leur race, tandis que les autres ont disparu. Ce caractère avantageux se trouvant ensuite fixé par l'hérédité, une espèce nouvelle se trouve produite.

Moritz Wagner donne du mimétisme une explication tout à fait différente. Il admet que les individus doués d'une certaine coloration recherchent volontairement les lieux ou les objets dans lesquels domine la même couleur, sachant fort bien qu'ils y échapperont plus facilement à la vue de leurs ennemis. On verra qu'une troisième opinion peut-être appliquée à ces curieux phénomènes, ou du moins à une partie d'entre eux.

Cette question est assez importante pour que je juge utile d'entrer dans quelques détails sur les faits et sur les interprétations différentes que je viens de résumer.

Les exemples de mimétisme sont extrêmement nombreux ; je me bornerai à citer les plus caractéristiques. Un premier ordre de faits de cet ordre est présenté par les animaux qui prennent volontairement la coloration des objets sur lesquels ils se trouvent. Le plus remarquable à cet égard est le Caméléon, dont les couleurs peuvent varier du vert très pâle et presque blanc jusqu'au vert foncé et à peu près noir, en passant par toutes les teintes intermédiaires. Quand l'animal, dont les mouvements sont très lents, est fixé sur un objet depuis quelque temps, il en offre à peu près exactement la coloration.

Un certain nombre de poissons et de céphalopodes dont la couleur varie du blanc sale au gris foncé et même au violet noirâtre, paraissent également prendre volontairement la coloration des objets sur lesquels ils reposent. La Crevette-Chamœleon (*Mysis Chamœleon*) est bien connue par la propriété qu'elle a de prendre une coloration gris pâle quand elle repose sur le sable, tandis qu'elle se montre brune ou verte dans les algues qui ont ces couleurs. Dans ces cas, il semble bien que l'animal prend volontairement la coloration des objets au milieu desquels il se trouve, dans le but de se rendre moins visible aux ennemis qui en font leur nourriture. Mais il resterait à déterminer de quelle façon une semblable propriété s'est développée chez ces animaux, et par quelle suite de circonstances se sont produites les cellules contractiles et le pigment qui servent à produire les diverses colorations. On pourrait

admettre que certains individus ayant acquis accidentellement une première modification des cellules de la
peau dirigée dans ce sens, se sont trouvés par là protégés contre leurs ennemis, et ont légué à leur postérité
ce caractère, qui n'a fait ensuite que s'accroître par l'hérédité accumulatrice. Mais, en raisonnant de la sorte, on
ne ferait que reculer la difficulté, car il resterait à chercher pourquoi et sous quelle influence se sont produites
les premières modifications. Nous reviendrons tout à
l'heure sur cette question.

Une deuxième catégorie de faits de mimétisme sont offerts
par des animaux qui revêtent, d'une manière permanente,
la coloration des objets sur lesquels ils ont l'habitude
de vivre, ou celle des lieux qu'ils habitent. Les animaux
des régions polaires sont presque tous colorés en blanc
plus ou moins pur; la plupart de ceux qui vivent dans les
déserts sans végétation sont grisâtres; beaucoup de chenilles vivant sur les feuilles des arbres sont vertes, tandis
que celles qui se tiennent sur les troncs ou les branches sont
brunes, grises ou noirâtres, etc. L'hermine et le lièvre des
Alpes ne sont blancs qu'en hiver, c'est-à-dire à l'époque
où ils vivent dans les neiges; tandis que le lièvre polaire
de l'Amérique septentrionale, qui vit pendant toute l'année
au milieu des neiges et des glaces, reste blanc pendant
toute la durée de son existence. M. Russel Wallace, dans
son excellent livre, *La Sélection naturelle* (p. 45 et suiv.),
a recueilli un grand nombre de faits sur lesquels il me paraît
inutile d'insister ici. Je me borne à reproduire celui qui
est relatif à un papillon fort curieux, commun dans l'Inde, le
Kallima paralekta. Ce seul exemple donnera une idée de
la perfection d'imitation des couleurs et même des formes
que sont susceptibles de présenter les animaux. Il est, du

reste, instructif à d'autres points de vue sur lesquels nous aurons à revenir.

« La partie supérieure de ces insectes, dit M. Wallace, est éclatante et très visible ; ils sont de grande taille et ornés d'une bande orange sur un fond bleu foncé. La surface inférieure est de nuances très variables ; sur cinquante spécimens on n'en trouve pas deux exactement pareils, mais ils offrent toutes les teintes diverses de gris, de brun, de roux, qu'on trouve dans les feuilles mortes, sèches ou en décomposition. Le sommet des ailes supérieures se termine en pointe aiguë, forme très commune parmi les feuilles des arbres et des arbustes tropicaux, et les ailes inférieures se prolongent en une queue étroite et courte. Entre ces deux points s'allonge une ligne courbe et foncée, reproduisant parfaitement la nervure médiane d'une feuille, et d'où partent de chaque côté quelques lignes obliques, imitant des nervures latérales. Ces marques sont plus visibles à l'extérieur de la base des ailes et à l'intérieur vers le milieu et le sommet ; il est très curieux de voir la manière dont les stries marginales et transversales, particulières à ce groupe, se sont modifiées jusqu'à imiter la disposition des nervures des feuilles. Ce n'est pas tout : nous trouvons la copie de feuilles à tous les degrés de décomposition : moisies, percées de trous, souvent irrégulièrement tachées de petits amas d'une poussière noire, si semblables aux divers champignons microscopiques qui poussent sur les feuilles mortes, qu'on croirait que les papillons eux-mêmes en sont attaqués. Cette ressemblance serait inutile si les habitudes de l'insecte ne s'accordaient avec elle. S'il se posait sur les feuilles ou les fleurs, s'il tenait ses ailes étendues, ou remuait sa tête et ses antennes comme le font ses congénères, son déguisement lui servirait de peu. Nous pouvons conjecturer, d'après les analogies, que dans ce cas-ci comme dans d'autres, ses mœurs sont de nature à le mettre à profit ; mais cette supposition est superflue, car j'ai pu moi-même observer et prendre de nombreux *Callima para-lekta* à Sumatra, et je puis garantir l'exactitude des détails suivants. Ces papillons fréquentent les forêts sèches, et volent très rapidement. Ils ne s'arrêtaient jamais sur une fleur ou une feuille verte, mais on les perdait souvent de vue sur un buisson ou un arbre mort, duquel, après avoir cherché longtemps en vain, on les voyait soudain s'élancer, quelquefois de la place même sur laquelle on avait les yeux fixés, pour disparaître de nouveau vingt ou trente mètres plus loin. Je trouvai, une ou deux fois, l'insecte au repos, et je pus constater alors la perfection de sa ressemblance avec les feuilles sèches. Il se tient sur un rameau presque vertical, les ailes exactement rapprochées, cachant entre leurs bases sa tête et ses antennes ; les petites queues des ailes postérieures touchent la branche et forment le pédoncule de la feuille, qui est maintenue en place par les griffes de la paire de pattes médiane, lesquelles sont très minces et peu apparentes ; le contour irrégulier des ailes offre l'aspect d'une feuille ratatinée. Nous avons donc ici la dimension, la couleur, la forme, les taches et les habitudes, combinées pour produire un déguisement qu'on peut dire parfait : l'efficacité de cette protection est suffisamment attestée par le nombre des individus qui en jouissent. »

J'ai déjà dit plus haut que Russel Wallace et Darwin, et avec eux la majorité des naturalistes de notre époque, expliquent les phénomènes de mimétisme de la couleur par une sélection naturelle résultant de la lutte pour l'existence. Il me paraît utile de préciser davantage cette théorie, qui est de la plus haute importance au point de vue de la doctrine du transformisme. Personne ne l'a aussi nettement exposée que M. Russel Wallace qui en est en grande partie le créateur. Afin d'expliquer la coloration blanche des animaux qui vivent au milieu des neiges et l'absence de cette couleur chez ceux qui vivent dans des contrées où le sol offre une teinte plus ou moins foncée, il fait le raisonnement suivant : « On sait que les animaux sauvages produisent quelquefois des variétés blanches. On en rencontre parmi les merles, les étourneaux et les corbeaux, aussi bien que parmi les éléphants, les daims, les tigres, les lièvres, les taupes; mais on n'a jamais vu ces races devenir permanentes. Or, nous n'avons pas de statistique pour démontrer que des parents de couleur normale produisent des petits blancs plus souvent à l'état domestique qu'à l'état sauvage, et nous n'avons aucun droit de faire cette supposition tant que les faits s'expliquent sans elle ; mais il est évident que si la couleur des animaux sert réellement à les cacher et à les préserver, le blanc étant très apparent doit leur être nuisible, et concourir à rendre leur vie plus courte. Un lapin blanc est particulièrement exposé aux attaques du busard et de l'épervier ; une taupe ou une souris blanche n'échapperont pas longtemps au hibou qui les guette. De même, une déviation de l'état normal, qui rendrait un animal carnivore plus apparent, le placerait dans une position désavantageuse en l'empêchant de poursuivre sa proie avec la même facilité que les autres, et, dans un cas de disette, cet inconvénient pourrait causer sa mort. En revanche, si l'animal s'étend d'un district tempéré dans une région arctique, les conditions seront changées. Durant une grande portion de l'année, et précisément celle où la lutte pour l'existence est le plus difficile, le blanc prédomine dans la nature et les couleurs sombres sont les plus visibles ; les variétés blanches auront donc l'avantage, s'assureront la nourriture, et échapperont à leurs ennemis, tandis que les variétés brunes seront détruites par la faim ou dévorées ; la règle étant, d'ailleurs, que tout être produit son semblable, la race blanche s'établira et deviendra permanente, tandis que les races foncées, si elles reparaissent occasionnellement, s'éteindront bientôt. Dans tous les cas, les plus aptes survivront, et, avec le temps, il se produira une race adaptée aux conditions qui l'environnent. »

Si l'on admet cette première hypothèse, il n'est plus difficile d'expliquer toutes les autres ressemblances de coloration que nous avons signalées plus haut entre certains animaux et le milieu dans lequel ils vivent. Les chenilles vertes qui vivent sur les feuilles de cette couleur ayant beaucoup plus de chances d'échapper aux regards des oiseaux insectivores que les chenilles différemment colorées, il suffira que certains individus d'une espèce déterminée naissent avec une teinte tournant au vert pour qu'ils aient plus de chances que leurs parents de n'être pas mangés et de laisser des descendants chez lesquels la coloration verte se perpétuera et même s'accentuera par l'hérédité, si bien qu'au bout d'un certain nombre de générations tous les individus colorés autrement auront disparu.

On peut invoquer à l'appui de cette hypothèse que la coloration des chenilles et surtout celle des insectes adultes sont, dans beaucoup d'espèces, extrêmement variables d'individu à individu. Ce qui rend facile la supposition qu'il doit fréquemment surgir, dans presque toutes les espèces, des individus ressemblant plus ou moins aux objets sur lesquels l'espèce a l'habitude de vivre. Ceux-là, se trouvant protégés par leur couleur, finissent par persister seuls. Ainsi s'expliquerait le fait qu'un si grand nombre d'espèces d'insectes et même d'animaux supérieurs offrent des couleurs semblables à celles du milieu dans lequel ils vivent.

Une première objection a· été faite à cette manière d'expliquer le mimetisme et les couleurs dites protectrices. Si, dit-on, les couleurs vives exposent les animaux à des dangers si grands, comment se fait-il que tant d'oiseaux et d'insectes, dont les ennemis sont fort nombreux, présentent des colorations dont l'éclat tranche sur les objets au milieu desquels ils vivent et ne peut manquer de révéler leur présence ?

A cela M. Wallace répond, avec une grande logique, que les animaux « échappent à leurs ennemis et obtiennent leur nourriture par des moyens infiniment-variés, et que leurs instincts et leurs diverses habitudes sont, dans chaque cas, adaptés aux conditions de l'existence. » Il ajoute, en manière de preuves, que le hérisson et le porcépic peuvent être pourvus de taches blanches sans inconvénient, parce qu'ils ont des défenses sérieuses dans leurs piquants; qu'il n'y a pas d'inconvénient pour la tortue à être recouverte d'écailles brillantes, puisque ces écailles forment elles-mêmes une cuirasse protectrice; que la Moufette de l'Amérique du Nord peut impunément être riche en poils blancs, parce qu'elle trouve sa sécurité dans son odeur infecte, etc. En ce qui concerne les oiseaux, il répond qu'ils ont surtout à redouter leurs ennemis pendant le jeune âge et à l'état d'œufs, d'où les précautions infinies qu'ils apportent à la construction de leurs nids ; mais qu'à l'état adulte ils trouvent leur sécurité dans la rapidité du vol, en sorte qu'ils peuvent, sans inconvénient, offrir des couleurs brillantes.

Quant aux insectes à couleurs voyantes, il cite nombre de faits qui tendent à démontrer que ces couleurs, au lieu d'être nuisibles aux animaux qui en sont doués, leur sont, au contraire, utiles, soit en leur permettant de se confondre avec les fleurs dont ils sucent le nectar, soit parce qu'elles coïncident avec des moyens de défense d'une nature telle que l'insecte a tout intérêt à se rendre aussi visible que possible à ses ennemis naturels. Ceci demande explication. L'aiguillon de la guêpe est, sans nul doute, un bon instrument de défense, bien connu et redouté des oiseaux ; mais si les oiseaux n'avaient pas un moyen de reconnaître nettement l'insecte, ils pourraient se précipiter sur lui et le tuer avant même qu'il ait pu se servir de son dard. L'insecte a donc avantage à être bien visible, d'où la présence habituelle, chez les guêpes, de colorations vives, tandis que pas une seule, d'après Wallace, ne présente de teintes protectrices, c'est-à-dire capables de faire ressembler l'animal aux objets parmi lesquels il vit. Les coccinelles n'offrent pas non plus de couleurs protectrices ; elles sont, au contraire, d'habitude, assez brillamment colorées, mais toutes sécrètent des liquides puants et de saveur désagréable qui répugnent aux oiseaux. Si, cependant, l'oiseau ne distinguait pas la coccinelle, il pourrait la tuer, sauf à ne pas la manger. La coccinelle a donc avantage à se faire voir. M. Wallace applique le même raisonnement aux chenilles pourvues de couleurs brillantes ; il fait remarquer que les oiseaux ne mangent jamais les chenilles vivement colorées, et que toutes sont pourvues soit de poils urticants, soit de glandes sécrétant des liquides puants et désagréables au goût. Cependant, elles ont avantage, comme les coccinelles et les guêpes, à être aussi facilement que possible reconnues par les oiseaux ; ceux-ci s'en éloignent, connaissant leurs mauvaises qualités ou leurs armes défensives. Dans tous ces cas, les couleurs vives sont ou indifférentes ou protectrices ; dans le premier cas, leur éclat est dû à la lutte sexuelle, dans le second, il est le résultat de la lutte pour l'existence, au même titre que les couleurs imitatrices. Dans le second cas, M. Wallace leur a donné le nom de *couleurs avertissantes.*

On n'a pas manqué d'objecter à M. Wallace qu'un grand nombre de papillons ont des couleurs très vives sans cependant posséder ni odeur ni saveur desagréables, ni aucun autre instrument de défense, sans que, par conséquent, ils aient, ou, du moins, paraissent avoir aucun intérêt à se montrer. A cela il répond que ces insectes ont pris la couleur d'autres papillons appartenant à des groupes parfois très distincts et doués de moyens de défense bien manifestes, habituellement d'une odeur repoussante et d'un goût désagréable. La coloration brillante des premiers ne serait donc qu'une imitation de celle des seconds, et elle se serait développée sous l'influence de la lutte pour l'existence, par un procédé analogue à celui qui sert à expliquer le développement des couleurs imitatrices des objets. On pourrait donner à cet ordre spécial de couleurs le nom de *couleurs imitatrices des couleurs avertissantes.* Ce n'est pas seulement chez les papillons que M. Wallace signale cette mimique spéciale, il en fournit encore des exemples empruntés à divers autres groupes d'insectes et même aux reptiles, aux oiseaux et aux mammifères. Je crois inutile de les reproduire ici ;

je n'ai pas d'autre intention que de signaler au lecteur la nature de ces faits pour qu'il en comprenne l'importance et la signification dans la théorie de la lutte pour l'existence.

La couleur n'est pas le seul caractère qui puisse être l'objet des imitations dont il vient d'être question. Un grand nombre d'animaux, particulièrement dans le groupe des insectes, offrent la ressemblance la plus parfaite de forme avec les objets au milieu desquels ils vivent. Nous avons déjà cité le fait de ce papillon de l'Inde qui ressemble à une feuille morte et déjà desséchée ; d'autres insectes ressemblent à de petits morceaux de bois ou sont couverts de filaments semblables à des mousses, etc. Je n'ai pas besoin de dire que Russel Wallace et Darwin expliquent ces phénomènes de mimétisme de la même façon que ceux qui sont relatifs à la couleur.

Je puis maintenant passer aux objections qui ont été faites par M. Moritz Wagner à la façon dont Russel Wallace et Darwin expliquent les divers phénomènes de mimétisme dont je viens de parler, et exposer sa théorie.

J'ai déjà dit plus haut que, d'après M. Moritz Wagner, les phénomènes de mimétisme, c'est-à-dire de ressemblance des animaux avec les objets sur lesquels ils se tiennent, le sol qu'ils habitent, etc., sont dus à ce que les animaux recherchent eux-mêmes, volontairement et dans un but de protection, les lieux ou les objets qui sont le plus en harmonie avec leurs formes et leur coloration, et qui, par contre, sont le mieux disposés pour les mettre à l'abri des regards de leurs ennemis.

Moritz Wagner rappelle, dans un mémoire important que j'ai fait traduire dans la *Revue internationale des sciences biologiques* (1881), et la *Bibliothèque biologique internationale*, sur la *Formation des espèces par la ségréga-tion*, que même avant l'apparition du livre de Darwin sur l'origine des espèces, il s'était beaucoup préoccupé de la question du mimétisme, et il ajoute : « Déjà à cette époque je considérai le phénomène du « mimétisme » comme le simple résultat du besoin de se protéger, propre à tout animal, besoin qui le guide avec un instinct sûr dans la recherche et le choix d'un domicile approprié ou d'un abri protecteur. Les animaux les plus inférieurs sont doués de la conscience ou tout au moins de la vague perception des dangers qui menacent leur existence. Ils cherchent à les éviter et sont constamment sur leurs gardes. Beaucoup de coléoptères se laissent tomber des branches ou font les morts dès que la main d'un homme ou quelque oiseau s'en approche. Le papillon qui, il n'y a qu'un instant, reposait à l'état de chrysalide immobile sait, instantanément, se servir de ses ailes pour se sauver et gagner l'endroit qui peut lui offrir un refuge. Aucun insecte n'a recours à des manœuvres plus ingénieuses pour échapper à la main de l'homme, son persécuteur, que la punaise commune, dont les ruses excitent à bon droit l'étonnement. Dès qu'on allume une bougie, elle se sauve au plus vite ; à la pointe du jour elle n'a garde de rester ni sur le traversin ni sur les draps du dormeur, mais se tapit dans les fentes et les trous du bois de lit, dans les tapisseries et les cadres des tableaux, avec lesquels elle s'harmonise par sa forme et sa couleur et où elle échappe facilement aux regards. Les larves de nombreux insectes agissent de même dans la recherche d'une cachette favorable qui puisse les soustraire à la poursuite des oiseaux, des ichneumonides et d'autres ennemis du même genre. Il en résulte les cas les plus singuliers de mimétisme. »

A l'appui de sa manière de voir, Moritz Wagner s'efforce d'accumuler un grand nombre de faits, dans lesquels les animaux cherchent manifestement à se loger dans les endroits où ils sont le plus susceptibles de n'être pas vus, c'est-à-dire au milieu des objets avec lesquels ils ont le plus de ressemblance. Je crois indispensable de lui emprunter un certain nombre de ces faits, parce que sa manière de voir est à peine connue en France et a été peut-être trop systématiquement repoussée, jusqu'à ce jour, à l'étranger, à cause de l'engouement dans lequel on est de l'œuvre de Darwin, engouement tel, qu'on ose à peine discuter la parole du maître.

Voici un premier fait qui ne manque pas d'intérêt : « Tout entomologiste, dit Moritz Wagner, connaît la chenille d'une des espèces communes de nos phalènes rayées, la *Catocala nupta,* et sait combien il est difficile de la distinguer de l'écorce des vieux troncs des saules, entre les fentes et les sillons de laquelle elle repose ordinairement durant le jour ; pour y parvenir, il faut une expérience de plusieurs années. Dans toute la structure de son corps, dans les moindres détails des parties, cette chenille imite si parfaitement, par la forme aussi bien que par la couleur, l'écorce du tronc d'arbre sur laquelle elle repose, que l'œil peu exercé des personnes auxquelles nous l'indiquions ne parvenait pas toujours à l'en distinguer. Ce cas très remarquable de « mimétisme » se produit de préférence le jour, quand la chenille de la *Catocala nupta* est exposée à de grands dangers de la part d'oiseaux insectivores. Au crépuscule, elle entreprend régulièrement des explorations le long des branches et des feuilles du vieux saule, afin d'assouvir sa faim, et aux premiers rayons du matin redescend pour se tapir, en toute sûreté, dans quelque fente de l'écorce du tronc à laquelle elle ressemble. Nous avons là sous les yeux un exemple frappant du fait que la ressemblance protectrice de l'animal avec son gîte est le résultat des migrations quotidiennes de la chenille. Si durant le jour elle continuait à rester sur les branches vertes de l'arbre, elle n'y aurait trouvé aucune protection, et le phénomène du « mimétisme » n'aurait pas eu lieu. »

Il cite ensuite l'exemple de la chenille d'une autre espèce voisine de la Phalène, le *Catocala paranympha* dont le papillon se nourrit de fleurs diverses, mais dépose toujours ses œufs sur le prunellier, avec lequel les chenilles ont une grande ressemblance.

Ces faits démontrent manifestement que sinon toujours, du moins dans un certain nombre de cas, les insectes recherchent eux-mêmes volontairement les objets dont la couleur est semblable à la leur. Les faits suivants sont encore plus significatifs à cet égard.

« C'est dans les environs d'Augsbourg, sur les bords du Lech, dans l'endroit surnommé Dammallée, où j'allais souvent avec d'autres collectionneurs entomologistes à la recherche de belles phalènes, que je pus saisir sur le fait que le phénomène du « mimétisme » résulte, chez nos papillons de nuit, des migrations et du choix conscient de leur gîte. Sur les troncs des vieux saules qui bordent l'avenue du Lech étaient tapies toutes sortes de phalènes, aux élytres grises et brunes, parmi lesquelles l'espèce *Catocala electa* était la plus nombreuse. Un jour, on établit dans le voisinage une vaste clôture en planches que le propriétaire destinait à servir de séchoir pour le linge. Aussi longtemps que la nouvelle clôture conserva la couleur du bois frais, on ne vit point de phalènes dessus. Mais, dès qu'elle eut pris avec le temps une teinte d'humi-

dité grisâtre; beaucoup de papillons de nuit vinrent s'y poser; de préférence surtout ceux qui, à l'exemple des phalènes, à raies ci-dessus mentionnées, où de certaines espèces
du genre *Cucullia*, offraient par la teinte grise de leurs
élytres la même analogie avec les planches de la clôture
qu'avec les arbres du voisinage.

« Un phénomène analogue de « mimétisme, résultant, de
la manière la plus évidente de l'instinct de la conservation,
du besoin de se protéger; s'observe dans nos prairies alpestres, où les fleurs aux couleurs variées croissent ensemble en plus grande quantité que dans les plaines. Si
l'on y observe les nombreux lépidoptères jaunes diurnes
de l'espèce *Colias*, les lépidoptères blancs de l'espèce
Pontia, on les verra à la lumière du jour se poser sur les
fleurs les plus diverses; la grande rapidité de leurs ailes
les préservant suffisamment contre la poursuite des oiseaux. Vers le soir, au contraire; on verra ces diverses espèces rechercher les corolles des fleurs dont la teinte concorde avec la leur. Les lépidoptères diurnes aux nuances
foncées, les espèces du genre *Hipparchia*, par exemple,
choisissent de préférence, dans la forêt, des objets foncés,
tels que les troncs des arbres ou les rochers; ils s'y tapissent les ailes ployées et y trouvent l'abri le plus favorable.

« Chaque chambre tapissée de tentures aux couleurs
diverses peut servir de lieu d'expérience pour ledit phénomène. Si on y laisse entrer des lépidoptères diurnes et
nocturnes, nouvellement éclos, de nuances différentes, on
ne tardera pas à observer que chacun d'eux ira se poser,
les ailes ployées, sur les tentures dont les couleurs concordent avec les siennes. »

Moritz Wagner emprunte un des faits auxquels il attache le plus d'importance à la faune de ce que l'on a appelé la mer des Sargasses. On désigne ainsi une région de l'océan Atlantique, située entre le 22° et le 26° de latitude nord, dans laquelle se trouvent de nombreux îlots flottants, formés par de grandes Algues qui se développent à la surface de la mer. D'après Agardh, les plantes souches de ces îlots auraient été détachées des rochers de Terre-Neuve et des Bermudes. Ces îlots sont habités par un grand nombre d'espèces variées d'animaux dont les teintes offrent la plus grande analogie avec celles des Algues et peuvent, par conséquent, être citées parmi les exemples les plus remarquables de mimétisme qu'il soit possible d'imaginer.

« Si, dit Moritz Wagner, l'on interroge la théorie de la sélection de Darwin sur la cause de l'origine de cette faune particulière, ainsi que sur les phénomènes de mimétisme qu'elle présente, la réponse qu'elle nous donne est loin d'être satisfaisante. Sans le secours de la théorie de la migration, il est même impossible d'expliquer l'apparition, dans ces îles flottantes d'algues, des premiers habitants du règne animal. Ces algues venues du nord n'ont pu apporter avec elles leur faune actuelle, car les types analogues manquent dans leur mère patrie. Les premiers spécimens ont donc dû être des émigrants des mers environnantes, car c'est là que vivent les genres et les espèces les plus voisins des Sargasses, moins la couleur qui distingue ces derniers. Parmi les millions d'individus appartenant aux espèces voisines de crustacés et de mollusques, qui peuplent les parties limitrophes de l'océan Atlantique, en particulier la mer des Antilles, on en rencontre pourtant assez fréquemment de nuances diverses ; il est facile de se convaincre du fait sur les côtes des

Indes occidentales, à marée basse. Les crabes d'un gris foncé ou brun manifestent, en particulier, de fréquentes variations individuelles, depuis les nuances les plus claires jusqu'aux teintes jaunâtres et verdâtres. Stimulées par le besoin d'être protégées, ces variétés ont toujours un penchant à se séparer des membres normaux de leur espèce et à chercher un lieu de refuge dont la teinte, répondant à leurs nuances respectives, garantisse leur sécurité. D'un autre côté, il est tout à fait improbable que les spécimens normaux de ces faunes marines à la teinte foncée se séparent de leur foyer pour choisir un nouveau domicile, qui leur porterait préjudice en les exposant à plus de dangers, vu que, sur ces îles flottantes, ils seraient bien plus exposés que dans la mer à l'œil perçant des mouettes. Cet instinct de conservation personnelle, propre à tous les animaux, aiguise et développe leurs facultés dans la lutte contre les dangers qui les menacent ; il pousse les animaux marins, aussi bien que ceux de terre ferme, à chercher pour domicile l'endroit le mieux adapté à leur couleur aussi bien qu'à leur forme. Dans tous les cas, c'est bien la ségrégation de quelques individus des espèces marines et leur isolation qui ont fourni aux îles flottantes de la mer des Sargasses leurs premiers colons, et donné ainsi l'impulsion à la formation des espèces si originales de cette faune.

« Il faut remarquer en outre que les « similitudes protectrices » qui y règnent entre les animaux et leur milieu végétal ne sont pas seulement un trait caractéristique de cette faune endémique, mais que c'est un phénomène local, propre aux innombrables îles flottantes où l'on voit le vert olive et le jaune se répéter à l'infini dans un millier de nuances. Inexplicable par l'action du principe sélectif de

la lutte pour l'existence, qui demanderait une accumulation trop extraordinaire de hasards heureux dans un espace aussi restreint, ce fait est bien plus favorable à la
théorie de la migration active, en vertu de laquelle l'animal, poussé par l'instinct de la conservation individuelle,
est attiré par ce qui lui ressemble. Les expériences de
l'élevage artificiel qui ont démontré la tendance prononcée de chaque nouvelle variété individuelle à transmettre
à la génération la plus voisine ses caractères distinctifs
sous une forme plus accentuée nous aident à comprendre
l'origine des variétés locales de ces îles de varechs; la
proximité des îlots facilite d'ailleurs beaucoup les migrations des espèces animales à la recherche d'un milieu favorable. Les phénomènes du mimétisme sont donc, dans
les Sargasses, un produit aussi naturel de la migration et
de l'isolation que les « similitudes protectrices » qui
existent entre les chenilles des phalènes rayées et les ru-
gosités des vieux troncs avec lesquelles elles semblent se
confondre et qu'elles n'abandonnent que pour leurs migrations quotidiennes le long de l'arbre. »

Je ne veux pas multiplier davantage ces citations. Elles
suffisent amplement pour donner une idée de la façon dont
M. Moritz Wagner interprète les phénomènes du mimétisme simple, c'est-à-dire les cas dans lesquels l'animal
ressemble aux objets qui l'environnent. S'il en est ainsi,
c'est parce que chaque individu, obéissant à l'instinct de
la conservation, se dirige vers les objets dont la coloration
ou la forme ont le plus de similitude avec sa forme et sa
coloration propres.

C'est d'une façon analogue qu'il explique la similitude de coloration et de formes qui existe entre certains
animaux armés de défenses et d'autres qui en sont dépour-

vus. Il admet que des individus du groupe privé de défenses étant nés avec des caractères de coloration et de formes différents de ceux de leurs parents se sont éloignés de ces derniers, et rapprochés d'autres animaux avec lesquels ces caractères leur donnaient une ressemblance inattendue. Il ajoute que grâce à leur isolement, à leur ségrégation des autres individus de leur espèce, ils évitent de perdre par le croisement leurs caractères nouveaux et sont ainsi assurés de faire souche, de servir de point de départ à une variété nouvelle, d'autant plus que leur association avec des individus d'une espèce différente mais armée les met à l'abri des oiseaux de proie. « Dans leur nouvelle association avec des papillons d'un genre différent, mais dont ils se rapprochent par la similitude de la couleur et du dessin, nos émigrants trouvent la sécurité contre les oiseaux de proie, en même temps qu'ils échappent, par suite de leur ségrégation de l'espèce souche, à l'action absorbante du croisement, et peuvent ainsi, en toute liberté, développer et fixer leurs caractères particuliers. »

Il est important de bien remarquer que la théorie émise par M. Moritz Wagner se compose de deux parties bien distinctes : en premier lieu, les animaux qui naissent avec quelques variations individuelles de couleurs ou de formes se portent toujours vers les objets ou les autres animaux auxquels ils ressemblent le plus par leur coloration ou leur forme ; en second lieu, ils s'éloignent, en agissant de la sorte, des individus restés normaux, ils se ségrègent, émigrent, se mettent ainsi à l'abri des croisements qui feraient disparaître leurs caractères spéciaux, et peuvent devenir le point de départ d'une variété et même d'une espèce nouvelle.

Ce qui tendrait à confirmer cette double opinion, c'est le fait signalé par Moritz Wagner que les animaux de la mer des Sargasses appartiennent tous à des espèces vivant dans les régions voisines de l'Atlantique.

Avant d'abandonner ce sujet, je dois faire remarquer que ni l'explication de Moritz Wagner ni celle de Wallace et de Darwin ne donnent la raison de l'apparition première des couleurs chez les individus. Or, c'est par là qu'il faudrait commencer. Il faudrait dire pourquoi tel animal naît avec des taches blanches ou une teinte verdâtre que ne présentaient pas ses parents les plus reculés. Darwin et Moritz Wagner se tirent de la difficulté en invoquant la « tendance à la variation ». Cela ne nous suffit pas. Ce n'est pas sans cause déterminante qu'une chenille dont les parents sont rouges naît avec une teinte verte, ou qu'un corbeau dont les parents sont noirs offre des plumes blanches.

Certains faits signalés par divers observateurs me paraissent de nature à mettre sur la voie des recherches à faire pour découvrir les causes, certainement multiples, de ces phénomènes. On sait que certaines chenilles sont colorées en vert par la chlorophylle ou pigment vert des plantes dont elles se nourrissent. Dans quelques cas, même, des corpuscules assez semblables aux corpuscules chlorophylliens des plantes sont visibles dans les liquides nutritifs des insectes. Il est bien admissible que dans beaucoup d'autres cas le pigment chlorophyllien ou tout autre pigment végétal existe à l'état de dissolution dans les liquides de l'animal et dans ses éléments anatomiques, qu'ils sert à colorer.

Or, on sait que toutes les matières colorantes sont susceptibles de subir de nombreuses transformations.

Par exemple, les fleurs qui se montrent rouges ou bleues au moment de leur épanouissement sont très souvent vertes dans le bouton. De semblables transformations de pigments peuvent très bien se produire dans les insectes. La nature des aliments jouerait donc un rôle important dans la coloration des animaux. Wallace rappelle « que certaines chenilles qui se nourrissent de deux ou plusieurs plantes différentes, varient de couleur d'après la coloration de ces plantes ». Un petit crustacé très abondant sur nos côtes, l'*Idotea tricuspidata*, se montre coloré en brun rougeâtre quand il vit sur des algues brunes, et en vert quand il vit sur des algues vertes. On croit généralement que ces colorations sont dues au pigment des plantes dont il se nourrit.

Si l'on admet que la nature des aliments joue un rôle dans la production de la couleur des animaux, on peut déjà expliquer un grand nombre de faits de mimétisme, en même temps qu'on comprend comment un animal, en changeant d'alimentation, ce qui arrive presque toujours quand il y a migration, est amené à changer de coloration.

D'autres faits paraissent montrer que les animaux sont susceptibles de prendre, pour ainsi dire photographiquement, la couleur des objets avec lesquels ils se trouvent en contact. Wood a montré que les chrysalides du petit papillon blanc des choux (*Pontia Rapæ*) prennent des couleurs différentes quand on les enferme dans des boîtes ayant des couleurs distinctes ; dans des boîtes noires elles prennent une teinte très foncée, dans des boîtes blanches elles deviennent presque blanches. Wood a montré que ces phénomènes se produisent également en liberté ; quand les chrysalides sont fixées sur des murs blancs, elles sont à peu près blanches; elles sont rougeâtres quand elles sont fixées sur des murs de briques; sur un poteau goudronné elles étaient devenues noirâtres. Wallace cite un fait de même ordre, encore plus remarquable, observé sur la chrysalide d'un papillon africain, le *Papilio Nireus* du Cap. La chenille vit sur l'oranger et sur un arbre forestier dont les feuilles sont d'un vert plus clair. Sa couleur est toujours semblable à celle des feuilles de celui de ces deux arbres dont elles se nourrit. Quant à la chrysalide, elle a la faculté de prendre la couleur des objets auprès desquels elle se trouve. On mit un grand nombre de chenilles dans une serre couverte de verre et dans laquelle se trouvaient des rameaux d'oranger et un rameau de Banksia sur lesquels les chrysalides se formèrent; chacune offrait une teinte verte semblable à celle des feuilles voisines; une autre chenille s'étant fixée au bois, sa chrysalide devint jaunâtre; une troisième s'étant fixée dans un point où le bois et la brique se touchaient, sa chrysalide devint jaune du côté du bois, et rouge du côté de la brique. Ainsi que le fait remarquer Wallace, il se produit, dans ces cas, une véritable action photographique ; la lumière transforme les matières colorantes de l'animal en agissant par certains de ses rayons ou par certains autres, suivant les réflexions qu'elle subit avant de tomber sur lui.

Ces faits me paraissent fort intéressants, parce qu'ils sont de nature à mettre sur la voie des explications que nous cherchons relativement à la production des couleurs chez les animaux et les plantes. Ils me paraissent aussi être de nature à diminuer beaucoup l'importance de la lutte pour l'existence et de la sélection dans les phénomènes de mimétisme.

Que certains individus d'une espèce de poissons, par

exemple, se réunissent dans une petite baie riche en coraux à teintes très éclatantes, et je ne vois pas pourquoi des faits analogues à ceux que je viens d'exposer ne se passeraient pas chez eux, si bien qu'au bout d'un certain nombre de générations, ils offriraient des teintes semblables à celles de leur entourage. Or on sait que les poissons vivant au milieu de coraux à couleurs brillantes sont eux-mêmes fréquemment colorés de teintes très vives.

Je m'arrête ici. Je n'ai tant insisté sur cette question que parce qu'elle est d'une extrême importance au point de vue de la théorie du transformisme, et parce qu'on me paraît avoir accepté trop aisément la solution qu'en donne Darwin. Il est possible que cette solution s'applique à un certain nombre de cas, mais il me paraît certain que dans un grand nombre d'autres la manière de voir de Moritz Wagner et celle que moi-même je propose peuvent être admises avec tout autant si non plus de probabilités.

Je reviens aux autres éléments de la lutte pour l'existence entre les animaux.

Quelles que soient les armes défensives dont puisse être armée chaque espèce animale contre ses ennemis, toutes présentent, comme nous venons de le dire, des armes offensives dont le perfectionnement est toujours proportionné à celui de la défense.

Dans de telles conditions, les herbivores seraient fatalement condamnés à disparaître devant les carnivores, si les deux ordres d'animaux se multipliaient avec la même rapidité. Mais il n'en est pas ainsi. Il est, au contraire, facile de constater que plus une espèce compte d'ennemis et risque d'être détruite par eux, plus sa multiplication est rapide.

Les poissons offrent un excellent exemple de ce fait. Il

n'y a peut-être pas d'animaux qui soient plus exposés qu'eux à être détruits avant d'avoir atteint l'âge adulte, c'est-à-dire l'époque de la reproduction ; mais il n'y en a pas non plus qui soient plus prolifiques.

Les lapins, les rats, les oiseaux granivores, tous les animaux qui vivent de végétaux se multiplient beaucoup plus rapidement que les carnivores auxquels ils servent de proie.

L'explication de ce phénomène se trouve encore dans ce que Darwin appelle la « sélection ».

Dans une espèce déterminée d'herbivores, les individus les plus prolifiques, ceux qui produisent le plus de petits, ont beaucoup plus de chances que les autres de voir un certain nombre de ces petits échapper à leurs ennemis naturels que les individus dont la progéniture est plus réduite. Si, par exemple, il existe dans le même coin de forêt deux couples de lapins, dont l'un produise chaque année trois fois plus de petits que l'autre, les chances de destruction étant les mêmes pour les deux familles, la première aura trois fois moins de chances que l'autre d'être détruite. Or, les qualités des parents étant héréditaires, les lapins issus du couple le plus prolifique seront eux-mêmes beaucoup plus ardents à l'amour et se multiplieront plus rapidement que les enfants de l'autre couple qui ont hérité de la paresse génésique de leurs ancêtres. Au bout d'un petit nombre d'années, le coin de forêt auquel j'ai fait allusion ne sera donc plus habité que par les descendants du couple le plus prolifique, les autres ayant peu à peu disparu, si, par des croisements avec les premiers, ils ne se sont pas améliorés.

Le combat pour la vie que soutiennent les espèces animales herbivores contre les espèces carnivores a ainsi pour conséquence fatale le développement de plus en plus considérable des qualités génésiques.

Les conditions de l'alimentation favorisent encore la multiplication des herbivores, tandis qu'elles mettent obstacle à celle des carnivores. Les herbivores ne se nourrissant que de plantes, c'est-à-dire d'organismes qui sont presque sans défense et qui se multiplient avec une énorme rapidité, trouvent plus facilement que les carnivores une nourriture abondante. Ceux-ci sont obligés de se livrer à une chasse pénible, incessante, et qui n'est pas toujours sans danger.

De plus, dans les pays où les proies sont relativement rares, le mâle et la femelle se gênent réciproquement et sont contraints de se séparer pour exploiter des régions différentes. Les rapports sexuels deviennent ainsi plus rares, et, par suite, la multiplication est moins rapide. Enfin, les jeunes carnivores sont encore mal doués pour la chasse : ils sont peu expérimentés ; beaucoup doivent périr de misère et de faim. Pour compenser les pertes, il faudrait que les carnivores fussent très prolifiques ; mais je viens de montrer qu'ils ne peuvent pas l'être.

La conséquence de ces faits doit donc être, fatalement, celle que j'indiquais tout à l'heure : la supériorité numérique des herbivores sur les carnivores. C'est ce qui existe parmi les animaux terrestres. Les animaux aquatiques se trouvent dans des conditions différentes. Vivant dans un milieu où les végétaux sont très rares, ils sont presque tous carnivores, se dévorent entre eux et deviennent, pour le même motif que les herbivores terrestres, d'autant plus prolifiques qu'ils sont plus exposés à être mangés.

Nous savons déjà que la multiplication des végétaux

d'une même espèce sur un point déterminé du sol, ne peut dépasser certaines limites sans entraîner la perte d'un nombre considérable d'individus, par suite du manque de nourriture.

Ce fait est incontestable en ce qui concerne les carnivores. Il faut y voir, comme nous l'avons dit plus haut, la cause de l'isolement dans lequel vivent tous les animaux.

Quant aux herbivores et aux granivores ils ne peuvent pas sans danger se multiplier au-delà d'une certaine mesure dans une région déterminée. Il n'est pas douteux, par exemple, que, si les oiseaux d'une région se multipliaient, sans jamais subir aucune perte, il en existerait bientôt plus que cette région n'en pourrait nourrir; une famine surgirait qui tuerait tout l'excédant. Mais, avant même que les choses en soient arrivées à ce point, il se produit, entre tous les animaux qui se nourrissent de la même façon et qui habitent la même contrée, une lutte pour l'existence, dans laquelle la supériorité reste toujours à l'espèce la plus forte et surtout à celle qui se multiplie avec la plus grande rapidité.

Cette lutte entre animaux ayant à peu près la même alimentation est d'autant plus énergique que leur ressemblance à cet égard est plus grande; elle atteint son maximum quand tous les individus appartiennent à la même espèce, c'est-à-dire quand ils sont tous aussi semblables qu'il leur est possible de l'être. La lutte, par exemple, sera très vive entre les bœufs sauvages et des chevaux sauvages habitant la même région, et l'une des espèces restera tôt ou tard seule maîtresse du terrain soit parce que l'autre quittera le pays, soit parce qu'elle mourra de faim; mais elle sera plus vive entre les bœufs eux-mêmes, parce qu'ils ont tous exactement les mêmes besoins, qu'entre les bœufs et les chevaux.

Quand la lutte est limitée aux individus d'une même espèce, elle se place sur un terrain en partie nouveau, dont nous n'avons pas encore parlé, et elle a des conséquences particulièrement favorables pour l'évolution ascendante de l'espèce.

En premier lieu, comme je l'ai prouvé tout à l'heure par l'exemple du lapin, la descendance des individus les plus prolifiques ne tarde pas à occuper seule la place. Mais la lutte ne se borne pas à cela. Il se produit encore entre les mâles pour les femelles et entre les femelles pour les mâles, une véritable lutte sexuelle dont la conséquence constitue ce que Darwin a nommé la « *sélection sexuelle* ».

Comme la lutte sexuelle joue dans la doctrine de Darwin une importance considérable, je crois utile d'entrer à son sujet dans quelques détails.

Nous avons vu dans un chapitre précédent que certains caractères sont essentiellement corrélatifs du sexe et que plusieurs d'entre eux n'apparaissent même qu'au moment où l'animal, mâle ou femelle, devient apte à la reproduction, ou même ne se présentent que pendant chaque période génésique annuelle.

Ces faits ne pouvaient manquer d'attirer l'attention des naturalistes ; aussi en ont-ils, depuis longtemps, fait une étude soignée; mais Darwin paraît être le premier qui ait cherché à déterminer la cause qui préside au développement de ces caractères, et il a cru la trouver dans ce qu'il appelle la lutte et la sélection sexuelles.

Sans entrer dans des détails qui seraient ici déplacés, il me paraît utile de signaler en passant les plus importants des caractères sexuels dans les différents groupes. Le lecteur qui désirerait en faire une étude plus complète trouvera de quoi se satisfaire dans l'excellent travail de Darwin (*Descendance de l'homme*, p. 226).

Chez les animaux les plus inférieurs, on ne trouve pas de caractères qui puissent être considérés comme véritablement corrélatifs du sexe, en dehors de ceux qui tiennent à l'organisation sexuelle. On ne commence à percevoir les caractères sexuels, que Darwin appelle « secondaires », c'est-à-dire indépendants des organes génitaux, que chez les mollusques et les vers ; mais ils n'y sont que fort rudimentaires et très difficiles à expliquer. Quelques coquilles de gastéropodes dioïques ne sont pas tout à fait semblables dans les deux sexes; mais on ne connaît aucun organe qui serve aux mâles soit à retenir les femelles, soit à combattre les uns contre les autres. Ces animaux ne sont d'ailleurs que fort peu intelligents, et il est douteux que leur affectibilité soit supérieure ou même égale à leur intelligence. Cependant, il n'est pas permis de douter que les sexes se reconnaissent quand ils sont séparés, et l'on peut s'assurer que même les mollusques hermaphrodites se font quelques caresses avant de s'accoupler. Il suffit, pour s'en convaincre, d'observer le rapprochement des escargots ou des limaces. On peut considérer le dard calcaire et barbelé que portent les escargots comme un organe permettant aux deux individus accouplés, à la fois, de se fixer l'un à l'autre et de s'exciter réciproquement. Darwin cite un fait très curieux que je crois utile de reproduire en passant, parce qu'il semble indiquer l'existence d'une certaine affectibilité sociale chez les escargots. « M. Lonsdale, dit-il (*loc. cit.*, p. 289), m'apprend qu'il avait placé un couple de colimaçons terrestres

(*Helix pomatia*), dont l'un semblait maladif, dans un petit jardin mal approvisionné. L'individu fort et robuste disparut au bout de quelques jours ; la trace glutineuse qu'il avait laissée sur le mur permit de suivre ses traces jusque dans un jardin voisin, bien approvisionné. M. Lonsdale crut qu'il avait abandonné son camarade malade ; mais il revint après une absence de vingt-quatre heures et communiqua probablement à son compagnon les résultats de son heureuse exploration, car tous deux partirent ensemble et, suivant le même chemin, disparurent de l'autre côté du mur. »

Ce n'est que chez les crustacés que les caractères sexuels se montrent bien nettement et que la théorie de la lutte sexuelle peut trouver son application ; c'est chez eux aussi que commence à se montrer avec quelque netteté l'affectibilité sexuelle. Spence Bate en cite un exemple emprunté à un crustacé d'un groupe inférieur, le *Gammarus marinus*, qui est très abondant sur nos côtes. Il sépara un mâle de la femelle à laquelle il était fixé et les plaça dans des vases différents où se trouvaient un grand nombre d'individus de la même espèce. Au bout de quelque temps, ayant mis le mâle dans le vase où se trouvait la femelle, il le vit nager de côté et d'autre, au milieu de la foule, puis se précipiter vers sa femelle et l'emporter. Ce fait témoigne, à la fois, d'une mémoire assez grande et d'une affectibilité manifeste.

Chez les crustacés, les caractères sexuels consistent habituellement en organes destinés à saisir la femelle ; il est fréquent par exemple de voir les pinces des mâles être plus développées que celles des femelles. Darwin admet pour expliquer cette inégalité que les mâles les mieux doués à cet égard, étant ceux qui ont le plus de chances de se perpétuer, le caractère qui leur accorde la supériorité est conservé et même développé par l'hérédité, tandis que les mâles moins bien doués succombent. Si l'on demande sous quelle influence les pinces d'un ou plusieurs individus se montrent plus fortes que celles des autres, la réponse, sans doute, doit être cherchée dans l'usage qu'en font les individus et la sélection sexuelle ne se trouve plus qu'au second rang des causes qui déterminent le développement du caractère sexuel. Je ne veux pas insister ici sur ces considérations, qui seront mieux à leur place dans une autre partie de ce livre.

Quelques crustacés ont les deux sexes différemment colorés, et, comme il est incontestable qu'ils voient les différentes couleurs du spectre, il est permis de supposer que la coloration ordinairement plus brillante des mâles attire l'attention des femelles; mais Darwin lui-même n'ose pas trop s'aventurer sur ce terrain dans la voie des affirmations.

Les insectes présentent fréquemment une différence très marquée de coloration chez les mâles et les femelles d'une même espèce. Chez eux aussi les mâles sont fréquemment pourvus d'armes à l'aide desquelles ils se combattent entre eux ; et l'un ou l'autre sexe, parfois tous les deux, présentent des organes à l'aide desquels ils peuvent s'appeler ou se charmer ou bien se tenir fixés. Sans entrer à ce sujet dans des détails superflus, je me borne à rappeler les brillantes couleurs de certains papillons, les pinces redoutables des capricornes, le bruit plus ou moins musical des cigales et des grillons, les immenses machoires à l'aide desquelles certains insectes saisissent leurs femelles, etc., les cornes qui s'élèvent sur la tête des mâles d'un certain nombre de coléoptères, etc.

Les poissons, les amphibiens et les reptiles offrent tous des caractères sexuels secondaires qui permettent de distinguer avec facilité les mâles des femelles, et ce sont presque toujours les mâles qui sont les mieux doués à cet égard ; mais aucune classe n'est plus intéressante à étudier à ce point de vue que celle des oiseaux, et c'est sur elle qu'ont porté surtout les travaux de Darwin, de Wallace et des autres fondateurs et adeptes de la théorie de la sélection sexuelle.

Chez les oiseaux, l'intelligence et l'affectibilité atteignent un haut degré de développement. De nombreuses observations établissent d'une manière certaine que les relations sexuelles n'y sont pas livrées au simple hasard et que les femelles se décident souvent en faveur de tel ou tel mâle à la suite d'un véritable choix. Les batailles entre mâles y sont fréquentes et terribles ; mais la force ne paraît pas être le seul moyen qu'ils possèdent de conquérir la femelle convoitée, et le consentement de cette dernière n'est pas toujours aussi facile à obtenir qu'on serait tenté de le croire. C'est pourquoi Darwin et ses partisans regardent les caractéres ornementaux comme occupant dans la lutte sexuelle, chez les oiseaux, un rang supérieur à celui des armes de combat. Sans entrer dans des détails inutiles, je dois rappeler, parmi ces caractères d'ornementation, la superbe et immense queue du paon mâle, les ailes brillamment colorées de l'argus, la crête rutilante du coq, etc. Il est important de remarquer que les caractères d'ornementation sont souvent la propriété exclusive des mâles. Dans un certain nombre d'espèces cependant on les retrouve chez la femelle à peu près avec le même développement. Dans beaucoup de cas, ils apparaissent à l'époque des amours pour disparaître ensuite, et presque jamais ils ne se montrent chez les jeunes. A ces caractères se joignent souvent d'autres qualités remarquables, comme le chant, la danse, etc., qui paraissent n'avoir d'autre objet que de concourir à la séduction des femelles. Quant aux armes de combat, elles sont représentées par le bec, les ailes, les éperons, etc., dont certaines espèces se servent pour se livrer de longues et rudes batailles.

Un grand nombre d'espèces de mammifères, de quadrumanes et les hommes eux-mêmes présentent des caractères que l'on peut comparer à ceux dont nous venons de parler, en ce qu'ils ont des relations plus ou moins étroites avec les sexes, et n'existent souvent que chez le mâle, pour lequel ils constituent soit des ornements, soit des armes, ou les deux à la fois. Darwin range dans cette catégorie de caractères les taches voyantes d'un grand nombre d'antilopes, la coloration de la face ou des fesses de certains singes, les touffes de poil, la barbe, les cornes, les défenses, etc., qu'on ne trouve que chez les mâles de beaucoup d'espèces; mais il reconnaît que, chez les mammifères, les femelles paraissent moins touchées des caractères d'ornementation que de la force et de la vigueur génésique des mâles.

Nous avons dit plus haut que Darwin attribue le développement de tous les caractères sexuels secondaires à une forme particulière de la sélection naturelle qu'il désigne sous le nom de sélection sexuelle. D'après lui, les femelles choisissant toujours de préférence les mâles les plus beaux, les caractères ornementaux seraient perpétués par l'hérédité et deviendraient graduellement de plus en plus intenses. C'est également à la sélection sexuelle qu'il attribue le développement des armes employées par les mâles dans leurs combats pour la conquête des femelles.

Bien que cette manière de voir soit aujourd'hui admise par presque tous les naturalistes, il me paraît indispensable de l'examiner avec quelque soin. Peut-être arriverons-nous ainsi à nous assurer que les bases sur lesquelles elle repose ne sont pas aussi solides qu'on le croit généralement.

Tous les caractères sexuels secondaires peuvent être divisés, d'après leur nature et leur rôle, en deux catégories : ceux qui sont *utiles* et ceux qui sont simplement *agréables*.

Les caractères *utiles*, tels que les armes de combat, les organes d'appel et de préhension, sont toujours des parties entrant dans le plan d'organisation typique des animaux, mais ayant pris, dans certaines espèces déterminées, un accroissement considérable et proportionné à l'énergie du rôle qu'ils sont appelés à jouer. Il ne me paraît pas douteux que le développement de ces caractères soit dû, en grande partie, à l'*usage* constant qu'en font les animaux qui en sont doués et à l'influence accumulatrice de l'hérédité. Darwin lui-même ne se refuse pas à admettre cette manière de voir, mais il attribue la plus grande part d'influence à la sélection sexuelle.

Les caractères *agréables*, c'est-à-dire ceux qui servent uniquement à l'ornementation et qui permettent aux mâles de séduire les femelles ou réciproquement, sont dus, comme les précédents, au développement exagéré de certains organes entrant dans l'organisation typique des animaux ; mais ils ne peuvent guère être attribués à l'usage qui en est fait et Darwin explique leur développement par la seule sélection sexuelle.

Nous reviendrons plus bas sur la manière dont Darwin explique le développement des caractères sexuels secondaires et nous la discuterons avec tout le soin qu'elle mérite.

Chez les animaux comme chez les plantes, l'association en vue de la lutte pour l'existence est une nécessité à laquelle les différentes espèces peuvent d'autant moins se soustraire qu'elles comptent d'avantage d'ennemis et que ces derniers sont plus redoutables.

En ce qui concerne les animaux terrestres, ce sont les herbivores et les granivores, c'est-à-dire ceux qui ont une alimentation végétale et servent eux-mêmes à la nourriture des carnivores, qui forment les sociétés les plus étendues. Il me suffira de rappeler les vastes troupeaux de bœufs, de chevaux, de buffles, de cerfs, qui peuplent les plaines verdoyantes des deux mondes; les sociétés de pigeons sauvages et de perroquets qui animent les solitudes des forêts vierges; les associations d'abeilles, de fourmis, de pucerons, etc.

Les animaux aquatiques, quoique généralement carnivores, forment aussi, presque tous, des sociétés d'autant plus considérables qu'ils sont exposés à plus de dangers. Ai-je besoin de citer les immenses bancs de sardines et de harengs qui fréquentent nos côtes? Seuls, quelques grands poissons carnivores, comme les requins, vivent dans un isolement relatif, qui s'explique facilement par le fait de la concurrence que se font ces animaux dans la recherche de la nourriture.

C'est aussi cette concurrence qui détermine l'isolement de la plupart des grands carnassiers terrestres, comme les tigres et les lions, dont les sociétés ne dépassent pas les limites étroites de la famille.

Les associations formées par les animaux sont, comme celles des plantes, de deux sortes : les unes méritent véritablement le nom de « sociétés »; elles sont constituées par des individus appartenant tous à la même espèce;

Dans cette catégorie se rangent les troupeaux de bœufs, de chevaux, de rennes, etc., les sociétés de pigeons, de fourmis, d'abeilles, de sardines, de morues, de harengs, etc.

Les causes qui déterminent la constitution de ces sociétés sont de diverses sortes. Au premier rang figure, comme pour les sociétés végétales, un phénomène de sélection absolument inconscient, consistant en ce que les races dans lesquelles les individus issus les uns des autres restent associés pendant une partie ou la totalité de leur existence, ne sont pas détruites par leurs ennemis naturels, par conséquent se perpétuent, forment de véritables espèces, tandis que les races exposées aux mêmes ennemis, dont les individus s'isolent, succombent dans la lutte pour l'existence avant d'avoir pu former une espèce véritable.

Un exemple fera bien comprendre ce fait, qui est de la plus haute importance et qui cependant me paraît avoir complètement échappé aux observations des naturalistes. Voici quatre pigeons. Deux sont blancs, deux sont entièrement gris. Il y a un mâle et une femelle blancs, un mâle et une femelle gris. En accouplant le mâle gris avec la femelle grise et la femelle blanche avec le mâle blanc, et en supposant que toutes les circonstances fussent favorables, on pourrait déterminer la production de deux races : l'une à individus tous blancs, l'autre à individus tous gris. Mais je suppose que les deux cas suivants se présentent : d'une part, tous les petits issus du couple blanc restent ensemble, ne donnent que des petits blancs comme leurs parents et ne se séparent pas de ces derniers. Nous aurons bientôt une société importante de pigeons blancs qui, en dépit de pertes nombreuses, persistera indéfiniment. D'autre part, les pigeons gris issus du premier couple gris, au lieu de vivre en société, se séparent et s'isolent par couples. La conséquence est une destruction rapide de ces couples et la disparition complète de la race grise. Tandis que la vie en société assurait à la race blanche le triomphe dans la lutte pour l'existence, l'isolement a perdu la race grise.

En généralisant, je puis dire que tous les individus isolés sont fatalement supprimés dans la lutte pour l'existence contre le milieu extérieur, contre les végétaux ou contre les animaux, tandis que ceux qui vivent en société échappent en partie aux mêmes ennemis et perpétuent leurs races. Il en résulte que tous les animaux, du moins tous ceux qui comptent des ennemis nombreux, tous les herbivores, par exemple, doivent se présenter à nous à l'état de sociétés plus ou moins étendues. C'est, en effet, ce que nous avons déjà constaté.

La vie en société de la plupart des animaux se trouve donc expliquée, en premir lieu, par un phénomène dans la production duquel l'animal est absolument inconscient. Ces êtres se présentent à nous à l'état de sociétés, parce que ceux qui ne mènent pas ce genre de vie disparaissent en tant que races ou espèces, tandis que les autres fondent des races ou des espèces permanentes. Les sociétés des animaux les plus inférieurs ne peuvent incontestablement être expliquées autrement.

Mais nous devons nous demander si les animaux supérieurs ne sont pas entraînés vers la vie en société par certains sentiments particuliers et s'ils n'adoptent pas ce genre de vie d'une façon consciente. Il est absolument incontestable que les sociétés d'abeilles, de fourmis, de buffles, de rennes, etc., sont des sociétés conscientes et en grande partie volontaires. Nous devons donc rechercher quel est le sentiment qui a pu leur servir de base.

Ici se pose de nouveau la question du rôle joué par la famille dans la formation des sociétés.

Contrairement à ce qui est généralement admis, je ne pense pas que la famille puisse être considérée comme la base des sociétés animales, même chez les animaux les plus élevés en organisation. Si la famille était la base de la société, le développement de l'une devait être directement en rapport avec le développement de l'autre. Or il n'en est jamais ainsi.

Le tigre nous en offre un exemple remarquable. Pendant la période des amours et celle de l'élevage des petits, le mâle et la femelle se montrent étroitement unis. Les petits, qui sont peu nombreux, suivent leurs parents pour ainsi dire, pas à pas ; la vie de famille existe alors dans toute sa plénitude. Mais elle est de courte durée ; dès que les petits sont grands, ils se dispersent ; le mâle et la femelle se séparent ; à une vie de famille très étroite succède un isolement absolu.

D'autres faits prouvent que, bien loin d'être un acheminement vers la société, la famille constitue, au contraire, chez les animaux, dans beaucoup de cas, un obstacle réel à la constitution de sociétés permanentes.

Ce qui se passe dans un troupeau de bœufs sauvages, au moment des amours en est une excellente preuve. Lorsqu'un mâle adulte a fait son choix parmi les femelles, lorsqu'il a été agréé par celle dont il sollicite les faveurs, le couple s'éloigne, il va vivre et aimer à l'écart. Si quelque autre membre de la société. un mâle surtout, essaye d'approcher, il ne tarde pas à voir s'abaisser devant son front les cornes de l'amoureux. Le même fait se reproduisant pour tous les mâles adultes, le troupeau diminue rapidement de nombre, ou se dissout, du moins pour quelque temps ; ce n'est que plus tard qu'un troupeau nouveau pourra se constituer par un procédé dont nous parlerons tout à l'heure.

La famille animale n'a elle-même, d'habitude, qu'une durée tout à fait passagère. Tant que les jeunes ne sont pas parvenus à l'âge des amours, il est fréquent de les voir s'attacher à leurs parents et les suivre, alors même qu'ils n'ont plus aucun besoin de leurs soins. Les parents les tolèrent, parfois même leur témoignent encore des marques incontestables d'affection ; mais, dès que les enfants sont devenus aptes à la reproduction, une lutte acharnée éclate, d'une part entre les enfants d'un même père, d'autre part entre le père et les enfants, et le groupe familial se dissout. Il n'est pas rare non plus de voir la mère chasser ses enfants dès qu'ils ont acquis les forces nécessaires pour subvenir eux-mêmes à leurs besoins. Cela se produit surtout chez les animaux qui ont des portées fréquentes. La chatte griffe et mord les petits qui cherchent ses mamelles alors qu'elle commence à ressentir les aiguillons de la chair et qu'elle appelle les caresses du mâle. Nous avons déjà dit, dans un chapitre précédent, que ces faits jouent un rôle important dans la ségrégation active ou volontaire des animaux.

Si des animaux dont la vie de famille est plus ou moins développée, du moins pendant un certain laps de temps, par exemple le tigre, ne forment jamais de sociétés, par contre, il existe de nombreuses espèces animales qui offrent un état social très développé avec une vie de famille à peu près ou tout à fait nulle. Chez les chiens sauvages, les liens conjugaux ne sont que passagers ; le mâle prodigue ses caresses au plus grand nombre possible de femelles et ne prend aucun soin de ses innombrables enfants. Ces animaux présentent cependant un état social aussi développé qu'il est possible de le rencontrer en dehors de l'humanité. Ils forment, dans certains pays, de vastes villages à habitations souterraines ; ils ont des chefs de divers ordres, marchent en troupe à l'ennemi ou plutôt au-devant des animaux dont ils font leur proie, leur livrent des batailles réglées et font preuve de talents stratégiques consommés.

Ainsi, chez les chiens sauvages, pas de famille et un état social très avancé. Chez les tigres, une famille étroite et pas de société. Quelle meilleure preuve pourrions-nous trouver que chez les animaux la famille ne peut pas être considérée comme la base de la société ?

Un exemple bien curieux de la sorte d'antagonisme qui existe, chez certains animaux, entre la famille et la société, nous est offert par les fourmis et les abeilles. Chaque société ne possède qu'un seul mâle et une seule femelle qui vivent presque en dehors de la société ; les femelles ou les mâles auxquels ils donnent naissance sont tués ou s'éloignent, aussitôt qu'ils ont atteint leur développement complet. Tous les membres de la société, tous les travailleurs, tous ceux qui contribuent au bien être de la communauté, ont perdu toute faculté génératrice, et ne possèdent plus que des organes génitaux tellement rudimentaires qu'ils ne peuvent leur être d'aucun usage et ne provoquent en eux aucun besoin génésique.

Chez ces êtres, pour que la famille serve de base à la société, il faut que l'élément le plus indispensable à la constitution de la famille, les organes reproducteurs, disparaissent.

Je pourrais invoquer encore bien d'autres faits qui

prouvent que, chez les animaux, la famille ne peut pas être considérée comme la base de la société et qu'il y a même toujours antagonisme entre les intérêts familiaux et les intérêts sociaux ; mais c'est surtout à propos des sociétés humaines que je me propose de mettre ces faits en relief.

Chez les animaux doués d'intelligence, comme les fourmis, les abeilles, les bœufs, etc., la vie en société est en partie due à ce que ces animaux comprennent, dans une certaine mesure, l'intérêt qu'il y a pour eux à suivre ce genre de vie. Il n'est pas douteux que le chien sauvage, par exemple, sache d'une manière très certaine qu'il lui est plus facile de s'emparer d'un cerf lorsqu'il est aidé dans cette chasse par un certain nombre de ses semblables, que quand il est réduit à ses propres forces. La fourmi sait fort bien aller requérir l'assistance de ses concitoyennes pour traîner un brin d'herbe que seule elle serait impuissante à déplacer. Vous avez tous vu dix, quinze, vingt, cent fourmis, s'atteler ainsi à un même objet, sur l'avis bien manifeste de quelques-unes d'entre elles, avis transmis à l'aide du frottement des antennes. Dès que quelque danger survient, on voit les moutons épars dans une prairie se rapprocher vivement les uns des autres, se réunir en une masse compacte, puis, tous à la fois, incliner leurs fronts en avant et menacer l'ennemi.

Avant d'entreprendre le long et pénible voyage d'émigration qu'elles effectuent tous les ans, les hirondelles et les grues se réunissent par bandes. Celles-ci ne partent pas avant que tous les individus qui habitent une même localité soient présents.

Dans tous ces cas, l'aide pour la lutte et l'association sont manifestement conscientes ; nous pouvons attribuer leur production à ce que les individus qui se groupent comprennent, sinon parfaitement, du moins dans une certaine mesure, la nécessité de la vie sociale.

Un autre sentiment s'ajoute à celui de l'intérêt : je veux parler d'une sorte particulière d'affection que ne tardent pas à éprouver les uns pour les autres lés divers membres d'une même société. Il est important de rechercher la source de ce sentiment.

Tout animal se trouve, au moment de sa naissance, en présence d'animaux semblables à lui. Chez les mammifères, c'est le père, la mère et les frères de la même portée qui s'offrent à la vue du jeune animal. Chez les poissons, dont les œufs sont abandonnés par les parents, ce sont seulement des frères ou du moins des individus de la même espèce. Je ne veux pas insister sur l'avantage que les jeunes animaux retirent de leurs rapports avec les premiers êtres qui les environnent. Chez les mammifères qui allaitent leurs petits, cet avantage est trop direct pour qu'on puisse le nier; il est le point de départ de l'amour que les enfants éprouvent pour leur mère, en même temps que de l'affection que cette dernière leur rend. Chez les poissons, le cas est différent, puisque les jeunes animaux ne connaissent pas leurs ancêtres et n'ont de rapports qu'avec des êtres de la même génération qu'eux.

Mais, chez les uns comme chez les autres, les premiers êtres qui frappent la vue des jeunes sont, je le répète, des animaux ayant les mêmes formes, les mêmes habitudes et les mêmes besoins. Ces premières formes aperçues se gravent profondément dans la mémoire; elles ne se confondront jamais avec celles des organismes différents, qui plus tard se présenteront à l'observation des jeunes animaux. Toutes les formes qu'ils n'ont pas encore aperçues, produisent même sur eux un effet désagréable et leur inspirent un sentiment de crainte qui ne se dissipe que lentement et à la condition formelle qu'aucun danger ne vienne jamais des inconnus. Ainsi s'explique la peur manifestée par tous les animaux, y compris l'homme, à la vue des objets, surtout des organismes vivants, qu'ils aperçoivent pour la première fois.

Les jeunes animaux qui n'ont encore vu que des êtres semblables à eux se rapprochent rapidement de ces derniers, dont ils savent n'avoir rien à redouter, dès que d'autres êtres apparaissent. Il se produit ainsi, lentement, un échange de relations qui constitue le premier lien de la vie sociale.

L'affection sociale trouve encore sa source dans un autre fait que je ne veux que signaler en passant. Tandis que les jeunes animaux grandissent dans la société de leurs semblables, leurs organes génitaux se développent peu à peu et ne tardent pas à déterminer des besoins encore tellement vagues qu'ils trouvent leur satisfaction dans la fréquentation, les jeux et les caresses des animaux du même âge. Plus tard, surviennent des tentatives de rapports sexuels dans lesquelles le jeune animal ne paraît pas faire de distinction entre les différents sexes. Le jeune chien mâle, par exemple, courtise aussi volontiers les mâles de son âge que les jeunes femelles. Enfin, lorsque les organes de la reproduction ont acquis tout leur développement, l'attraction que chaque femelle exerce sur tous les mâles de son entourage et celle que chaque mâle exerce sur toutes les femelles resserrent encore les liens de l'affection sociale et tendent à développer de plus en plus une qualité que l'on peut désigner

par le nom de *sociabilité*. Celle-ci, se transmettant par
l'hérédité, devient inhérente à la nature de certains animaux.

Les sociétés formées par les espèces animales inférieures, celles dont la sélection est la seule base, ne
présentent aucune organisation. Les individus vivent
ensemble d'une façon presque aussi inconsciente que les
chênes dans les forêts, ou les graminées dans les prairies.
Les sociétés d'animaux supérieurs offrent, au contraire,
presque toujours une certaine discipline. Tout le monde
connait l'ordre admirable qui règne dans les fourmilières
ou les ruches, et l'importance dont jouit, dans ces dernières, la femelle pondeuse, à laquelle les naturalistes ont
donné le nom de reine. Quand la reine d'une ruche vient
à mourir il se produit bientôt un trouble indicible. Dans
les troupeaux de bœufs, de rennes, de cerfs, de chevaux,
il existe toujours une sorte de chef qui guide la société
tout entière dans ses marches et donne le signal de la
fuite quand surviennent les ennemis. Certains chiens
sauvages ont aussi des chefs reconnus qui semblent régler
la stratégie de la chasse.

Cette organisation découle de deux sentiments qui se
manifestent très nettement chez tous les animaux supérieurs : la crainte et l'esprit de domination.

Tous les animaux qui servent à l'alimentation des carnivores, tous les carnivores qui sont mangés par d'autres
carnivores, sont, dès l'enfance, instruits par leurs parents ou leurs semblables de la nature des ennemis qu'ils
ont à redouter et sont rendus craintifs par l'observation
directe des ravages que font parmi eux ces ennemis. La
crainte devient ainsi une qualité d'autant plus développée
chez une espèce animale déterminée que cette espèce a

plus de dangers à courir ; mais cette crainte n'existe jamais qu'à l'égard des ennemis traditionnels de l'espèce.

Dans les pays, par exemple, où le singe n'est pas chassé par l'homme, il ne le redoute pas le moins du monde ; le contraire existe dans ceux où on le chasse. Dans l'île de Poulo-Condore, j'ai vu les singes braver les indigènes auxquels le port des armes était interdit, dévaster les récoltes sous les yeux des femmes qui s'efforçaient de les chasser par leurs cris et les bruits de leur tam-tams, tandis que les européens ne pouvaient s'approcher de ces animaux qu'avec la plus grande difficulté.

Ce sentiment de crainte, très répandu parmi les animaux, et surtout parmi les herbivores, a pour conséquence le groupement des membres d'un grand nombre de sociétés autour de quelques individus reconnus plus prudents ou plus hardis, parce que, étant plus vigilants que les autres, ils signalent les premiers la présence de l'ennemi et donnent l'exemple de la fuite, ou, parfois, opposent une certaine résistance.

Ces individus sont presque toujours des mâles plus robustes que les autres, qui cherchent à conquérir le suffrage des femelles par l'étalage de leur intelligence, de leur force, de leur prudence ou de leur courage.

La conséquence de l'obéissance qui leur est manifestée est le développement chez eux d'un esprit très marqué de domination, qui se transmet par l'hérédité et fait que, d'habitude, les fils d'un chef de troupeau, parvenus à l'âge adulte, entament la lutte avec leur père, en vue de le supplanter, ou bien, s'ils ne peuvent y parvenir, s'éloignent en entraînant une partie de la société.

On pourrait être tenté de voir dans ces faits le point de départ et même la justification naturelle de l'organisation monarchique des sociétés humaines; mais les sociétés animales présentent, contrairement aux nôtres, ce fait remarquable que l'obéissance n'y est jamais passive, et surtout que le respect, fondement de notre hiérarchie sociale, est un sentiment inconnu des animaux.

La révolte existe à l'état permanent dans les sociétés animales, dont les membres ne suivent leurs chefs qu'à la condition d'y trouver un avantage réel au point de vue des individus et surtout au point de vue du progrès de l'espèce. Les moutons de Panurge et les hommes sont les seuls animaux qui poussent le servilisme et la sottise jusqu'à se jeter à l'eau dans le seul but de suivre leurs chefs.

Certains animaux domestiques présentent cependant les habitudes d'obéissance servile dont nous constatons la plus haute manifestation chez l'homme.

Le chat et le chien sont particulièrement intéressants à cet égard, parce qu'on peut saisir chez eux l'origine de ce sentiment et la façon dont il se transforme en un caractère permanent, que nous pouvons considérer aujourd'hui comme spécifique, du moins en ce qui concerne le chien.

Les ancêtres mal connus du chien et du chat étaient des animaux essentiellement carnivores, qui n'ont pu être réduits à l'état de domesticité qu'à la suite de grands efforts et par la privation de nourriture, moyen employé de nos jours par toutes les populations sauvages. Ne recevant des aliments que quand ils se montraient dociles, ces animaux ne pouvaient manquer d'être amenés par le besoin à subir les volontés de leurs maîtres. Au bout d'un certain nombre de générations, leur vigueur naturelle s'étant affaiblie par suite de la suppression des habitudes de la vie libre, leur caractère s'étant adouci et des besoins nouveaux s'étant développés, ces animaux, devenus incapables de se suffire à eux-mêmes, se trouvèrent définitivement liés à l'homme.

L'éducation put alors intervenir et achever l'œuvre de domestication. Elle développa les aptitudes à la crainte qui existent chez tous les animaux et tranforma en servilité l'obéissance purement intéressée du début. Désormais, contrairement à ce que l'on constate chez tous les animaux sauvages, le chien léchera la main qui vient de le frapper et qu'il devrait mordre.

Le chat, dont l'éducation a été plus négligée, a subi moins fortement l'influence de l'homme; il n'obéit guère qu'aux ordres qui lui conviennent, ne caresse que les personnes qui lui témoignent de l'affection et qui se préoccupent de ses besoins; il est resté plus indépendant et a conservé, dans une certaine mesure, le sentiment d'autonomie individuelle que manifestent à un si haut degré les animaux sauvages.

D'abord simplement intéressée, comme celle que certains animaux sauvages manifestent à l'égard des chefs de leurs sociétés, l'obéissance du chat, et surtout celle du chien, est devenue par l'habitude et l'éducation un caractère permanent et pour ainsi dire spécifique, caractère que nous retrouverons en l'homme, où il s'est développé de la même façon.

Nous n'avons encore parlé que des sociétés animales véritables, formées par des individus appartenant tous à la même espèce. Il existe une autre forme de groupement des animaux, d'une grande utilité dans la lutte pour l'existence : je veux parler des « associations » formées par des animaux appartenant à des espèces différentes, parfois même à des groupes très éloignés les uns des autres.

Parmi ces associations, je puis citer celle que certains oiseaux forment avec les bœufs, les chevaux, les éléphants sauvages. Ces oiseaux se nourrissent soit des graines non digérées contenues dans les déjections des mammifères qu'ils fréquentent, soit des parasites qui couvrent leur peau et leur rendent service en jouant le rôle de sentinelles toujours en éveil, les prévenant des moindres dangers. Les moules contiennent fréquemment un petit crabe qui forme avec elles une association plus étroite encore. La moule fournit au crabe un logement assuré, où il passe, dans le calme, les périodes les plus difficiles de son existence ; elle reçoit, en échange de ce service, les débris d'aliments qui tombent des pinces de son hôte, mieux armé qu'elle pour l'attaque.

Certains pucerons sécrètent un liquide sucré très recherché des fourmis ; ces dernières non seulement ne font aucun mal à leurs minuscules vaches à lait, mais encore, dans certains cas, elles prennent soin d'elles et vont jusqu'à les nourrir pendant une partie de l'année ou les transportent sur les plantes les plus favorables à leur alimentation.

Je ne veux pas multiplier le nombre de ces faits ; ceux que je viens de citer suffisent pour en démontrer l'importance. Quant à la cause déterminante de ces associations, nous devons la chercher, en partie dans un phénomène de sélection inconsciente, analogue à ceux que nous connaissons déjà, en partie dans l'intérêt plus ou moins conscient qu'ont les animaux à se réunir et à se rendre des services réciproques, malgré les différences qui existent dans leur organisation. Le crabe qui habite la coquille de la moule pourrait parfaitement manger l'animal qui lui fournit un logement, mais il perdrait ainsi le bénéfice de ce logement. Plus fort, il s'associe à un plus faible, en vue de son intérêt particulier, et le faible, de son côté, trouve un avantage marqué dans cette association.

Ces faits et ces considérations montrent bien nettement combien se trompent ceux d'entre les partisans de la doctrine de Darwin qui, prenant cette doctrine à la lettre et ne l'envisageant, comme l'a fait son fondateur, que par une seule de ses faces, y voient une justification du principe, essentiellement erronné, que « la raison du plus fort est toujours la meilleure ».

Je crois, au contraire, avoir bien mis en relief ce fait, partout manifeste, qu'il n'est pas de végétal ou d'animal, si fort qu'il soit, qui n'ait besoin, dans la lutte pour l'existence à laquelle il est fatalement condamné, de l'aide d'un autre végétal, ou d'un autre animal, souvent plus faible que lui-même.

L'observation des phénomènes de la lutte pour l'existence offerte par l'espèce humaine nous fera-t-elle assister au même spectacle? Le moment est venu d'aborder cette observation. Bien armés pour la faire en connaissance de cause, nous ne pouvons manquer d'obtenir des résultats véritablement scientifiques et certains.

Comme tous les êtres vivants dont nous avons déjà parlé, l'homme soutient contre le milieu extérieur, contre les végétaux et les animaux, et surtout contre ses semblables, une lutte pour l'existence qui commence dès sa première apparition dans l'œuf et ne se termine qu'à l'heure de la mort. Je n'ai pas l'intention d'exposer ici tous les détails de cette lutte; il me suffira d'en retracer les lignes principales.

Il n'est pas d'animal qui s'expose autant que l'homme aux vicissitudes du milieu extérieur; il n'en est pas non

plus sur lequel ce milieu produise d'effets plus désastreux. Adaptée au milieu déterminé dans lequel s'est
écoulée l'existence de ses ancêtres, chaque race d'hommes
ne peut, sous peine de danger, s'exposer à un milieu
différent. C'est cependant ce que font la plupart d'entre elles, surtout les plus civilisées, c'est-à-dire celles
qui, s'étant créé le plus de besoins, sont condamnées
à faire le plus d'efforts pour arriver à les satisfaire.
Il est à peine nécessaire de rappeler, en passant, la
destruction rapide des européens qui, nés dans les régions
tempérées du globe et adaptés aux conditions de ces régions, s'en vont courir après la fortune dans les pays
brûlés par le soleil des tropiques et de l'Équateur ou dans
les contrées glacées et à peine éclairées des pôles.

Sous nos climats eux-mêmes, les conditions extérieures
sont d'autant plus funestes aux hommes qu'ils sont davantage placés par le besoin dans la nécessité de ne tenir aucun compte des variations de la température.

Cette lutte contre le milieu extérieur, si funeste aux individus envisagés isolément, est-elle du moins favorable
à l'espèce humaine? entraîne-t-elle quelques progrès de
cette espèce? En aucune façon. Bien loin de servir, comme
on serait tenté de le croire, en adoptant sans contrôle les
données générales de la doctrine de Darwin, à une sélection progressive des hommes, elle agit dans une direction
absolument opposée.

Ce sont, en effet, les individus les plus robustes, les
plus énergiques, les plus ardents au travail intellectuel
ou matériel qui s'exposent le plus volontiers aux dangers
de la lutte contre le milieu extérieur; c'est sur ceux-là,
par conséquent, que porte particulièrement l'action redoutable des variations brusques des conditions cosmiques,

tandis que les faibles et les paresseux, qui sont aussi presque toujours les riches, mis à l'abri du danger par des soins et des précautions de toutes sortes, échappent au péril, se multiplient à l'aise et perpétuent leur faiblesse où leur paresse.

Ainsi, de même que pour les autres êtres vivants, la lutte contre le milieu extérieur est davantage nuisible qu'utile à l'espèce humaine; si elle entraîne une sélection de certains individus et de leur descendance, c'est celle des faibles et des indolents. C'est une évolution descendante et non une évolution ascendante qui résulte de cette sélection.

Je ne dirai rien de la lutte que l'homme soutient contre les végétaux. Je me bornerai à rappeler que ceux-ci sont d'autant plus dangereux pour lui qu'ils sont de taille plus minime.

La lutte de l'homme contre les autres animaux a une importance beaucoup plus grande.

L'homme descend, sans nul doute, d'ancêtres qui, comme la plupart des singes actuels, avaient un régime à la fois végétal et animal, et n'étaient que très imparfaitement armés, soit pour l'attaque, soit pour la défense. Pour compenser cette infériorité deux choses étaient nécessaires : l'intelligence et l'association. N'ayant pas la force redoutable des carnassiers véritables, nos ancêtres ne pouvaient se procurer les animaux nécessaires à leur alimentation et échapper eux-mêmes aux grands carnivores qu'en employant la ruse, dans l'attaque comme dans la défense. De là une évolution ascendante, lente, il est vrai, mais constante, des races humaines, au point de vue de l'intelligence.

La vie en société a certainement toujours été l'un

des caractères les plus importants de nos ancêtres. J'ai
déjà fait remarquer que les animaux carnassiers les plus
forts et les plus féroces, ceux qui ont besoin d'une quantité relativement considérable d'aliments, vivent dans un
état d'isolement relatif, rendu nécessaire par leur mode
d'alimentation. Quant aux animaux qui, comme nos ancêtres, sont de mœurs plus douces et vivent en partie de
fruits ou d'herbes, ils sont condamnés à former des sociétés plus ou moins étendues, sous peine de disparaître
fatalement, au bout d'un temps plus ou moins long, dans
la lutte pour l'existence contre les ennemis de toutes
sortes qui les entourent.

Je considère comme une grave erreur l'opinion adoptée aujourd'hui par tous les naturalistes et anthropologistes, d'après laquelle la famille aurait constitué jadis et
constituerait encore aujourd'hui la base des sociétés humaines. Je n'ai nullement la pensée d'attaquer ce que
l'on appelle actuellement la famille ; je me place sur un
terrain exclusivement scientifique ; j'étudie l'homme et ses
sociétés comme j'ai étudié les végétaux et les animaux,
et je formule les résultats de mon observation sans me
préoccuper d'autre chose que d'en démontrer l'exactitude.

En me plaçant au point de vue exclusif du naturaliste, il m'est facile de constater que, dans les sociétés humaines, comme dans celles des autres êtres vivants, il
existe toujours un antagonisme marqué entre les intérêts
de la famille et ceux de la société. Qu'il me suffise de rappeler un phénomène offert par presque tous les peuples
sauvages actuels. La famille y est tellement étroite et si
exclusivement préoccupée de ses intérêts, que les rapports de famille à famille sont souvent extrêmement difficiles et que les mariages entre familles ne s'effectuent que

par un rapt véritable des femmes ou, tout au moins, à l'aide d'une série de formalités qui ne sont que les restes des anciennes habitudes de rapt et de viol.

Nos ancêtres ne se bornèrent pas à former des sociétés d'individus semblables; ils imitèrent encore l'exemple des animaux et des végétaux, et constituèrent avec certains animaux des associations dont l'importance a été très considérable au point de vue de l'évolution de notre espèce. Le chien, le faucon, etc., devinrent les auxiliaires de l'homme dans sa chasse aux autres animaux, tandis que le bœuf, le cheval, le mouton, lui fournirent, les uns, le moyen de ménager ses forces, les autres une alimentation régulières indipensable.

A un plus haut point que les sociétés animales supérieures, les sociétés humaines eurent de tout temps pour base non seulement la nécessité et la sélection inconsciente, mais encore l'intérêt conscient de leurs membres et cette forme particulière d'affection que j'ai nommée plus haut la sociabilité, affection qui, comme tous les autres sentiments, s'accrut graduellement à mesure que les races humaines évoluaient vers l'état qu'elles ont atteint aujourd'hui.

Quant à leur organisation, elle rappelait sans nul doute, au début, celle des sociétés d'animaux dont l'homme n'était qu'une forme un peu plus parfaite. C'est-à-dire que ces êtres se groupaient, comme le font actuellement les chiens, les bœufs, les chevaux sauvages, autour de chefs plus robustes ou plus intelligents, plus hardis dans l'attaque et plus rusés dans la défense.

Le sentiment de domination propre à tout animal ne pouvait manquer de se développer chez les chefs et leurs descendants, qui, exploitant la crainte ou la paresse des autres individus, ne tardèrent pas à former, dans chaque société un peu étendue, une caste belliqueuse, courageuse et forte, que plus tard on désigna sous le nom d'aristocratie.

Les familles qui avaient pris ainsi une place prépondérante dans un groupe social humain avaient tout intérêt, d'une part, à favoriser chez les autres individus le développement du sentiment de la crainte, à les tenir éloignés des luttes de la guerre et par conséquent désarmés, d'autre part, à conserver leurs propres qualités, par une transmission héréditaire soigneusement réglée, par cette ségrégation dont nous avons constaté la nécessité pour la conservation des caractères.

La société fut désormais divisée en deux catégories bien distinctes : l'une, composée d'un petit nombre de familles ne s'alliant qu'entre elles, ne se livrant qu'aux exercices de la chasse et de la guerre, conservant avec un soin jaloux le droit exclusif de porter des armés ; l'autre, formée de la masse de la société, composée d'individus condamnés à tous les travaux pénibles et façonnés, par une sorte d'élevage convenablement réglé, à une obéissance tout à fait semblable à celle des animaux domestiques. Cette habitude d'obéissance créa, au bout d'un certain nombre de générations, un caracère pour ainsi dire spécifique, se transmettant par l'héritage, comme la forme de la face ou la couleur de la peau.

Ces deux catégories de membres d'une même société constituent dès lors à nos yeux, non point de simples castes, comme l'admettent les historiens, mais de véritables races caractérisées, l'une par la force, le courage, l'habileté guerrière, l'esprit de domination et de commandement, l'autre par la faiblesse, la peur et la plus grossière inhabileté

militaire, et surtout un servilisme se transmettant par
hérédité comme l'esprit de domination de la race aristocratique. Mais il importe de ne pas oublier que la race
aristocratique, dans le but plus ou moins conscient de
conserver ses qualités, avait soin de se ségréger du reste
de l'humanité et d'éviter tous les croisements qui atténueraient sa supériorité.

Tandis que cette division se produisait, deux autres
castes se formaient lentement : celle des prêtres et celle
des industriels et des commerçants, la première représen-
tée d'abord par les individus les plus intelligents de la
société, par ceux qui faisaient faire à la science ses premiers pas, l'autre par les individus doués d'une habileté
spéciale dans toutes les questions de commerce, d'industrie, d'agriculture, etc.

Chacune de ces deux catégories d'individus se comporta
comme la caste aristocratique dont j'ai parlé tout à
l'heure, c'est-à-dire qu'elle se constitua en familles fer-
mées, ségrégées, dans lesquelles l'hérédité perpétuait des
qualités spéciales et supérieures à celles de la masse
dont la misère, l'abjection et l'ignorance étaient soigneusement maintenues.

Les castes supérieures contractaient bien entre elles
certaines alliances intéressées ; mais elles restaient cependant autonomes dans une très large mesure. Entre elles
étaient partagés, par suite d'une sorte d'entente tacite,
tous les pouvoirs de la société.

Dès cet instant, l'antagonisme entre les intérêts familiaux et les intérêts sociaux se montre avec une grande
netteté. Les familles des trois castes dominatrices sont
volontairement limitées dans le nombre de leurs membres, afin que ce nombre reste proportionné aux richesses

-de chacun ou aux fonctions lucratives qu'ils peuvent exercer. D'où obstacle à l'extension de la société.

Tandis que les classes dominantes, transformées en véritables races mieux douées que les autres, limitent le nombre de leurs membres, la race dominée, qui ne voit aucun intérêt direct à restreindre sa multiplication, puisqu'elle ne possède rien, s'accroît avec une rapidité telle que, le nombre de ses membres étant toujours bien supérieur à celui qui serait nécessaire pour accomplir le travail payé par les autres classes, chaque individu ne peut avoir en partage qu'une quantité de nourriture insuffisante à son entretien et doit accomplir une somme de travail supérieure à ses forces. C'est le prolétariat avec toute son horreur, et le prolétariat entretenu dans la misère, l'ignorance et le servilisme, qui constituent son seul héritage social, sa seule propriété individuelle et familiale.

Comme conséquence de ces faits, les sociétés se trouvent limitées dans leur extension ; le développement intellectuel et physique des individus est entravé par mille obstacles. La race des dominés reste fatalement faible et inintelligente. La race aristocratique possède, il est vrai, en partage, la force et le courage : mais elle reste ignorante à tel point qu'il y a quelques siècles à peine, dans notre patrie même, c'était une gloire pour un noble de ne savoir ni lire ni écrire. Quant aux prêtres, il ne faudrait pas croire qu'ils aient toujours représenté l'ignorance ; ils ont, au contraire, été les premiers adeptes de la science ; s'ils s'y montrent plus tard hostiles c'est seulement lorsqu'elle commence à étendre son empire en dehors de leurs propres domaines, c'est lorsqu'ils craignent de voir disparaître l'ignorance qui a toujours été le fondement de leur pouvoir,

Le développement de la puissance sacerdotale présente, au point de vue de la famille, ce fait singulier que, chez la plupart des peuples, les prêtres se sont montrés hostiles à la famille et n'ont, par suite, pas constitué une race véritable comme l'aristocratie, mais une sorte de classe d'individus recrutés parmi les plus intelligents des diverses races et soigneusement ségrégés.

Un autre fait a contribué puissamment à entraver le développement intellectuel de l'espèce humaine et joue encore ce rôle dans nos sociétés modernes : je veux parler de l'autorité que l'homme a toujours tenu à exercer sur la femme.

A toutes les époques et chez tous les peuples, nous observons ce fait. Afin d'assurer son pouvoir et de satisfaire ainsi, dans une certaine mesure, le besoin de domination dont nous avons constaté l'existence chez tous les animaux, l'homme emploie divers moyens infaillibles : il condamne la femme à des travaux ou à un rôle qui l'affaiblit et à une ignorance qui diminue ses facultés intellectuelles. Dans les classes pauvres, il en fait trop souvent un souffre-douleur, tandis que dans les classes riches il la transforme en instrument de plaisir, atrophie le cerveau qui pense, et arrondit, en les engraissant, les formes qui excitent les désirs.

Notre société en est ainsi arrivée à cet épouvantable résultat qu'il existe entre le cerveau des parisiennes et celui de leurs concitoyens mâles plus de différence qu'entre le cerveau d'une australienne et celui de son sauvage compagnon.

Cette étude naturelle de l'homme, envisagé dans ses sociétés, nous fait assister à un singulier spectacle. Par suite d'une application de son intelligence à la satisfaction non réfléchie de ses appétits individuels, l'homme a diminué dans une mesure considérable l'action de toutes les causes qui, chez les animaux, déterminent le progrès incessant des individus et des espèces.

Chez tous les animaux, la lutte pour l'existence entre les individus d'une même espèce entraîne la persistance des plus robustes et des plus intelligents; chez l'homme, cette lutte a créé les rois, les nobles, les prêtres, les exploiteurs de toute sorte ; elle ralentit ou arrête par moments le développement de l'intelligence, supprime par la misère et par la guerre les individus les plus forts.

Chez tous les animaux la lutte sexuelle amène le triomphe des plus beaux, des plus robustes et des plus intelligents ; chez les hommes, la femme se vend au plus riche, qui est souvent aussi le plus faible ou le plus sot. Enfin, l'asservissement et l'ignorance de la femme ont pour conséquence la procréation d'enfants moins intelligents et plus serviles qu'ils ne le seraient si les sexes n'étaient rapprochés, comme chez les animaux, que par l'attrait des qualités naturelles.

L'antagonisme entre la famille et la société, atténué dans ses effets, chez les animaux, par un ensemble de conditions naturelles, se manifeste avec toutes ses fâcheuses conséquences dans les sociétés humaines, où elle perpétue l'ignorance, la misère et l'esclavage.

L'association des individus, si utile à tous les animaux, a produit jusqu'à ce jour, parmi les hommes, bien des effets désastreux, les races fortes et dominatrices s'arrogeant seules l'usage des droits qu'elles interdisent aux classes dominées et s'associant pour opprimer ces dernières, tandis qu'elles les empêchent de se grouper et de s'unir pour la lutte.

Quant à la ségrégation elle n'a contribué qu'à maintenir d'une part, la supériorité des castes supérieures et dominatrices, et, d'autre part, l'ignorance et la servilité de la masse des individus qui composent l'espèce humaine.

Nous devons maintenant nous demander quel est le rôle de la lutte pour l'existence et de la sélection naturelle qui en est la conséquence dans la formation de variétés et d'espèces nouvelles.

Nous avons vu que les animaux et les végétaux sont soumis à une lutte incessante : 1° contre les variations brusques du climat ; 2° contre les autres animaux ou végétaux et l'homme ; 3° contre les individus appartenant à la même espèce animale ou végétale.

Envisageons d'abord la lutte contre le milieu extérieur, c'est-à-dire contre le climat, les vents, le froid, le chaud, l'humidité, etc. J'ai déjà montré que cette lutte n'est même pas de nature à toujours amener la persistance des plus forts. Mais en admettant même qu'elle le pût, il n'en résulterait pas la formation d'espèces nouvelles ; la seule conséquence qu'elle pourrait avoir serait de perfectionner l'espèce. Pour que celle-ci soit transformée, il faut que les conditions générales changent complètement ; ce ne sont pas des variations accidentelles qui pourraient produire un effet aussi considérable.

La lutte pour l'existence des animaux contre les végétaux et réciproquement, ou bien celle d'une espèce animale ou végétale contre une autre espèce appartenant au même règne, peuvent-elles davantage produire des espèces nouvelles? Je ne le pense pas, et le lecteur n'a qu'à se reporter à ce que nous avons dit de cette lutte pour arriver à la même conviction.

Prenons un exemple. Le lapin et le renard sont incontestablement en lutte incessante, et cependant je ne crois pas qu'on puisse dire que cette lutte soit de nature à transformer l'un ou l'autre ; le lapin a dû acquérir plus d'habileté pour creuser son terrier et s'y mettre à l'abri du renard, plus de délicatesse d'oreille pour entendre les pas de son ennemi, plus d'intelligence pour déjouer ses ruses ; mais il me serait bien difficile d'admettre qu'il peut trouver dans cette lutte les moyens de modifier sa dentition de rongeur. Le renard a pu, de son côté, perfectionner ses qualités de manière à amener le succès de sa chasse au lapin ; mais cela ne suffit pas pour faire une espèce nouvelle et surtout pour expliquer comment d'un renard on passe à un loup, comment d'un loup on passe à un tigre, etc.

Nous avons vu que les armes les plus importantes dans la lutte pour l'existence entre les individus appartenant à des espèces différentes sont la rapidité de la multiplication et l'association des individus. Il est à peine besoin d'insister sur l'impossibilité dans laquelle sont l'un ou l'autre de ces phénomènes de déterminer la formation d'espèces ou même de variétés et de races nouvelles. Nous avons vu, par exemple, qu'une plante produisant un grand nombre de graines a plus de chances de laisser une postérité que celle qui en donne une petite quantité, qu'un couple très prolifique de lapins laissera plus aisément une descendance qu'un autre couple à facultés génésiques limitées, etc. Il en résulte un avantage marqué pour tous les individus très prolifiques, et ce fait aisément constatable que plus une espèce compte d'ennemis et de chances d'être détruite par eux, plus elle est prolifique. Mais il est bien évident que cette lutte ne peut pas entraîner la transformation d'une espèce en une autre.

L'association, qui s'est présentée à nous comme un phénomène à peu près constant dans les espèces animales et végétales, et surtout dans celles qui comptent de nombreux ennemis, ne peut pas davantage être considérée comme susceptible de produire la transformation des espèces.

Je n'insiste pas sur ces faits, parce que Darwin lui-même n'attribue aux deux formes de la lutte pour l'existence que je viens d'envisager et à la sélection indéniable qui en est la conséquence aucun rôle dans la formation des espèces. On ne peut leur accorder qu'une action destinée à adapter les espèces animales ou végétales aux conditions les plus favorables à la lutte qu'elles sont destinées à soutenir contre les autres espèces.

Il est cependant un phénomène de la lutte pour l'existence entre individus d'espèces différentes sur lequel je dois insister, parce que la plupart des naturalistes lui font jouer un rôle considérable dans la formation des espèces sauvages, je veux parler du mimétisme, c'est-à-dire des couleurs et des formes protectrices.

Nous avons vu plus haut que ces phénomènes sont interprétés très différemment par Wallace et Darwin d'une part, et par Moritz Wagner de l'autre. Quelle que soit l'interprétation que l'on admette, on ne peut nier que le mimétisme soit susceptible de produire des variétés et des espèces; mais si l'on admet avec Wagner que les animaux recherchent volontairement les milieux ou les êtres auxquels ils ressemblent le plus, dans le but de se rendre invisibles à leurs ennemis, c'est la ségrégation seule qui est la cause des variétés ou des espèces ainsi produites. Si, au contraire, on admet que certains individus d'une espèce déterminée étant nés accidentellement avec une

couleur analogue à celle des objets parmi lesquels vivaient
leurs ancêtres et se trouvent leurs semblables, ont seuls
échappé à la destruction des individus de leur espèce,
c'est la sélection naturelle qui devient la cause de la formation des espèces nouvelles.

Quelle est celle de ces opinions qui doit être admise ?
J'avoue que j'hésite à me prononcer d'une façon formelle.
Cependant, il existe contre l'interprétation de Wallace
et de Darwin un argument puissant présenté par Darwin lui-même, et rappelé plus haut ; il réside dans le
fait que l'individu présentant accidentellement la forme
ou la couleur d'un objet sur lequel il vit, devra presque
forcément s'accoupler avec des individus offrant la couleur normale de l'espèce ; son caractère individuel protecteur courra donc grand risque de disparaître sous l'influence de ce croisement, avant d'avoir pu rendre à sa
postérité les services qu'il était de nature à lui procurer.
Pour qu'il en fût autrement, il faudrait que dans un
même lieu plusieurs individus naquissent simultanément
avec le même caractère protecteur et ne s'accouplassent
qu'entre eux. Mais plusieurs individus ne pourraient naître
avec un même caractère protecteur que sous l'influence
d'une cause générale cosmique.

Pour ce motif, je doute qu'il faille chercher dans la
lutte pour l'existence et la sélection naturelle qui en serait la conséquence, l'explication des phénomènes du mimétisme et la cause des transformations d'espèces qui résultent incontestablement de ces phénomènes.

Faut-il admettre de préférence l'interprétation de
Wagner? Faut-il croire que tous les animaux qui ont la
couleur ou la forme des objets ou des êtres parmi lesquels
ils vivent, sont des individus qui se sont volontairement

ségrégés des autres êtres de leur espèce dont un caractère accidentel de coloration ou de forme les faisait différer et sont allés vivre dans un milieu plus conforme à leur couleur ou à leur forme ? Je ne doute pas que cette explication soit applicable à un certain nombre de faits de mimétisme, mais je suis également convaincu qu'un grand nombre de couleurs protectrices sont dues à une autre cause dont j'ai déjà parlé, l'action photographique du milieu coloré dans lequel vivent les animaux.

Peut-être faut-il admettre que la sélection, la ségrégation et l'action photographique ont chacune leur part dans la transformation des espèces mimétiques. Mais il ne faut pas oublier que ces transformations sont très limitées, qu'elles ne peuvent avoir d'action que sur les confins étroits d'un même genre ou de genres très voisins. Ce n'est pas le mimétisme qui pourra expliquer le passage d'un type animal ou végétal à un type même voisin. Tous les naturalistes, quelle que soit la façon dont ils expliquent les phénomènes du mimétisme, paraissent être d'accord à cet égard.

En ce qui concerne la formation des espèces et l'évolution générale des êtres vivants, Darwin et ses partisans n'attachent d'importance réelle qu'à la lutte des individus d'une même espèce entre eux ; mais c'est à elle et à la sélection qui en est la conséquence, qu'ils attribuent, à peu près exclusivement, la formation des espèces nouvelles ; je dois donc examiner avec attention cette sorte de lutte.

La lutte entre individus de la même espèce peut porter sur la nourriture, sur la protection des individus contre les êtres d'espèces différentes, sur la facilité plus ou moins grande de la reproduction et la faculté génésique, enfin sur le choix des mâles et des femelles.

Examinons d'abord les conséquences possibles de la lutte pour la nourriture. Nous savons déjà que les individus les mieux doués des qualités requises pour trouver leurs aliments ont plus de chances que les autres de se perpétuer. Si, par exemple, de deux chênes, l'un a des racines très nombreuses et très allongées, plongeant profondément dans le sol et s'y répandant dans tous les sens, tandis que l'autre, pour un motif quelconque, maladie, infirmité, mauvaises conditions de croissance, etc., n'a qu'un système radiculaire réduit, il est évident que le premier aura beaucoup plus de chances de produire de beaux, nombreux et bons glands que le second, et que, par conséquent, il aura aussi plus de chances de laisser une postérité nombreuse, qui, au bout d'un temps donné, pourra rester maîtresse du terrain. Mais est-ce que cela suffira pour expliquer la transformation du chêne en hêtre ou en châtaignier, qui sont les formes végétales les plus voisines? Pas le moins du monde. Il existe entre ces formes, extrêmement rapprochées cependant l'une de l'autre, trop de différences pour que cette lutte indéniable pour la nourriture, et la sélection qui en est la conséquence, suffise à expliquer le passage de l'une à l'autre.

Mais, dira-t-on peut-être, s'il est vrai que cet exemple soit de nature à démontrer que la sélection naturelle résultant de la lutte pour la nourriture est incapable d'expliquer la transformation de la forme chêne en une forme voisine, il y a peut-être d'autres faits plus probants.

Prenons donc un des faits considérés comme tels. Pour ne pas être accusés de le choisir arbitrairement, empruntons-le à Darwin lui-même. Il appartient au même ordre d'idées, c'est-à-dire à la sélection résultant de l'inégalité des moyens possédés par les individus pour se pro-

curer leurs aliments, mais il est emprunté au règne animal. Je cite textuellement Ch. Darwin : « Afin, dit-il (*Orig.
des esp.*, p. 97), de bien comprendre comment agit,
selon moi, la sélection naturelle, je demande la permis-
sion de donner un ou deux exemples imaginaires. Supposons un loup qui se nourrisse de différents animaux,
s'emparant des uns par la ruse, des autres par la force,
d'autres enfin par l'agilité. Supposons encore que la proie
la plus rapide, le daim, par exemple, ait augmenté en
nombre à la suite de quelques changements survenus
dans le pays, ou que les autres animaux dont il se nourrit ordinairement aient diminué pendant la saison de
l'année où le loup est le plus pressé par la faim ; dans ces
circonstances, les loups les plus agiles et les plus rapides ont plus de chances de survivre que les autres. Ils
sont donc conservés ou choisis, pourvu toutefois qu'ils
conservent assez de force pour terrasser leur proie et s'en
rendre maîtres à cette époque de l'année ou à toute
autre, lorsqu'ils sont forcés de s'emparer d'autres animaux pour se nourrir. Je ne vois pas plus de raison de
douter de ce résultat que de la possibilité pour l'homme
d'augmenter la vitesse de ses lévriers par une sélection
sui generis et méthodique, ou par cette espèce de sélection inconsciente qui provient de ce que chaque personne s'efforce de posséder les meilleurs chiens, sans
avoir la moindre pensée de modifier la race. Je puis ajouter que, selon M. Pierce, deux « variétés de loups habitent
les montagnes du Castkill, aux États-Unis, une de ces variétés, qui affecte un peu la forme du lévrier, se nourrit
principalement de daims ; l'autre, plus épaisse, aux jambes
plus courtes, attaque plus fréquemment les troupeaux. »
Analysons ce fait. Il est bien évident que, si le loup

exceptionnellement rapide à la course dont parle Darwin, s'accouple avec une louve n'offrant pas le même caractère, il y aura beaucoup de chances pour que sa qualité finisse par être supprimée par un certain nombre de croisements successifs. C'est ce que Darwin lui-même admet quand il dit : « J'ai complètement compris combien il est rare que des variations isolées, qu'elles soient peu ou fortement accusées, puissent se perpétuer (*ibid.*, p. 98). » Pour que du loup exceptionnellement organisé en vue d'une course rapide puisse sortir une variété de loups offrant tous ce caractère, il faudra donc qu'il y ait isolément, ségrégation des petits et de leur progéniture, sans quoi le caractère se perdrait. Pour que cette condition ne fût pas nécessaire, il faudrait que dans une localité déterminée et pendant un temps fort long il n'y eût pas d'autre alimentation pour les loups que la viande d'un animal très rapide comme le daim ; mais, dans ce cas, tous les loups, se livrant à la même chasse, tendraient à acquérir, *par suite de l'usage constant de leurs membres*, la même aptitude à la course, de même que tous les enfants d'une commune qu'on exercerait à des marches forcées acquerraient une aptitude sinon égale, du moins à peu près égale à la marche.

En admettant que les marches forcées constituassent le seul gagne-pain de la commune, il est bien évident que les plus forts marcheurs seraient les plus favorisés et qu'au bout d'un certain nombre de générations tous les habitants de la localité seraient plus aptes à la marche que leurs ancêtres. Cela tiendrait à deux causes : 1° à la condition spéciale d'existence imposée aux membres de la commune ; 2° à la disparition des individus incapables de marcher, c'est-à-dire à une véritable sélection. Mais il faut remarquer que la plus importante de ces deux causes de transformation des individus est, non pas la sélection, mais l'obligation de faire des marches forcées; c'est cette dernière qui modifie les muscles et les nerfs mis en action dans la marche, en vue de leur faire acquérir les qualités nécessaires au rôle exceptionnel qu'ils sont obligés de remplir. Quant à la sélection, elle n'agit que pour faire disparaître les individus qui ne se modifient pas suffisamment; on peut la comparer au berger qui tuerait toutes ses brebis noires dans le but de former un troupeau entièrement blanc.

Notons que la disparition des mauvais marcheurs agit ici de la même façon que la ségrégation, en supprimant la possibilité des croisements qui atténueraient l'effet de l'habitude des marches forcées. Mais il faut que cette habitude persiste; si elle venait à cesser, les mauvais marcheurs ne périssant pas, et en même temps les bons marcheurs n'exerçant plus leurs facultés, la qualité exceptionnelle des gens de la commune ne tarderait pas à disparaître.

On le voit nettement, de quelque façon que nous tournions et retournions ce cas et par conséquent l'exemple donné par Darwin, nous voyons qu'il faut que la cause déterminante de la variation, c'est-à-dire l'usage, persiste, pour que la variation elle-même ne disparaisse pas. Quant à la sélection, elle ne peut agir qu'à la condition que la cause première de la variation se fasse sentir; elle ne fait qu'ajouter son effet à cette dernière, mais ce n'est pas elle qui détermine la variation, ce n'est pas elle par conséquent qui est capable de produire une race nouvelle.

Je ne veux pas insister davantage sur cette question. Elle me paraît suffisamment éclairée par les exemples que je viens d'analyser. Je crois que nous pouvons conclure, sans crainte, de son étude, que la lutte pour l'existence entre animaux ou végétaux de même espèce, en vue de la recherche des aliments, et la sélection qui en résulte ne peuvent pas être considérées comme susceptibles de déterminer des espèces nouvelles ; elles ne font qu'ajouter leur action aux causes qui ont déterminé les variations individuelles ; quand ces causes viennent à disparaître la variation disparaît aussi, et la sélection naturelle n'a plus rien à faire.

La lutte sexuelle et la sélection qui en résulte sont-elles davantage capables de produire des espèces nouvelles ?

L'opinion de Darwin relativement à la sélection sexuelle peut être résumée de la façon suivante : un individu vient au monde avec certains organes plus développés que ceux de tous les êtres de son espèce et surtout mieux adaptés, soit à la préhension de la femelle, soit à la lutte contre les autres mâles, soit à la séduction de l'autre sexe, etc. Cet individu étant mieux doué que les autres trouvera plus facilement à s'accoupler et perpétuera ses caractères dans une postérité nombreuse où ils ne feront que s'accentuer; tandis que les individus moins bien doués, se reproduisant moins facilement, disparaîtront peu à peu.

A un moment donné tous les êtres composant l'espèce auront le caractère favorable dont nous venons de voir le développement; la sélection aidée par l'usage de l'organe aura produit la transformation.

Envisageons, par exemple, les gigantesques mandibules dont le cerf volant mâle fait usage à la fois pour combattre les autres mâles, et pour saisir sa femelle pendant l'accouplement. Si nous admettons les explications de Darwin, un individu d'une espèce de coléoptères pourvus de mandibules très ordinaires, sera né, accidentellement, avec des mandibules beaucoup plus grandes que celles de ses congénères. Il en résultera pour lui un avantage ; il saisira plus facilement sa femelle, il battra plus aisément ses rivaux et transmettra ses qualités à ses enfants. Ceux-ci étant plus favorisés seront toujours assurés de laisser une postérité, tandis que les autres disparaîtront peu à peu, si bien qu'au bout d'un temps donné, l'espèce souche, à mandibules ordinaires, aura disparu, vaincue dans la lutte sexuelle, et sera remplacée par une espèce nouvelle à mandibules augmentant sans cesse de taille sous l'influence de l'usage et de l'hérédité.

Cette théorie soulève plus d'une objection.

En premier lieu, elle n'explique pas pourquoi, tout à coup, dans une espèce déterminée, un individu naît avec des mandibules beaucoup plus grandes que celles de tous ses semblables, tellement grandes qu'elles lui donnent un avantage sur tous les autres. Darwin se borne à nous dire que cela dépend de la « tendance à la variabilité » que possèdent tous les animaux. Cette tendance est, en effet, incontestable, ou, pour mieux dire, il est certain que tout être vivant, de même que tout corps inorganique, est apte à subir des modifications. Mais pour que celles-ci apparaissent, il faut une cause déterminante extérieure à l'organisme ou au corps brut. Pour qu'un insecte acquière des mandibules beaucoup plus grandes que celles de tous ses semblables il faut une cause ; ce sera soit la nature des aliments, soit toute autre condition cosmique et il y aura beaucoup de chances pour que cette cause agisse non pas sur un seul mais sur un nombre plus ou moins considérable d'individus, et non seulement sur une génération mais sur un grand nombre de générations successives.

Supposons qu'il en soit autrement, et qu'un seul insecte arrive au monde avec de grandes mandibules ; quelque avantage qu'il en retire, s'il ne les doit qu'à une cause occasionnelle et passagère, il pourra bien les transmettre à ses descendants ou du moins à une partie d'entre eux, mais le caractère s'affaiblira sous l'action des croisements successifs et finira par disparaître comme on le constate pour la polydactylie chez l'homme.

Pour qu'il en fut autrement, pour que ce caractère accidentel non seulement se perpétuât indéfiniment mais encore finit par devenir dominant et par entraîner la suppression de tous les individus qui ne le présentent pas, en un mot, pour que la manière de voir de Darwin fut vraie, il faudrait supposer que ce caractère fût non seulement avantageux mais encore indispensable, chose inadmissible, puisque les insectes s'en sont jusqu'alors passé.

Il pourrait cependant arriver que les descendants du premier individu né avec des mandibules extraordinaires s'isolassent, avec leurs femelles, des autres individus de l'espèce et allassent former une colonie dans laquelle le caractère se perpétuerait parce que les mâles s'accoupleraient constamment avec des femelles issues de mâles à grandes mandibules. Pour rappeler un fait cité plus haut, si la famille Lambert avait été isolée dans une île et mise à l'abri de tout croisement, il est bien certain qu'elle aurait pu produire une race dans laquelle les mâles se seraient distingués des femelles par la présence des appendices cutanés si caractéristiques de leur commun ancêtre. Dans ce cas, la ségrégation conserve le caractère, le perpétue et crée une race.

En résumé, si l'on admet avec Darwin qu'un seul cerf-volant a servi de souche à l'espèce actuelle, il faut admettre que lui et ses-descendants se sont isolés des autres individus de l'espèce, et c'est la ségrégation qui devient la cause de la formation d'une nouvelle espèce.

S'il n'y a pas ségrégation, le caractère se perd par le croisement.

Nous sommes ainsi amenés non seulement à mettre en doute, mais encore à nier l'action de la sélection dans la production de l'espèce des cerfs volants à mâles pourvus de grandes mandibules. Pour que la sélection puisse agir, il faut que la cause productrice des grandes mandibules continue à agir sur un grand nombre de générations ; mais alors cette cause devient le véritable agent de la formation d'une espèce nouvelle ; la sélection ne fait qu'ajouter son action à la sienne en faisant disparaître peu à peu les individus qui ne se transforment pas.

Étudions maintenant les caractères sexuels secondaires simplement agréables, ceux qui servent à l'ornementation des mâles. La manière dont Darwin explique leur formation peut être résumée de la façon suivante : un individu naît avec un caractère qui flatte les sens des femelles, il est recherché par ces dernières; il en est de même de ceux de ses descendants qui héritent de ce caractère. Par suite de ces préférences, ayant lieu pendant un grand nombre de générations, le caractère se fixe, et les individus qui ne le possèdent pas disparaissent vaincus dans la lutte sexuelle. La sélection sexuelle a fondé une espèce nouvelle.

Pour que cette explication fut admissible, il faudrait d'abord que les individus offrant le caractère ornemental s'isolassent avec leurs femelles, allassent former une colonie à l'abri des croisements avec les mâles ordinaires. Il faudrait, en un mot, qu'il y eut ségrégation ; ou bien il faudrait supposer que les individus dépourvus d'ornements ne trouvent pas de femelles ou n'en trouvent que très difficilement. C'est en effet ce qu'à l'air de croire Darwin ; du moins c'est que suppose la théorie de la sélection sexuelle. Mais il n'y a pas une seule espèce animale qui fournisse la preuve de cette hypothèse. Il est facile, sans doute, de démontrer que les mâles étalent tous leurs charmes devant les femelles, et que les femelles se livrent à une sorte de choix, mais il est encore plus facile de démontrer que parmi les animaux, comme dans l'espèce humaine, ce ne sont pas toujours les plus beaux qui sont les plus aimés du sexe ; les qualités génésiques comptent au moins pour autant que les charmes physiques. Darwin lui-même fournit des exemples d'oiseaux mâles jouant le rôle de véritables Don Juan, de femelles se comportant comme de vulgaires hétaïres, et cela dans des espèces essentiellement monogames, comme celle des pigeons. Le nombre des mâles étant presque toujours moindre que celui des femelles, il est difficile d'admettre que le choix de ces dernières et leurs caprices amoureux aillent jusqu'à les entraîner à se soumettre à un célibat volontaire, alors que déjà quelques-unes y sont exposées par la supériorité numérique de leur sexe.

Pour ces motifs, il me paraît difficile d'admettre que les caractères secondaires sexuels, ornementaux, soient dus, comme le professe Darwin, à cette forme de sélection qu'il a désignée sous le nom de sélection sexuelle.

Deux hypothèses seulement sont admissibles : ou bien les caractères ornementanx que nous observons actuellement chez les mâles de certaines espèces ont surgi sous l'influence de quelque cause accidentelle chez un individu dont la descendance s'est ségrégée, et est ainsi deve-

nue le point de départ d'une race ou espèce nouvelle dont
le caractère ornemental s'est accentué de plus en plus
sous l'influence de l'action accumulatrice de l'hérédité;
mais cette opinion me paraît peu probable, étant donné
la nature de la plupart des caractères d'ornementation.
Ou bien, ces caractères se sont développés sous l'influence
de conditions cosmiques difficiles à apprécier, telles que
la température, la nourriture, certaines habitudes des
animaux, etc., agissant simultanément sur un très grand
nombre d'individus, sur tous ceux, par exemple, d'une
localité déterminée, et pendant un nombre très considérable de générations. Sans cesse accrus par l'action productrice et augmentés par l'hérédité, les caractères ornementaux ne tarderaient pas, dans cette hypothèse, à offrir l'importance qu'ils présentent dans un grand nombre d'espèces.

Que les individus doués de ces caractères en fassent
usage pour séduire les femelles, rien de plus naturel, sans
qu'on doive en conclure que c'est le choix de ces dernières
qui a provoqué leur développement.

Causes cosmiques permanentes, aidées, peut-être, dans
une faible mesure, par la sélection ordinaire et sexuelle, ou
bien, causes accidentelles et ségrégation, tels sont les deux
procédés qui, à mon avis, peuvent expliquer le développement des caractères sexuels, secondaires, ornementaux.

Quand les caractères ornementaux existent chez les
deux sexes, les conditions les plus simples de l'hérédité
suffisent pour expliquer leur transmission. Le cas est plus
difficile quand ils ne se présentent que dans l'un des deux
sexes, qui est ordinairement le mâle. Diverses théories ont
été émises pour expliquer ces cas.

D'après Russel Wallace, qui s'est particulièrement occupé des caractères ornementaux des oiseaux, les deux

sexes auraient primitivement été ornés de la même façon, mais, comme les couleurs brillantes ou d'autres ornements exposaient la femelle à la vue de ses ennemis pendant l'incubation ou la mettaient dans l'impossibilité de se placer convenablement dans son nid, ces caractères auraient disparu chez elle sous l'influence de la lutte ordinaire pour l'existence.

Darwin combat cette manière de voir. Il fait observer qu'il existe un assez grand nombre d'espèces d'oiseaux dans lesquelles les femelles sont aussi brillantes que les mâles sans prendre de précautions pour couvrir leurs nids plus que d'autres espèces moins riches en couleurs. Partant de ce fait que, dans la plupart des espèces d'oiseaux, les jeunes sont beaucoup moins colorés que les adultes, et que parmi les mammifères comme chez les oiseaux, les caractères ornementaux ne se développent qu'au moment où les individus deviennent aptes à la reproduction, il suppose que ces caractères ne se sont produits, au début, que tardivement, ce qui, d'après lui, devait entraîner leur transmission aux seuls individus possédant le même sexe que ceux qui les ont offerts les premiers.

Il admet comme une règle générale que les caractères présentés par les animaux au moment de leur naissance se transmettraient habituellement aux deux sexes, tandis que ceux qui apparaissent à un âge plus avancé se limiteraient aux individus de même sexe. Mais cette règle n'est nullement appuyée par les faits ; elle est, au contraire, formellement contredite par un grand nombre d'observations aussi exactes que possible. Je me borne à rappeler que, chez l'homme, la polydactylie, anomalie essentiellement congénitale, est susceptible de ne se transmettre, comme nous en avons cité des exemples, qu'aux individus d'un même sexe pendant plusieurs générations successives, tandis que les troubles fonctionnels résultant de lésions du système nerveux pratiquées à l'âge adulte se transmettent, dans les recherches de Brown Sequard sur les cochons d'Inde, aux deux sexes indifféremment. L'explication de Darwin n'est donc pas plus exacte que celle de Wallace et nous devons nous borner à la constatation de ce fait que certains caractères sont corrélatifs de l'un ou l'autre sexe, sans pouvoir indiquer le pourquoi de cette corrélation.

Pour résumer tout ce que nous venons de dire, je crois possible que la sélection sexuelle contribue, dans une certaine mesure, au développement des caractères sexuels secondaires, mais je ne crois pas qu'elle puisse être la cause déterminante de la production et du développement de ces caractères.

A mon avis, l'une des plus grandes erreurs que Darwin ait commises réside dans la croyance dont tous ses ouvrages sont pénétrés, que tout dans la nature est *utile*, que tous les caractères des animaux ou des végétaux servent à quelque chose et que l'utilitarisme est la suprême règle de l'univers. Sous une forme nouvelle, la théorie des causes finales règne en maîtresse dans toute l'œuvre du savant naturaliste anglais. Or, rien ne me paraît moins démontré que cette théorie.

Il suffit de jeter un coup d'œil attentif sur les innombrables formes des êtres vivants qui nous entourent pour acquérir la conviction qu'un grand nombre des caractères secondaires de ces êtres ne jouent absolument aucun rôle dans leur existence, et ne sont que des accessoires inutiles, parfois même nuisibles. Quand ils sont nuisibles, la sélection ne tarde certainement pas à les faire disparaître, mais s'ils sont simplement inutiles, je pense qu'ils peuvent persister indéfiniment.

Ce qui est vrai c'est que tout caractère a sa raison d'être, et a été produit par une cause déterminée, précise, quoique souvent inconnue ; mais de là à admettre, comme le fait Darwin, que tout caractère est utile, il y a aussi loin que de la vérité démontrée à l'hypothèse purement sentimentale ou métaphysique.

Darwin constate que le paon étale devant les yeux de sa femelle les plumes brillantes de sa queue, il voit que la femelle se complaît à ce spectacle ; il en conclut que la queue du paon mâle s'est développée parce que les femelles ont toujours choisi les mâles pourvus de la plus belle queue. Quel logicien oserait soutenir que sa conclusion découle nécessairement de ses prémisses ?

Il n'est pas douteux que dans toutes les espèces animales supérieures, les femelles se montrent sensibles aux qualités ornementales des mâles, mais il n'est pas nécessaire de regarder en dehors de l'espèce humaine pour se convaincre que ces parures sont, à leurs yeux, bien peu de chose relativement à la puissance génésique. Châtrez les plus beaux des coqs, des angoras, des taureaux ou des étalons et vous verrez de quelle façon ils seront reçus par les poules, les chattes, les vaches ou les juments que la veille ils entraînaient à leur suite.

Je crois inutile d'insister sur ces considérations qui, cependant, sont d'une grande importance. Je me borne à engager le lecteur à ne jamais les perdre de vue quand il aura entre les mains un ouvrage de Darwin ou de ses disciples.

CHAPITRE X

IMPORTANCE RELATIVE DU ROLE DES TRANSFORMATIONS DE LA SURFACE DU GLOBE, DE LA SÉGRÉGATION ET DE LA SÉLECTION NATURELLE DANS LA FORMATION DES ESPÈCES SAUVAGES.

Nous avons étudié dans le chapitre précédent les effets que sont susceptibles de produire sur l'organisation des êtres vivants, dans l'état de nature, le milieu cosmique, l'hérédité, la lutte pour l'existence et la sélection. Il importe maintenant de nous demander quelle est l'importance relative du rôle joué par ces diverses influences dans la transformation des espèces.

L'influence des transformations du globe sur les espèces animales et végétales et leur rôle dans la production d'espèces nouvelles sont admis par tous les naturalistes de notre époque, mais tous ne les interprètent pas de la même façon. Les partisans quand même de Darwin, ceux qui veulent tout mettre sur le compte de la lutte pour l'existence et de la sélection naturelle, supposent que les transformations d'espèces consécutives aux changements du globe ont été produites par une sélection résultant de la lutte pour l'existence et non par les variations du milieu cosmique. Darwin s'explique formellement à cet égard : « Les habitants de chaque période successive de l'histoire du globe, dit-il, ont vaincu leurs prédécesseurs dans la lutte pour l'existence et occupent de ce fait une place plus élevée qu'eux dans l'échelle de la nature, leur conformation s'étant généralement plus spécialisée ; c'est ce qui peut expliquer l'opinion admise par la plupart des paléontologistes que, dans son ensemble, l'organisation a progressé. »

Je ne veux pas discuter actuellement la fin de cette proposition ; je ne m'arrête qu'à sa première partie, celle dans laquelle Darwin affirme que « les habitants de chaque période successive de l'histoire du globe ont vaincu leurs prédécesseurs dans la lutte pour l'existence ». J'avoue que je ne comprends même pas comment la lutte dont il parle aurait pu exister. Pour bien préciser nos idées, prenons un exemple hypothétique, mais aussi conforme que possible aux faits qui se sont produits réellement. Je suppose que le climat de Paris subisse un abaissement graduel, continu, mais extrêmement faible, comme celui qui a dû se produire avant la période glaciaire. Les plantes et les animaux du bassin de Paris ressentiront, sans aucun doute, les effets de cet abaissement graduel de la température ; ils se modifieront avec une lenteur égale à celle de l'abaissement et resteront ainsi sans cesse adaptés à la température ambiante. Si l'on compare à elle-même, tous les dix ans, une espèce donnée de plantes ou d'animaux, on ne constatera aucune différence entre les états présentés au début et à la fin de cette période ; qu'on fasse la comparaison au bout de cent mille ans, ce qui est moins qu'une minute dans l'histoire du bassin de Paris, et l'on ne trouve plus dans ce bassin les formes qui existaient cent mille ans auparavant; elles sont remplacées par des formes nouvelles; mais celles-ci ne sont, en réalité, que les formes anciennes qui ont été transformées. Si le sol avait pu conserver toutes les générations successives des plantes qu'il a produites, ou des animaux qui l'ont foulé aux pieds, ces générations offriraient une série de formes si bien enchaînées et reliées, qu'il serait impossible de les distinguer, à moins de prendre des générations ayant vécu à des milliers et des milliers d'années d'intervalle l'une de l'autre.

Où y a-t-il, en cela, trace d'une lutte quelconque pour l'existence? Je n'en vois pour ma part pas davantage que dans une aiguille de montre qui tour à tour franchit les secondes marquées sur le cadran. Pour me servir d'une comparaison plus exacte, une espèce qui évolue graduellement et lentement, sous l'influence d'une transformation lente de son milieu cosmique, rappelle exactement l'évolution qui se fait dans un homme et qui le conduit de l'état de cellule unique, sous lequel il se présente dans l'ovaire de sa mère, à celui d'enfant imberbe, d'adulte vigoureux, puis de vieillard affaibli par l'âge, et enfin de cadavre prêt à se décomposer pour rendre ses éléments au grand tout d'où il était sorti. La formation d'une espèce nouvelle sous l'influence des variations lentes du milieu cosmique n'est pas due à une sorte de combat entre une forme ancienne et une forme nouvelle, mais à la simple évolution d'une forme ancienne, comme l'homme adulte est le produit de l'évolution de l'enfant.

M. Hæckel admet, lui aussi, l'action de la lutte pour l'existence et de la sélection naturelle dans la formation des espèces sous l'influence des variations du globe. Parlant de l'abaissement considérable de la température qui se produisit au niveau des pôles et dans leur voisinage au moment de l'époque tertiaire, il écrit : « Les espèces qui s'adaptèrent et s'habituèrent à l'abaissement de la température se métamorphosèrent en espèces nouvelles par le fait même de cette acclimatation sous l'influence de la sélection naturelle. Les autres espèces, celles qui s'enfuirent devant le froid, durent émigrer sous des latitudes plus basses, pour y chercher un climat plus doux. De là résultèrent de puissantes modifications dans la distribution des espèces à cette époque. » Je ne réponds pas à la première phrase de M. Hæckel ; la réponse a été faite plus haut. La seconde vaut la peine qu'on s'y arrête. M. Hæckel rappelle, comme je l'ai dit moi-même plus haut, que l'envahissement des pôles et des régions polaires du globe par le froid dut provoquer de nombreuses migrations d'animaux. En cela il est dans le vrai. Mais, plus bas, il ajoute : « A mesure que le froid polaire progressait lentement vers l'équateur, en couvrant d'un manteau de glace les terres et les mers, il devait naturellement refouler devant lui la totalité des êtres vivants. Émigrer ou périr de froid, telle fut l'alternative offerte aux animaux et aux plantes. Mais comme les zones tempérées et tropicales n'avaient pas vraisemblablement alors une faune et une flore moins riches qu'aujourd'hui, les habitants de ces régions et les immigrants, venant des pôles durent se faire une terrible guerre pour l'existence. Durant cette lutte, qui se continua sans doute pendant des milliers d'années, nombre d'espèces succombèrent, les autres se modifièrent et se transformèrent en espèces nouvelles. La distribution géographique des espèces dut être absolument changée. Cette guerre continua encore par la suite; elle se ralluma avec une fureur nouvelle et métamorphosa encore de nouveau les espèces, lorsque, parvenu à son maximum d'intensité, l'âge glaciaire commença à décliner, lorsque la température s'élevant de nouveau, durant la période post-glaciaire, les êtres organisés reprirent le chemin des pôles. »

Je ne sais pas jusqu'à quel point l'assertion émise par M. Hœckel dans le passage précédent est conforme à la réalité des choses. Il est dans le vrai quand il admet que beaucoup d'animaux émigrèrent devant le froid qui envahissait les régions circumpolaires, et qui graduellement se fit sentir jusqu'à une distance voisine des tropiques; mais est-il bien démontré qu'avant cette période les régions intra-tropicales fussent assez peuplées pour qu'il fût possible de recevoir d'autres hotes ? Alors que les pôles jouissaient d'une température relativement élevée, l'équateur en possédait une au moins égale, mais tempérée; la végétation y était luxuriante, les grands animaux terrestres n'étaient encore que peu nombreux de sorte que quand les pôles se refroidirent, rien ne dut empêcher les régions équatoriales de servir d'asile aux animaux chassés par le froid. D'ailleurs, en admettant même que les régions tropicales du globe eussent alors une faune aussi riche que celle de nos jours et que l'émigration venue du nord ait déterminé une lutte ardente entre les anciens possesseurs et les émigrants, il n'en résulterait pas forcément la formation d'espèces nouvelles. Certaines espèces auraient pu disparaître, supprimées par des envahisseurs plus robustes, comme les anciens habitants de l'Inde ont disparu devant les émigrants aryens, mais sans que pour cela de nouvelles espèces se formassent nécessairement.

Pour admettre ce dernier fait il faudrait supposer des migrations rapides, brusques, comme celles dont nous avons cité des exemples dans le chapitre précédent. Mais, dans ce cas, ce n'est pas une espèce tout entière qui émigre, ce sont des individus isolés, et ils émigrent, non sous l'influence d'une cause déterminante générale et extrêmement lente, comme l'abaissement de la température qui précéda la période tertiaire, mais sous l'influence de causes accidentelles et locales. En sorte que l'on a affaire non pas aux migrations dont parle Hæckel, mais à un simple phénomène de ségrégation avec expatriation. Dans ce cas, évidemment, une espèce nouvelle peut être produite par transformation des individus ségrégés et de leur descendance.

Quant à l'émigration en masse du nord vers le midi qui eut lieu pendant la période glaciaire, elle fut nécessairement aussi lente que l'abaissement de la température et l'envahissement des régions circumpolaires par le froid, et, dans ce cas, la lutte pour l'existence n'a rien à voir dans la formation des espèces, celle-ci se fait, comme dans le cas étudié plus haut, par une évolution graduelle et extrêmement lente.

Nous n'avons parlé dans tout ce qui précède que des transformations produites par le changement du climat, de la nourriture et des autres éléments du milieu cosmique qui sont sous l'influence de l'élévation ou de l'abaissement de la température.

Il est un autre ordre de transformations de la surface du globe qui a dû jouer un rôle plus important dans la formation des espèces nouvelles : c'est le remplacement des continents par les mers et celui des mers par les continents.

Nous avons dit plus haut qu'un grand nombre de

points, aujourd'hui couverts par les eaux, ont été autrefois à découvert, tandis que d'autres, comme la région de Paris, qui sont aujourd'hui plus ou moins éloignés de la mer, ont été jadis des bassins maritimes. Ces changements ont résulté d'un abaissement ou, au contraire, d'un soulèvement de la surface du globe; ils ont nécessairement exercé une influence considérable sur les êtres vivants incapables de se déplacer qui habitaient les régions soulevées ou abaissées.

C'est, sans aucun doute, dans ces phénomènes qu'il faut chercher la cause de la transformation d'un grand nombre de formes aquatiques en formes terrestres. Tout homme ignorant de l'organisation des animaux et des végétaux est porté à croire qu'il existe entre les êtres qui vivent dans l'eau et ceux qui habitent la terre des différences profondes et capitales, assez considérables pour établir entre ces deux groupes d'organismes une barrière infranchissable.

Il n'en est rien cependant. Entre les végétaux aquatiques et les végétaux terrestres, il est possible de trouver des formes de transition possédant à la fois une partie des caractères des premiers et une partie de ceux des seconds, jouissant par suite de la faculté de vivre tantôt dans l'air et tantôt dans l'eau, et pouvant même, à l'aide de quelques précautions, être soustraits à l'un des deux milieux et condamnés à vivre constamment dans l'autre. Certains végétaux passent une partie de leur existence dans l'eau et l'autre dans l'air. Enfin, dans quelques groupes, on trouve des espèces très voisines les unes des autres, vivant les unes dans l'eau, d'autres dans l'air. Ces formes intermédiaires ne se trouvent pas seulement dans les groupes inférieurs mais encore dans les plus élevés en organisation. Elles nous permettent de nous rendre compte de la nature des transformations qui ont dû se produire en vue de l'adaptation de la plupart des végétaux soit au milieu terrestre, soit au milieu aquatique.

Les transformations dont je viens de parler se sont fatalement produites pendant les époques géologiques dans les lieux qui, ayant été d'abord couverts par les eaux, ont subi une élévation qui les a transformés en continents et dans ceux qui se sont affaissés après avoir formé des continents habités.

Ce que nous venons de dire des végétaux s'applique trait pour trait aux animaux. Dans les deux cas, un grand nombre d'organismes ont dû succomber. Nous en trouvons les restes dans les couches géologiques; d'autres, au contraire, se sont transformés et ont acquis des caractères qui les ont adaptés à leur nouveau milieu.

Je ne veux pas insister; ce serait prolonger outre mesure cette étude, sans qu'il me soit possible d'entrer dans tous les détails qu'elle comporte. L'exposé des faits de cet ordre trouvera mieux sa place dans des ouvrages spéciaux que je prépare en ce moment sur *l'évolution des végétaux* et sur *l'évolution des animaux.*

Les partisans quand même de la doctrine de Darwin appliquent à tous ces faits une explication qui peut être résumée de la façon suivante : Lorsque l'eau se retire d'une localité qui s'élève, ou envahit une région qui s'abaisse, les organismes qui ne se déplacent pas se comportent différemment; certains d'entre eux naissent avec des caractères qui leur permettent de résister à la transformation du milieu et de laisser une postérité; ceux-là persistent, tandis que les autres succombent dans « la lutte pour l'existence » contre le milieu nouveau; c'est donc, disent-ils, à la lutte pour l'existence et à la sélection naturelle qu'est due la formation des espèces nouvelles qui coïncide avec le changement des conditions cosmiques.

Ce raisonnement me paraît pécher par la base. Lorsque nous voyons un caractère nouveau apparaître dans une plante ou un animal qui se trouve exposé à des conditions nouvelles, il semble que nous devons attribuer sa production à ces conditions. Quand, par exemple, je vois les feuilles d'une Renoncule aquatique se diviser en lanières étroites toutes les fois qu'elles vivent dans l'eau et, au contraire, affecter constamment une forme arrondie quand elles s'élèvent dans l'air, je suis naturellement amené à considérer ces deux formes différentes comme déterminées l'une par l'action de l'eau, l'autre par l'action de l'air ; ou bien, il faudrait supposer qu'elles se produisent sans motif, par hasard, et sous la seule influence des caprices du sort ; il faudrait, en outre, admettre que ce hasard coïncide toujours avec les changements du milieu.

Ce qui prouve bien encore que c'est aux milieux qu'il faut attribuer les caractères dont je viens de parler en les prenant comme exemples de toutes les |transformations de même ordre, c'est qu'il faut que le milieu nouveau persiste pour que le caractère qui s'est produit au moment de son apparition ne disparaisse pas. Il faut par exemple, que la Renoncule soit constamment noyée dans l'eau pour que les feuilles immergées conservent leurs découpures en forme de lanières ; si l'on enlève la plante à la mare dans laquelle elle vit, ses feuilles ne tardent pas à s'arrondir, et cela se produit sur le pied même qui est l'objet de l'expérience.

Si c'est le milieu nouveau qui détermine les caractères nouveaux, si la persistance de ce milieu est nécessaire à la conservation des caractères acquis sous son influence, si c'est lui, en un mot, qui détermine l'adaptation de la plante, il me semble qu'il est naturel de lui attribuer la transformation de cette dernière, transformation que Darwin met sur le compte de la lutte pour l'existence et de la sélection naturelle.

. Ces dernières cependant interviennent dans les phéno- mènes qui se produisent au sein d'une région qui se trans- forme au point de devenir aquatique après avoir été ter- restre, ou terrestre après avoir été aquatique. Tous les organismes qui habitent une pareille région ne sont pas également plastiques et transformables. Le plus grand nombre sont adaptés depuis très longtemps au milieu an- cien; ils sont pourvus de caractères tellement fixes qu'ils ne résistent pas au changement du milieu, meurent et disparaissent. Supposons, par exemple, qu'on desséche un étang dans lequel vivent des carpes et des lymnées; les carpes succomberont, tandis que les lymnées, dont l'orga- nisation rappelle beaucoup celle des escargots terrestres résisteront à la perte d'eau, et même si cette dernière ne s'effectue qu'avec une très grande lenteur se transfor- meront au point de vivre sans eau. C'est très probable- ment de la sorte qu'ont pris naissance toutes les espèces de mollusques terrestres, car les formes les plus anciennes de ces organismes trouvées dans les couches géologiques sont aquatiques.

Toutes les lymnées habitant l'étang auquel je faisais al- lusion tout à l'heure résisteront-elles également à la des- siccation? N'y aura-t-il pas une partie des individus qui succomberont, tandis que d'autres persisteront et se trans- formeront graduellement pour former une espèce terrestre? Je l'ignore; mais je ne fais aucune difficulté d'admettre qu'une partie des individus périront, tandis que les autres

laisseront seuls une postérité. Cela tiendra à une foule de
causes accidentelles et surtout à la résistance vitale très
inégale des individus ; de même que dans une armée sur-
prise par le froid ou frappée par une épidémie, certains
hommes succombent, tandis que d'autres résistent. Il se
fait donc une sorte de sélection, en vertu de laquelle les
lymnées les plus vivaces résistent seules et se transforment. Mais est-ce cette sélection qui est la cause de la
transformation? Est-ce à elle qu'il faut attribuer la formation d'une espèce terrestre par évolution d'une espèce
aquatique? Pas le moins du monde. Le milieu seul joue le
rôle d'agent transformateur et producteur de l'espèce
nouvelle.

En résumé, il me paraît bien démontré que les transformation lentes qui se sont produites dans la surface du
globe depuis l'apparition des êtres vivants ont déterminé
des transformations correspondantes dans l'organisation
des animaux et des végétaux et ont déterminé la production d'un très grand nombre d'espèces nouvelles.
Peut-être même faut-il voir dans ces phénomènes la cause
principale de l'évolution des animaux et des végétaux.

Quant au mode d'action de cette cause, il faut le chercher, sinon exclusivement, du moins en majeure partie, dans
l'influence modificatrice, incontestable et incontestée, du
milieu cosmique.

Je ne reviendrai pas ici sur les nombreuses preuves
données dans le chapitre précédent en faveur, non seulement de la possibilité, mais encore de la réalité de la
transformation des espèces animales et végétales sauvages
par la ségrégation et la migration passives ou actives
d'individus d'une espèce déterminée, s'isolant de leurs
semblables et allant s'établir dans une localité plus ou

moins éloignée et plus ou moins différente de celle où leur espèce s'est formée et développée.

Les partisans exclusifs de la lutte pour l'existence et de la sélection naturelle, Darwin lui-même, ne peuvent faire autrement que d'admettre la formation des espèces par la ségrégation et la migration ; mais ils trouvent encore moyen d'y introduire « la lutte pour l'existence ». C'est ce que fait M. Hæckel dans le passage suivant, qu'il me paraît utile de relever, parce qu'il montre bien, à la fois, l'importance de la ségrégation, au point de vue de la formation des espèces, et l'inutilité, dans ce phénomène, de la lutte pour l'existence que, cependant, M. Hæckel croit devoir admettre. « Les migrations des animaux et des plantes, dit le savant professeur d'Iéna (*Hist. de la Créat. nat.*, p. 325) importent fort à la théorie de l'évolution en ce qu'elles peuvent éclairer vivement l'origine des nouvelles espèces. En émigrant, les animaux et les plantes, tout comme les émigrants humains, trouvent dans leur nouvelle patrie des conditions différentes de celles auxquelles ils étaient héréditairement accoutumés. Ces conditions nouvelles, insolites, l'émigrant doit les subir, s'y adapter ou périr. Mais, par le fait même de l'adaptation, le caractère particulier, spécifique de l'organisme est modifié, et proportionnellement à la différence entre les conditions nouvelles et les anciennes. Le nouveau climat, la nouvelle alimentation, mais surtout le voisinage de nouvelles espèces animales et végétales, tout tend à transformer le type héréditaire de l'immigrant, et si celui-ci n'a pas une force de résistance suffisante, tôt ou tard il engendrera une espèce nouvelle. Le plus souvent, cette métamorphose de l'espèce immigrante sous l'influence des changements survenus dans la lutte pour l'existence, s'effectue avec une telle rapidité que quelques générations suffisent pour donner naissance à une espèce nouvelle. »

Dans cette phrase, les mots « lutte pour l'existence » pourraient facilement être ôtés sans rien changer à la signification des faits et sans même modifier la pensée intime de M. Hæckel. Il est bien certain, en effet, qu'il entend ici par « lutte pour l'existence » le seul fait de s'adapter aux conditions cosmiques nouvelles auxquelles les immigrants se trouvent exposés.

M. Hæckel a, du reste, parfaitement saisi l'importance de la ségrégation dans la formation des espèces nouvelles, car il ajoute aussitôt : « Sous ce rapport, l'émigration agit principalement sur les êtres organisés à sexes séparés. En effet, la production de nouvelles espèces par la sélection naturelle est entravée ou ralentie chez ces êtres, surtout par le mélange sexuel fortuit de leur postérité en voie de variation avec le type primitif intact. Ce croisement ramène les variétés à la forme originelle. Mais si ces variétés ont émigré, si elles sont suffisamment séparées de leur ancienne patrie, soit par une distance convenable, soit par des barrières naturelles, par la mer, les montagnes, etc., alors le danger d'un croisement avec la forme souche n'existe plus ; *grâce à leur isolement*, les formes émigrées, en train de passer à une espèce nouvelle, ne peuvent retourner à la forme souche par le fait d'un croisement. »

L'argument qu'emploie ici M. Hæckel pour démontrer l'importance de la ségrégation dans la formation des espèces est emprunté à M. Moritz Wagner, qui, généralisant sa portée, en fait usage pour essayer de démontrer que la ségrégation seule est capable de déterminer la formation des espèces nouvelles.

Il me paraît nécessaire de reproduire ici ce qu'il dit à cet égard. « Parmi les diverses objections très importantes que l'on peut élever contre la théorie de Darwin, dit-il (*Formation des espèces par la ségrégation*, Bibliothèque biologique, p. 13), il y en a une essentielle, qui n'a jamais été réfutée par les partisans de cette doctrine. Le botaniste Wigand a fait observer avec raison qu'elle suffirait à elle seule à réfuter la théorie de la sélection. L'action absorbante et compensatrice du croisement entre des organismes à sexe différencié, aussi bien qn'entre les innombrables hermaphrodites qui se fécondent mutuellement, rend *tout à fait impossible* la constitution de formes organiques à caractère constant *dans le même habitat*. Chaque nouveau caractère morphologique, quelque favorable qu'il soit à l'individu, sera forcément réduit, par suite du croisement avec des individus normaux, et ramené ainsi au type normal de l'espèce. Dans le croisement illimité, c'est toujours le grand nombre qui l'emportera sur le petit.

« Les expériences de sélection artificielle, faites par les botanistes aussi bien que par les zoologistes, ont donné la preuve irréfutable que les variétés qui commencent à se constituer et ne sont point sufffsamment protégées par l'isolement contre la masse de l'espèce souche succombent sous l'influence absorbante du croisement. Comme l'ont prouvé les expériences décisives des botanistes Kœlreuter et Gærtner, aucune nouvelle race d'animaux domestiques ou de plantes ne saurait ni se constituer ni se maintenir sans l'aide de l'isolement artificiel. »

J'ai signalé, dans un chapitre précédent, un certain nombre de faits qui mettent hors de doute la réalité de la proposition admise par M. Hæckel, par M. Moritz Wagner et par Darwin lui-même relativement à la disparition des variétés individuelles sous l'influence du croisement.

M. Moritz Wagner en cite un certain nombre d'autres qui ne manquent pas de valeur et que je crois utile de reproduire ici pour que le lecteur, ayant en mains toutes les pièces du procès, puisse juger en connaissance de cause :

« Des variations individuelles plus ou moins favorables se présentent sans cesse parmi les plantes et les animaux, au sein de la nature. Parmi les plantes les plus communes de nos plaines et de nos montagnes, on trouve toujours des spécimens isolés, qui se distinguent et diffèrent des individus normaux de leur espèce, soit par la hauteur de la tige, soit par la forme de la feuille, soit par la grandeur ou la coloration plus intense de la fleur. On peut bien admettre que des caractères individuels de ce genre, par exemple la grandeur et la coloration plus vive des fleurs, en attirant davantage les insectes, favorisent l'éparpillement du pollen, et contribuent par là à la reproduction des individus ainsi doués. Mais, comme le libre croisement avec les individus normaux de l'espèce vient affaiblir et diminuer ces variations individuelles, dès la génération suivante elles s'effacent peu à peu, sans avoir constitué une nouvelle forme morphologique à caractère fixe, sans avoir formé une espèce nouvelle.

« Dans la faune de nos bois et de nos plaines, on rencontre de même des individus présentant de légères divergences, soit dans leur structure anatomique, soit dans leur couleur. Ainsi, parmi les lièvres, les cerfs, les loups, on rencontre des individus dont les jambes ont quelques lignes de plus que ceux de leur race, ce qui leur assure un avantage incontestable dans la fuite ou dans la poursuite de la proie. Mais cet avantage ne se perpétue guère à travers une série de générations, vu que chaque croisement avec les individus bien plus nombreux qui offrent le type normal sert à l'affaiblir. Il y a bien les loups des montagnes, aux jambes tant soit peu plus longues que celles de leurs camarades de la plaine, mais on ne les rencontre que dans une certaine *localité montagneuse déterminée*; ils sont donc clairement le produit de l'isolement et non celui de la sélection, car parmi les loups des plaines, dont la propagation est bien plus rapide, on ne rencontre point cette variété. Là où se trouve une nouvelle espèce de loups, comme par exemple dans les pampas de la république Argentine, dans la Patagonie, dans les îles Falkland, etc., les barrières naturelles formées par la mer ou par de grandes étendues de terrain indiquent clairement que là encore *c'est l'isolement et non la sélection qui est le facteur effectif de la formation des espèces.* Dans la plupart des cas, les formes organiques nouvellement constituées sont, ou séparées par l'espace de leur type originaire, ou n'ont avec lui, dans certaines localités placées principalement aux limites extrêmes de leur habitat, qu'un contact sporadique. En face de l'action nivelatrice du croisement, affaiblissant dans la postérité les variations individuelles et les caractères particuliers, le développement et la constitution de caractères morphologiques nouveaux dans le même habitat que le type originaire deviennent simplement impossibles. Aussi ne sont-ils jamais produits ni dans la nature, ni dans l'état de domestication, si l'on ne règle le croisement. Si l'on trouve incontestablement chez les plantes et les animaux des cas nombreux de l'existence en société d'espèces et de variétés congénères, ceci ne prouve point qu'elles aient le même lieu d'origine. Tout au contraire, si nous observons les courbes de déviation très sensibles que nous présentent les limites de leurs régions d'expansion, nous aurons de fortes probabilités en faveur d'une origine isolée, dans des foyers rapprochés, mais sporadiquement séparés, ou qui du moins l'auraient été avant que la multiplication, l'extension des individus leur eût enlevé ce caractère. Une durée insuffisante de l'isolement produit, dans les cas les plus favorables, des espèces défectueuses, c'est-à-dire des espèces aux caractères mal définis, aux transitions innombrables, telles que nous les présentent certaines plantes alpestres, par exemple le genre *Hieracium*.

« Un fait important à invoquer contre la sélection naturelle par la lutte pour l'existence, ce sont les essais infructueux d'amélioration des races bovines et chevalines à demi sauvages qui errent dans les pampas de la république Argentine, les llanos du Venezuela, les savanes du Guonacaste et du Chiriqui de l'Amérique centrale, aussi bien que dans les steppes méridionales de la Russie. Les propriétaires de ces troupeaux qui errent en liberté dans les pâturages, avaient essayé d'ennoblir les races par l'introduction parmi elles d'un certain nombre de robustes taureaux de l'Andalousie, de vigoureux étalons de [l'Angleterre, des États berbères, de l'Arabie et des steppes du Turcoman. Les résultats obtenus donnent la preuve concluante que des individus peu nombreux, quels que soient leur supériorité physique et leurs avantages, ne peuvent amener aucune amélioration constante, ni aucune modification dans la race, du moment où ils se trouvent mêlés à la masse d'individus ayant le type commun et se croisant librement avec eux.

« Dans les steppes immenses des pays ci-dessus mentionnés, où les animaux vivent dans l'état de nature, l'action de la lutte pour l'existence pouvait se manifester dans toute sa force. Cependant, bien que les magnifiques spécimens employés eussent dû fortifier cette action, elle s'est montrée tout à fait impuissante à constituer des espèces. *En réalité, il ne s'est point produit de sélection naturelle, quoique toutes les conditions favorables fussent réunies.* »

M. Hæckel objecte à M. Moritz Wagner que les espèces animales ou végétales hermaphrodites qui sont très nombreuses et celles qui sont dépourvues d'organes reproducteurs, échappent au raisonnement d'après lequel les variations individuelles non ségrégées seraient toujours supprimées par le croisement.

En ce qui concerne les hermaphrodites, il est facile de répondre que le nombre de ces êtres qui se fécondent eux-mêmes est beaucoup moins grand qu'on ne le croyait autrefois, même chez les plantes, où la coexistence des sexes sur un même individu ou dans la même fleur est extrêmement commune. Quant aux organismes sans sexes, M. Moritz Wagner fait remarquer que les variations individuelles ne pouvant être produites que par quelque modification momentanée de la nourriture, de la température, etc., elles ont beaucoup de chances de disparaître si les individus qui les présentent restent dans le lieu de leur naissance, parce que les causes accidentelles qui les ont produites disparaissent fatalement avant que l'individu ait pu se multiplier. Chez eux encore, la ségrégation est donc nécessaire pour que les variations individuelles soient fixées, et il cite, à l'appui de cet argument, les variations innombrables que présentent les éponges, chez lesquelles la migration des individus est une règle constante.

Darwin ne répond pas davantage que M. Hæckel aux arguments de M. Moritz Wagner. Il admet avec lui que la ségrégation ou isolement joue un rôle important dans la formation des espèces ; il convient que le croisement tend à faire disparaître les variations individuelles ; il en cite lui-même de très nombreux exemples ; mais il se refuse à admettre que la ségrégation soit nécessaire à la formation des espèces nouvelles. Je crois utile de lui laisser la parole comme je l'ai fait pour M. Moritz Wagner. Dans son beau livre sur la *Variabilité des animaux et des plantes sous l'influence de la domestication* (II, p. 231), il écrit : « Pour que la sélection amène un résultat, il est *évident qu'il faut éviter le croisement* de races distinctes ; il en résulte que la fidélité et la continuité des unions, comme chez le pigeon, est favorable à son application. Au contraire, l'impossibilité des accouplements réguliers, comme chez le chat, est un empêchement à la formation de races distinctes. C'est en vertu de ce principe qu'on a pu, sur le territoire borné de l'île de Jersey, améliorer les qualités laitières du bétail avec une rapidité impossible à obtenir dans un pays aussi étendu que la France par exemple. Si *le libre croisement, d'une part, constitue, un danger manifeste*, d'autre part, les unions consanguines constituent un danger caché. »

Dans son livre sur l'*Origine des espèces* (2ᵉ édition, p. 112), il aborde la question plus nettement : « L'isolement, dit il, joue aussi un rôle important dans la modification des espèces par la sélection naturelle. Dans une région fermée, isolée et peu étendue, les conditions organiques et inorganiques de l'existence sont presque toujours uniformes, de telle sorte que la sélection naturelle tend à modifier de la même manière tous les individus variables de la même espèce. En outre, le croisement avec les habitants des districts voisins se trouve empêché. Moritz Wagner a dernièrement publié, à ce sujet, un mémoire fort intéressant ; il a démontré que l'isolement, en empêchant les croisements entre les variétés nouvellement formées, a probablement un effet plus considérable que je ne le supposais moi-même. Mais, pour des raisons que j'ai déjà indiquées, je ne puis, en aucune façon, adopter l'opinion de ce naturaliste quand il soutient que la migration et l'isolement sont des éléments nécessaires à la formation de nouvelles espèces. »

Les raisons de Darwin, nous avons beau les chercher nous ne les découvrons pas, et nous nous trouvons en présence de ce fait reconnu par lui et par tous les naturalistes, que le croisement fait disparaître les variations individuelles.

Dans ces derniers temps, M. Delbœuf s'est efforcé de démontrer par des calculs mathématiques qu'un petit nombre d'individus présentant un caractère spécial pourront se multiplier suffisamment pour qu'au bout d'un certain temps ils soient plus nombreux que ceux qui n'ont pas subi cette variation. Je ne veux pas entrer ici dans les détails de ses calculs ; je me borne à dire qu'ils n'ont de valeur réelle qu'à la condition que la variation soit déterminée par une *cause permanente*.

Dans ces circonstances, il n'est pas permis de nier l'exactitude des résultats auxquels M. Delbœuf arrive ; mais il est important de faire remarquer que l'on rentre dans les cas des variations déterminées par le milieu cosmique, et que ces variations peuvent parfaitement être produites en dehors de toute lutte pour l'existence.

Supposons, par exemple, qu'une faible diminution de

salure vienne à se produire dans une lagune qui n'a plus
que des communications difficiles avec la mer, dans laquelle les marées ne se font que peu sentir et qui continue
à recevoir une grande quantité d'eaux pluviales ou d'eaux
de sources, comme celles que j'ai observées sur la côte
occidentale de l'Afrique. Ce changement dans l'état de
l'eau produira, sans nul doute, un changement dans
l'organisme des poissons de la lagune. Mais, certains individus, plus malléables que les autres, se transformeront
les premiers. Ils transmettront les modifications subies à
leurs descendants, et, si la même cause continue à agir, il
est bien évident que dans un temps donné la majorité des
poissons de la lagune ou d'une espèce déterminée de ces
poissons offriront la modification qui s'était d'abord manifestée seulement chez un petit nombre. Il arrivera
même un moment où tous les individus d'une espèce
seront revêtus des caractères nouveaux et où l'on pourra
considérer l'espèce ancienne comme ayant disparu pour
faire place à une espèce nouvelle, mieux adaptée aux
nouvelles conditions de l'existence.

Que l'on donne à ce phénomène le nom de lutte pour
l'existence et de sélection naturelle, je ne m'y oppose
pas, mais je fais remarquer que le phénomène consiste
uniquement en ce que, sous l'influence d'un changement
dans les conditions cosmiques, une espèce s'est graduellement transformée en une autre. C'est, en réalité, le
milieu cosmique qui est l'agent de la transformation, et
non la lutte pour l'existence et la sélection naturelle. La
variation première a été produite par la diminution de
la salure ; cette variation, d'abord limitée à quelques
individus, s'est ensuite emparée des autres, en même
temps qu'elle se perpétuait par l'hérédité chez les descen-

dants des premiers individus modifiés. Il est bien vrai que ceux-là ont persisté et ont laissé une postérité adaptée par cette variation au nouveau milieu, mais c'est ce milieu lui-même qui est la cause agissante.

Dans ce premier cas, parler de lutte pour l'existence et de sélection, c'est tout simplement introduire des mots inutiles dans l'explication fort simple d'un phénomène placé sous la seule dépendance du milieu cosmique.

Un autre cas peut se présenter et se présente en effet, c'est celui dans lequel une variation se produit chez un très petit nombre d'individus sous l'influence d'une cause accidentelle, et où, cependant, cette variation est finalement offerte par le plus grand nombre des individus habitant une localité déterminée. M. Collin en a signalé un cas fort curieux, rapporté par M. Giard (*Revue scientif.*, 10 mai 1877). Nos étangs contiennent, en grande quantité, un mollusque aquatique, la lymnée, dont la coquille conique, allongée, offre plusieurs tours de spirale dirigés de gauche à droite ; quelques individus cependant ont une coquille dirigée en sens opposé et sont désignés par l'épithète de senestres. On en a fait une variété qui est fort rare. Or, un zoologiste belge, M. de Bullemont, en trouva, en 1871, une vingtaine au moins dans une petite mare des environs d'Aerschot. « C'est, dit M. Collin, dans une petite mare qui n'a pas cent mètres carrés, cachée au milieu des prairies, que tous les exemplaires senestres se trouvaient réunis, en même temps qu'un nombre considérable d'exemplaires normaux d'assez petite taille et de forme allongée. Le fond de cette mare est sablonneux, et peu de plantes couvrent sa surface. Plusieurs autres mares paraissant se trouver dans les mêmes conditions se rencontrent aux environs, mais elles ne renferment pas d'exemplaires senestres, et les exemplaires normaux, très nombreux, y atteignent des dimensions plus grandes que dans la première.» L'année suivante la variété senestre fut recueillie en nombre aussi considérable dans la première mare, et M. Collin put s'assurer que son anomalie caractéristique se transmettait, par l'hérédité, des parents à leurs descendants.

Cette observation est intéressante à plus d'un égard. Elle nous montre comment une variété nouvelle d'animaux peut surgir d'un petit nombre d'individus accidentellement modifiés, par suite d'une forme spéciale de ségrégation sans changement de lieu qui mérite l'attention. En effet, les lymnées senestres ne peuvent pas s'accoupler avec les lymnées dextres; la disposition physique de leurs organes s'y oppose; elles sont donc condamnées à ne s'accoupler qu'entre elles; elles sont ségrégées des autres sans avoir à changer de lieu. La ségrégation joue donc ici un très grand rôle. Mais, quelque minimes que pussent être les différences existant entre la mare riche en lymnées senestres et les autres mares, cette différence devait cependant être assez sensible, puisque les exemplaires dextres de la première mare étaient plus petits que les senestres et que les exemplaires dextres des autres mares. Cela indique bien que les individus normaux étaient dans des conditions peu favorables, et que ces conditions étaient bonnes pour les individus senestres. Dans tous les cas, voici une variété locale en voie de formation, dans la région qu'elle habite, destinée très probablement à y remplacer la variété dont elle dérive, et qui cependant s'est formée en dehors de toute sélection, de toute lutte pour l'existnce, sous la seule influence de conditions extérieures très minimes aidées par la ségrégation. Si l'on veut étendre beaucoup le sens des mots « lutte pour l'existence » et « sélection naturelle » on peut dire que les individus senestres de la première mare sont mieux adaptés aux conditions de cette mare, qu'ils l'emporteront ainsi dans la lutte pour l'existence contre les autres, et formeront par sélection naturelle une variété nouvelle qui se substituera à la première. Mais, quand on analyse scrupuleusement les faits, on voit encore que la cause qui fait triompher les lymnées senestres est permanente, que c'est elle qui est l'agent véritable de la transformation, et que les mots lutte pour l'existence et sélection naturelle sont mots inutiles et n'expliquent rien.

M. Alphonse Edwards a cité un autre cas de substitution d'une variété à une autre qui paraît être très favorable à la théorie de la formation des espèces par la lutte pour l'existence et la sélection naturelle et à la manière de voir de M. Delbœuf. On sait que le surmulot (*Mus decumanus*) est une espèce originaire de la Perse, introduite -en France seulement au viii° siècle. Ce surmulot était coloré en brun fauve. Il ne tarda pas à prendre la place, dans un grand nombre de localités, de notre rat noir (*Mus Rattus*). Mais, lui-même commence à se colorer en noir: le nombre des individus noirs devient chaque jour de plus en plus considérable, au point que d'après M. Alphonse Milne Edwards, « il est permis de supposer que d'ici à quelques années le pelage de tous les surmulots de France sera entièrement noir, au lieu d'être d'un fauve brun. » Les partisans de la théorie de la formation des espèces par la seule lutte pour l'existence et la sélection naturelle déduisent de ce fait que la couleur noire étant plus favorable que la brune aux surmulots, parce que, sans doute,

elle leur permet d'échapper plus facilement à leurs ennemis, il doit fatalement arriver un moment où les individus
de cette couleur seuls existeront, de sortequ'une variété
nouvelle aura pris naissance par le seul fait de la lutte
pour l'existence et de la sélection naturelle.

Pour juger de la valeur de cette opinion, analysons avec
soin les faits. Ne devons-nous pas d'abord nous demander
pourquoi certains individus sont devenus noirs? Est-
ce sous l'influence d'une cause purement accidentelle, ne
se faisant sentir qu'à de rares intervalles? ou bien est-ce
sous l'influence d'une cause permanente? Il semble qu'il
faudrait avoir résolu cette question pour décider si réellement la sélection naturelle seule préside à la transformation de nos surmulots.

Nous avons certaines données qui nous permettent
de trouver la solution cherchée. Nous savons que notre
Rat noir (*Mus Rattus*) est venu d'Asie à l'époque des
croisades ; nous savons aussi que les premiers immigrants
appartenant à l'espèce d'Asie, nommée *Mus Alexandri-
nus*, étaient colorés en fauve et non en noir; nous savons
enfin que la couleur fauve de ce rat d'Alexandrie s'est peu
à peu foncée et qu'une variété noire, celle qui a reçu le
nom de *Mus Rattus*, a fini par exister seule. En d'autres
termes, nous savons que notre rat noir est un produit de
transformation du rat fauve d'Alexandrie. En voyant la
même transformation de la couleur se produire chez le
surmulot, ne devons-nous pas nous demander si la coloration noire n'est pas produite par des conditions spéciales à notre climat, à la nourriture des rats immigrés,
etc., en un mot, à l'ensemble des conditions cosmiques
dans lesquelles vivent, chez nous, ces animaux?

La sélection, du reste, ajoute incontestablement son action à celle des conditions cosmiques dans les cas dont nous venons de parler, et dans tous ceux où l'on voit une espèce immigrante remplacer, au bout d'un temps plus ou moins long, une espèce indigène. Tous les naturalistes sont d'accord pour admettre que quand des individus d'une espèce de plantes ou d'animaux sont apportés dans un territoire nouveau, mais qui leur offre de bonnes conditions d'existence, ils offrent une énergie vitale plus considérable que les individus de la même espèce depuis longtemps établis sur ce territoire. Par exemple, les surmulots transportés de Perse en France, ont une activité vitale supérieure à celle de leurs ancêtres persans, et à celle des rats indigènes de la France. Ils se sont donc multipliés plus rapidement que nos vieux rats français, et, par conséquent, doivent fatalement, dans un temps donné, les conditions de destruction étant les mêmes, prendre la place de ces derniers. Ce fait se présente toutes les fois qu'une espèce est transplantée dans une localité nouvelle. On en a cité de très nombreux exemples pour les animaux et pour les végétaux.

Mais, dans ces cas, la lutte pour l'existence n'a d'autre résultat que la suppression de l'espèce indigène par l'espèce immigrante, elle ne crée pas le moins du monde l'espèce immigrante et si celle-ci se transforme en une variété ou espèce nouvelle, comme nous avons vu le rat d'Alexandrie se transformer, en France, en rat noir et le surmulot brun de Perse s'y transformer en surmulot noir, ce sont les conditions cosmiques nouvelles auxquelles se trouvent exposés les immigrants qui opèrent la transformation, et non la sélection naturelle.

Pour que celle-ci pût être considérée, dans ce cas, comme cause déterminante de la formation d'une espèce, il faudrait que la variation servant de point de départ à cette formation fût produite par une cause purement accidentelle. Or, nous connaissons un certain nombre de variations qui rentrent dans cette catégorie. Je citerai notamment la polydactylie, dont il a été question dans un chapitre précédent. Eh bien ! dans ce cas, la variation, qui est manifestement le produit d'une cause passagère, disparaît toujours sous l'influence du libre croisement, sans obéir le moins du monde à la loi de Delbœuf.

En sorte que cette loi semble ne pouvoir être applicable qu'aux cas dans lesquels la variation est produite par une cause permanente ; mais alors on peut se passer, pour expliquer la transformation de l'espèce, de la lutte pour l'existence et de la sélection naturelle, ou, du moins, celle-ci n'apparaît que comme une cause accessoire, ajoutant ses effets à l'action indispensable des conditions cosmiques qui ont déterminé les variations.

En résumé, dans tous les cas dont je viens de parler, la lutte pour l'existence, ou bien n'agit pas du tout dans la formation des espèces, ou bien n'agit que d'une façon complémentaire. La ségrégation et les conditions cosmiques se montrent comme les seules causes primordiales de la transformation spécifique.

Darwin avait fini par reconnaître la très grande importance, du milieu cosmique et celle de la ségrégation dans la formation des espèces, si l'on en juge par la lettre suivante, qu'il adressa à M. Moritz Wagner à la suite de la publication des travaux de ce dernier, lettre qui a été publiée dans le mémoire sur la *Formation des espèces par la ségrégation* déjà cité plus haut.

« Suivant moi, écrit Darwin, la plus grande erreur que j'aie commise, c'est de n'avoir pas tenu suffisamment compté de l'action directe du milieu, c'est-à-dire de l'alimentation, du climat, etc., *indépendamment de la sélection naturelle.* Les modifications obtenues ainsi, lesquelles ne sont ni à l'avantage ni au désavantage de l'organisme modifié, seraient spécialement favorisées, comme j'ai pu le constater, surtout d'après vos observations, par l'isolement sur une étendue restreinte, où un petit nombre d'individus vivent dans des conditions presques uniformes. Lorsque, il y a quelques années, j'ai écrit l'*Origine des espèces,* je n'avais pu rassembler que très peu de preuves de l'action directe du milieu. Aujourd'hui, il y en a beaucoup, et le cas cité par vous de la *Saturnia* est un des plus remarquables dont j'aie jamais entendu parler. »

Malgré l'adhésion accordée, dans une certaine mesure, par Darwin, à la manière de voir de M. Moritz Wagner, nous ne devons pas trop nous hâter d'adopter toutes les conclusions de ce dernier, conclusions qu'il est maintenant nécessaire de préciser. Il les a lui-même résumées dans les propositions suivantes :

« Chaque forme nouvelle constante (espèce ou variété) se constitue, à l'origine, par l'isolation d'unités émigrantes, détachées d'un habitat occupé par une espèce souche, qui se trouve encore dans la phase de la variabilité. Les vrais facteurs de ce processus sont : 1° l'adaptation des colons émigrés aux conditions extérieures de la vie (nourriture, climat, propriétés du sol, lutte pour l'existence) du nouveau milieu ; 2° l'empreinte et le développement des caractères individuels des premiers colons dans leur postérité par la reproduction consanguine.

« Ce processus de la constitution de l'espèce s'arrête aussitôt que, par suite d'une plus grande multiplication d'individus, intervient l'action nivélatrice et compensatrice du croisement en masse, qui crée et entretient cette uniformité, signe caractéristique de toute espèce véritable ou de toute variété constante. »

On voit que, d'après M. Moritz Wagner, toute espèce nouvelle aurait pour point de départ un phénomène de ségrégation, la ségrégation serait indispensable à la formation des espèces.

Cette proposition peut-elle être admise avec toute la rigueur que lui donne M. Moritz Wagner?

Nous avons déjà montré plus haut que, même en dehors de toute migration, de toute ségrégation, la transformation lente de la surface du sol et les modifications du milieu cosmique qui en sont la conséquence fatale, sont susceptibles de déterminer la transformation des espèces animales et végétales. Je ne crois pas que M. Moritz Wagner lui-même repousse cette proposition, dont l'exactitude est démontrée par un grand nombre de faits.

Restent la lutte pour l'existence et la sélection naturelle, auxquelles Darwin et une partie de ses disciples font jouer le rôle le plus important dans la formation des espèces à l'état de nature. Quelle est en réalité leur valeur relative.

Il me paraît résulter clairement de tout ce qui a été dit dans ce chapitre et dans le précédent que la sélection naturelle est, des trois causes de transformation des organismes vivants que nous avons étudiées, celle qui joue le rôle le moins considérable dans la formation des espèces nouvelles. Il en est de même de la sélection sexuelle.

Tandis que nous avons pu expliquer, par la ségrégation et les changements dans l'état de la surface du globe, le passage de n'importe quelle forme a une autre forme voisine, alors même que l'une serait aquatique et l'autre terrestre, sans avoir besoin pour cela de faire appel ni à la lutte pour l'existence, ni à la sélection naturelle, ni à la lutte sexuelle, ni à la sélection sexuelle ; nous avons vu que la sélection *agissant seule*, est incapable de produire aucune transformation spécifique.

Nous devons donc conclure que c'est dans les transformations lentes de la surface du globe et dans les changements de milieu consécutifs à la ségrégation et à la migration actives, ou passives, des animaux et des plantes, qu'il faut chercher les causes déterminantes de la production des espèces sauvages d'animaux et de végétaux.

CHAPITRE X

§ I. — *Évolution ascendante*

Le plus rapide coup d'œil jeté sur l'histoire paléontologique et géologique de notre globe suffit pour inspirer la
conviction que les êtres vivants se sont montrés à la
surface de la terre dans un ordre régulier tel, que les plus
inférieurs sont les plus anciens et que leur organisation
se montre d'autant plus complexe qu'ils sont de date plus
récente.

En d'autres termes, on trouve dans les données les plus
récentes de la géologie et de la paléontologie une preuve
certaine que les transformations des espèces ont eu
pour résultat de perfectionner peu à peu les êtres vivants, de leur faire subir une évolution générale ascendante.

Les géologues modernes sont d'accord pour diviser l'histoire de notre globe en quatre grandes périodes ou époques, auxquelles ils ont donné les noms de :

Période archaïque.

Période paléozoïque.

Période mézozoïque.

Période caïnozoïque.

La période Archaïque commence après la formation d'une couche solide déterminée par le refroidissement des portions superficielles du globe terrestre. D'abord, à l'état incandescent, gazeux, informe, analogue à celui des nébuleuses qu'il est encore permis d'observer dans les espaces les plus lointains de l'atmosphère, la terre s'est ensuite condensée en un globe aplati au niveau de ses pôles, renflé à l'équateur, mais encore en fusion dans toute son étendue, comme le sont les étoiles fixes ; puis, il s'est produit un refroidissement de sa surface qui a déterminé la formation de scories superficielles, obscures, comme celles dont on constate aujourd'hui l'existence à la surface du soleil ; enfin, la surface entièrement refroidie et solidifiée a formé une croûte dense, solide, sur laquelle s'est condensée une énorme quantité de vapeurs d'eau formant des mers étendues et rongeant, dissociant lentement, aussi bien les parties immergées que celles qui dépassaient la surface de l'eau.

C'est à ce moment que commencent les formations de la période Archaïque, formations constituées par des couches de minéraux arrachés à la couche primitive du globe, transportés par les courants d'un point à un autre, abandonnés ici par les eaux qui se retirent, puis repris en partie par elles et roulés vers d'autres régions, de telle sorte que la couche primitive se trouve finalement recouverte de dépôts constitués par ses propres éléments, mais charriés d'un point à un autre de sa surface. Qu'on ajoute à ces éléments, dissociés physiquement, les matériaux rejetés à travers les fissures de la croûte solide et provenant des entrailles du globe, et l'on aura une idée suffisante de la nature et de l'origine des formations géologiques qui se sont déposées pendant la période archaïque de l'histoire de la terre, à la surface de la couche solide primitive.

Ces formations atteignent une épaisseur qu'on évalue à plus de trente mille mètres. On les a divisées en deux séries : *formation Laurentienne* ou gnéssique primitive et *formation* Huronienne ou schisteuse primitive.

C'est, sans aucun doute, pendant les formations de la série laurentienne que se sont montrés à la surface du globe les premiers organismes vivants ; mais il est facile de comprendre qu'on ne puisse en trouver les traces. Formés uniquement de matière vivante molle, ces organismes pourrissaient et ne laissaient après leur mort aucune trace de leur passage sur la terre, ainsi que font aujourd'hui les Monériens, les Amœbiéns, les Infusoires et un grand nombre de végétaux inférieurs.

Parmi les organismes inférieurs, les Foraminifères et les Radiolaires, qui sont pourvus de squelettes calcaires ou siliceux, étaient seuls capables de laisser dans les couches géologiques des traces de leur existence. Aussi est-ce sur eux que se porte l'attention des géologues qui se livrent à l'étude des formations archaïques.

Dans les couches supérieures de la série Laurentienne, on croit avoir trouvé l'un de ces organismes l'*Eozoon canadense*, Foraminifère qui aurait atteint une taille gigantesque, si l'on en juge d'après les productions que l'on considère comme représentant sa coquille. Celle-ci se montre

dans les calcaires cristallins du Canada, de l'Écosse et de
la Bavière, sous forme de masses irrégulières, atteignant
jusqu'à trente centimètres de diamètre. Il est vrai que la
véritable nature de ces masses est encore mise en doute
par certains zoologistes.

Quoi qu'il en soit, il est légitime de supposer que les
mers contenaient, pendant la période Laurentienne, un
grand nombre d'espèces d'animaux inférieurs, car on
trouve, dans les formations huroniennes qui lui ont immédiatement succédé, des êtres relativement élevés, comme
des Annélides, des Lingules, des Crinoïdes, des Polypes
et des plantes voisines de nos Fucus.

Pendant toute la période Archaïque, les mers seules
sont habitées, les continents sont encore absolument déserts ; c'est seulement pendant la période Paléozoïque que
commencent à se montrer les animaux des eaux douces et
ceux de la terre ferme.

La période Paléozoïque a dû avoir une durée très
considérable car ses formations atteignent jusqu'à quinze
mille mètres et plus d'épaisseur. On l'a subdivisée en quatre séries de formations géologiques : la formation Silu-
rienne, la formation Dévonienne, la formation Carbonifère et la formation Dyasique ou Permienne.

Pendant la première partie de la formation Si-
lurienne les continents sont encore totalement dépourvus
d'organismes vivants, la mer seule est habitée, et ses hôtes
ne sont tous que des invertébrés ou des végétaux inférieurs.
C'est seulement vers la fin du Silurien que quelques Cryptogames vasculaires (Lepidodendrons) se montrent sur la
terre ferme, et que des vertébrés apparaissent dans les eaux
de la mer. Pendant la formation du Dévonien les poissons
augmentent de nombre, et la terre se peuple de crypto-

gamés vasculaires et même de Conifères. Pendant la formation Carbonifère, les premiers animaux à respiration aérienne apparaissent sur les continents, et, chose remarquable, ce sont à la fois des invertébrés et des vertébrés à respiration aérienne qui se montrent, les premiers appartenant au groupe des Arthropodes, les seconds au groupe des Amphibiens. Ce fait est remarquable en ce qu'il montre que c'est dans l'eau que s'était, antérieurement à cette période, opéré le passage des animaux sans vertèbres aux animaux vertébrés. Les vertébrés aériens ne viennent donc pas d'invertébrés aériens qui les auraient précédés sur les continents, mais de vertébrés aquatiques, de même que les invertébrés aériens (insectes, arachnides, etc.), viennent d'invertébrés aquatiques. C'est dans les marécages de la période Carbonifère que se sont opérées ces transformations, sous l'influence du passage très lent de marais salins en marais d'eau douce, puis en terrains bourbeux et enfin en terres simplement humides et couvertes de végétaux. Pendant la formation Carbonifère, et surtout pendant la formation Dyasique ou Permienne qui lui succéda, formations dont la durée doit avoir été très longue, un grand nombre d'espèces des périodes antérieures disparaissent, en même temps que se montrent des formes nombreuses de végétaux ou d'animaux intermédiaires aux types aériens et à ceux qui se montrent pendant les périodes suivantes. La période Carbonifère particulièrement peut être considérée comme une époque de transformation de la surface du globe. Un grand nombre de lieux inondés commencent à se dessécher, entraînant, comme nous l'avons dit plus haut, la transformation des organismes qui les habitent. Cependant une certaine uniformité des conditions cosmiques caractérise encore cette période. « Les phénomènes terrestres et les conditions climatériques de la terre à l'âge Paléozoïque, dit Credner, étaient uniformes. L'étendue occupée par la mer était de beaucoup plus considérable qu'aujourd'hui, les contours horizontaux et verticaux des continents étaient moins variés, le climat était uniformément chaud et humide du pôle à l'équateur. En harmonie avec ce peu de variété des actions à la surface du globe, se tient le fait de la réunion, chez beaucoup des représentants paléozoïques des règnes végétal et animal, de particularités qui plus tard caractériseront indépendamment des groupes et ne se retrouveront plus ensemble lorsque la variété des circonstances se sera accrue (*types collectifs*). Ce phénomène se montre d'une manière frappante chez les Labyrinthodontes, qui réunissent certains caractères des Batraciens, des Sauriens et des Poissons ; chez les premiers vrais Reptiles (*Pterosaurus*), où l'on trouve combinés des caractères des Monitors et des Crocodiles ; chez certains Ganoïdes qui possèdent les dents des Labyrinthodontes; chez une partie des Blattes Carbonifères dont les ailes possèdent le reticulum des ailes des Névroptères ; chez les Trilobites, où sont réunis des caractères répartis aujourd'hui dans plusieurs groupes de Crustacés; enfin chez les Lépidodendrons et les Sigillaires qui occupent une position intermédiaire aux Cryptogames et aux Conifères. »

La période Mésozoïque qui succède à la précédente et dont les formations atteignent jusqu'à 1,500 mètres d'épaisseur a été divisée en trois époques : triasique, jurassique et crétacée. Les transformations qui avaient commencé à se produire dans la surface du sol pendant la période précédente se continuent pendant celle-ci ; aussi les animaux et les végétaux qu'elle présente offrent-ils un grand nombre de formes de transition. Le *Mastodosaurus* offre à la fois des caractères propres aux Sauriens et des caractères particuliers aux Poissons; le *Nothosaurus* tient des Lézards et des Crocodiles ; ces animaux indiquent ainsi nettement le passage des vertébrés aquatiques aux vertébrés aériens, déterminé par le desséchement des terres qu'ils habitent. D'autre part, la transition commence à se faire entre les vertébrés aériens inférieurs et les animaux les plus élevés de la même classe. L'*Iguanodon* et tous les Dinosauriens tiennent à la fois des Lézards, des Crocodiles, des Oiseaux et des Mammifères. L'*Icthyornis* et l'*Odontornis* sont des oiseaux à vertèbres de poisson et à dents de Reptiles, marquant ainsi la parenté de ces trois groupes, tandis que l'*Archæopterix* indique plus nettement le passage des Reptiles aux Oiseaux.

Pendant la période Mésozoïque, un grand nombre de formes végétales et animales des périodes antérieures disparaissent, et il importe de remarquer que ce sont surtout des formes aquatiques qui subissent cette régression, tandis que les formes terrestres deviennent plus nombreuses. Ainsi, parmi les végétaux, les Cryptogames vasculaires font place aux conifères et les Dicotylédones angiospermes commencent à se montrer. Mais, ces dernières sont encore rares. Il en est de même des vertébrés à sang chaud.

C'est seulement pendant la quatrième grande période, celle qui a reçu le nom de Caïnozoïque que ces êtres se développent en grande quantité. Les terrains formés pendant cette période ont été divisés en deux grandes catégories : formations Tertiaires et Quaternaires, ces dernières divisées en Diluvium et Alluvions.

C'est pendant la période Tertiaire que la surface de la terre acquiert peu à peu l'aspect qu'elle revêt aujourd'hui par le soulèvement des chaînes de montagne actuelles, par l'affaissement qui ont produit nos mers, et par l'apparition consécutive de climats moins uniformes qu'ils ne l'étaient dans les périodes précédentes. C'est aussi pendant cette période que disparaissent les espèces de passage des époques antérieures, que se constituent les types des espèces actuelles, et qu'apparaissent successivement toutes les formes supérieures des oiseaux et des mammifères. Enfin, l'homme lui-même, production de l'époque Tertiaire, se montre à la surface de la terre, dont son intelligence et ses efforts ne tarderont pas à modifier les productions en les adaptant à ses besoins et à ses plaisirs.

Les données de la géologie et de la paléontologie établissent, on le voit, d'une manière irrécusable, le fait de l'évolution ascendante des animaux et des végétaux.

Elles montrent aussi que l'évolution ascendante des êtres vivants a coïncidé avec des transformations considérables de la surface de notre globe, transformations dont le résultat a été de rendre de plus en plus différentes les conditions cosmiques des diverses régions de la terre. La coïncidence des deux phénomènes est si manifeste, on voit avec tant de netteté, en étudiant comparativement l'histoire de la surface du globe et celle des organismes vivants qui l'ont peuplée aux diverses époques, les transformations des animaux suivre peu à peu celles de la surface du globe, qu'il est impossible de ne pas attribuer les unes aux autres, et qu'on ne peut se soustraire à la conclusion que les modifications de la terre ont été et sont encore la cause des transformations de ses habitants.

L'histoire paléontologique et géologique de notre globe nous fournit ainsi une nouvelle preuve à l'appui de la thèse soutenue dans les chapitres précédents que ce sont les conditions cosmiques qui ont joué et jouent le rôle le plus considérable dans la formation des espèces nouvelles d'animaux et de végétaux par transformation d'espèces préexistantes.

Le fait de l'évolution ascendante des animaux est encore démontré par un autre ordre de phénomènes dont il a déjà été question dans un chapitre précédent, je veux parler du développement individuel des animaux et des végétaux. En étudiant les diverses formes par lesquelles passe un animal appartenant aux groupes les plus élevés, l'homme par exemple, on constate avec la plus grande facilité, qu'il affecte successivement les caractères morphologiques propres aux organismes de toute la série des classes inférieures. Successivement semblable à l'animal le plus inférieur, à l'éponge la plus simple, puis aux invertébrés, aux vertébrés inférieurs, aux mammifères qui le touchent de plus près, n'atteignant qu'à la dernière heure les caractères propres à son espèce, l'homme parcourt avec plus ou moins de rapidité, pendant l'évolution de son organisme, toutes les étapes franchies par l'animalité avant qu'elle eût atteint le sommet qu'il occupe. C'est ce qui a fait dire à M. Hæckel, avec autant de précision que de vérité : « l'histoire ontogénique (évolution de l'individu) est une répétition, une récapitulation brève et rapide de la phylogénie (évolution des ancêtres) conformément aux lois de l'hérédité et de l'adaptation. » Il est, en effet, très naturel d'admettre que les formes par lesquelles passe un animal quelconque, formes qui se retrouvent dans les groupes inférieurs à celui dont il fait partie, sont celles de ses ancêtres.

L'ontogénie ajoute donc ses preuves à celles de la paléontologie pour démontrer la réalité de l'évolution as-

cendante des organismes vivants, pour nous convaincre
que les formes les plus inférieures sont celles qui se sont
produites les premières, et que toutes les autres n'ont
fait que se succéder en acquérant une perfection et une
complexité de plus en plus grandes.

Une dernière question doit nous préoccuper; celle de
savoir pourquoi et comment les formes animales et végétales ont suivi, dans leur évolution, une marche générale
ascendante.

La réponse à cette question doit, à mon avis, être cherchée surtout dans les phénomènes qui se sont produits à
la surface de notre globe pendant les périodes successives
dont nous avons parlé plus haut.

Ainsi que nous l'avons dit, les transformations de la
surface de la terre ont eu manifestement pour objet d'en
rendre les divers points de plus en plus différents les uns
des autres au point de vue de la température, de l'humidité de l'atmosphère, et de toutes les autres conditions
cosmiques. Si l'on tient compte de l'uniformité de ces
conditions pendant les premières phases de l'existence
du globe, on voit qu'elles ont subi une véritable évolution
ascendante, dans ce sens qu'elles sont devenues de plus
en plus complexes à mesure que la terre parvenait à un
âge plus avancé.

La complexité des conditions cosmiques ne pouvait faire
autrement que d'entraîner une complexité corrélative dans
les organismes vivants. Or, c'est dans l'accroissement de
la complexité des organes et des membres que réside
uniquement l'évolution ascendante des organismes vivants. Cette dernière nous apparaît donc comme une conséquence nécessaire de l'évolution ascendante des conditions cosmiques.

Nous trouvons une nouvelle preuve à l'appui de cette proposition dans les phénomènes d'évolution descendante dont il nous reste à parler.

N'oublions pas, avant de terminer ce qui concerne l'évolution ascendante, de rappeler que cette évolution est puissamment favorisée par l'action accumulatrice de l'hérédité, action qui se fait d'autant plus sentir que les conditions dans lesquelles vit l'animal persistent à suivre une marche ascendante.

§ 2. — *Évolution descendante.*

S'il est indéniable que l'évolution des êtres vivants ait suivi une marche générale ascendante, il est également certain qu'un grand nombre d'organismes animaux et végétaux actuels ont été produits par des transformations d'une nature toute différente, transformations qui ont eu pour résultat de ramener en arrière, de faire rétrograder certains organismes. C'est ce phénomène auquel on donne généralement le nom de *dégénération*, que je désigne sous celui d'*évolution descendante*. Il a été reconnu, il y a longtemps déjà, chez certains animaux parasites, tels que les Ténias dont l'organisation est tellement rudimentaire qu'il était impossible de ne pas l'attribuer à une dégénérescence des organes ; mais c'est seulement depuis que les études d'embryologie ont pris une importance sérieuse qu'on a pu se rendre compte de sa fréquence.

On disposait autrefois tous les groupes d'animaux en une sorte d'échelle, sur laquelle chacun était disposé d'après la complexité de son organisation à l'état adulte. En étudiant le développement des différents groupes, on n'a pas tardé à reconnaître que cette manière d'agir était vicieuse, et que l'organisation d'un animal adulte n'est pas un élément suffisant de détermination de la place qu'il doit occuper dans une classification vraiment naturelle, c'est-à-dire indiquant les liens de parenté et la filiation des organismes vivants. Dans les classifications anciennes, par exemple, les Ténias, qui sont dépourvus d'organes digestifs, sont considérés comme très inférieurs aux Trématodes, qui possèdent un tube digestif, tandis qu'en réalité ils leur sont au moins égaux, ou descendent d'ancêtres égaux aux Trématodes, mais qui ont subi une dégénération des organes digestifs. Les crabes offrent souvent au voisinage de leur anus un parasite en forme de sac rempli d'œufs, fixé par une ventouse à leurs parois abdominales dont il suce le sang. Ce parasite est un Crustacé dégénéré, dont les ancêtres étaient très voisins des crevettes, si l'on en juge par la larve qui est semblable à celle d'une crevette. L'embryologie nous révèle donc très nettement la place véritable de l'animal dégénéré dans une classification phylogénique.

Il me paraît inutile de multiplier ces faits. Ils suffisent pour donner une idée des phénomènes de l'évolution descendante, phénomènes beaucoup plus fréquents qu'on ne serait tenté de le croire au premier abord.

Quant à la cause qui le détermine, elle réside manifestement dans les conditions cosmiques auxquelles sont soumis les animaux dégénérés. Qu'un ver pourvu d'un tube digestif et vivant à l'état libre dans l'eau soit amené, par un concours de circonstances qu'il est facile d'imaginer, à vivre dans le tube digestif d'un autre animal ; qu'il trouve dans ce milieu nouveau des conditions lui permettant de vivre, quoiqu'elles soient très différentes de

celles où ont vécu jusqu'alors ses ancêtres, et il ne tardera
pas à se modifier, à se transformer, pour s'adapter à son
milieu nouveau. Comme il trouve dans le tube digestif de
son hôte des aliments déjà digérés et prêts à être assi-
milés, il se nourrira par simple absorption cutanée ; son
tube digestif devenu inutile ne tardera pas à s'atrophier, à
disparaître même en totalité. Une espèce nouvelle de Vers
sera produite, espèce dégénérée, résultant de la transformation rétrograde, de l'évolution descendante, d'une espèce supérieure.

De même que l'évolution ascendante des êtres vivants
est le résultat d'une évolution ascendante des conditions
cosmiques, leur évolution descendante est toujours due à
une évolution descendante de ces mêmes conditions.

§ 3. — *Conservation d'état.*

A côté des animaux qui subissent une évolution ascendante ou une évolution descendante, il en est d'autres qui
persistent pendant un temps souvent très considérable
dans un état pour ainsi dire invariable. Il est bien démontré, par exemple, que certaines espèces de blé et
d'autres plantes qui ont été trouvées dans les pyramides
d'Égypte, offraient sous les Pharaons les mêmes caractères qu'elles présentent aujourd'hui. D'autre part, un
nombre considérable de formes animales ou végétales de
notre époque ne diffèrent que fort peu de formes ayant
vécu pendant des périodes géologiques antérieures à la
nôtre, c'est-à-dire il y a des millions d'années ; enfin, nous
avons sous les yeux, à la fois, les animaux et les végétaux les
plus élevés qui aient encore été produits, et des organismes

très inférieurs. Tous ces faits indiquent bien que certaines formes ont conservé, soit en totalité, soit en grande partie, les caractères de leurs ancêtres, tandis que d'autres évoluaient ascensionnellement ou, au contraire, subissent une dégénération. C'est ce phénomène que je désigne sous le nom de « conservation d'état ».

On a prétendu en tirer un argument contre la théorie du Transformisme, alors qu'il fournit, au contraire, une démonstration nouvelle de son exactitude. Il est facile, en effet, de se convaincre par l'étude attentive des divers ordres de faits de « conservation d'état » énumérés plus haut, que ces phénomènes sont le résultat de la permanence des conditions cosmiques dans lesquelles vivent les animaux qui les présentent. Si, par exemple, les végétaux de l'Égypte n'ont réellement pas varié depuis les Pharaons, cela tient uniquement à ce que les conditions cosmiques du pays ne se sont pas modifiées.

Ajoutons en passant que cette « conservation d'état » des plantes égygtiennes montre le peu d'importance de la lutte pour l'existence et de la sélection naturelle, agissant en dehors des conditions cosmiques. Les plantes égyptiennes, en effet, n'ont pas cessé de lutter pour l'existence depuis les siècles reculés où vivaient les Pharaons ; elles ont lutté contre les animaux, elles ont lutté entre elles pour la nourriture, et cependant elles n'ont subi aucune transformation spécifique. On se rappelle, au contraire, qu'il a suffi du séjour de trois cents ans dans l'île de Porto-Santo pour que le lapin domestique d'Europe se transformât en une espèce nouvelle.

Qu'on examine tous les autres faits de « conservation d'état » des animaux et des végétaux, et on s'assurera facilement qu'ils sont dus à l'invariabilité des conditions cosmiques. N'est-ce pas dans les profondeurs de la mer, c'est-à-dire dans un milieu relativement peu variable, que l'on trouve actuellement les formes les plus rudimentaires de la matière vivante. N'est-ce pas dans l'eau, milieu dont les conditions cosmiques sont beaucoup moins variables que celles des continents, que vivent les animaux et les végétaux les plus inférieurs ?

Mais, dira peut-être quelqu'un de mes lecteurs, comment se fait-il que des animaux et des végétaux inférieurs existent encore aujourd'hui, s'il est vrai qu'ils soient les ancêtres des organismes plus élevés? La réponse est aisée à faire ; je ne pose d'ailleurs la question qu'afin de ne laisser dans l'ombre aucun des points du grave problème qui fait l'objet de ce livre. Tandis qu'une partie des individus d'une espèce déterminée se trouvaient exposés à des conditions nouvelles d'existence, et se transformaient, sous leur influence, pour produire une espèce nouvelle, les autres restaient soumis aux conditions anciennes, et, par conséquent, gardaient leur état primitif. Supposons, par exemple, que tout le fond d'un marais soit tapissé d'une même plante aquatique, et que ses bords viennent à se dessécher lentement, tandis que l'eau persiste dans le reste de son étendue ; les plantes situées sur le bord se trouvant privées d'eau et exposées à l'air se modifieront, se transformeront, et, au bout d'un certain nombre de générations, offriront des caractères si distincts de celles des plantes restées immergées, qu'on en pourra faire une espèce nouvelle. L'évolution ascendante a porté sur la portion des individus qui se sont trouvés exposés à une évolution ascendante du milieu cosmique, tandis que la conservation d'état est manifestée par tous les individus dont le milieu ne s'est pas modifié.

En résumé, évolution ascendante, évolution descendante et conservation d'état sont des phénomènes dus à l'évolution ascendante ou descendante, ou à la conservation d'état du milieu cosmique, preuve nouvelle de l'importance prépondérante de l'action du milieu cosmique dans la formation des espèces animales ou végétales.

CHAPITRE XI

COUP D'ŒIL RÉTROSPECTIF

———

Parvenu au terme de la tâche que je m'étais imposée, je crois utile de jeter un coup d'œil rétrospectif sur le chemin parcouru et de grouper dans un tableau d'ensemble toutes les observations qu'il nous a été donné de faire pendant la route.

Nous avons vu la matière informe des nébuleuses se condenser en astres à forme définies, d'abord, constitués par des vapeurs incandescentes, qui se refroidissent, et se transforment en corps solides dont un seul, la terre, peut faire l'objet d'études complètes, parce que seule nous pouvons l'atteindre avec tous les sens. Sur ce globe refroidi, à surface solide, nous avons vu apparaître, par une transformation nouvelle de la matière infinie et éternelle, les premières molécules d'une substance vivante.

Nous avons comparé les propriétés de cette dernière avec celles de la matière non-vivante, et nous nous sommes convaincus de leur identité fondamentale, les unes ne diffèrent des autres que par le degré de leur intensité, que par la phase de l'évolution à laquelle sont parvenues les formes de la matière qui les présentent.

Nous avons passé en revue quelques-uns des organismes vivants les plus simples ; nous avons suivi les premières étapes que parcourent dans la vie les êtres plus élevés en organisation ; nous avons pu nous convaincre que tous se ressemblent pendant leur premier âge, et que tous se montrent alors aussi simples que les formes les plus rudimentaires de la matière vivante. Nous avons vu les divers organismes atteindre dans leur évolution individuelle des niveaux très différents, les uns s'arrêtant pour ainsi dire dès les premiers pas dans la route de la vie, tandis que les autres la parcourent jusqu'au terme le plus élevé qui soit connu et qu'un nombre incalculable s'arrêtent à toutes les étapes intermédiaires à ces deux extrêmes.

Nous avons alors jeté nos regards sur les formes adultes des êtres vivants ; nous les avons comparées les unes aux autres, nous avons examiné la façon dont les naturalistes les groupent ; nous sommes sortis de cette étude convaincus que toutes les classifications, si naturelles qu'elles semblent, ne sont que des produits de notre cerveau ; et nous avons pu, en toute sécurité, nous arrêter à la conclusion, que les individus seuls existent, et peuvent faire l'objet de nos études.

Mais ces individus diffèrent les uns des autres à des degrés très divers, et nous avons dû rechercher, d'une part, à quoi tiennent les ressemblances qui les unissent, d'autre part, les différences qui permettent d'établir les divisions plus ou moins conformes à la réalité qui sont nécessaires au classement de nos connaissances scientifiques.

Nous avons trouvé dans l'hérédité la cause des ressemblances tandis, que celle des variations individuelles se montrait dans l'action du milieu cosmique et dans celle du milieu générateur.

Connaissant les causes déterminantes des variations individuelles, nous avons abordé l'étude des procédés à l'aide desquels l'homme, d'une part, la nature, de l'autre, transforment les individus et leurs produits et déterminent la formation de races, variétés et espèces nouvelles. La sélection, la ségrégation et l'expatriation étant les procédés dont l'homme fait usage, nous avons vu que la production des espèces naturelles est également déterminée surtout par la ségrégation et l'expatriation actives ou passives qui exposent les animaux et les végétaux à des conditions cosmiques différentes de celles dans lesquelles ont vécu leurs ancêtres. Quant à la sélection naturelle nous avons montré qu'elle ne fait qu'ajouter son action à celle des conditions cosmiques.

C'est encore dans l'action de ces dernières que nous avons trouvé l'explication des phénomènes que nous avons étudiés sous les noms d'évolution ascendante, évolution descendante et conservation d'état.

Enfin, et c'est par là que je termine, au dessus de tous ces faits, de ces admirables problèmes, nous avons vu planer quelques grandes ombres, Diderot, Gœthe, Buffon, Darwin, et le plus illustre, le plus perspicace de tous, Lamarck.

APPENDICE

Note A.

- C'est dans la séance du jeudi 17 décembre 1878 que M. Norman Lockyer communiqua à la Société royale de Londres son premier travail sur l'importante question de la constitution des corps simples. Pour que les arguments de M. Lockyer soient bien compris, il est nécessaire de rappeler brièvement le résultat des recherches antérieures. En règle générale, lorsqu'on veut établir le spectre d'une substance, il faut la volatiliser dans une flamme gazeuse, ou bien lui faire produire des étincelles à l'aide d'un appareil à induction, et faire tomber les rayons lumineux sur la fente du spectorscope. On obtient alors généralement un spectre dont les lignes occupent le champ entier de la bande ; mais en interposant une lentille entre la flamme et la fente du spectroscope, M. Lockyer a pu étudier les diverses régions de la vapeur incandescente et établir le le fait déjà noté, mais auquel on n'avait guère prêté attention, que toutes les lignes du spectre de la substance volatilisée ne s'étendent pas à égale distance à partir des pôles.

Il a montré ensuite, à l'aide de cette méthode d'observation, que dans le cas d'alliage contenant différentes proportions de deux métaux, si l'un des métaux constituants est en très petite quantité, son spectre est réduit à sa forme la plus simple ; les lignes qui sont les plus longues avec la substance pure apparaissent seules. Si l'on augmente la proportion de ce métal, les autres lignes se montrent graduellement dans l'ordre de la longueur relative qu'elles possèdent dans le spectre de la substance pure. Des observations semblables furent faites avec des corps composés. On constata ainsi que les lignes fournies par une substance déterminée variaient non seulement en longueur et en nombre, mais aussi en éclat et en épaisseur, suivant sa proportion relative.

Armé de ces faits et se proposant de déterminer ainsi exactement les éléments qui entrent dans la composition du soleil, M. Lockyer commença, il y a quatre ans environ, la construction d'un tableau d'une région déterminée du spectre des corps métalliques pour la comparer avec la même région du spectre solaire. Dans ce but, il prit environ deux mille photographies de spectres d'éléments métalliques divers, et observa directement plus de cent mille de ces spectres. Comme il est à peu près impossible d'obtenir des substances pures, les photographies furent soigneusement comparées dans le but d'éliminer dans chacune d'entre elles les lignes dues aux impuretés ; l'absence d'un élément particulier, à l'état d'impureté, étant considérée comme démontrée lorsque les lignes les plus longues et les plus fortes étaient absentes de la photographie de l'élément soumis à l'observation, M. Lockyer dit que le résultat de tout ce travail fut de montrer que l'hypothèse d'après laquelle des lignes identiques existant dans des spectres différents seraient dues aux impuretés, n'est plus suffisante, car il trouve des lignes coïncidant dans les spectres de plusieurs métaux, dans lesquels l'absence d'impuretés était démontrée par l'absence des lignes les plus longues.

Il ajoute qu'il y a cinq ans il indiqua que certains phénomènes physiques présentés par le soleil et les étoiles lui suggérèrent une autre hypothèse, d'après laquelle les éléments chimiques eux-mêmes ou du moins une partie d'entre eux seraient des corps composés. Il lui parut, par exemple, que plus un astre est chaud, plus son spectre est simple. Les

astres les plus brillants, en effet, et par suite les plus chauds,
comme Sirius, donnent un spectre dans lequel on ne trouve
que les lignes très larges de l'hydrogène et un petit nombre
d'autres lignes métalliques très fines, caractéristiques d'éléments d'un poids atomique très faible; tandis que des astres
moins chauds, comme notre soleil, fournissent un spectre qui
indique un plus grand nombre d'éléments métalliques que les
astres semblables à Sirius, mais aucun élément non métallique.

Ces faits paraissent faciles à expliquer, si l'on suppose qu'à
mesure que la température s'élève les corps composés sont
d'abord divisés en leurs « éléments » d'un poids atomique plus
faible.

Note B.

« D'après M. Johnstone Stoney (*Phil. Mag.*, vol. XXXVI p. 141),
un centimètre cube d'air contient environ un sextilion de molécules. Par conséquent un ballon de 13.5 centimètres de diamètre contient un nombre de molécules égal à $13,5^3 \times 0.5236 \times$
1000,000,000,000,000,0 0.000, c.-à-d. 1288,252,350,000,000,000,000,000
de molécules d'air sous la pression ordinaire. Par conséquent,
lorsque l'air du ballon est amené à ne plus exercer que la
pression d'un millionième d'atmosphère, il contient encore
1288,252,350,000,000,000 de molécules, et si l'on perce le ballon
à l'aide de l'étincelle d'induction, 1288,251,061,747,650,000,000,000
de molécules devront rentrer par l'ouverture. S'il passe
100 millions de molécules par seconde, le temps nécessaire pour
le passage de toutes ces molécules sera : 12,882,510,617,476,500 secondes, — ou 214,708,510,291,275 minutes, — ou 3578,475,171,521
heures, — ou 149,103,132,147 jours, — ou 408,501,731 ans. »

(CROOKES.)

Note C.

Wundt, auquel nous avons emprunté l'explication de la gravitation de la page 84, fait remarquer avec raison que la vieille

croyance à une propriété d'attraction dont serait douée la matière est inconciliable avec l'inertie qu'on lui attribue, en entendant par inertie la propriété que présente un corps matériel déterminé de n'entrer en mouvement que sous l'impulsion d'un autre corps qui déja se meut. « Il faut, dit-il avec raison, rejeter l'idée d'une force attractive ou ne voir dans ce rapprochement des corps les uns des autres que les effets d'impulsion provenant des chocs extérieurs. » (VUNDT, *Traité élém. de Physique médic.*, page 67). — J'engage le lecteur à lire tout le chapitre de Secchi (*Unité des forces physiques*, 2ᵉ édit., p.12) relatif à la constitution de la matière.

Note D.

On sait que quand on fait entrer la lumière du soleil dans une chambre à travers un trou de petite taille, derrière lequel se trouve placé un prisme, les rayons lumineux qui ont passé par le trou et traversé le prisme vont former sur un écran noir une image colorée, à laquelle on donne le nom de *spectre solaire*. Sept rayons colorés forment cette image. Celui qui a traversé le prisme le plus près de sa base et qui a été le plus dévié de sa direction primitive, celui qui est le plus réfrangible, est coloré en violet, le moins réfrangible est rouge. Les autres se disposent entre eux de la façon suivante, en partant du plus réfrangible : violet, indigo, bleu, vert, jaune, orangé, rouge. De ce que nous ne voyons que ces sept rayons, il ne faudrait pas conclure qu'ils existent seuls. En réalité, chaque rayon est relié à ses voisins par d'autres que notre œil ne perçoit pas, de sorte que le spectre est continu. Il se prolonge même au delà du violet et au delà du rouge. On sait que la lumière blanche du soleil jouit de la propriété de déterminer des décompositions ou des combinaisons chimiques et que c'est sur cette propriété qu'est basée la pratique de la photographie. Tous les rayons du spectre ne jouissent pas à un égal degré de cette propriété. Les plus actifs sont les rayons violets, c'est-à-dire les rayons les plus réfrangibles, les moins actifs sont les rayons rouges. Mais en revanche ceux-ci sont les plus calorifiques.

Note E.

Les Monèriens, étudiés pour la première fois par le savant zoo-
ogiste allemand Hæckel sont les plus simples de tous les or-

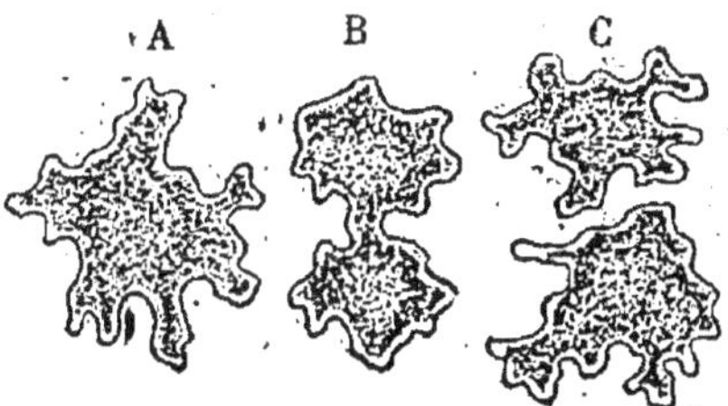

Fig. 1. — *Protamœba primitiva* (d'après Hæckel).
A, individu entier. — B, individu en voie de formation. — C, deux individus
provenant de la division du précédent.

ganismes vivants actuellement connus. Ils sont composés de
protoplasmes légèrement granuleux, sans forme nettement

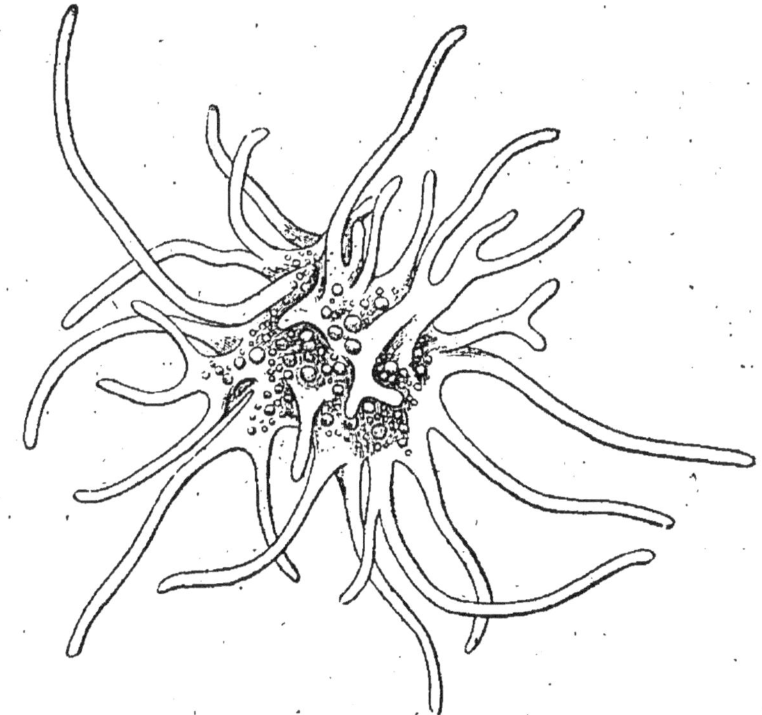

Fig. 2. — *Protamœba polypodia* (d'après Hæckel).

définie, sans noyau, ni membrane d'enveloppe. La surface est
seulement un peu plus dure et un peu moins granuleuse que
le reste du corps de l'animal. Celui-ci se nourrit par absorp-

tion directe des particules, alimentaires que l'eau amène au contact de son corps. Les mouvements sont effectués par des

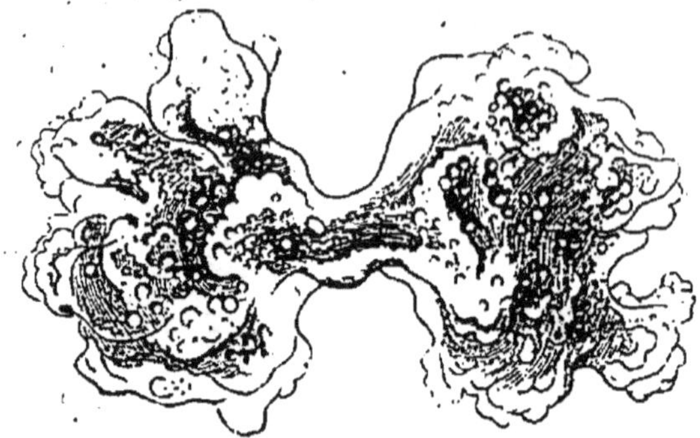

Fig. 3. — *Protamœba Schultzeana* en voie de division (d'après Hæckel).

prolongements protoplasmiques (pseudopodes) qui se forment à la surface du corps. (voy. DE LANESSAN, *Les Protozoaires*, p. 1-38).

Note F.

Le *Bathybius Hæckelii* est un animal du groupe des Monèriens, au sujet duquel ont eu lieu de très vives discussions. Il fut décrit pour la première fois par un savant anglais, M. Huxley, d'après des échantillons recueillis dans le fond de l'Atlantique et conservés dans l'alcool. Plus tard, on le considéra comme le résultat d'une erreur d'observation et l'on crut que la substance décrite par M. Huxley était un dépôt minéral. Mais Bessels le retrouva, l'observa vivant, et put constater ses mouvements. Plus récemment, M. A. Milne Edwards a démenti ou nié son existence, mais ses négations sont incapables d'infirmer les observations directes de Bessels. Le *Bathybius Hœckelii* se présente sous la forme de masses protoplasmiques souvent en forme de réseau, à mailles plus ou moins larges, comme dans la figure ci-contre (voy. pour les détails : DE LANESSAN, *Traité de Zoologie. Les Protozoaires*, p. 2).

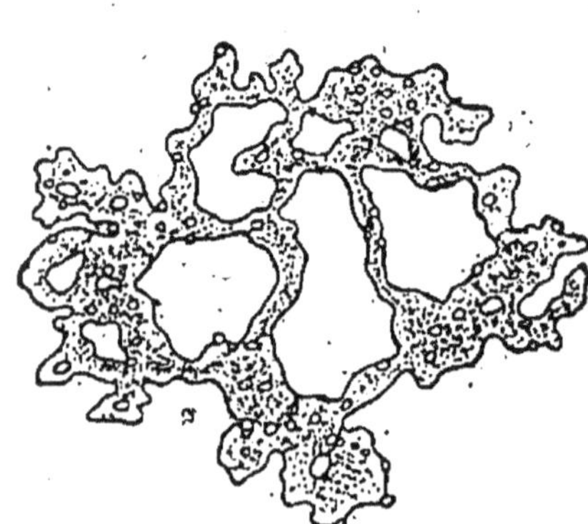

Fig. 4. — *Bathybius Hæckelii.*
(D'après Hæckel.)

Note G.

Les figures ci-jointes suffiront pour donner au lecteur une idée de l'organisation des cellules végétales.

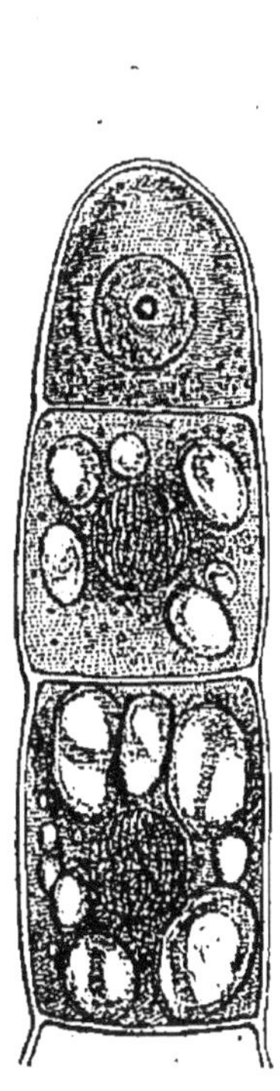

Fig. 5. — Extrémité d'un poil staminal de *Tradescantia virginica*.

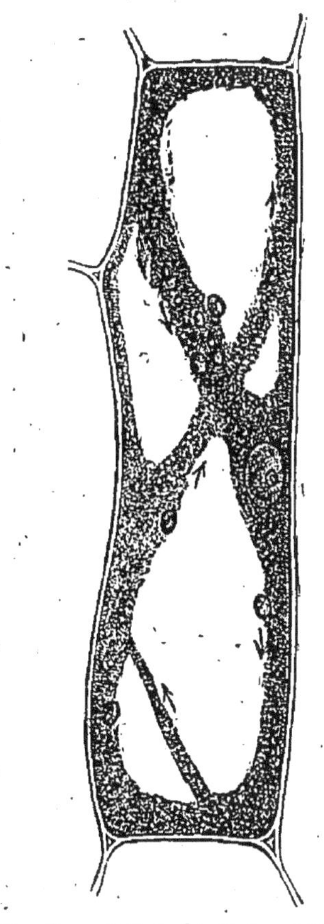

Fig. 6. — Cellule végétale adulte.

Note H.

Les Foraminifères sont des animaux formés d'une masse protoplasmique en forme de membrane, mais pourvue d'un noyau et cimentant un grand nombre de prolongements protoplasmiques grêles, plus ou moins confondus les uns avec les autres dans certains points de leur étendue et jouant le rôle de rames à l'aide desquelles l'animal se déplace dans l'eau et celui de bras avec lesquels il saisit ses aliments et les entraîne dans la masse centrale ou bien les digère et les absorbe sur place. Ces petits animaux sont souvent munis d'une coquille, habituellement calcaire, percée d'orifices par lesquels sortent les

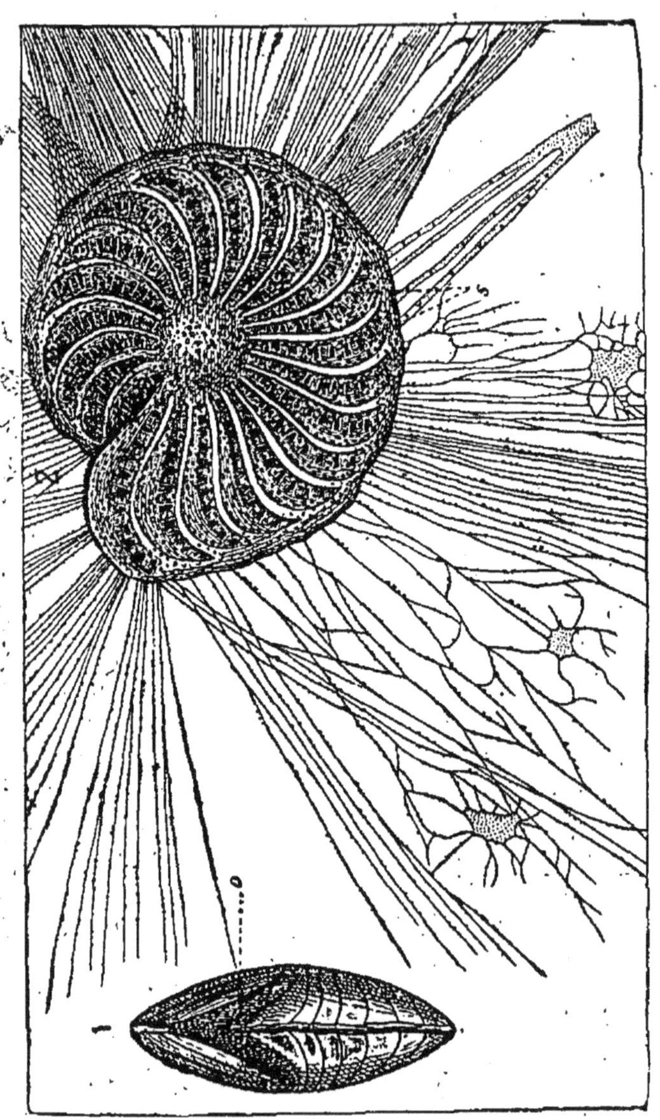

Fig. 7. — *Polystomella strigilata.*
1, vu par la tranche. — 2, vu par l'une des faces latérales. — *o*, orifices principaux de la dernière chambre formée. — *s*, orifices latéraux.

pseudopodes. (Voy. DE LANESSAN *Traité de Zoologie, Les Protozoaires*, p. 50-95, fig. 45-91).

Note I.

Les Amœbiens sont des animaux inférieurs, formés par une seule cellule dépourvue de membrane d'enveloppe, mais pourvue

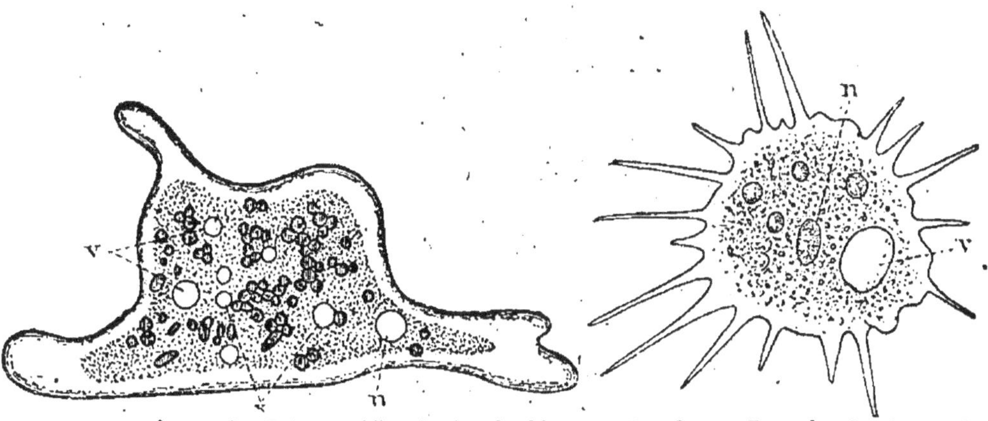

Fig. . — : *Amœba Princeps* (d'après Auerbach). — *n*, noyau. — *v*, vacuoles contractiles. — *x*; corpuscules nutritifs.

Fig. 9. — *Dactylosphærium polypodium* (d'après E. Schultze). — *n*, noyau. — *v*, vacuoles contractiles.

d'un noyau. Le protoplasma qui forme la masse du corps est plus clair, plus dense, moins riche en granulations à la périphérie

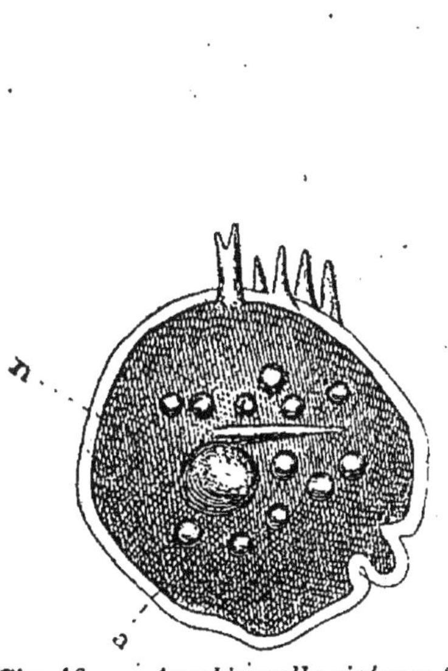

Fig. 10. — *Amphizonella violaeea* (d'après Greff). — *n*, noyau. — *a*, ectosarque.

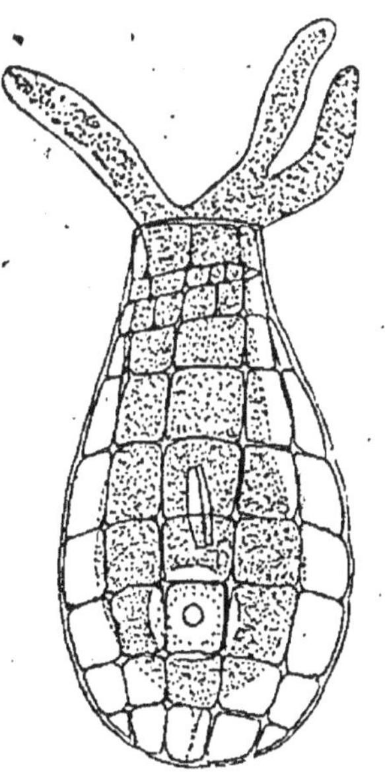

Fig. 11. — *Quadrula symetrica.*

que dans les parties profondes. Il contient habituellement une ou plusieurs petites cavités, nommées vésicules contractiles parcequ'elles sont douées de mouvements alternatifs de dilatation et de contraction. A la surface du corps s'élèvent des prolongements à formes variables, ordinairement épais et arrondis, servant à la locomotion et à la préhension des aliments, (Voy. DE LANESSAN, *Traité de Zoologie. Les Protozoaires*, p. 39. 57, fig. 30-44).

Note J.

La figure 12 donnera au lecteur une idée suffisante du sommet d'une tige de plante.

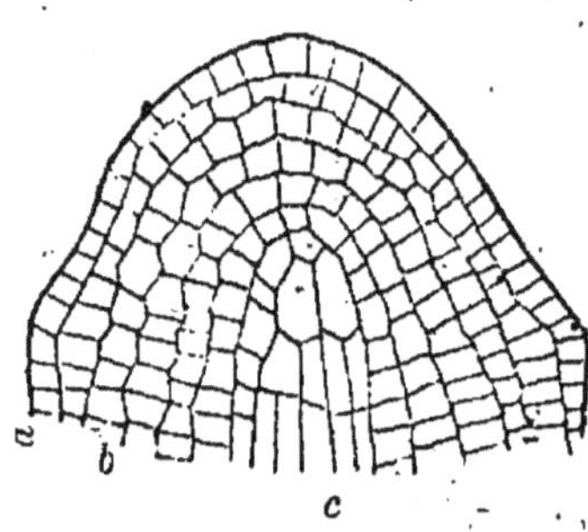

Fig. 12. — *Hippuris vulgaris.* Coupe longitudinale du sommet de la tige (d'après de Bary).

On y distingue trois couches concentriques distinctes, superposées. A l'extérieur, une couche unique, *a*, de cellules à peu près cubiques ou polygonales, destinées à produire l'épiderme; au-dessous une zone *b*, formée de plusieurs couches de cellules irrégulièrement polygonales destinées à produire l'écorce, et enfin, une zone centrale *c*, formée de cellules allongées parallèles au grand axe de la tige, destinées à produire le bois, les vaisseaux, etc., et la moelle. (Voy. DE LANESSAN, *Manuel d'histoire naturelle médicale*, I, p. 137, et *La Botanique*, p. 23.)

Note K.

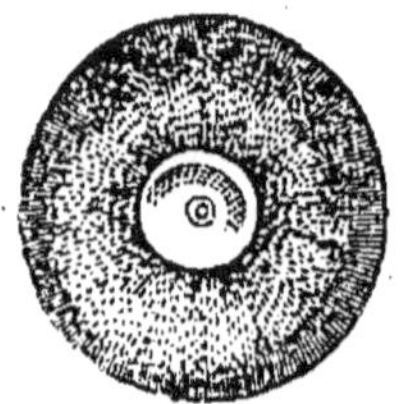

Fig. 13. — Archicytula (D'après Hæckel)

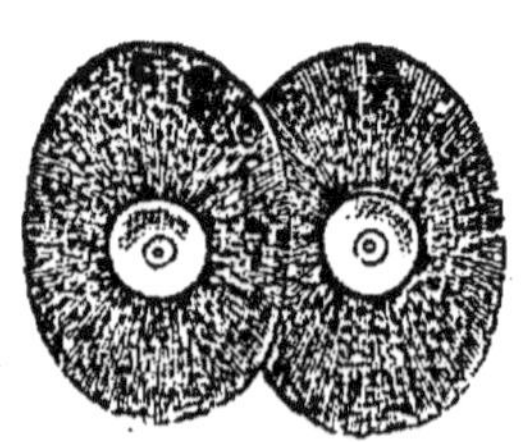

Fig. 14. — Segmentation de l'archicytula en deux cellules égales (d'après Hæckel).

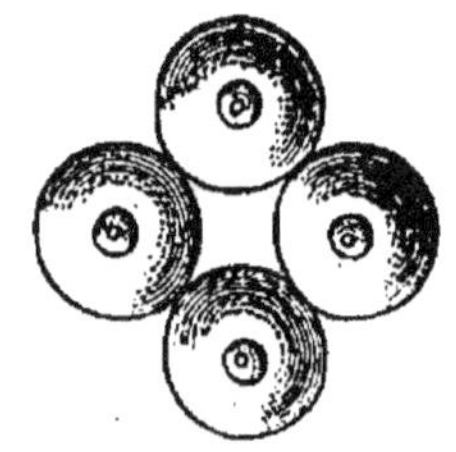

Fig. 15 — Segmentation de l'archicytula en quatre cellules égales (d'après Hæckel).

Les figures schématiques ci-jointes suffiront pour donner au

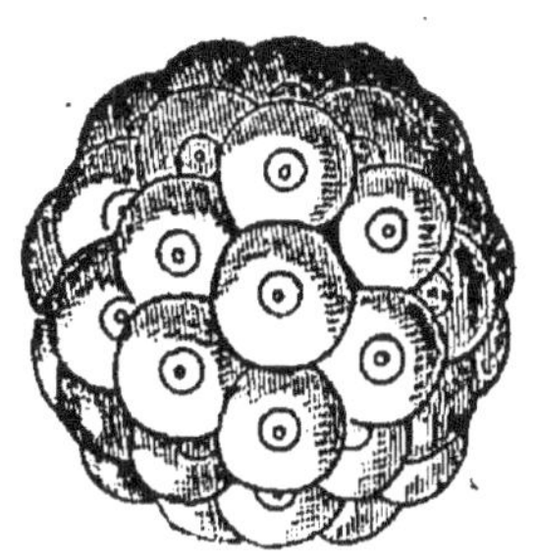

Fig. 16. — Archimorula (d'après Hæckel).

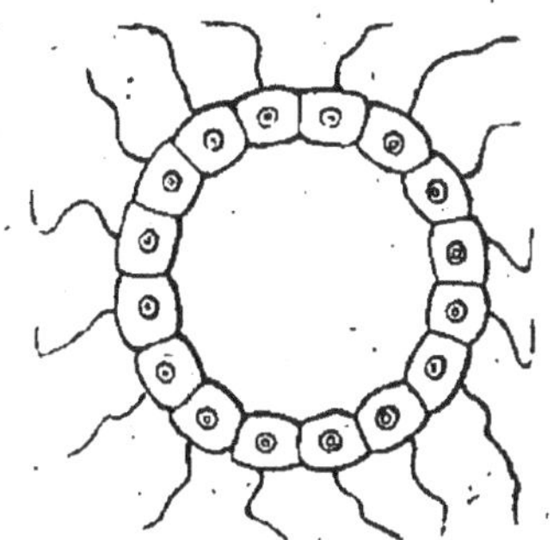

Fig. 17. — Archiblastula (d'après Hæckel).

lecteur une idée convenable des premiers phénomènes qui se produisent dans l'œuf fécondé.

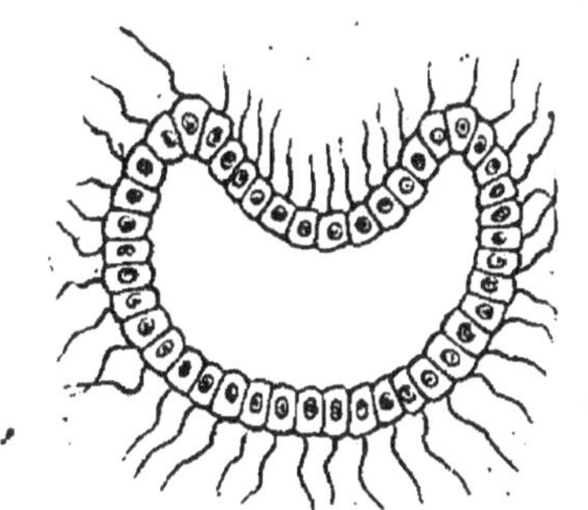

Fig. 18. — Archigastrula en voie de formation (d'après Hæckel).

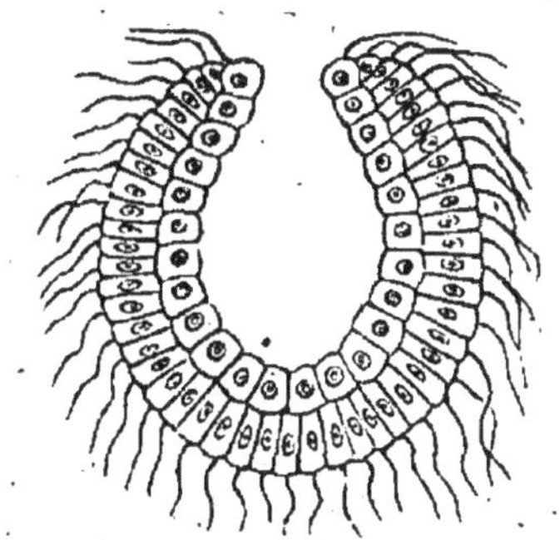

Fig. 19. — Archigastrula complètement formée (d'après Hæckel).

Note L.

On donne le nom de progression arithmétique à une série de nombres tels que chacun est supérieur au précédent d'une quantité fixe et toujours la même. Ainsi les nombres : 2, 4, 6, 8, 10, 12, 14, 16, 18, 20, etc., sont en progression arithmétique l'un sur l'autre, car il s'uffit d'ajouter le nombre 2 à l'un quelconque d'entre eux pour obtenir le suivant, ex : $2+2=4$; $4+2=6$; $6+2=8$; etc.

La dénomination de proportion géométrique s'applique à une série de nombres tels, que chacun représente le précédent multiplié par un même chiffre. Ainsi les nombres 2, 4, 8, 16, 32, 64, 128, etc. forment une progression géométrique. Il suffit, en effet, pour obtenir l'un quelconque de ces nombres de multipler le précédent par 2. Ex : $2 \times 2 = 4$; $4 \times 2 = 8$; $8 \times 2 = 16$; $16 \times 2 = 32$; $32 \times 2 = 64$; $64 \times 2 = 128$, etc.

Appliquons cela à l'homme et à l'une des espèces animales ou végétales qui servent à son alimentation, le blé par exemple. Malthus arrive à cette conclusion, que chaque individu de l'espèce humaine consomme une quantité telle de grains de blé que dans un pays donné, en France, si l'on veut, la quantité de blé produite par le sol, quoique très considérable, ne s'accroîtra qu'en progression arithmétique, tandis que celle des hommes s'accroîtra en proportion géométrique. Par exemple, si l'on représente par le chiffre 2 la quantité de blé produite par le sol la première année, et par le chiffre 2 le nombre des hommes au début de cette même année, l'année suivante, le chiffre des hommes sera 4 et celui du blé 4 ; la troisième année le chiffre des hommes sera 8, c'est-à-dire 4×2, tandis que celui du blé sera seulement 6, c'est-à-dire $4 + 2$; la quatrième année, le chiffre des hommes sera 16, soit 8×2, tandis que celui du blé sera 8, soit $6 + 2$, etc. Il est bien évident que, si les hommes ne sont pas détruits en partie, ils ne tarderont pas à manquer de blé. En effet, tandisque le blé se multiplie les aliments qui lui sont fournis par le sol s'épuisent, de sorte que tôt ou tard, si le blé n'était pas en partie détruit, il cesserait de pouvoir être nourri par les champs dans lesquels il pousse.

Les ouvrages de Malthus étant très rares et par conséquent fort peu connus, le lecteur me saura gré de lui mettre sous les yeux le chapitre qui contient l'exposé général du sujet traité dans l'*Essai sur le principe de population* du savant économiste anglais.

« Si l'on cherchait à prévoir quels seraient les progrès futurs de la société, il s'offrirait naturellement deux questions à examiner

« 1° Quelles sont les causes qui ont arrêté jusqu'ici les progrès des hommes, ou l'accroissement de leur bonheur ?

« 2° Quelle est la probalité d'écarter, en tout ou en partie, les causes qui font obstacle à nos progrès ?

« Cette recherche est beaucoup trop vaste, pour qu'un seul individu puisse s'y livrer avec succès. L'objet de cet essai est principalement d'examiner les effets d'une grande cause, intimement liée à la nature humaine, qui a agi constamment et puissamment dès l'origine des sociétés, et qui cependant a peu fixé l'attention de ceux qui se sont occupés du sujet auquel elle appartient. A la vérité, on a souvent reconnu et constaté les faits qui démontrent l'action de cette cause, mais on n'a pas vu la liaison naturelle et nécessaire qui existe entre elle et quelques effets remarquables, quoiqu'au nombre de ces effets il faille probablement compter des vices, des malheurs, et cette distribution trop inégale des bienfaits de la nature, que les hommes éclairés et bienveillants ont de tout temps désiré de corriger.

« La cause que j'ai en vue est la tendance constante qui se manifeste dans tous les êtres vivants à accroître leur espèce, plus que ne le comporte la quantité de nourriture qui est à leur portée.

« C'est une observation du Dr Franklin, qu'il n'y a aucune limite à la faculté productive des plantes et des animaux, si ce n'est qu'en augmentant en nombre ils se dérobent mutuellement leur subsistance. Si la face de la terre, dit-il, était dépouillée de toute autre plante, une seule espèce, par exemple, le fenouil, suffirait pour la couvrir de verdure. Et, s'il n'y avait pas d'autres habitants, une seule nation, par exemple la nation anglaise, en peu de siècles l'aurait peuplée (1).

« Cela est incontestable. La nature a répandu d'une main libérale les germes de la vie dans les deux règnes, mais elle a été économe de place et d'aliments. Sans cette réserve, en quelques milliers d'années, des milliers de mondes auraient été fécondés par la terre seule ; mais une impérieuse nécessité réprime cette population luxuriante ; et l'homme est soumis à sa loi, comme tous les êtres vivants.

« Les plantes et les animaux suivent leur instinct, sans être arrêtés par la prévoyance des besoins qu'éprouvera leur progéniture. Le défaut de place et de nourriture détruit, dans ces

(1) Franklin, *Miscel.*, p. 9.

deux règnes, ce qui naît au delà des limites assignées à chaque espèce. De plus, les animaux se servent mutuellement de proie.

« Les effets de cet obstacle sont pour l'homme bien plus compliqués. Sollicité par le même instinct, il se sent arrêté par la voix de la raison, qui lui inspire la crainte d'avoir des enfants aux besoins desquels il ne pourra point pourvoir. S'il cède à cette juste crainte, c'est souvent aux dépens de la vertu. Si, au contraire, l'instinct l'emporte, la population croît plus que les moyens de subsistance. Mais, dès qu'elle a atteint ce terme, i faut qu'elle diminue. Ainsi la difficulté de se nourrir est un obstacle toujours subsistant à l'accroissement de la population humaine ; cet obstacle doit se faire sentir partout où les hommes sont rassemblés et s'y présenter sans cesse sous les formes variées de la misère et du juste effroi qu'elle inspire.

« On se convaincra que la population a une tendance constante à s'accroître au delà des moyens de subsistance, et qu'elle est arrêtée par cet obstacle, si l'on parcourt, sous ce point de vue les différentes périodes de l'existence sociale. Mais, avant d'en treprendre ce travail et pour y jeter plus de clarté, essayons d déterminer, d'une part, quel serait l'accroissement naturel d la population, si elle était abandonnée à elle-même sans aucune gêne, et d'autre part, quelle peut être l'augmentation des productions de la terre dans les circonstances les plus favorables à l'industrie productive.

« On accordera sans peine qu'il n'y a aucun pays connu, où les moyens de subsistance soient si abondants et les mœurs s simples et pures, que jamais la difficulté de pourvoir aux besoins d'une famille n'y ait empêché ou retardé les mariages ; que jamais les vices des grandes villes, les métiers insalubres ou l'excès du travail n'y aient porté atteinte à la vie. Ainsi nous ne connaissons aucun pays où la population ait pu croître sans obstacle.

« On peut dire qu'indépendamment des lois qui établissent le mariage, la nature et la vertu s'accordent à prescrire à l'homme de s'attacher de bonne heure à une seule femme ; et que, si rien ne mettait obstacle à l'union permanente qui serait la suite naturelle d'un tel attachement, ou si des causes de dépopulation n se faisaient sentir ensuite, on devrait s'attendre à voir la population s'élever bien au delà des bornes que nous l'avons vue atteindre.

« Dans les États du nord de l'Amérique, où les moyens de subsistance ne manquent point, où les mœurs sont pures et où les mariages précoces sont plus faciles qu'en Europe, on a trouvé que la population, pendant plus d'un siècle et demi avait doublé plus rapidement que tous les vingt-cinq ans. Et néanmoins pendant ce même intervalle de temps, on avait vu, en quelques villes, le nombre des morts excéder celui des naissances ; en sorte qu'il fallait que le reste du pays leur fournît constamment de quoi remplacer leur population : ce qui indique clairement que l'accroissement y était plus rapide que la moyenne générale.

« Dans les établissements de l'intérieur, où l'agriculture était la seule occupation des colons, et où l'on ne connaissait ni les vices, ni les travaux malsains des villes, on a trouvé que la population doublait en quinze ans. Cet accroissement, tout grand qu'il est, pourrait sans doute l'être bien davantage, si la population n'éprouvait point d'obstacle. Pour défricher un pays nouveau, il faut souvent un travail excessif ; de tels défrichements ne sont pas toujours forts salubres : d'ailleurs, les sauvages indigènes troublaient quelquefois ces entreprises par des incursions qui diminuaient le produit de l'industrieux cultivateur, et coûtaient même la vie à quelques individus de sa famille.

« Selon une table d'Euler, calculée d'après une mortalité de 1 sur 36, si les naissances sont aux morts dans le rapport de 3 à 1, la période de doublement sera de 12 années et 4/5 seulement. Et ce n'est point là une simple suposition, mais elle s'est réalisée plus d'une fois pendant de courts intervalles de temps.

« Sir W. Petty croit qu'il sera possible, à la faveur de certaines circonstances particulières, que la population double en dix ans.

« Mais, pour nous mettre à l'abri de toute espèce d'exagération, nous prendrons pour base de nos raisonnements l'accroissement le moins rapide, accroissement prouvé par le concours de tous les témoignages, et qu'on a démontré provenir du seul produit des naissances.

« Nous pourrons donc tenir pour certain que, lorsque la population n'est arrêtée par aucun obstacle, elle va doublant tous

les vingt-cinq ans et croît de période en période selon une progression géométrique.

« Il est moins aisé de déterminer la mesure de l'accroissement des productions de la terre. Mais du moins nous sommes
sûrs que cette mesure est tout à fait différente de celle qui est
applicable à l'accroissement de la population. Un nombre de
mille millions d'hommes doit doubler en vingt ans par le seul
principe de population, tout comme un nombre de mille hommes.
Mais on n'obtiendra pas avec la même facilité la nourriture nécessaire pour alimenter l'accroissement du plus grand nombre.
L'homme est assujetti à une place limitée. Lorsqu'un arpent a
été ajouté à un autre arpent, jusqu'à ce qu'enfin toute la terre
fertile soit occupée, l'accroissement de nourriture dépend de
l'amélioration des terres déja mises en valeur. Cette amélioration, par la nature de toute espèce de sol, ne peut faire des
progrès toujours croissants ; au contraire, elle en fera qui dé-
croîtront graduellement : tandis que la population, partout où
elle trouve de quoi subsister, ne reconnaît point de limites, et
que ses accroissements deviennent une cause active d'accrois-.
sements nouveaux.

« Tout ce qu'on nous dit de la Chine et du Japon donne lieu de
douter que tous les efforts de l'industrie humaine pussent
réussir à y doubler le produit du sol, en prenant même la période
la plus longue. A la vérité, notre globe offre encore des terres
sans culture et presque sans habitants ; mais on peut contester
le droit d'exterminer ces races éparses, ou de les contraindre à
s'entasser dans une partie retirée de leurs terres, insuffisante à
leurs besoins. Si l'on entreprend de les civiliser et de diriger
leur industrie, il faudra y employer beaucoup de temps, l'accroissement de la population se réglera sur celui de la nourriture,
il arrivera rarement qu'une grande étendue de terrains abandonnés et fertiles soit mise tout à coup en culture par des
nations éclairées et industrieuses. Enfin, lors même que cet
événement aurait lieu, comme il arrive par l'établissement de
nouvelles colonies, cette population, croissant rapidement et
en progression géométrique, s'imposera bientôt des bornes à
elle-même. Si l'Amérique continue à croître en population,
comme on n'en saurait douter, quoiqu'avec moins de rapidité

que dans la première période des établissements qu'on y a formés, les indigènes seront toujours plus repoussés dans l'intérieur des terres, jusqu'à ce qu'enfin leur race vienne à s'éteindre.

« Ces observations sont, jusqu'à un certain point, applicables à toutes les parties de la terre où le sol est imparfaitement cultivé. Il ne pourrait entrer dans l'esprit, même un seul instant, de détruire et d'exterminer la plupart des habitants de l'Asie et de l'Afrique. Civiliser les tribus diverses des Tartares et des Nègres, et diriger leur industrie, serait sans doute une entreprise longue et difficile, d'un succès d'ailleurs variable et douteux.

« L'Europe n'est point aussi peuplée qu'elle pourrait l'être. C'est en Europe qu'il y a quelque lieu d'espérer que l'industrie puisse être mieux dirigée. En Angleterre et en Ecosse, on s'est beaucoup livré à l'étude de l'agriculture : et cependant, dans ces pays même, il y a beaucoup de terres incultes. Examinons à quel point le produit de cette île serait susceptible d'accroissement dans les circonstances les plus favorables qu'on puisse feindre.

« Si nous supposons que, par la meilleure administration et par les encouragements les plus puissants donnés aux cultivateurs, le produit des terres y pourrait doubler dans les premières vingt-cinq années, il est probable que nous irons au delà de la vraisemblance ; et cette supposition paraîtra excéder les bornes que l'on peut raisonnablement assigner à un tel accroissement de produit.

« Dans les vingt-cinq années qui suivront, il est absolument impossible d'espérer que le produit suive la même loi, et qu'au bout de cette seconde période, le produit actuel se trouve quadruplé. Ce serait heurter toutes les notions que nous avons acquises sur la fécondité du sol. L'amélioration des terres stériles ne peut être que l'effet du travail et du temps ; et il est évident, pour ceux qui ont la plus légère connaissance de cet objet, qu'à mesure que la culture s'étend, les additions annuelles qu'on peut faire au produit moyen vont continuellement en diminuant avec une sorte de régularité. Pour comparer maintenant l'accroissement de la population à celui de la nour-

riture, usons d'une supposition qui, quelqu'inexacte qu'elle
soit, sera du moins manifestement plus favorable à la production de la terre qu'aucun résultat de l'expérience.

« Feignons que les additions annuelles, qui pourraient être
faites au produit moyen, ne décroissent point, et restent constamment les mêmes ; en sorte que chaque période de vingt-
cinq ans ajoute au produit annuel de la Grande-Bretagne une
quantité égale à tout son produit actuel. Assurément le spé-
culateur le plus exagéré ne croira pas qu'on puisse supposer
davantage, car cela suffirait pour convertir en peu de siècles
tout le sol de l'île en jardins.

« Appliquons cette suppposition à toute la terre, en sorte qu'à
la fin de chaque période de vingt-cinq ans, toute la nourriture
que fournit actuellement à l'homme la surface entière du globe
soit ajoutée à celle qu'elle pouvait fournir au commencement
de la période. C'est plus assurément que tout ce qu'on a droit
d'attendre des efforts les mieux dirigés de l'industrie humaine.

« Nous sommes donc en état de prononcer, en partant de
l'état actuel de la terre habitable, que les moyens de subsistance, dans les circonstances les plus favorables à l'industrie,
ne peuvent jamais augmenter plus rapidement que selon une
progression arithmétique.

« La conséquence inévitable de ces deux lois d'accroissement
comparées est assez frappante. Portons à onze millions la
population de la Grande-Bretagne, et accordons que le produit
actuel de son sol suffit pour maintenir une telle population. Au
bout de vingt-cinq ans, la population serait de vingt-deux millions ; et la nourriture étant aussi doublée, suffirait encore à
son entretien. Après une seconde période de vingt-cinq ans, la
population serait portée à quarante-quatre millions et les moyens
de subsistance n'en pourraient plus soutenir que trente-trois.
Dans la période suivante, la population, arrivée à quatre-vingt
huit millions, ne trouverait des moyens de subsistance que
pour la moitié de ce nombre. A la fin du premier siècle, la population serait de cent soixante et seize millions, et les moyens
de subsistance ne pourraient suffire à plus de cinquante-cinq
millions ; en sorte qu'une population de cent vingt et un millions d'hommes serait réduite à mourir de faim.

« Substituons à cette île, qui nous a servi d'exemple, la surface entière de la terre ; et d'abord on remarquera qu'il ne sera plus possible, pour éviter la famine, d'avoir recours à l'émigration. Portons à mille millions le nombre des habitants actuels de la terre ; la race humaine croîtrait comme les nombres 1, 2, 4, 8, 16, 32, 64, 128, 256 ; tandis que les subsistances croîtraient comme ceux-ci, 1, 2, 3, 4, 5, 6, 7, 8, 9. Au bout de deux siècles, la population serait aux moyens de subsistance comme 256 est à 9 ; au bout de trois siècles, comme 4,096 est à 13, et après deux mille ans, la différence serait immense et comme incalculable.

« On voit que, dans nos suppositions, nous n'avons assigné aucune limite aux produits de la terre. Nous les avons conçues comme susceptibles d'une augmentation indéfinie, comme pouvant surpasser toute grandeur qu'on voudrait assigner. Dans cette supposition même, le principe de population, de période en période, l'emporte tellement sur le principe productif des subsistances, que, pour maintenir le niveau, pour que la population existante trouve des aliments qui lui soient proportionnés, il faut qu'à chaque instant une loi supérieure fasse obstacle à ses progrès ; que la dure nécessité la soumette à son empire ; que celui, en un mot, de ces deux principes contraires, dont l'action est si prépondérante, soit contenu dans certaines limites. »

FIN

ERRATA

Page 161, ligne 25, *au lieu de* : M. Hæckel a proposé de donner à..., *lisez* : On pourrait donner à..., (M. Hæckel donne plus volontiers le nom de plastide à toutes les cellules, qu'elles aient ou non un noyau.)

Page 164, ligne 6, *au lieu de* : qui possèdent un noyau, *lisez* : qui ne possèdent pas de noyau.

TABLE DES MATIÈRES

CHAPITRE X

CHAPITRE XI

FIN DE LA TABLE.

6094. — Imprimerie Rouillé.